U0171116

地震预警与烈度速报
——风险与控制

金 星 著

科学出版社

北京

内 容 简 介

在前期《地震预警与烈度速报——理论与实践》的基础上，以地震预警与烈度速报技术系统面临的技术风险和风险管控技术措施为主线，重点解析了预警系统产生"误报"和"漏报"的原因，提出了进一步完善系统软件的技术措施。尤其是针对当前世界各国地震预警系统在处理双震、序列震、软件测试震例和提高地震预警系统预测烈度精度等遇到的难题，以及震后制作震烈度空间分布时遇到的问题，提出了详细的技术方案。

本书可作为地震部门特别是各省地震局从事地震预警与烈度速报领域工作的科技人员的培训教材，也可作为高等院校从事地震预警、烈度速报、地震信号处理等相关研究的科技人员及研究生的参考用书。

京图字：GS 京（2024）0438 号

图书在版编目（CIP）数据

地震预警与烈度速报：风险与控制／金星著. —北京：科学出版社，2024.3
ISBN 978-7-03-077561-0

Ⅰ. ①地⋯ Ⅱ. ①金⋯ Ⅲ. ①地震灾害–预警系统–研究②地震预报–研究 Ⅳ. ①P315.75

中国国家版本馆 CIP 数据核字（2024）第 013745 号

责任编辑：焦 健 崔慧娴／责任校对：何艳萍
责任印制：赵 博／封面设计：无极书装

科学出版社出版
北京东黄城根北街 16 号
邮政编码：100717
http://www.sciencep.com

涿州市般润文化传播有限公司印刷
科学出版社发行 各地新华书店经销
*
2024 年 3 月第 一 版 开本：787×1092 1/16
2024 年 8 月第二次印刷 印张：20 1/2
字数：486 000
定价：278.00 元
（如有印装质量问题，我社负责调换）

作 者 介 绍

  金星，二级研究员，国家地震烈度速报与预警工程总设计师，曾任福建省地震局局长、黑龙江省地震局局长、中国地震局工程力学研究所副所长等，从事地震预警和烈度速报相关领域研究 20 多年，1993 年享受国务院政府津贴，1998 年被评为人事部有突出贡献的中青年专家，2000 年入选百千万人才工程。获中国地震局防震减灾优秀成果奖一等奖 2 次，二等奖 3 次，先后培养博士、硕士研究生 50 余名。

前　言

目前国家地震烈度速报与预警工程（简称预警工程）已进入建设收尾期，2024 年进入项目验收和正式运行。许多软件正在加紧研发，有些已进入系统测试或示范运行并产出预警结果。我本人也经常参加中国地震局监测预报司和中国地震台网中心组织的一些技术方案论证、有关省局项目建设的检查评估等工作，十分关注项目的进展，对预警工程面临的技术风险要有清醒的认识，更要勇于面对，感到有必要也有责任介绍目前国内外此领域研究的最新进展，把握好技术系统风险控制的关键环节，供奋战在预警工程一线的同志们参考。因此，编写本书的目的之一就是在前期《地震预警与烈度速报——理论与实践》（科学出版社，2021 年）的基础上，以地震预警与烈度速报技术系统面临的技术风险和风险管控技术措施为主线，通过总结日本、美国、中国在地震预警与烈度速报出现的问题，特别是重点解析了预警系统产生"误报"和"漏报"的原因，提出了进一步完善系统软件的技术措施。尤其是针对目前世界各国地震预警系统在处理双震、序列震、软件测试震例和提高地震预警系统预测烈度精度等方面遇到的难题，以及目前在推进我国仪器烈度速报实用化特别是震后制作大震烈度空间分布图遇到的问题，重点介绍了自己及所指导的研究团队近期取得的一系列重要进展和研究成果，提出了解决问题的详细技术方案。另外，本书作为高级培训教材还重点介绍了日本在改进地震预警和烈度速报技术系统软件方面所做的努力以及所提出的改进方法，有些技术值得总结借鉴。中日两国在此方面的努力，尽管总体思路、研究方法、技术措施等各不相同，但解决问题的目标是一致的，对比分析两者的异同，对从事此领域研究的研究生和科技人员也是有启发的。编写本书的目的之二就是尽到指导老师的责任，将其作为地震预警团队高级培训教程，通过学术讲座、内部交流、研究讨论，进一步提高中国地震台网中心地震预警团队和福建省地震局地震预警团队的总体科技水平，分析预警工程技术系统近期面临的技术风险，提出技术控制方法，明确下一步科研重点与软件开发完善的努力方向。这一套高级讲座教材，也兼顾了各省级地震部门相关科技人员的需求，特别是本书的第 2 章和第 3 章回答了从事地震预警工程科技人员普遍关心的有关问题，对于那些有一定地震预警和烈度速报专门知识的科技人员，进一步学习深造而有所帮助。期望他们能开拓视野，增长知识，提高水平，在理论和实践的结合过程中不断思考，不断进步，成为国家地震预警和烈度速报领域的年轻高级人才，为监测预警事业的发展真正迈入公共服务的新阶段做出新的历史性贡献。

本书共分十章。前后章节之间有紧密的逻辑关系，为方便读者有选择性地阅读，每一章的内容比较翔实，相对独立。本书初稿已先期发给预警团队使用，并进行了研究讨论，根据大家所提的问题做了多次修改，但书中错误在所难免，敬请批评指正。目前，各省地震部门监测预警业务化体系正在逐步形成，为了保障预警工程项目高质量运维、高时效反应、最可靠产出，福建预警团队已研发监测预警台网数据质量监控系统，对地震预警和烈度速报系统软件进行了系统化改进，其方法涵盖了本书第 1 章至第 10 章的主要内容以及

《地震预警与烈度速报——理论与实践》的相关内容。

第 1 章，主要介绍预警工程建成后，地震观测台网将由过去比较单一的测震（地震计）台网扩展为地震计、强震仪、烈度计构成的综合性高密度融合台网，观测物理量由地震计的速度拓展至加速度（强震仪与烈度计），而地震计和烈度计的加速度峰值的噪声水平一般相差 3 个数量级以上，以往地震计监测能力评估的传统方法难以满足新台网的要求，需要创新发展新的评估方法。在已知传感器动态范围特别是近场记录震级上限的情形下，监测能力的评估就转化为近场能监测震级为多小的地震即监测能力下限的评估。当然这种监测能力评估并不需要考虑时效性而只与台站分布和传感器日常噪声水平有关，但是对于监测预警能力的评估，则是在满足预警时效性和可靠性的前提下，重点分析利用震中附近 3 ~ 4 台 P 波记录产出地震参数的首报时间和与之相匹配能监测多小的地震，在制订地震预警公共服务准则时，监测预警能力评估结果可以作为震级下限供其参考。针对上述问题，提出新的分析评估方法就是将各类传感器噪声记录仿真为 DD-1 记录，利用站点分布和其 DD-1 噪声记录统一对台网监测能力和监测预警能力进行评估，该方法具有科学可靠、通用性好、简单实用的特点，可应用于各种传感器组网的地震监测与预警能力评估。

第 2 章，主要介绍数据质量监控软件四大模块即噪声数据评估、事件波形数据分析、站网通信延迟、站网时钟一致性的主要功能任务，以发现异常台站、评估系统性能、改进理论模型为主线，以影响地震预警定位和震级测定的关键环节为重点，利用地震事件前的站点噪声数据和地震事件后的波形数据着重检查系统时间服务准确性、站点参数配置正确性（台站坐标、灵敏度配置）、通信时间延迟等指标；根据各类站点得到的地震观测数据，分析评估观测数据与观测仪器安装质量，分析计算场地校正因子；分析评估系统软件安装的走时模型、烈度经验衰减模型及震级量规函数与当地观测数据是否适配的问题，以及相应的改进方法；分析评估地震预警事件产出信息是否科学、可靠等问题，这也是各省市地震部门科技人员的技术短板，普遍缺乏相应的分析思路和方法。

第 3 章，简要介绍了国内外地震预警系统曾经出现过比较严重的"误报"和"漏报"地震事件，分析了产生问题的根源以及美国、日本两国所提出的改进方法，总结了我国地震预警技术系统面临的技术风险。针对各国预警处理软件不能识别仪器灵敏度配置错误、不能识别地震信号与非地震信号（特别是标定等异常信号）、不能区分近场与远场地震信号、缺乏地震波场情景模拟等问题，提出了加强噪声监测和产出结果科学性判断、近场和远场地震动峰值和周期频谱检测、构建多层并行处理虚拟台网、地震虚拟与真实场景比对等一系列相应的技术管控措施，提升了预警信息的可靠性，降低了技术风险。

第 4 章，针对大震前后序列震的处理是目前世界地震预警系统存在的重大技术风险隐患这一现实，基于序列震都可以分解为一系列发震时间相差数秒至数百秒，震中位置相距一定距离的前后两个地震（即双震序列）的处理，将双震第一报和后续报作为两个重要问题分别进行讨论。本章研究了双震处理主要与双震震级、双震震中距离 D、双震发震时间差 ΔT_0 和台网平均台间距 d 等因素有关，而震级的影响主要体现在影响观测的空间范围和影响记录震动的持续时间，提出用双震首台距离 D_c 和触发时间差 ΔT_p 快速估计 D 和 ΔT_0 的方法。本章还强调了评估前震对后续震影响的重要性，也就是利用前震首报地震参数和加速度峰值 PGA（M，Δ）衰减规律估计前震的空间影响范围；利用台站 P 波到时和台站

记录震动持续时间 T_d（M，Δ）估计前震对台网观测的影响时间，为处理双震奠定坚实基础。本章重点介绍双震第一报的处理思路和处理方法，提出了双震产生的判断条件以及可独立处理双震的条件；针对可独立处理双震、原地重复双震（$D \leqslant 2d$）、非原地重复双震（$D>2d$）三种类型，研究了相应的处理技术，制订首报处理方案。

第 5 章，重点介绍了在双震预警第一报的基础上，如何处理非原地重复双震后续报的问题（至于原地重复双震后续报的处理将在第 6 章原地重复序列震处理中介绍）。在极坐标系框架下，以双震震中距离 D、发震时间差 ΔT_0 以及双震各自定位和测定震级的安全时间间隔 Δt 等为参数，推导了双震各自 P 波和 S 波不受另一个地震 P 波污染的安全区及边界方程，证明 P 波安全区边界方程满足双曲线方程、S 波安全区边界方程满足椭圆方程、双震震中连线为椭圆的长轴方向、双震震中都在各自 S 波椭圆长轴内，P 波双曲线方程的顶点在双震震中连线上并在 S 波安全区边界椭圆外侧，讨论了 D、ΔT_0 和 Δt 变化对双震 P 波和 S 波安全区边界方程的影响，从理论上阐明了在遇到双震部分台站波形互有干扰时在近场为何只能用双震各自震中附近的台站地震观测记录参与双震震源参数处理的原理。依据 P 波到时拾取误差估计以及测定 P 波震级的要求，对于 P 波定位一般取 Δt 为 0.5s 或 1s，对于 P 波测定震级一般取 Δt 为 3s 或 4s；利用 S 波测定地震参数时，Δt 取值也可做类似考虑。只有在双震各自安全区内的台站才能参与双震后续报的震源参数测定。第 4 章和第 5 章所提出的双震处理方法和技术，不但对地震预警有重要意义，而且对自动速报、人工速报和编目处理双震问题都有重要参考价值，也为处理序列震奠定了重要的理论与技术基础。

第 6 章，重点介绍了处理序列震的总体技术要求、总体处理思路、总体技术构架；强调了要切实把握好处理序列震的科学基础，也就是任何地震激发的地震波都遵守地震波能量（峰值）的衰减规律、地震震动持续时间的变化规律、波组的走时规律，这三条规律划定了地震对观测台网在空间上的影响范围、对台网观测的影响时间以及空间和时间的对应关系；强调了要处理好序列震必须知道台站何时触发开始记录地震波形，更要判定地震记录何时结束淹没于噪声，这与单个地震处理有着本质的区别；强调要以双震处理技术为基础，通过充分运用多网融合并行处理技术、多时间窗技术、人工智能技术等共同应对、协同处理序列震，重点介绍了原地重复序列震和非原地重复序列震的处理方法和技术方案。

第 7 章，简要介绍在序列震的处理过程中，如果按照前后地震波组是否会相互影响分类，可将其分成单源地震（前后地震波组互不影响）、双源地震（前后两个地震波组互有影响）、三源地震（前震与后两个地震波组互有影响）等，单源地震处理占多数，双源地震处理占少数，三源地震处理占极少数。以同时处理发震时间相近、震中相隔一定距离、波组互有影响的三源地震参数为代表，重点介绍了处理多源地震问题的总体思路、技术途径和主要方法。在处理 O_1、O_2、O_3 三源地震时，可将其分解为 O_1 和 O_2、O_1 和 O_3、O_2 和 O_3 三个双源地震的处理，通过建立三个局部坐标系充分运用双震首报和后续报处理结果并连续进行二次坐标变换，可得到三个地震各自的 P 波和 S 波安全区及边界方程，只有在三个震源各自 P 波和 S 波安全区内的台站才能参加三个震源参数首报和后续报的测定。

第 8 章，介绍了日本预警系统处理序列震的粒子集成滤波方法（简称 IPF 方法），粒子伴随地震的发生而产生，承载着地震激发的能量并传播至台站，粒子模型参数就是地震的基本震源参数，它遵循地震波能量衰减规律和波组走时规律；重点介绍了构建初始粒子群模型、台站理论触发状态分析、粒子集成概率计算、粒子滤波、粒子重采样等五个关键技术环节。在首台触发的一定区域内播撒一群粒子（相当于设定了多源初始震源模型），在假定台站观测峰值服从对数正态分布的条件下，依据上述五个环节，不断搜索寻找目标粒子，使目标粒子预测的台站触发状态和理论预测峰值与台网真实触发状态和台网站点观测峰值吻合度最高、概率最大。这一方法将概率方法和确定性方法有机结合，将定位和测定震级融为一体，这明显有别于先定位后测定震级的传统方法，而且目标粒子是由粒子群按照上述五个环节通过多次粒子重采样演变而来，从理论上讲可以处理多源地震问题。在分析总结了该方法的优缺点后，特别是其存在对大震震级测定具有局限性、对台站触发状态缺乏震动结束的时间判定（这意味着不能较好地处理原地重复序列震）等先天缺陷，期望将我国处理序列震的技术与日本处理序列震的技术有机结合，提出了相应的思路和改进方法。

　　第9章，重点介绍了目前我国预警工程建成后台网积累的地震震例尚少的情况下，为了进一步检测地震预警与烈度速报软件的功能和技术性能，在点源和大震破裂模型的理论框架下，提出了人工合成现有地震观测台网各台站的观测波形的技术和方法。在构建点源经验格林函数时，充分吸取了地震工程学家对强震地震波谱和包线函数的研究成果；在构建大震强地面运动时，充分吸取了地震学家对地震定标律、拐角频率以及破裂过程的研究成果。这种波形模拟技术将地震工程学和地震学的有关研究成果融为一体，不仅符合 P 波和 S 波的走时模型，而且符合地震学家对震源过程的认识，满足地震动参数的经验衰减规律，经检测，通过人造地震波场得到各台站的地震波形所测定的地震参数和破裂模型参数与设定的地震参数和破裂模型参数基本一致。只要设定震源模型和参数，这一套地震波场的模拟技术和方法可以任意构造地震观测台网各台站波形记录和多种复杂震例（7 级以上大震、双源地震、三源地震、序列震）以及震源和台网波形数据库，可以对地震预警和烈度速报技术系统做性能测试和极限条件下的检测。这一套地震波场仿真模拟技术，还可应用于对潜在活动断层破裂引起的强地面运动和工程灾害的估计，以及大震发生后对烈度空间分布图的修正等领域，其应用前景十分广阔。

　　第10章，简要总结了日本在地震预警和烈度速报方面的主要经验，对比分析了中日两国在地震预警和烈度速报方面的异同，剖析日本预警系统在提高预测烈度精度方面所做的努力，特别是利用烈度在局部范围内不衰减的特性所提出的局部无阻尼运动传播（PLUM）方法，这一方法最突出的优点就是在预测烈度时不需要考虑震源特性的影响，只利用预测点周围 30km 以内的观测站点的记录。由于中日两国对烈度的定义不同，衰减一度的距离差异较大，在进一步改进完善 PLUM 方法的基础上，将其引入我国地震预警系统，以提高实时预测烈度的精度，使预测烈度和站点烈度空间分布散点图最终转化为烈度速报制作的烈度空间分布散点图，提高了烈度速报的时效性。针对目前我国在仪器烈度空间分布图制作方面存在的主要问题，特别是 7 级以上大震震中区台站密度不足难以精准控制震中区烈度等值线展布，提出要三次加工修改制作的技术要求，重点强调了要在震后 10min 内，利用台站观测烈度和插值网格烈度空间分布散点图，第一次初步勾画烈度空间分布图；要在震后 1h 内，利用系统软件初步解算断层方向，并结合站点观测烈度拟合本次地震烈度衰减模型，进行第二次修改，制作烈度空间分布图；对于 6 级特别是 7 级以上大震，要在 24h 内进一步收集汇总大震余震震中空间分布图、多家机构大震破裂分析等研究结果，重新构建大震破裂模型并确定相关参数。利用人造点源经验格林函数或者选用震中附近强余震的台站记录作为经验格林函数，以及反演得到的大震破裂模型和人造地震波场的波形模拟技术，合成大震产生的 5 度区以内站点和插值网格点的观测波形，并结合主震地表站点观测记录和场地校正技术，对插值网格点记录进行修正，第三次修改制作仪器烈度的空间分布图，使烈度图的总体空间形态展布更加逼近真实的破裂过程。最后依据观测台网站点空间分布和台站局部密度与均匀度，对仪器烈度空间分布图制图质量提出相应的评估方法。以泸定 6.8 级地震为例，利用人工点源格林函数和主震震中附近的强余震台站观测记录作为经验格林函数，以及我国科学家反演得到的泸定 6.8 级地震破裂模型，重塑了主震在 5 度区以内的强地面运动，制作了相应的烈度空间分布图，与现场调查的烈度空间分布图基本一致。

2022 年在编写本书的过程中，恰逢我的硕士生导师胡聿贤院士百年华诞，借此机会对胡先生表示崇高敬意。回想自己 1986～1992 年在中国地震局工程力学研究所（简称工力所）攻读硕士和博士期间，深得胡聿贤院士、廖振鹏院士（我的博士生导师）两位导师的教诲，他们做人做事的态度、诲人不倦的精神、严谨求实的学风，对学生的严格要求，乃至倡导的多学科融合的理念，已深入学生的内心，让人至今难以忘怀，感谢二位导师的培养教育。当年工力所主楼夜晚的灯火通明，刻苦钻研的浓厚学术风气，名师专家严谨的课堂授课，举办的各种国内外学术研讨会，聆听谢礼立院士、袁一凡、张敏政等诸多老师的精彩报告，也是我青年时代最美好的回忆，感谢工力所和各位老师。

本书在编写过程中，得到地震预警团队李军、张红才、林彬华、蔡辉腾、康兰池、韦永祥、王士成、王青平等在算例、绘图、文献查阅等多方面的帮助，对他们的辛勤工作表示感谢。本书的出版得到中国地震局监测预报司的资助和福建省地震局的支持，在此一并致谢。

金　星

2023 年 4 月于福州

目　　录

前言

第1章　地震台网监测预警能力评估方法 ·· 1

　1.1　地震观测台网噪声水平的评估 ·· 2

　1.2　地震观测台网监测能力的评估 ··· 10

　1.3　地震观测台网预警首报能力的评估 ·· 19

　1.4　预警区最小地震预警震级的评估方法 ·· 25

　参考文献 ··· 28

第2章　数据质量监控和模型参数配置以及预警地震事件分析 ························· 29

　2.1　站点数据质量的实时分析评估 ··· 29

　2.2　近震震级量规函数模型的本地化 ··· 34

　2.3　区域性烈度经验衰减模型 ··· 39

　2.4　P波和S波的走时模型 ·· 41

　2.5　地震预警事件及观测记录分析 ··· 42

　参考文献 ··· 55

第3章　地震预警技术风险与风险控制 ·· 57

　3.1　地震预警误报漏报事件回顾 ·· 57

　3.2　预警软件设计存在的主要问题 ··· 60

　3.3　识别仪器参数配置明显错误的算法 ··· 62

　3.4　排除干扰与地震波谱检测 ··· 64

　3.5　远场大震的判定 ·· 70

　3.6　地震真实与虚拟场景比对分析 ··· 74

　参考文献 ··· 82

第4章　双震预警第一报的处理技术 ·· 83

　4.1　双震定位基础及前震对后震的影响 ··· 84

　4.2　双震处理理论模型及模型参数估计 ··· 89

　4.3　双震判定与独立处理第一报条件 ··· 95

　4.4　非原地非独立处理双震第一报的方法 ·· 99

　4.5　原地重复双震的处理 ··· 105

　4.6　研究成果总结与数值验证 ··· 108

　参考文献 ··· 113

第5章　双震预警后续报模型与技术 ·· 115

　5.1　测定双震后续报参数的理论模型 ·· 115

　5.2　第一个地震波组的安全区及边界方程 ·· 117

5.3 第二个地震波组的安全区及边界方程 ………………………………… 122
5.4 双震波组安全区边界满足二次曲线方程 …………………………… 126
5.5 双震波组安全区有关问题的讨论 ……………………………………… 134
5.6 双震安全区边界理论解与数值解 ……………………………………… 140
参考文献 …………………………………………………………………… 151

第6章　序列震处理技术构架和处理方案 …………………………………… 152
6.1 序列震处理的总体技术要求 …………………………………………… 152
6.2 序列震总体处理思路 …………………………………………………… 154
6.3 构建序列震并行处理局部虚拟台网 …………………………………… 156
6.4 处理序列震的多尺度时间窗技术 ……………………………………… 159
6.5 多源激发震动观测实时图像识别技术 ………………………………… 163
6.6 序列震的震源模型和分类 ……………………………………………… 165
6.7 原地重复序列震的处理 ………………………………………………… 167
6.8 非原地重复序列震的处理 ……………………………………………… 174
参考文献 …………………………………………………………………… 179

第7章　多源地震模型及处理方法 …………………………………………… 180
7.1 多源地震的处理思路 …………………………………………………… 180
7.2 三源地震模型和模型参数 ……………………………………………… 182
7.3 第一个地震 O_1 的处理方法 …………………………………………… 184
7.4 第二个地震 O_2 的处理方法 …………………………………………… 187
7.5 第三个地震 O_3 的处理方法 …………………………………………… 190
7.6 关于相关参数的讨论 …………………………………………………… 192
7.7 三源地震处理的模拟研究 ……………………………………………… 195
参考文献 …………………………………………………………………… 204

第8章　日本预警系统采用的粒子集成滤波法 ……………………………… 205
8.1 粒子集成滤波的基本思路和方法 ……………………………………… 206
8.2 日本粒子模型和后续改进 ……………………………………………… 212
8.3 多源地震复合识别方法与技术 ………………………………………… 215
8.4 粒子的重采样方法与步骤 ……………………………………………… 220
8.5 示范算例 ………………………………………………………………… 223
参考文献 …………………………………………………………………… 229

第9章　测试地震预警和烈度速报软件性能的人造地震波场的波形模拟技术 … 230
9.1 人造地震波场模拟的目标与思路 ……………………………………… 231
9.2 人造地震波场的基本技术途径 ………………………………………… 233
9.3 点源模型激发的人造地震波场 ………………………………………… 236
9.4 点源模型台网地震波场的模拟实例 …………………………………… 242
9.5 大震破裂激发的人造地震波场 ………………………………………… 248
9.6 大震破裂模型应用实例 ………………………………………………… 259

9.7　总结 ·· 267

参考文献 ··· 267

第10章　地震预警预测烈度与大震烈度图制作的新方法 ·················· 269

10.1　日本预测烈度和烈度速报的主要经验 ····································· 270

10.2　我国预测烈度和烈度速报的主要问题 ····································· 274

10.3　烈度预测和速报总体思路和技术构架 ····································· 278

10.4　预测烈度初始模型及实时修正模型 ······································· 283

10.5　制作正式发布烈度空间分布图 ··· 287

10.6　仪器烈度空间分布图的质量评估 ··· 296

10.7　泸定6.8级地震应用实例 ·· 298

参考文献 ··· 313

第1章　地震台网监测预警能力评估方法

随着国家预警工程建设任务的完成，许多省市的地震监测预警和烈度速报系统已搭建完成，并陆续进入内部测试运行和示范应用阶段，因此工作的重点也逐渐由项目建设向日常运维转移。显然，相较于预警工程前的技术系统，现有技术系统中数据通信的实时性更强，监控运维的要求更高，业务系统的功能更多，服务社会的产品也将更为丰富。特别是在重点预警区，地震观测站点数量大幅增加，相差近 10 倍；站点配置的传感器类型，也由过去比较单一的地震计扩展到同时配置强震仪和烈度计。可以预计观测台网的地震监测与预警能力将发生重大变化。但是参与预警工程和后续运行维护的科技人员并不清楚如何科学地评估台网监测预警能力，急需进一步培训，提高科技水平。台网地震监测能力就是指在台网覆盖的行政区域内能监测多小的地震（监测能力的下限）以及能监测多大的地震（监测能力的上限）（彼得鲍曼，2006）。当然，这种监测能力与台网空间分布和配置的传感器有关，也受传感器动态范围的控制。传感器动态范围 D 的定义为 $D=20\lg(v_{max}/v_{min})$，v_{max} 和 v_{min} 分别为传感器可记录物理量的最大值和最小值。以地震计为例，多数地震计的动态约为 140dB，v_{max} 一般为 1～3cm/s，最大不超过 10cm/s，即相当于近场 6 级地震速度峰值的上限，意味着如果震级大于 6 级，速度波形将限幅，记录不到更大地震的速度波形，也就表明其监测能力在近场的上限将是 6 级左右。至于监测能力下限，将依赖台网各个台站空间分布以及传感器所在台基的噪声水平，经分析评估后才能得出结论。对于强震仪，其动态范围也大约为 140dB，一般要求其可记录的最大地震加速度 a_m 为 2g，相当于 8 级地震产生的近场地面最大加速度。2011 年日本"3·11"大地震后，强震仪 a_m 可扩展为 3～4g。烈度计记录的物理量也为地震加速度，通常要求其 a_m 也达到 2g，只是动态更小，频带更窄，因而价格更便宜。因此，在已知台站传感器动态范围和近场可观测记录上限（相当于监测能力上限）的情况下，如何评价观测台网监测能力就转化为评估观测台网监测最小地震（监测能力下限）。这对于地震计、强震仪、烈度计是单独组网还是构造"二合一"或者"三合一"的融合虚拟台网都有相同的问题。由于 1～2min 内，P 波传播距离可以达到 360km 以上，S 波的峰值传播距离也可以达到 200km 以上，与地震预警几秒至十几秒的时效性完全不同，自动速报（2min 内）、人工速报（10min 内）、人工编目（数天内）都可利用比较多的台站参加地震定位和测定震级，可以视为对时效性要求不高或者时效性可以忽略不计。因此，通常意义下的监测能力评估可以不考虑时效性。但是对地震预警来讲，一旦地震发生，它只能利用震中最近的少数 3～4 台，判定地震事件，快速产出结果，发布预警信息，因此对其监测预警能力评价，既包括它能监测多小的地震，又包括它需要多少时间才能产出第一报可靠的地震参数。

本章将围绕上述问题展开分析讨论，主要包括：地震观测台网噪声水平的评估、地震观测台网监测能力的评估、地震观测台网预警首报能力的评估、预警区最小地震预警震级的评估方法等内容。

1.1 地震观测台网噪声水平的评估

传统上，基于观测噪声的地震台网监测能力评估，已有相关技术标准参考。通常采用传感器的背景噪声功率谱来对台基观测环境进行评价（McNamara and Boaz，2005），并参考国际上通用的噪声最高上界曲线和最低下界曲线在传感器的频带范围内（从几十秒至几十赫兹）的功率谱进行分类判别，将其噪声从低到高共分成五类，并以此作为台站选址、台站观测环境优劣的评价指标，限于内容篇幅，本章不再介绍。很明显，这种噪声评估方法并不适合对监测小地震的噪声能力评估，主要原因在于计算 M_L 震级必须在仿真后的 DD-1 位移记录上量取小地震 S 波位移峰值 U_m，因此其背景噪声在 DD-1 噪声记录上量取更为科学。换言之，针对 DD-1 记录的背景噪声水平的分析，对于监测能力的评价至关重要。因此，台站噪声的评估包括两种方法：一种是频域分析方法，即在较宽的频带内通过加速度噪声功率谱的分析对台站背景噪声做统计评价，如果选用同一厂家、同一种类型的传感器，从中可估计不同台基的优劣，如果采用不同厂家、相同类型的传感器，那么噪声评估将同时包含台基和传感器自噪声的影响；另一种只是针对特定频带（如 DD-1 记录）的噪声分析，为评估监测能力奠定基础。

1.1.1 小地震监测对背景噪声的要求

1. 台站触发条件

由于加速度（或速度）记录比位移记录包含了更多的高频成分，波形也更为尖锐，在监测小地震时有较高的信噪比，因此在判断台站触发及用于地震定位时，通常都将观测记录仿真为 DD-1 加速度记录或者速度记录。在拾取台站 P 波震相到时，通常定义

$$SNR_a = \frac{STA_a}{LTA_a} \tag{1-1}$$

其中，SNR_a 通常称为信噪比，STA_a 为 DD-1 加速度记录的短窗特征量，LTA_a 为加速度记录的长窗特征量，相当于 DD-1 加速度记录的背景噪声。如果长窗的窗长为 T_L，则 LTA 可估计为

$$\sigma_0 = LTA_a = \left[\frac{1}{T_L} \int_0^{T_L} a_0^2(t)\,\mathrm{d}t \right]^{1/2} \tag{1-2}$$

其中，$a_0(t)$ 为 DD-1 加速度背景噪声记录，σ_0 为其窗长内背景噪声均方值，也称为有效值。通过移动窗的技术，可以监测 24h 内 $\sigma_0(t)$ 的变化。一旦发生地震，由于窗长较短，STA 一般仅为 0.5s 或 1s，STA 迅速上升，而 LTA 窗长较大，一般为 30~60s，这将导致 SNR 增长较快，当 $SNR>3$ 时，台站触发，初步检测到 P 波到时，再利用赤池信息量准则（AIC）算法可精确识别 P 波震相到时（张红才，2013）。

2. 测量 S 波位移峰值的要求

至于量取地震震级，必须在 DD-1 位移记录上量取，其特征参数的背景值就是 DD-1

位移噪声的均值或最大值 PGD_0，只有当小地震的 S 波位移峰值 U_m 明显大于 PGD_0 时，才能测定其 U_m。

1.1.2 观测台网的噪声水平评估

1. 噪声评估思路与步骤

如上所述，台站触发、量取微震 S 波峰值等都与台站的背景噪声有关。从监测地方震的角度考虑，观测台网的噪声评估的思路和步骤可概括如下。

（1）对地震观测台网，每一个站点及其配置的传感器必须建立相关的台站参数配置清单和数据库，待观测记录实时回传至台网中心后，至少要积累 1 天到数天的噪声记录才能用于噪声评估。

（2）对任意一个台站，无论其观测量是速度（地震计）还是加速度（强震仪或烈度计）都统一仿真为 DD-1（$T_0 = 1s$，$\xi = 0.707$）的加速度记录 $a(t)$、速度记录 $v(t)$ 和位移记录 $D(t)$，分别在其噪声记录上分析评估其噪声水平。

（3）台站的观测噪声评估需要不少于 1 天（24h）的噪声观测记录，可以将其分成若干段。为了尽可能模拟 P 波震相到时的长窗背景噪声（30 ~ 60s）（李军，2006），可按 1min 为其时间长度，分别统计加速度均方值噪声 σ_0^a，速度均方值噪声 σ_0^v，位移均方值噪声 σ_0^d，也可量取相同时间尺度内加速度噪声峰值 PGA_0、噪声速度峰值 PGV_0 以及位移噪声峰值 PGD_0。经大量统计分析，可以得到如下近似关系（图 1.1）：

$$\begin{cases} PGA_0 \doteq 3\sigma_0^a \\ PGV_0 \doteq 3\sigma_0^v \\ PGD_0 \doteq 3\sigma_0^d \end{cases} \tag{1-3}$$

因此，PGA_0，PGV_0，PGD_0 与 σ_0^a，σ_0^v，σ_0^d 两组参数中只要量取一组噪声水平即可。

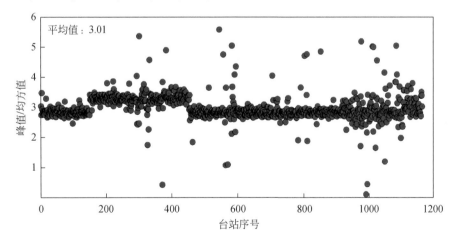

图 1.1 PGD 峰值与均方值的关系统计

（4）假设噪声观测时长为1天，即对24h内的噪声水平进行统计分析。每分钟提取一个样本，共有24×60＝1440个噪声样本观测结果，统计其发生概率最大的噪声值定义为此台站所用传感器的噪声水平。

（5）对每一个台站和每一个观测分量重复上述步骤，都可得到其噪声水平，从而形成台网每个台站噪声水平数据库。

另外，利用传统加速度背景噪声功率谱评估方法，可将地震计、强震仪、烈度计三类传感器在其通频带内统一绘制每个台站及其分量噪声功率谱谱值曲线，并标注地震计通频带国际认可的噪声上界曲线和下界曲线，供分析评估三类传感器及其台基噪声水平使用，从而统计台网内三类传感器中每一类噪声水平的上、下界、功率谱密度函数的平均值和方差。据此也可以看出三类传感器噪声水平存在较大差异。

1.1.3　福建监测台网的噪声水平估计

目前我国台网中配置了以观测速度为代表的高灵敏地震计，以及以观测加速度为代表的中灵敏强震仪和低灵敏烈度计。为统一传感器噪声评估标准，可将地震计的记录实时仿真为加速度，以便用加速度的功率谱密度函数来统一评估三类传感器的噪声水平，这是以频谱特性评价台基及传感器的差异性（林彬华，2020）。另一种思路也可在实测中将地震计、强震仪和烈度计统一仿真为周期为1s，阻尼比 $\xi = 0.707$ 的位移、速度和加速度记录，以加速度噪声 PGA、速度噪声 PGV 或者位移噪声 PGD 为标准统一评估三类传感器的噪声水平。以福建实时传输台网为例进行分析。

（1）福建实时传输地震观测台网。目前共收集福建及邻省地区台网地震计125台、强震仪153台、烈度计900台共计1178台的背景噪声资料。福建台网平均台间距约为11.8km，台站分布图如图1.2所示，黄色正方形为烈度计台站，绿色三角形为强震仪台站，蓝色圆圈为地震计台站。

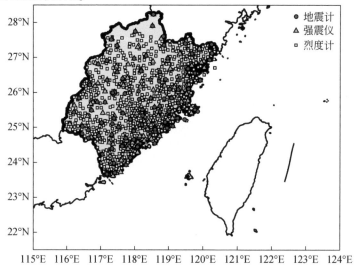

图1.2　福建台网三类传感器的台站分布图

（2）三类传感器的噪声功率谱综合分析。以加速度噪声功率谱为标准评估三类传感器的噪声水平，图 1.3 为福建台网的地震计、强震仪、烈度计三类传感器的噪声模型线集合，其中红线部分为烈度计的噪声模型线集合，蓝线部分为强震仪的噪声模型线集合，绿线部分为地震计的噪声模型线集合，并且不同类型传感器还可获得各自的高低噪声模型线，分别确定出三类传感器各自的高低噪声模型线。烈度计的平均噪声水平为 –77.92dB，主要范围在 –99 ～ –56dB；强震仪的平均噪声水平为 –114.99dB，主要范围在 –146 ～ –77dB；地震计的平均噪声水平为 –140.38dB，主要范围为 –182 ～ –111dB。综上可得，三类传感器的噪声水平由大到小依次为烈度计、强震仪、地震计。

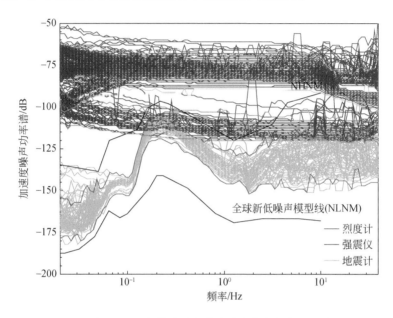

图 1.3　三类传感器的噪声功率谱综合分析

（3）三类传感器的台网噪声水平评估。采用面积占比法分别获得测震台网、强震台网、烈度计台网的噪声评估分布图，如图 1.4 ～图 1.6 所示。通过噪声评估，可分析出噪声水平特别高或特别低的台站，有可能是异常台站，可交有关人员进一步分析确认。

图 1.4（a）、（b）、（c）分别为测震（地震计）台网、强震台网、烈度计台网的噪声水平评估结果的空间分布图。利用噪声功率谱与传感器高低噪声模型线所占面积比对台站噪声水平进行量化，并将面积比用 0 ～ 25%、25% ～ 50%、50% ～ 75%、75% ～ 100% 共四个等级对台网噪声水平进行评估。通过评估可快速直观评选出低噪声、高质量的台站，相比于分贝表示更形象、直观。

（4）以噪声 PGA 为指标评估三类传感器噪声水平。图 1.5 由上至下分别为测震台网、强震台网、烈度计台网的噪声分布和统计结果（垂直分量）。如图 1.5（c）为烈度计台网的统计结果，三幅图分别为 867 台烈度计 PGA 值的散点图，其中异常台站数有 6 台；以及剔除异常台站的烈度计 PGA 的累计概率分布图，规定取所有烈度计台站 PGA 的 0% 作为正常范围的下限，取所有烈度计台站 PGA 的 99.3% 作为正常范围的上限，得出烈度计正常

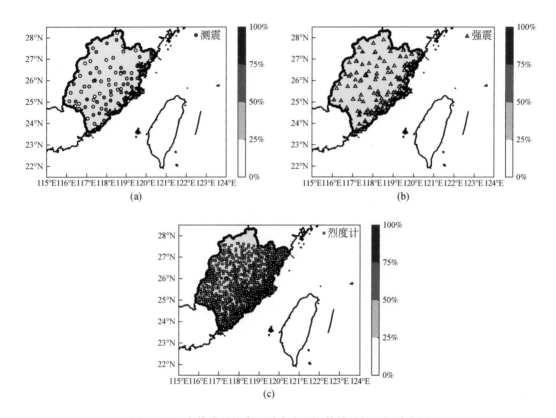

图 1.4　三类传感器的台网噪声水平评估结果的空间分布图

（a）测震台网；（b）强震台网；（c）烈度计台网

台站的 PGA 值范围通常为 $0.07 \sim 2.61$ gal；剔除异常台站的烈度计 PGA 直方图，得到烈度计台站 PGA 的平均值为 0.17 gal，最小值为 0.07 gal，最大值为 2.61 gal。

（5）以噪声 PGD 为指标评估三类传感器噪声水平。图 1.6 由上至下分别为测震台网、强震台网、烈度计台网的噪声分布及统计结果。如图 1.6（a）为测震台网 PGD 的统计结果，分别为 145 台测震 PGD 值的散点图，其中异常台站数有 0 台；剔除异常台站的测震 PGD 的累计概率分布图，规定取所有测震台站 PGD 的 0% 作为正常范围的下限，取所有测震台站 PGD 的 100% 作为正常范围的上限，得出测震正常台站的 PGD 值范围通常为 $0.002 \sim 0.2986$ μm；以及剔除异常台站的测震 PGD 直方图，得到测震台站 PGD 的平均值为 0.0264 μm，最小值为 0.00019 μm，最大值为 0.2986 μm。

（6）三类传感器噪声水平的综合统计表。综合噪声 PGA、PGV、PGD 三种指标统计三类传感器的噪声水平，如表 1.1 所示，可得烈度计的噪声水平通常比地震计大 $2 \sim 3$ 个数量级，强震仪的噪声水平通常比地震计大 $1 \sim 1.5$ 个数量级。

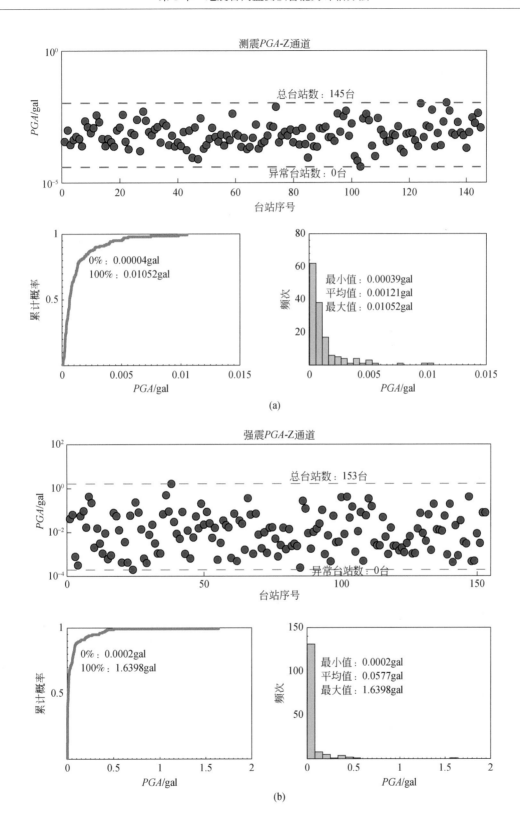

(a)

(b)

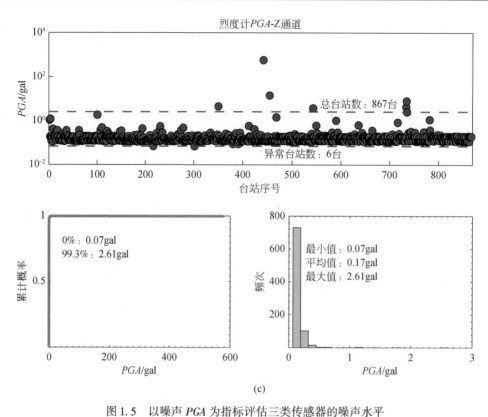

图 1.5　以噪声 *PGA* 为指标评估三类传感器的噪声水平

（a）测震台网 *PGA* 的统计结果；（b）强震台网 *PGA* 的统计结果；（c）烈度计台网 *PGA* 的统计结果

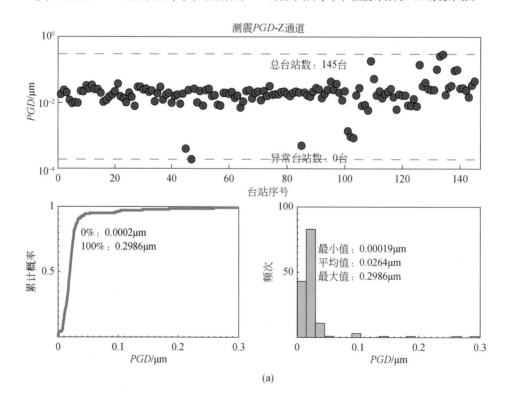

(a)

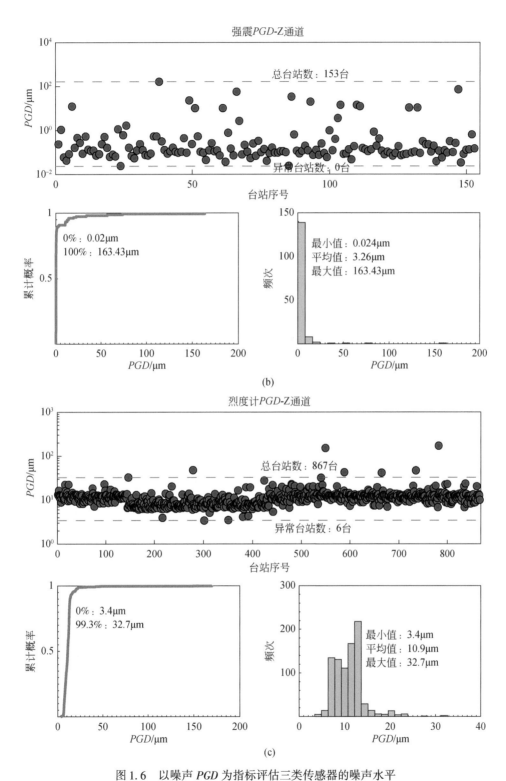

图1.6　以噪声 *PGD* 为指标评估三类传感器的噪声水平

（a）测震台网 *PGD* 的统计结果；（b）强震台网 *PGD* 的统计结果；（c）烈度计台网 *PGD* 的统计结果

表 1.1　三类传感器的噪声水平统计结果

传感器类型	统计指标	噪声功率谱/dB	PGA/gal	PGV/（cm/s）	PGD/cm
烈度计	平均值	−75	0.17	5.84×10^{-3}	1.09×10^{-3}
	主要范围	$[-81, -67]$	$[0.07, 2.61]$	$[3.02\times10^{-3}, 4.19\times10^{-2}]$	$[3.4\times10^{-4}, 3.27\times10^{-3}]$
强震仪	平均值	−118	0.0577	1.54×10^{-3}	3.26×10^{-4}
	主要范围	$[-133, -103]$	$[2.0\times10^{-4}, 1.6398]$	$[7.36\times10^{-6}, 7.77\times10^{-2}]$	$[2.4\times10^{-6}, 1.6343\times10^{-2}]$
地震计	平均值	−145	1.21×10^{-3}	2.30×10^{-5}	2.64×10^{-6}
	主要范围	$[-156, -131]$	$[3.9\times10^{-4}, 1.052\times10^{-2}]$	$[3.20\times10^{-6}, 3.50\times10^{-4}]$	$[1.9\times10^{-8}, 2.986\times10^{-5}]$

注：$[X1, X2]$，表示仪器正常噪声的下界和上界。

1.2　地震观测台网监测能力的评估

根据地震观测台网站点的空间分布、台站配置的传感器类型，对台网监测区域内发生的地震都能形成一定的监测能力，这种能力的下限可以概括为能监测震级为多小的地震（王亚文等，2017；刘栋，2018）。

1.2.1　台网监测最小地震能力的评估思路

根据国家 M_L 震级标准，M_L 的定义为：将台站地震观测记录仿真为 DD-1 位移记录（自振周期 $T_0=1s$，阻尼比 $\xi=0.707$），测量其东西、南北两个水平方向的最大位移峰值的平均值，台站测定的 M_L 震级为

$$\begin{cases} M_L = \lg U_m + R(\Delta) \\ U_m = (U_{mE} + U_{mN})/2 \end{cases} \tag{1-4}$$

其中，U_{mE}、U_{mN} 分别为东西、南北两个分量的位移峰值；$R(\Delta)$ 为量规函数，Δ 为台站震中距。因此，测定 M_L 震级要获得如下信息。

1. 仿真 DD-1 位移记录

以往测震台网只配置以观测速度量的地震计 $v(t)$，现在除了地震计以外，更多的站点配置了观测加速度量的强震仪或烈度计 $a(t)$，但无论是 $v(t)$ 或 $a(t)$ 都要统一实时仿真为 DD-1 位移记录。

2. 已知震中位置

要计算 $R(\Delta)$ 就必须知道震中位置，换句话说，就是要有准确的定位信息。众所周知，就网内地震而言，必须知道四个台站的 P 波到时，才能确定定位的主要参数，即发震

时间和震源三个坐标 (x, y, z)，因此四个台站的 P 波到时才能完成定位。以此推论，如果地震发生在台网任一个空间位置，必须要考虑 4 个台都能获得地震记录的观测波形，识别或分辨其可靠的 P 波到时，才能得到对特定空间位置发生地震时其监测能力的评价。

3. 已知量规函数

量规函数 $R(\Delta)$ 相当于位移峰值随震中距衰减的补偿函数，它的作用相当于对不同震中距的位移峰值由于衰减不同都能得到相应的补偿，使得不同的震中距台站测定的震级都能彼此一致。一般来讲，$R(\Delta)$ 具有区域性特点，最好用本地区的量规函数。震中距 Δ 可由震中坐标和台站坐标计算得到，一旦震中确定，各台站的 $R(\Delta)$ 也就随之确定。

4. 已知地震记录位移峰值

对于地方震来讲，U_m 相当于台站 DD-1 位移记录的 S 波峰值，但是对于最小地震的监测能力评估，又如何计算小地震的 S 波峰值呢？有一点是肯定的，就是小地震的 U_m 要明显高于 DD-1 位移的噪声水平 PGD_0，即噪声位移峰值，否则计算机或者人工是无法识别小地震的。

5. 台网地震监测能力评估的思路和步骤

根据上述的分析讨论，解决上述监测能力评估问题的基本思路和方法如下。

（1）为评估台网监测最小地震的能力，可将台网所监测的空间范围网格化，网格大小为 $0.05° \times 0.05°$，假定每一个网格中心发生一个地震，其震中位置是准确的，但要牢记这一位置必须有四个台站参与定位。

（2）假设通过每一个台站的噪声水平，我们建立了台站噪声水平 PGD 与小地震 U_m 的关系（至于如何建立这一关系留待后续讨论），据此可以得到每一个台站的 U_m，例如第 j 个台站可以得到 U_{mj} $(j = 1, 2, \cdots, N)$，N 为台站总数。但要注意在评估过程中对于第 j 个台站，U_{mj} 都是不变的，它只与本台站的噪声水平有关。

（3）按照前述的空间网格划分，假定第 i 个网格发生地震 $(i = 1, 2, \cdots, M)$，M 为网格总数，可以依据网格位置和台站坐标，计算第 i 个网格发生地震时，各台站测定的震级可定义为 M_{ij}，则 M_{ij} 可表示为

$$M_{ij} = \lg U_{mj} + R(\Delta_{ij}), \quad j = 1, 2, \cdots, N \tag{1-5}$$

其中，Δ_{ij} 为第 i 个网格（地震）至第 j 个台站的震中距。对台站 j 循环可得 M_{ij}，有 N 个台站，可得一个由 N 个震级组成的序列 $\{M_{ij}\}$ $(j = 1, 2, \cdots, N)$，对 $\{M_{ij}\}$ 地震序列重新按震级由小到大排序，则得新序列 $\{M_{ij}^*\}$：

$$M_{i1}^* \leqslant M_{i2}^* \leqslant M_{i3}^* \leqslant M_{i4}^* \leqslant \cdots \tag{1-6}$$

按照四台定位原则，即必须有四个台站都能观测到小地震的位移波形，可以得到

$$M_i = M_{i4}^* \tag{1-7}$$

即将 M_i 定义为第 i 个网格可以监测到的最小地震震级，也就是其监测小地震的能力。

（4）对每一个空间网格即 i 循环，重复上述过程，就可得到全台网所有网格的震级空间分布，即 M_i $(i = 1, 2, \cdots, M)$。据此可以对 M_i 进行统计分析，并制作观测台网最小

地震监测能力空间分布图。

按上述思路，问题就转化为如何评估台站噪声以及如何根据噪声水平估计小地震的峰值 U_m，对台站噪声水平的评估已讨论过，现在研究由噪声 PGD 估计 U_m。

1.2.2　规范估计最小地震峰值的方法

在没有实施预警工程之前相当长的一段时间，地震监测台网主要由速度计组成，其监测能力的评估在规范中有相应的方法，但预警台网建设后新增了强震仪和烈度计，这两种传感器对地震都有一定监测能力，又如何评估呢？

1. 目前规范方法

监测规范关于监测能力评估方法（中国地震局监测预报司，2017），对小震记录速度峰值 v_m 取台基噪声有效值的 $20\sim40$ 倍，其有关论证主要包括：针对地震计速度波形，将速度波形高通滤波，滤波频带为 $1\sim20$Hz。主要假定如下：

（1）S 波峰值为 3 倍 P 波峰值。

（2）P 波峰值为 3 倍 P 波初始波形有效值（σ_A）。

（3）以速度波形为特征量研究触发算法，根据 P 波初动触发算法并假定

$$SNR = \frac{STA}{LTA} \doteq \frac{\text{P 波初动有效值}(\sigma_A)}{\text{背景噪声有效值}(\sigma)} \tag{1-8}$$

（4）触发事件条件为

$$SNR = 3\sim4$$

因此，速度波形中 S 波峰值 v_m 为

$$v_m = 3\times3\times SNR\times\sigma \tag{1-9}$$

也就是

$$v_m = 27\sigma\sim36\sigma$$

综上所述，在 $1\sim20$Hz 频带范围内 S 波的速度峰值取台基速度噪声有效值的 $20\sim40$ 倍，并折算为位移峰值计算监测能力。

（5）根据 v_m 估计位移峰值 U_m 为

$$U_m = \frac{v_m}{2\pi f} \tag{1-10}$$

由于位移峰值 U_m 要在 DD-1 记录上量取，对 v_m 折算的 U_m 的频率进行估计，对 M_L 为 1 级和 3 级地震频率 f 分别取 5Hz 和 3Hz。

2. 规范方法存在的主要问题

（1）论证假定较多，而且速度波形中拾取震相的频带为 $1\sim20$Hz，与计算 DD-1 记录的位移波形频带并不完全相同，因此 DD-1 记录的噪声水平与拾取震相的噪声水平并不相同。

（2）规范方法无法说明所计算的 DD-1 的 S 波位移峰值的信噪比究竟有多大？换句话

说，按此方法能拾取微震到时，但在 DD-1 记录量取的 S 波位移峰值的信噪比是否足够，并没有给予详细证明。

（3）在计算速度峰值 v_m 时，取台基速度噪声有效值的 20～40 倍，自由裁量权过大，若分别取 20σ 和 40σ，则其评估能力相差 0.2 级以上。其评估结果并不唯一具有多解性。

（4）规范方法主要针对地震计速度波形，对于强震仪和烈度计这两种加速度波形记录，首先需要将其转化为速度波形，其评估方法比较复杂，不够简明。因此，需要发展一种通用的地震监测能力评估方法。

1.2.3　估计最小地震峰值新方法

既然 M_L 震级是在 DD-1 位移记录上量取，就应将地震计、强震仪、烈度计波形记录统一仿真为 DD-1 位移波形记录，计算 DD-1 水平分量位移记录的噪声最大位移峰值 PGD 或者噪声有效值 σ，优先保证量取 DD-1 的 S 波位移峰值的信噪比，以便获得可靠的 M_L 震级；然后，证明在此信噪比条件下它可以保证在 DD-1 加速度记录中拾取 P 波到时的信噪比足够大，能触发事件，以便完成地震定位。

1. 小震记录 S 波位移峰值的估计

将地震计、强震仪、烈度计的记录波形统一仿真为 DD-1（$T_0 = 1\text{s}$，$\xi = 0.707$）的位移记录波形和加速度记录波形。

（1）设 PGD 为 DD-1 水平位移噪声记录最大位移峰值，为保证计算 M_L 的可靠性，假设量取 S 波位移峰值 U_m 的信噪比为 3，即

$$U_m = 3 \times PGD \tag{1-11}$$

这相当于计算机和人工都可直接识别小震记录 S 波的位移峰值。对于信噪比不到 3（例如 2 左右）即更低的小地震，有些人工可以识别，但计算机无法识别，也不能保证台站触发识别 P 波到时的信噪比足够，因此经统计分析，上述假定是合理的。

（2）设 σ 为 DD-1 位移噪声有效值，根据统计分析其噪声峰值 PGD 与有效值 σ，一般有

$$PGD = 3\sigma \tag{1-12}$$

或者

$$U_m = 9\sigma \tag{1-13}$$

这样，在 DD-1 位移波形上，通过计算噪声 PGD 或 σ，按式（1-11）和式（1-13）量取 S 波位移波形峰值，可保证计算 M_L 震级的可靠性。如果 S 波位移峰值 U_m 是 P 波位移峰值 U_p 的 3 倍，则

$$U_p = PGD \tag{1-14}$$

换句话说，如果发生微震，那么能量取的最小微震的 P 波峰值恰好等于位移噪声的最大峰值 PGD。据此可得

$$U_p = 3\sigma \tag{1-15}$$

2. 估计位移波形量取初动到时的信噪比

前文已经提到，若

$$U_m = 3 \times PGD$$

如果 U_m 为 P 波峰值的 3 倍，则 U_p 为

$$U_p = PGD$$

在此情况下，如果从位移记录中识别初动，其信噪比究竟是多少？

假设 DD-1 位移波形捡拾 P 波初动震相到时的信噪比为 SND。SND 可估计为

$$SND = \frac{STA}{LTA} \doteq \frac{\sigma_A}{\sigma} \tag{1-16}$$

如果没有微震，则 $SND \doteq 1$。如果发生微震，由于微震位移脉冲周期较短，初始 P 波快速达到峰值 U_p。假定位移噪声为 $n(t)$，初始 P 波波形函数为 $f(t)$，则 σ_A 可估计为

$$
\begin{aligned}
\sigma_A^2 &= \frac{1}{T_c} \int_0^{T_c} [f(t) + n(t)]^2 \mathrm{d}t \\
&= \frac{1}{T_c} \int_0^{T_c} [f^2(t) + 2f(t)n(t) + n^2(t)]^2 \mathrm{d}t \doteq \frac{1}{T_c} \int_0^{T_c} [f^2(t) + n^2(t)]^2 \mathrm{d}t
\end{aligned}
\tag{1-17}
$$

其中，T_c 为短窗窗长，T_d 为微震位移上的时间，$T_c \geqslant T_d$；位移噪声 $n(t)$ 的有效值为 σ。由于随机噪声上下对称，$E[n(t)] = 0$，而且 $f(t)$ 和 $\sigma(t)$ 相互独立，$E[f(t) + n(t)] = 0$。选取初始 P 波位移函数的 $f(t)$ 两种形式，如图 1.7 所示。第一种函数形式：

$$
f(t) = f_1(t) = \begin{cases} \dfrac{t}{T_d} U_P, & 0 \leqslant t \leqslant T_d \\ 0, & t > T_d \end{cases}
\tag{1-18}
$$

第二种函数形式：

$$
f(t) = f_2(t) = \begin{cases} U_P \sin\left(\dfrac{\pi t}{2 T_d}\right), & 0 \leqslant t \leqslant T_d \\ 0, & t > T_d \end{cases}
\tag{1-19}
$$

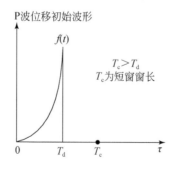

图 1.7　P 波初动脉冲示意图

如果 P 波初始波形函数 $f(t)$ 可近似取为第一种函数形式，则可得到

$$\sigma_{\mathrm{A}} = \left(\frac{1}{3} U_{\mathrm{P}}^2 + \sigma^2 \right)^{1/2} \tag{1-20}$$

由于

$$U_{\mathrm{P}} = PGD = 3\sigma \tag{1-21}$$

据此可得到

$$SND = \frac{STA}{LTA} \doteq \frac{\sigma_{\mathrm{A}}}{\sigma} = 2 \tag{1-22}$$

同理，对于第二种 P 波初始位移形式可得到

$$\sigma_{\mathrm{A}} = \left(\frac{1}{2} U_{\mathrm{P}}^2 + \sigma^2 \right)^{1/2} \doteq 2.4\sigma \tag{1-23}$$

若 S 波峰值是 P 波峰值的 5 倍，σ_{A} 则更小，最小约为 1.5σ。综上所述：

$$SND = 1.5 \sim 2.4$$

换句话说，在 DD-1 位移记录上拾取 P 波初始震相到时，其信噪比为 1.5～2.4，特别是 S 波峰值约为 P 波峰值的 5 倍时，其信噪比更低，达不到 3 的水平。这表明在 DD-1 位移记录上可确保量取 M_{L} 的可靠性，但在此条件下由位移记录拾取 P 波初动时其信噪比不够，不能保证微震事件触发，需要借助其他波形数据拾取 P 波初动。

3. 估计加速度波形量取 P 波初动信噪比

1) 理论初步分析

先从理论上分析。若取第二种 P 波初动波形函数，求导后得

$$f''(t) = \begin{cases} -a_{\mathrm{Pm}} \sin\left(\dfrac{\pi t}{2T_{\mathrm{d}}} \right), & 0 \leqslant t \leqslant T_{\mathrm{d}} \\ 0, & t > T_{\mathrm{d}} \end{cases} \tag{1-24}$$

$$a_{\mathrm{Pm}} = \left(\frac{\pi}{2} \right)^2 \left(\frac{U_{\mathrm{P}}}{T_{\mathrm{d}}^2} \right) \tag{1-25}$$

其中，a_{Pm} 为 P 波初动峰值；对于微震 P 波，T_{d} 较短，波形更尖锐，拾取效果更好。如果定义 $x(t)$ 有效值为

$$\sigma^2(x) = \frac{1}{T_{\mathrm{c}}} \int_0^{T_{\mathrm{c}}} x^2(t) \, \mathrm{d}t \tag{1-26}$$

并令

$$\sigma^2(n) = \sigma^2(D) \tag{1-27}$$

$$\sigma^2(\ddot{n}) = \sigma^2(A) \tag{1-28}$$

$$\sigma_{\mathrm{A}}^2(A) = \frac{1}{2} a_{\mathrm{Pm}}^2 + \sigma^2(A) \tag{1-29}$$

据此，由 DD-1 加速度记录拾取 P 波信噪比 SNA 为

$$\begin{cases} SNR = \dfrac{\sigma_{\mathrm{A}}(A)}{\sigma(A)} = (S^2 + 1)1/2 \\ S = \sqrt{\dfrac{1}{2}} \dfrac{a_{\mathrm{Pm}}}{\sigma(A)} \end{cases} \tag{1-30}$$

由此可得

$$S = 2.1 \times \frac{\pi^2}{4} \frac{1}{T_d^2} \frac{PGD}{PGA} \tag{1-31}$$

若令

$$T = 2\pi \sqrt{\frac{PGD}{PGA}} \tag{1-32}$$

T 为 DD-1 记录的噪声周期，则可得到

$$S \doteq \frac{1}{8} \left(\frac{T}{T_d}\right)^2 \tag{1-33}$$

欲使 $SNA > 3$，必有 $S^2 > 8$，由此可得

$$T_d < \frac{T}{8} \tag{1-34}$$

其中，T 为 DD-1 记录噪声周期；T_d 为微震脉冲上升时间，相当于 P 波峰值 1/4 周期，上式变为

$$T_P < T/2 \tag{1-35}$$

其中 $T_P = 4T_d$，为初至 P 波的峰值周期，对于微震 T_P 较高，容易满足 $T_P < T/2$，故必有 $SNR > 3$。理论研究结果初步表明，在加速度时程中能拾取 P 波初动到时。

2）实验统计分析

现从实验结果进行分析。从量取 P 波初动到时的经验可知，在加速度记录上拾取 P 波到时其信噪比要远高于位移记录上拾取 P 波到时的信噪比。定义无量纲比值 η 为

$$\eta = \frac{SNA}{SND} \tag{1-36}$$

其中，SNA 为 DD-1 加速度波形记录中拾取 P 波初动到时的信噪比；η 表示在 DD-1 加速度波形和位移波形检测 P 波初动信号的能力比值。根据大量地震资料中 P 波初动捡拾实验统计分析可得

$$\eta = 3 \sim 4$$

据此可估计 DD-1 加速度时程中拾取 P 波初动到时的信噪比为

$$SNA = \eta SND = (3 \sim 4) \times SND \tag{1-37}$$

或者

$$SNA = 4.5 \sim 10$$

对于台站微小地震记录，研究其 DD-1 位移初动和加速度初动的信噪比，如图 1.8 为 SNA 与 SND 的统计关系，当 SND 平均信噪比为 2.5 时，SNA 平均信噪比为 9。

这表明在 DD-1 加速度时程中能拾取到 P 波震相到时，并且信噪比较高。综上所述，在 DD-1 位移记录中，S 波位移峰值如果等于 PGD 的 3 倍，则可保证在 DD-1 加速度记录中能拾取可靠的 P 波初始震相到时，确保定位可靠。

4. 新方法的优点

（1）将速度计、强震仪、烈度计都统一仿真为 DD-1 位移噪声波形数据进行评估，通

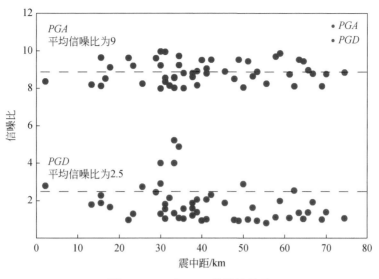

图 1.8　*SNA* 与 *SND* 的统计关系

用性好，评估参数用噪声位移波形的最大峰值 *PGD* 或有效值 σ 来表示。

（2）计算结果具有唯一性。S 波位移峰值 U_m 取为 *PGD* 的 3 倍或有效值的 9 倍，既保证了量取 M_L 的可靠性，又保证在加速度波形记录中触发事件拾取可靠的 P 波初动到时，得到可靠的定位结果。

（3）思路清楚、途径明确，计算简单。

（4）上述方法主要是针对计算机自动识别小震能力的评估，一般来讲，对于 $U_m = 2PGD$ 的小震，人工是可以识别的，监测能力比计算机自动识别的能力降低 0.2 级左右，但是少部分地震站点识别的 P 波到时精度将受到影响，有一定的误差，面临一定的技术风险。

1.2.4　台网各类传感器组网的监测能力

根据上述思路和新方法，对福建省的三类站点的监测能力进行了评估分析。

1. 地震计监测能力评估

图 1.9 为福建测震台网监测能力评估图，福建所有区域的平均地震监测能力为 0.98 级；全省有 55% 的区域具有 1.0 级的地震监测能力，全省有 95% 的区域具有 1.4 级的地震监测能力。

2. 强震仪监测能力评估

图 1.10 为强震台网监测能力评估图，福建所有区域的平均地震监测能力为 2.11 级，在重点区域可实现 1.31 级左右的地震监测能力；全省有 55% 的区域具有 2.17 级的地震监测能力，全省有 95% 的区域具有 2.44 级的地震监测能力。

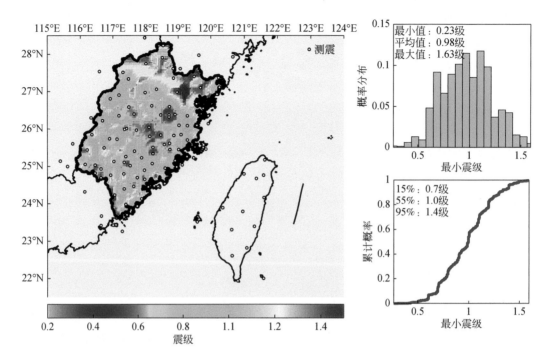

图 1.9　测震台网监测能力评估

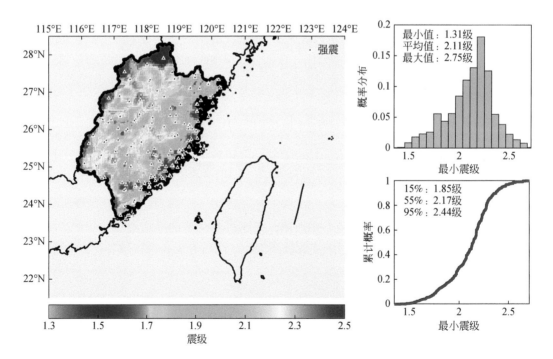

图 1.10　强震台网监测能力评估

3. 烈度计监测能力评估

图 1.11 为烈度计台网监测能力评估图，福建所有区域的平均地震监测能力为 2.98 级，在重点区域可实现 2.54 级左右的地震监测能力；全省有 55% 的区域具有 2.95 级的地震监测能力，全省有 95% 的区域具有 3.5 级的地震监测能力。

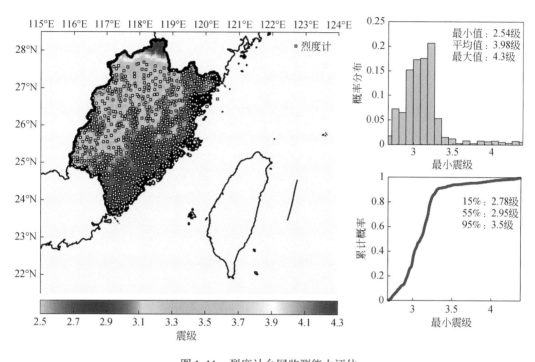

图 1.11　烈度计台网监测能力评估

1.3　地震观测台网预警首报能力的评估

前面所讨论的地震监测能力是按测震台网的传统，在不考虑时效性的前提下，对各类传感器组成的虚拟台网监测最小地震的能力进行分析评估，从分析评估中看出，这种能力由地震计组成的台网具有突出的优势。但是，地震预警和烈度速报系统主要由地震计、强震仪、烈度计融合构建的综合性"三合一"台网组成，在考虑时效性的前提下，又如何评估其预警能力呢？

1.3.1　地震预警产出的主要参数

按照目前我国预警系统的设计和软件产出要求，其主要产出如下参数。

1. 首报预警时间

首报预警时间就是预警系统在检测到地震信号后，利用前几台的信息快速完成地震定位，测定震级和震中烈度，判定其可靠后发布预警第一报时间（白琳娟，2017；游秀珍等，2023）。

2. 地震基本参数和震中烈度

（1）产出地震定位结果。当地震预警系统检测到台站地震信号后，按照单台、双台、三台、四台至多台连续定位方法，产出定位结果和发震时间，但按目前技术要求正式产出第一报定位结果，必须至少有三个或者四个台站触发。

（2）测定地震震级。首台触发后，P 波幅值发育至少 3s 才能测定出可靠震级，这是因为 1~2s 测定震级的误差较大，统计分析表明震级误差控制在 0.5 级以内的概率只有30%~50%，3s 测定震级误差在 0.5 级以内的概率在 80% 左右。另外，根据科学家的研究，P 波触发后 3s 时可以明显区分小震和大震。基于上述理由，一般将首台触发 3s 作为获得可靠震级的最小时间。当然对 3.5 级左右的小地震，首台触发 3s 近震 S 波峰值可能已到达，但对于大震，由于破裂过程的影响，S 波峰值也可能要首台触发 10s 左右，峰值才能到达。一旦首台 S 波峰值到达，则测定的单台震级和台站烈度就可准确测定。地震发生后，将按各个台站触发时间起算，实时测定每一个台的震级，平均震级按每一个台站的可靠性参数（与触发时间有关）进行加权平均计算。

（3）震中烈度。按照中国仪器烈度规范，仪器烈度是按台站观测的 PGA 和 PGV 进行计算的，因此在实时计算台站烈度的同时，也通过烈度衰减关系，由台站震中距 Δ 及台站烈度估计震中烈度。

（4）通过地震信号和地震事件检测。为了确保预警信息的可靠性，对触发事件进行一系列的检测，例如 $PGA-\tau_A$ 和 $PGD-\tau_C$ 检测，以确保检测到的信号为地震信号；同时还要根据 M 的大小，对触发场景进行波场模拟，并与台站触发场景进行比较分析（具体内容可参阅第 3 章），再次确认地震事件。

3. 预警时间和预测烈度

在获得上述地震基本参数和震中烈度 I_0 后，如果满足预警发布标准，将正式产出第一报结果。预警发布的信息是依上述重要参数，对本次地震可能给其影响区域内的城市和重大工程造成重大影响的初步科学评估，这种影响主要体现在地震影响的范围、城市预测烈度分布和 S 波到达的时间。

通过上述分析可以看出，地震预警第一报的时间是完成可靠地震定位和产出可靠的震级与震中烈度并通过地震事件检测的时间，是对预警系统的时效性、可靠性、准确性的综合反映，是其预警能力的主要指标。

1.3.2　地震预警能力评估的思路与方法

地震预警能力的评估包括多方面的要求，主要有地震事件要定位准确可靠；地震震级和震中烈度的测定要基本可靠，误差要控制在可接受的范围内。由于地震信号检测和波场模拟与地震定位和测定震级可同步进行，所以不再重复计算时间。在此前提下，其综合性指标就是预警系统发布第一报的时间（简称为首报时间），这也体现了预警时效性的能力。目前多数省市在制订预警发布规则时，有的要求 4.0 级地震就发布预警，有的要求更低，这就涉及预警区如何根据各类台站传感器的噪声水平和预警时效性的要求，确定地震预警震级下限即最小震级的问题。现在先讨论首报时间的评估问题，再讨论预警震级下限的问题。

1. 地震预警首报时间的估计思路

假设地震的发震时间为 T_0，首台触发的 P 波到时为 T_{P1}，陆续共有 3~4 台触发，经单台、双台、三台及四台连续定位，确定可靠的定位时刻为 T_L，则定位所需的时间为 t_L，

$$t_L = T_L - T_0 \tag{1-38}$$

则 t_L 为从发震时间起算，首次定位可靠的时间。对于预警定位，为了保证其定位可靠性，一般要求至少有 3 个台站触发。通常情况下要有 4 个台触发，才能完全确定震源位置（x，y，z）以及发震时间。对于我国大多数陆上网内地震，震源深度一般为 10~15km，如果假定 $h=10$km，则三台可以测定震中位置。在首台触发后，按照目前地震预警 M_L 震级连续测定算法，先用 P 波峰值振幅后用 S 波峰值进行连续测定。其公式为

$$\begin{cases} M(t) = a_1(t)\lg U_m(t) + R(\Delta, t) \\ R(\Delta, t) = a_2(t)\lg(\Delta + \Delta_0) + a_3(t) \end{cases} \tag{1-39}$$

其中，t 表示由台站 P 波触发时刻起算；$a_1(t)$，$a_2(t)$，$a_3(t)$ 为与时间相关的参数。当 S 波峰值到达时，$a_1(t) \to 1 R(\Delta, t)$ 收敛于 $R(\Delta)$，即

$$R(\Delta) = \bar{a}_2\lg(\Delta + \Delta_0) + \bar{a}_3 \tag{1-40}$$

其中

$$\begin{cases} \lim\limits_{t \to t_m} a_2(t) = \bar{a}_2 \\ \lim\limits_{t \to t_m} a_3(t) = \bar{a}_3 \end{cases} \tag{1-41}$$

t_m 为 S 波峰值到达时间；$\bar{a}_2$，$\bar{a}_3$ 为 $R(\Delta)$ 拟合系数。因此，$M(t)$ 收敛于 M_L，即

$$M_L = M(t), \quad t \geq t_m \tag{1-42}$$

对于平均台间距为 12~18km 的高密度台网，对 5 级以下地震，在首台触发后 3~4s，P 波峰值甚至 S 波都已到达，因此经过大量的统计分析，首台触发 3s 就能对于 6.5 以下的地震都能得到较准确的震级，误差在 0.5 级的概率可达 80% 左右。当然，台站触发后 1~2s 也可产出震级，但误差较大。综上所述，将台站触发 3s 测定的震级作为测定震级是最低要求。从发震时间起算，测定震级的时刻为 T_M，则完成首次测定震级的时间为 t_M，则有

$$t_M = T_M - T_0 \tag{1-43}$$

如果台网设计时比较科学合理，则最优的台网应满足

$$t_L \approx t_M \tag{1-44}$$

但事实上，由于各种原因 $t_L \neq t_M$，如果台网较密，定位快，$t_M > t_L$；反之，如果台网较疏，$t_M < t_L$。所以在震后发布预警第一报的时间 Δt 为

$$\Delta t = \max\{t_L, t_M\} \tag{1-45}$$

另外，为保证触发事件确定是地震事件，近场利用 $PGA\text{-}\tau_A$ 准则，远场利用 $PGD\text{-}\tau_C$ 准则，对前几台记录实时地震的峰值与频率特征进行检测，以确定事件确实是地震事件。但检测时间已包括在 Δt 内，无须重复计算。

2. 衡量首报时间的两种尺度

在分析首报时间时，按发震时间即 T_0 起算，发布预警第一报的时间 Δt 通常称为震后首报时间，如果以首台触发起算，发布预警第一报的时间 $\Delta t'$ 通常称为首台触发首报时间，如图 1.12 所示，那么这两种时间尺度的关系为

$$\begin{cases} \Delta t' = \Delta t - t_{P1} \\ t_{P1} = t_P(\Delta_1, h) \end{cases} \tag{1-46}$$

其中，t_{P1} 为震源至首台的 P 波走时，相当于震后首报时间 Δt 是包括了从震源到首台的传播时间再加上首台触发后测定地震参数的时间。$\Delta t'$ 的意义就在于其真实衡量预警系统在感知地震信号后，测定相关参数的时效性能力，而 Δt 则既包含了 $\Delta t'$ 的能力也包含了 t_{P1} 的影响。对于深震和网外地震，t_{P1} 都较大，容易冲淡 $\Delta t'$ 的影响，例如，网外 120km 的地震 t_{P1} 将近 20s，$\Delta t'$ 为 3~5s，则震后首报时间将近 24s，因此 t_{P1} 更好一些。在上述理论分析中，没有包括数据打包并传输到台网中心的时间延迟 τ_1 以及计算参数时间 τ_2，τ_1 一般为 1s 以内，这可通过站点数据包的收-发时间差，由通信网络来测定，τ_2 可忽略不计。

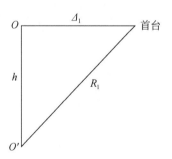

图 1.12　两种首报时间的差异

3. 首报预警时间的计算步骤

为了获得整个台网首报时间的分析结果，可将预警区域进行网格化划分，划分的方法与监测能力评估时采用相同的网格划分。

（1）假定每一个网格发生一个地震，例如对于第 i 个网格中心发生地震（$i=1$，2，$\cdots$，M），M 为网格总数，以第 i 个网格中心为震中坐标，按照三台定位或四台定位的原则，寻找与第 i 个网格地震最近的三个台或四个台，其中第 j 个台站的坐标为（x_j，y_j）（$j=1$，2，3，4）。

（2）计算第 i 个网格与其最近三台或四台的震中距 Δ_{ij} 为

$$\Delta_{ij}=\left[\,(x_i-x_j)^2+(y_i-y_j)^2\,\right]^{\frac{1}{2}}, \quad j=1,2,3,4 \tag{1-47}$$

根据该区域内震源深度的统计分析结果，将平均震源假设为地震震源深度即为 h，则震源距 R_{ij} 为

$$R_{ij}=(\Delta_{ij}^2+h^2)^{1/2} \tag{1-48}$$

将三个或四个台站震中距由小到大重新排序，可得

$$\Delta_{i1}<\Delta_{i2}<\Delta_{i3}<\Delta_{i4} \tag{1-49}$$

则这三个或四个台站最远震源距 R_i 为

$$R_i=(\Delta_i^2+h^2)^{1/2}, \quad \Delta_i=\max\{\Delta_{ij}\} \tag{1-50}$$

三台定位 $\Delta_i=\Delta_{i3}$，四台定位 $\Delta_i=\Delta_{i4}$。

（3）计算定位时间。如果从发震时刻起算，震中距最远的第三台或第四台触发的时间，依 P 波走时模型可计算得到

$$\begin{cases} \Delta t_{Li}=R_i/v_P=t_P(\Delta_i,h) \\ \Delta_i=(R_i^2-h_2)^{1/2} \end{cases} \tag{1-51}$$

其中，

$$R_i=\begin{cases} R_{i3}, & 三台定位 \\ R_{i4}, & 四台定位 \end{cases} \tag{1-52}$$

$t_P(\Delta_i,h)$ 为多层介质模型计算的 P 走时。如果以首台触发起算，则定位时间可表示为

$$\Delta t'_{Li}=\Delta t_{Li}-t_P(\Delta_{i1},h) \tag{1-53}$$

（4）计算测定第 i 个网格地震的震级时间。如果以发震时间起算，则 Δt_{Mi} 为

$$t_{Mi}=t_P(\Delta_{i1},h)+3 \tag{1-54}$$

如果以首台触发起算，则 $\Delta t'_{Mi}$ 为

$$\Delta t'_{Mi}=3 \tag{1-55}$$

其中，Δ_{i1} 为第 i 个网格首台震中距。

（5）根据第 i 个网格定位和测定震级时间的分析，可以得到震后首报时间 Δt_i 为

$$\Delta t_i=\max\{\Delta t_{Li},\Delta t_{Mi}\} \tag{1-56}$$

如果以首台触发时间起算，首报时间为

$$\Delta t'_i=\Delta t_i-t_P(\Delta_{i1},h) \tag{1-57}$$

对网格编号 i 循环，可以得到预警区内整个台网首报时间的空间分布，并可对其进行统计分析。

4. S 波预警时间和地震预警盲区

如果从理论计算上已知震后预警第一报的时间为 Δt，通过通信网络测试已知数据通信

延迟为 τ，假设预警目标区至震中的距离即震中距为 Δ，震源深度为 h，通过 S 波走时模型计算得到从震源至目标区的 S 波走时为 $t_s(\Delta, h)$，则发布预警第一报时，S 波预计到达目标区的时间，即剩余 S 波时间为

$$\Delta t_s = t_s(\Delta, h) - (\Delta t + \tau) \tag{1-58}$$

如果 $\Delta t_s = 0$ 即无预警时间，则

$$t_s(\Delta, h) = (\Delta t + \tau) \tag{1-59}$$

由上式可解得 $\Delta = \Delta_0$，则 Δ_0 为地震预警盲区。如果考虑单层介质模型，则预警盲区为

$$\Delta_0 = \left\{ \left[v_s(\Delta t + \tau) \right]^2 - h^2 \right\}^{1/2} \tag{1-60}$$

如果以首台触发预警第一报的时间为 $\Delta t'$，则

$$\Delta t = \Delta t' + t_P(\Delta_1, h) \tag{1-61}$$

对于单层介质模型

$$t_P(\Delta_1, h) = \frac{\sqrt{\Delta_1^2 + h^2}}{v_P} \tag{1-62}$$

其中，Δ_1 为首台震中距。因此，可由首报时间估计预警盲区范围和预警目标区预警时间。

5. 福建三网融合的预警首报时间评估

按照前述思路和方法，对福建"三合一"台网的首报时间进行评估，评估采用首台触发后的首报时间，如图 1.13 所示，福建全省的预警首报时间平均为 3.1s，在重点区域可实现 3.0s 左右的预警首报时间；全省有 55% 区域具有 3.0s 的预警首报时间，全省有 95% 区域具有 3.0s 的预警首报时间。

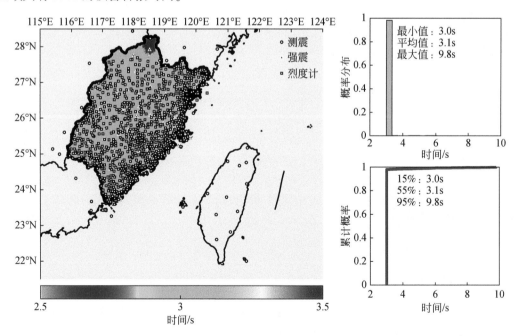

图 1.13　福建三网融合的预警首报时间估计（首台）

如果以震后首报时间评估，如图 1.14 所示，福建全省所有区域的预警首报时间平均为 5.1s，在重点区域可实现 4.7s 左右的预警首报时间；全省有 55% 的区域具有 5.0s 的预警首报时间，全省有 95% 的区域具有 5.9s 的预警首报时间，预警盲区约为 20km。

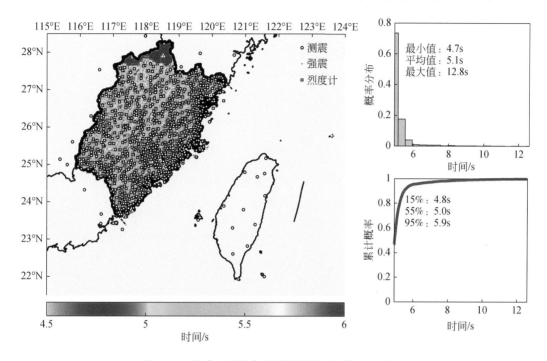

图 1.14　福建三网融合的预警首报时间估计（震后）

1.4　预警区最小地震预警震级的评估方法

目前国家台网中心在考核地震预警系统稳定性、可靠性、产出结果的准确性等方面提出了一些要求，例如对 $M \geqslant 3$ 的地震，预警系统要有产出，并以此统计误报和漏报的情况。但是，漏报的原因可能多种多样，其中一个重要的原因就是在预警时效性要求的前提下，其震中附近 3~4 台配置的烈度计由于传感器对 3 级左右地震的监测能力不足而导致漏报。因此，预警区预警最小地震 M_{min} 的评估十分有意义，可以帮助了解按目前的台网分布、站点的传感器配置，在预警时效性要求的前提下，其监测能力究竟怎样，以此帮助分析漏报 3~4 级地震的原因。另外，对于整个预警区来讲，在制订预警发布规则时，其预警发布的震级下限应该怎么定，否则制订的规则就会缺乏学科依据，带来诸多问题。对于地震预警来讲，时效性也就是首报时间是其最显著的特征，这与自动速报和人工速报在震后 1~2min 或者 10min 可任意选择台站参与地震定位和测定震级是明显不同的。对于地震预警来讲，为了保证时效性，它只能选择离震中最近的 3~4 台站参与地震预警参数的测定。由于震中附近的台站及其所配置的传感器各不相同，有些是地震计，有些是强震仪，更多的是烈度计，其监测地震震级的下限由于台站分布和传感器配置不同，相应的噪声水平也不同，所以监测地震震级的下限也会明显不同。因此，这种与地震预警首报时间相适应、相匹配的检测最小地震的能力，在空间上也是变化的。这与传统的、无时效性要求的监测能力评估具有明显区别。

1.4.1 考虑预警时效性最小震级评估思路

在地震预警区考虑时效性要求的监测地震最小震级下限 $M_{\min}$ 评估的思路，总体上与首报时间的评估相类似，网格划分的模型与前述仍然相同。

（1）假设第 i 个网格发生地震（$i=1,2,\cdots,M$），共有 M 个网格，如果假定三台定位或者四台定位（这依发布要求确定），以第 i 个网格为中心寻找离其最近的三台（或者四台），按震中距排序为 $\Delta_{i1}<\Delta_{i2}<\Delta_{i3}<\Delta_{i4}$。

（2）分别确定这三台（或者四台）所安装传感器的类型，并将其加速度记录（强震仪或烈度计）或者速度记录（地震计）依实时仿真技术统一仿真到 DD-1 位移记录，并计算每一个站点 DD-1 位移记录的噪声水平 PGD。

（3）假设前四台的震中距分别为 Δ_{i1}，Δ_{i2}，Δ_{i3}，Δ_{i4}，相对应的台站噪声水平为 PGD_1，PGD_2，PGD_3，PGD_4。依 S 波峰值 U_m 与 PGD 的关系，可得这四台的 S 波峰值为

$$U_{ij}^m=3\times PGD_j,\quad j=1,2,3,4 \tag{1-63}$$

其中，U_{ij}^m 的上标代表其 S 波峰值位移。

（4）假设第 i 个网格发生小地震，计算第 i 个网格附近前三台或四台所计算的震级

$$M_{ij}=\lg U_{ij}^m+R(\Delta_{ij}),\quad j=1,2,3,4 \tag{1-64}$$

由此可得第 i 个网格发生地震，在首报时间内，可以监测的最小地震震级 M_i 为

$$M_i=\max\{M_{i1},M_{i2},M_{i3}\} \tag{1-65}$$

如果四台定位，则有

$$M_i=\max\{M_{i1},M_{i2},M_{i3},M_{i4}\} \tag{1-66}$$

或者简化为

$$M_i=\max\{M_{ij}\},\quad j=1,2,3,4 \tag{1-67}$$

M_i 的物理意义就在于当第 i 个网格发生地震时，只要震级 $M\geq M_i$，则至少前三台（或者前四台）所配置的传感器都能得到信噪比足够的地震波形，可以参与定位和测定震级。

（5）对网格 i 进行循环，可以得到 M_i 的空间分布图，据此可以进行统计分析。

1.4.2 预警区最小预警震级的确定

根据 1.4.1 节的讨论和分析，可以得到预警区内任一个空间网格发生地震时，在首报时间内，能监测到的最小震级，例如第 i 个网格，预警时其监测能力为 $M\geq M_i$，换句话讲，只要第 i 个网格发生 $M\geq M_i$ 的地震，在首报时间内都可产出结果。那么对于整个预警区来讲，这种能力又如何评估呢？

为此，可采取如下步骤。

1. 计算最小震级概率分布

假设空间网格总数为 N，首先寻找地震序列 $\{M_i\}$（$i=1,2,\cdots,N$）的最小值 M_1 和最

大值 M_2，将区间 $[M_1, M_2]$ 划分为若干等级，如 10 个或 20 个等级，分别统计落入每一个等级的个数，例如震级落入第 m_k 个等级的个数为 n_k，依其可计算震级-频次关系相当于其概率分布函数，并可画出震级-频次直方图。

2. 计算震级累计概率曲线

根据震级-频次关系即震级概率分布曲线，可以计算震级序列 $\{M_i\}$ 的累计概率曲线，即

$$P(M \geq M_k) = \frac{1}{N} \sum_{k=1}^{m_k} n_k \tag{1-68}$$

3. 根据置信概率选定最小预警震级

根据地震序列 $\{M_i\}$ 的累计概率曲线，可以取一个置信概率，例如 95% 即

$$P(M \geq M_{\min}) = 95\% \tag{1-69}$$

由此概率曲线确定的 95% 概率所对应的震级 $M_{\min}$ 可以定义为预警区的最小震级。其物理意义就在于：当预警区上任意位置发生地震，且震级 $M \geq M_{\min}$ 时，预警系统在首报时间内，产出地震参数信息的概率为 95%，不发布地震信息的概率为 5%，属于小概率事件。当然 $M_{\min}$ 只是根据地震观测台网的空间分布，以及每个台站配置的传感器类型及其观测的噪声水平，在地震预警首报即时效性要求的前提下，对预警区上任意发生地震时地震预警监测能力的综合性概率评估。$M_{\min}$ 可能大于 4，也可能小于 4，但在制订地震预警规则时，要将 $M_{\min}$ 作为重要参考依据，发布震级要求可以比 $M_{\min}$ 大，但一般来说不能小于 $M_{\min}$。例如，如果某一预警区经评估得到 $M_{\min} = 4.5$，但预警发布规则又要求震级为 $M = 4$ 级时就必须发布，其后果就是有相当一小部分震级小于 4.5 级的地震在首报规定的时间内，由于监测能力不足，处理不出来，甚至会产生漏报。当然在考虑预警发布规则时，更要考虑预警震级下限对社会的影响，一般来讲，4 级以下地震对社会影响不大，也不会造成人员伤亡，但对特种行业（如高铁等）会带来影响，但这是另外要特殊考虑的问题。个别省市提出的 2.5 级或 3 级就发布预警信息是不合理、不科学的，高估了目前预警工程所建台站在首报时间内的地震监测能力。当然，如果由地震计单独组网，放松对时效性的要求，那么在首台触发 10～15s 内也可产出地震信息，但是这仅仅是采用了地震预警技术来处理中小地震，并非传统意义上的地震预警。

4. 福建三网融合预警最小震级评估

图 1.15 为测震、强震、烈度计三网融合的预警最小震级 $M_{\min}$ 评估结果，福建所有区域的预警最小震级平均为 2.29 级，全省有 55% 区域的预警最小震级为 2.68 级，全省有 95% 区域的预警最小震级为 3.08 级，因此福建与首报时间相匹配的 $M_{\min}$ 约为 3.1 级。

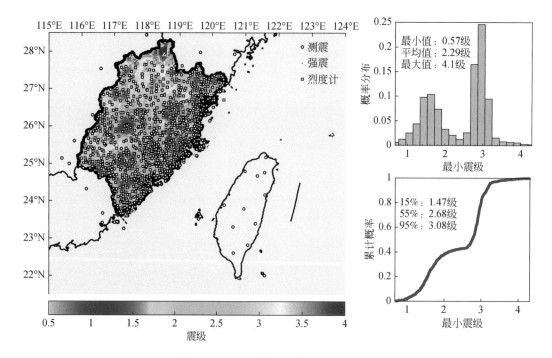

图 1.15　三网融合的预警最小震级评估

参 考 文 献

白琳娟. 2017. 区域及高速铁路地震预警系统的效能分析. 中国地震局工程力学研究所硕士学位论文.

彼得鲍曼. 2006. 新地震观测实践手册. 中国地震局监测预报司译. 北京：地震出版社.

李军. 2006. 福建地区脉动资料的处理与分析. 中国地震局工程力学研究所硕士学位论文.

林彬华. 2020. 基于深度学习的地震监测预警技术研究与应用. 福州大学博士学位论文.

刘栋. 2018. 福建省测震台网监测能力研究. 中国地震局工程力学研究所硕士学位论文.

王亚文, 蒋长胜, 刘芳, 等. 2017. 中国地震台网监测能力评估和台站检测能力评分（2008—2015 年）.
地球物理学报, 60（7）: 2767-2778.

游秀珍, 林彬华, 李军, 等. 2023. 福建省地震台网预警能力评估. 地震学报, 45（1）: 126-141.

张红才. 2013. 地震预警系统关键技术研究. 中国地震局工程力学研究所博士学位论文.

中国地震局监测预报司. 2017. 测震学原理与方法. 北京：地震出版社.

Amorèse D. 2007. Applying a change-point detection method on frequency-magnitude distribution. Bulletin of the
Seismological Society of America, 97（5）: 1742-1749.

McNamara D E, Boaz R I. 2005. Seismic Noise Analysis System Using Power Spectral Density Probability Density
Functions：A Stand-Alone Software Package. USGS Open File Report.

第2章 数据质量监控和模型参数配置以及预警地震事件分析

在观测台网建成，站点观测数据实时回传到台网中心后，要对整个台网的观测数据质量进行检查分析，对每个台站的经纬度、传感器的配置参数、仪器噪声，乃至台基及仪器安装质量要做全面检查确认。在安装地震预警和烈度速报软件后，要在其他配套软件的支持下，加强日常运维的监控，重点关注站点的数据质量、系统时钟的准确性、站点数据回传率、台网数据运行率、通信网络的安全性和稳定性、数据通信的延迟时间、系统和重要设备的心跳率等重要指标，以便确保技术系统处于安全、稳定、可靠运行状态。地震预警与烈度速报系统参数配置包括台网监控边界与台站参数配置、服务对象参数，即乡镇与城市、重要工程地点参数配置，也包括需与当地台网中心商议共同完成相关模型的配置，如波速走时模型、烈度衰减模型、量规函数 $R(\Delta)$。在安装地震预警和烈度速报系统软件时，要同步安装本地区的速度模型和烈度经验衰减模型，前者主要用于地震定位和预测 S 波到达预警目标区的时间（金星等，2012；李军等，2014），后者主要用于预测预警目标区的烈度。另外，在计算预警 M_L 震级时，国家标准制定的 M_L 量规函数 $R(\Delta)$，在震中附近台站由于 Δ 较小，一般只有几千米到 $20 \sim 30\mathrm{km}$，其 $R(\Delta)$ 不够准确可靠，因此利用国家标准计算 M_L 震级在预警首报有偏小的风险。由于我国幅员辽阔，各地地壳介质差异性很大，因此，与地震预警和烈度速报系统产品密切相关的 P 波和 S 波走时模型、烈度衰减模型以及 M_L 震级量规函数 $R(\Delta)$ 等模型参数配置，都涉及模型参数配置本土化的问题。同时一旦地震预警系统产出预警事件，如何分析研究也值得进一步探讨。本章讨论了站点数据和仪器安装质量评估、地震预警软件模型参数的配置以及地震预警事件的综合分析等三大问题，重点讨论站点数据质量的实时分析评估、M_L 量规函数 $R(\Delta)$ 本地化模型、区域性烈度衰减模型、P 波和 S 波走时模型、预警地震事件的综合分析等问题。

2.1 站点数据质量的实时分析评估

为了进一步确保预警工程台网的数据质量，实现高质量运维，福建预警团队研发了地震监测台网数据质量实时监控软件，其研发思路、主要功能及检测方法简要介绍如下。

2.1.1 研发思路和主要功能

为了保证预警定位、测定震级以及计算烈度的准确性、可靠性、时效性，必须对进入地震预警和烈度速报系统的波形数据进行全面"体检"，这种检测既包括"地震事件前"与"地震事件后"，也是一种实时、连续的在线检测，可以帮助我们尽快、更早地发现问题台站，列出问题清单，通报预警系统和运维人员，并对问题的严重性和对监测预警能力的影响进行在线分析评估，帮助值班人员把握问题的性质，做出准确的判断，快速处理问题。台网数据质量实时监控软件（图2.1）包括四大模块。

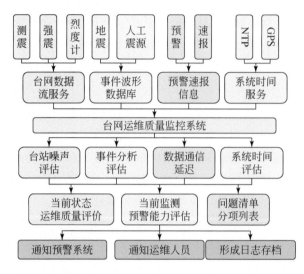

图 2.1　台网数据质量实时监控软件（平台）的四大模块与主要功能

（1）站点噪声数据检测模块：其主要功能在于无地震事件时，可通过三类传感器（地震计、强震仪、烈度计）的噪声分析、评估数据质量，发现台站仪器存在的数据质量问题，列出问题清单，根据其影响地震定位和测定震级等参数的程度提出处理建议（黄玲珠等，2017）。

（2）预警事件的综合分析模块：就是发生地震预警事件后，对地震波形数据进行系统全面的分析，对预警地震事件的基本地震参数进行科学评估，对台站的数据质量进行分析判断，并对异常站点分列问题清单，分析问题的可能原因。

（3）站点数据通信时延监控模块：就是监控和统计各个台站观测数据的时间延迟。站点的数据通信时延是影响预警效果的重要因素，加上三种传感器数据通信采用了不同的运营商和传输模式，数据通信时延会各不相同，因此站网的通信时延必须得到有效的监控，特别是发生通信中断等重大事件时与运营商能建立有效的应对机制。

（4）系统时钟一致性监控模块：就是监控站点时钟和台网时钟是否一致，并计算相应的钟差。台网时钟和各站点时钟的一致性，是确保定位准确性和稳定性的重要基础。由于数量最多的烈度计采用 NTP 授时，20min 校正一次（在此期间的守时是否稳定准确至关重要），与基准站、基本站（地震计和强震仪）采用全球定位系统（GPS）授时或者全球导航卫星系统（GNSS）以及各省观测台网采用的 GNSS（北斗卫星授时）时钟，应保持高度的一致性。但事实上由于钟源不同，仪器守时晶片质量不同，都会给时钟的一致性带来问题，进而会影响地震定位结果的可靠性、稳定性、准确性。因此，只要时钟的一致性好，除了对地震事件发震时刻有可能带来微小影响外，并不会给其余参数的测定带来影响。

本章最后一节（即 2.5 节）重点介绍台站噪声检查方法和预警事件综合分析。

2.1.2　台站噪声数据质量实时检测方法

台站观测噪声数据是数据质量评估的重要来源，除了台站坐标无法通过噪声确认外，其他重要参数如灵敏度（放大倍数）、传感器安装质量、时延、异常信号等都可通过噪声分析来发现，以噪声加速度时程检测为例（速度时程仿真为加速度），其实时检测方法主要包括如下内容。

利用噪声对观测数据进行质量评估，首先要了解仪器性能的指标信息，其中最重要的信息就是动态范围和最大量程。在观测仪器指定的频带内，依据动态范围的计算公式，如果仪器的最大量程的物理量为 V_{max}，最小量程的物理量为 V_{min}，则动态范围为 $20\lg$（V_{max}/V_{min}），单位为 dB。例如烈度计，招标文件要求，其频带范围为 0.1~10Hz，动态范围 $\geqslant$ 80dB，最大量程为 2g，如果以 80dB 计算，可以估计其最小量程也就是噪声水平大约为 0.2gal。由于烈度计的噪声是仪器自噪声，因此其噪声水平大于 0.2gal 数据，例如 5 倍即 1gal，都属于仪器的质量问题或者场地选择不当，也有可能有其他噪声来源。同理，对于强震仪，其动态为 140dB，如果最大量程为 2~4g，其噪声水平为 2×10^{-4}~4×10^{-4}gal，如果实际噪声水平明显高于 1~2 个数量级，则仪器的质量应判定为有问题或者场地选择有问题，应核查其具体原因，对于地震计也可做类似分析。检测出有问题的站点异常后，根据其影响定位和参数计算的程度，按极严重、严重、较重、一般四个等级提出处理建议。

1. 绝对幅值检测法

经大量统计表明，正常噪声状态下噪声峰值 PGA_0 与均方值 σ 存在经验关系 $PGA_0 = 3\sigma$，因此噪声水平通常也可以用 σ 来分析。

根据烈度计噪声分析，绝大多数烈度计噪声水平值都在 0.1~2gal 范围内，如图 2.2 所示。另外，通过对基线的实时监测计算来鉴别基线是否会持续漂移。因此，通过 PGA 绝对值的检测重点在于发现灵敏度的配置错误（如少数站点 PGA 超过 2g）和基线零漂严重（如超 100~1000gal）等异常站点。

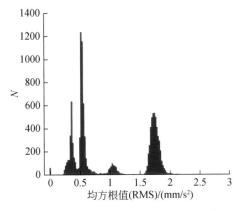

图 2.2　国家预警工程烈度计噪声统计

2. 相对幅值比较检测法

任何一种传感器在正常状态下，其三分量的噪声水平大体相当，这已为实际噪声观测所证实。如果同一分量正向最大值和最小值比值过大（如大于2），不同分量幅值如 A_Z/A_N，A_N/A_E，A_E/A_N 过大（如大于4），都表明三分量噪声有明显异常。如图2.3所示，（a）为正常地震记录，（b）为异常记录，从图中可以看出，不论是噪声或者是地震等震动事件，其正向最大值与负向最大值均大致相等，而异常记录则明显偏于一侧。

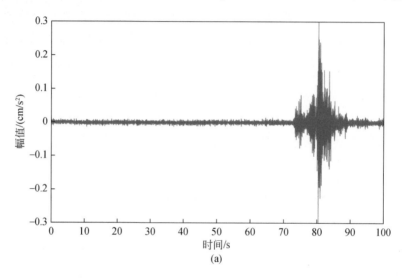

(a)

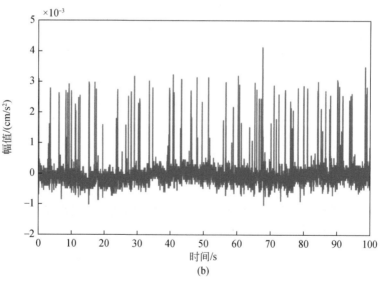

(b)

图2.3 幅值正常（a）与异常（b）波形实例图

3. 噪声最大周期检测法

一般台基噪声的周期为 3 ~ 5s，仪器自噪声的周期更短，因此采用零交法（图 2.4）计算噪声最大周期，如果周期大于 8s，则判定为异常信号。

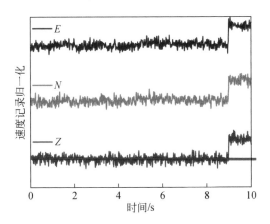

图 2.4　零交法计算噪声最大周期

4. 噪声均方值异常检测法

通过对各站点噪声的检测，可以统计分析整个台网的噪声水平及其分布，如果站点的噪声水平大于台网的平均噪声水平的 3 倍，将视为异常站点。

5. 同台基不同仪器的噪声相关检测法

对于同台基的地震计（速度噪声记录）和强震仪（加速度噪声记录），可以将速度记录仿真为加速度记录，或将加速度记录仿真为速度记录，通过计算两种仪器相同分量（如垂直分量）的相关系数，检测安装质量，如相关系数小于 0，则其中至少有一套仪器方向安装错误。与此相类似，对台站某一分量的噪声截取数段，进行前后时段噪声相关性分析，对于随机噪声其前后时段是无关的，如果发现其相关性较好，则证明仪器有问题。据此也可发现一些周期性异常的高频信号。

在线检测结果时，按 10s 采样一次进行计算，5min 统计一次，产出一次结果，并进行累积统计分析，列出问题台站清单。上述检测方法也可与噪声功率谱概率密度函数（PDF）方法以及其他人工智能方法同时使用（可参阅地震预警与烈度速报——理论与实践第 5 章相关内容），互相验证。另外，当地震事件发生后，有些方法和思路也可应用于台站地震波形数据质量的检测，例如同台基两种仪器仿真为 DD-1 地震波形的，可以帮助计算两台仪器三分量安装角度的偏差，计算震级或烈度明显偏大或偏小的站点，以及走时残差明显大于 1s 的站点等。

2.2　近震震级量规函数模型的本地化

为了使地震预警系统和烈度速报系统产出结果更加可靠、稳定，必须使与产出结果密切相关的模型参数等尽量做到本土化配置，即便刚开始由于缺少地震观测资料或前期研究基础，也要注意积累，逐步做到参数配置模型的本土化。例如震级的量规函数 $R(\Delta)$，根据震级 M_L 的国家标准，其定义为

$$M_L = \lg U_{\max} + R(\Delta) + S \tag{2-1}$$

其中，$U_{\max}$ 为将地震记录仿真为 DD-1（周期 $T_0 = 1\mathrm{s}$，阻尼比 $\xi = 0.707$）水平两分量位移记录最大值的平均值；$R(\Delta)$ 为量规函数；S 为台基校正值，目前皆取 $S = 0$。预警工程没有建成之前，地震计（测震）观测台网的平均台间距较大，东部为 80～100km，西部更大。因此，$R(\Delta)$ 的观测数据包含了更多 $\Delta \geq 100\mathrm{km}$ 的观测数据，对于 $\Delta \leq 50\mathrm{km}$ 以内的观测数据较少，因此经验证 $R(\Delta)$ 在 $\Delta \geq 100\mathrm{km}$ 以上是比较准确的，$\Delta \leq 50\mathrm{km}$ $R(\Delta)$ 不够准确可靠。经常发现在处理 $M < 6.0$ 级的中强地震时，近震 $\Delta < 100\mathrm{km}$ 以内测定的 M_L 震级偏小。因此，要尽量利用本地区的地震观测资料，特别是预警工程建成后的高密集台网观测资源进行统计分析，完善 $R(\Delta)$ 在近场的模型，进一步提高震中附近台站对 M_L 中强震的测定精度。

2.2.1　量规函数的统计分析

如果将 M_L 计算公式变形为另一种形式：

$$\lg U_m = M_L - R(\Delta) \tag{2-2}$$

显然，研究量规函数 $R(\Delta)$，本质上是研究位移峰值随震中距的衰减问题，$-R(\Delta)$ 为衰减函数，$R(\Delta)$ 就是补偿函数。根据本省或者本区域 $M \geq 2.5$ 级以上台网地震目录和台站观测记录，以台网测定的观测震级为标准，利用历史上和预警工程台网建成后多次地震观测结果，统计量规函数 $R(\Delta)$ 的补偿规律（李军等，2016）。以地震计为例，假设第 i 个地震事件，台网测定的 M_L 震级为 M_i，第 j 个台站的位移峰值为 U_{ij}^m，上标 m 表示其峰值，按震级标准，第 j 个台站测定的震级为 M_{ij}，则由第 i 个事件震中至第 j 个台站的震中距为 Δ_{ij}，则令

$$\begin{cases} \Delta M_{ij} = M_{ij} - M_i \\ R(\Delta_{ij}) = M_i - \lg U_{ij}^m \end{cases}, \quad j = 1, 2, \cdots, N_i \tag{2-3}$$

其中，N_i 表示第 i 个地震事件，共有 N_i 个台站获得观测记录。对地震事件 i 循环，可以得到 ΔM 和 $R(\Delta)$ 的一系列不同的 Δ 散点图。

图 2.5 为利用川滇台网 2017～2019 年基岩台站的资料分析的震级残差与 Δ 的散点图。从图中可以看出，在 0～70km，震级残差为负，说明定出的震级偏小；在 150～500km，震级残差为正，之后残差有正有负。根据震级残差变化曲线，可以求出基岩台的量规函数曲线，如图 2.5 中红线所示，对于地震预警实际应用来说，更加关注近场台站的情况。因此，重点分析 1000km 内量规函数的变化（图 2.6），可以看出震中距小于 70km，震级偏

小，新的量规函数增大。具体的量规函数 $R(\Delta)$ 随震中距 Δ 的变化，如表2.1所示。其中 R_1 为原量规函数，R_2 为本研究获得的新的量规函数。

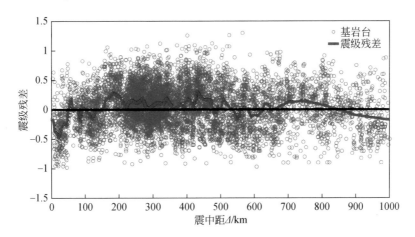

图 2.5 川滇台网基岩台站的震级残差分布与 Δ 的散点图

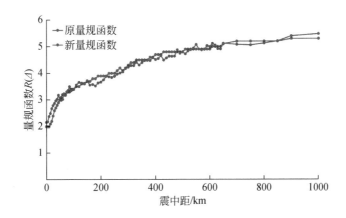

图 2.6 川滇台网基岩台站 1000km 内量规函数曲线

表 2.1 川滇台网基岩台站量规函数值

Δ/km	R_1	R_2	Δ/km	R_1	R_2	Δ/km	R_1	R_2
0~5	2.0	2.2	45	2.9	3.0	85	3.3	3.5
10	2.0	2.3	50	3.0	2.9	90	3.4	3.4
15	2.1	2.4	55	3.1	3.0	95	3.4	3.4
20	2.2	2.6	60	3.2	3.1	100	3.4	3.4
25	2.4	2.7	65	3.2	3.2	110	3.5	3.5
30	2.6	2.8	70	3.2	3.2	120	3.5	3.6
35	2.7	2.9	75	3.3	3.3	130	3.6	3.6
40	2.8	3.0	80	3.3	3.4	140	3.6	3.6

Δ/km	R_1	R_2	Δ/km	R_1	R_2	Δ/km	R_1	R_2
150	3.7	3.7	340	4.5	4.3	530	4.9	4.8
160	3.7	3.6	350	4.5	4.4	540	4.9	4.9
170	3.8	3.6	360	4.5	4.4	550	4.9	5.0
180	3.8	3.6	370	4.5	4.5	560	4.9	5.0
190	3.9	3.6	380	4.6	4.5	570	4.9	4.9
200	3.9	3.7	390	4.6	4.5	580	4.9	4.9
210	3.9	3.8	400	4.7	4.5	590	4.9	5.0
220	3.9	3.9	410	4.7	4.5	600	4.9	5.0
230	4.0	3.9	420	4.7	4.6	610	5.0	5.0
240	4.0	3.9	430	4.8	4.5	620	5.0	5.0
250	4.0	3.9	440	4.8	4.6	630	5.0	4.9
260	4.1	4.0	450	4.8	4.6	640	5.0	5.0
270	4.2	4.0	460	4.8	4.6	650	5.1	5.1
280	4.1	4.0	470	4.8	4.7	700	5.2	5.1
290	4.2	4.1	480	4.8	4.8	750	5.2	5.1
300	4.3	4.2	490	4.8	4.8	800	5.2	5.1
310	4.4	4.3	500	4.8	4.8	850	5.2	5.2
320	4.4	4.3	510	4.9	4.7	900	5.3	5.3
330	4.5	4.4	520	4.9	4.8	1000	5.3	5.4

为了获得补偿函数的统计规律，也可选定分段拟合 $R(\Delta)$ 的函数的形式为

$$R(\Delta) = a_1 + a_2 \lg(\Delta + \Delta_0) \tag{2-4}$$

则依据最小二乘法原理，令 S 为

$$
\begin{cases}
S(a_1, a_2, \Delta_0) = \sum_{i=1}^{N} \sum_{j=1}^{N_i} \left[M_i - \lg U_{ij}^m - R(\Delta) \right]^2 \\
R(\Delta) = a_1 + a_2 \lg(\Delta + \Delta_0)
\end{cases}
\tag{2-5}
$$

可以得到使 $S(a_1, a_2, \Delta_0)$ 取最小值的系数 a_1，a_2，Δ_0，从而得到适合本地区补偿规律的 $R(\Delta)$，并将其与国家标准的 $R(\Delta)$ 作比较，二者的差值就是测量 M_{L} 的系统偏差。

2.2.2　台基校正值 S

对于有经验的台网科技人员，一般都清楚极少数基准站测定的震级存在系统性偏大或者系统性偏小的现象，这主要是这部分站点的台基条件所致。为了评估台基的影响，可以采用如下方法。如果第 i 个地震事件台网测定的震级为 M_i（$i=1, 2, \cdots, N$），第 j 个台站测定的震级为 M_{ij}（$j=1, 2, \cdots, N_s$），则对第 j 个台站的台站校正值 S_j 可计算为

$$S_j = \frac{1}{N}\sum_{i=1}^{N}(M_i - M_{ij}), \quad j = 1, 2, \cdots, N_s$$

$$\sigma_j = \left[\frac{1}{N}\sum_{i=1}^{N}(M_i - M_{ij})^2\right]^{1/2} \tag{2-6}$$

其中，N 为参与计算 S_j 的地震事件总数，N 越大，事件数越多，S_j 的效果越好。一般单台测定震级的最大误差应在 0.5 以内。

例如，利用川滇台网资料（林彬华等，2020），可以得到每个台站的校正值，如图 2.7 所示，绝大多数台站的校正值在 ±0.4 以内，也有部分台站的校正值较大。表 2.2 列出川滇台网基岩台的台站校正值较大的台站。

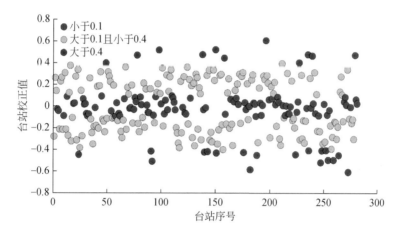

图 2.7　川滇台网基岩台的台站校正值

表 2.2　川滇台网基岩台的台站校正值较大的台站

台站名	台站震级校正	台站名	台站震级校正	台站名	台站震级校正
SC. XCE	−0.50	XZ. CHY	−0.52	SC. CLZJ	−0.49
SC. JJS	0.52	SC. JSZJ	−0.57	SC. U277	0.66
SC. CXI	0.47	XZ. DQI	0.65	SC. ZST	−0.67
SC. BZH	0.52	SC. XGLJ	−0.60	SC. SGXJ	−0.51
GS. LXA	−0.58	SC. LDXJ	−0.58	QH. DUL	1.02
QH. LJX	−0.53	SC. T2472	0.69	QH. MAD	−0.71
GS. PLT	0.60	SC. T2271	0.53	SC. V337	0.47
GS. HNT	0.47	SC. V3371	0.78	QH. LYX	−0.54

由于地震预警只能利用少数 3~4 个台测定震级，因此应尽量使参与预警的每个台站测定的震级准确，基于此目的，对于参与测定震级的台站，应考虑台站场地校正，因此第 j 个台站测定震级的公式可修正为

$$\begin{cases} M_j = M_L + S_j \\ M_L = \lg U_m + R(\Delta) \end{cases} \tag{2-7}$$

其中，M_j 为第 j 个台站测定的震级；S_j 为台站校正值。因此，通过震级量规函数 $R(\Delta)$ 本土化的补偿分析即可先确定 $R(\Delta)$ 和在此基础上所得到的台基校正值，使得近场台站测定震级的准确性、可靠性进一步提高。

2.2.3　强震台与烈度计台的量规函数和台基校正

对于与地震计同台基的强震仪，其量规函数 $R(\Delta)$ 和台站校正值可取与地震计台一致。对于位于地表土层上的强震仪以及烈度计，由于土层和地形的影响与基岩场地完全不同，因此要结合近期预警区地震事件的观测资料，进一步统计分析强震仪和烈度计的区域性 M_L 震级量规函数 $R(\Delta)$ 及其台站校正值，对于台站校正值较大的台站，仍然要结合噪声分析、波形质量评估等对台基条件做进一步确认。相关分析思路和方法与地震计相类似，在此不再讨论。

2.2.4　本地区平均震源深度的统计分析

在对本地区 $R(\Delta)$ 进行统计分析时，也要对该地区的震源深度做一次分析。在预警定位时，如果假定 h 已知，则三台可以定位。因此，h 的平均值也十分重要，这是三台定位的科学基础。如果地震观测资料较多，可以对 $M>3.0$ 以上的震源深度进行统计分析，建议将发生概率加权的深度或者发生概率最大的深度作为平均震源深度，并推荐给地震预警系统使用。

图 2.8（a）、（b）分别是对福建广东陆域和台湾海峡 2.5 级以上地震震源深度的统计结果，可以看出陆域地震震源深度多数集中在 10km 附近，海峡地震震源深度则多数集中在 15km 附近。表 2.3 为对各示范区 2.5 级以上地震震源深度的统计结果。

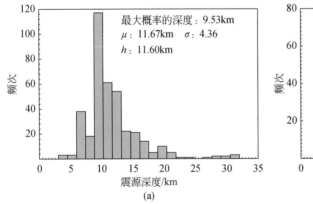
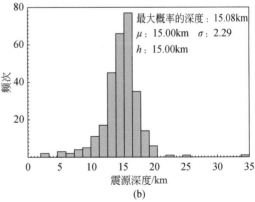

图 2.8　地震震源深度的统计

（a）福建广东陆域 2.5 级以上地震；（b）台湾海峡 2.5 级以上地震

表 2.3　各示范区 2.5 级以上地震震源深度统计结果　　　　（单位：km）

示范区	川滇	四川	云南	首都圈	福建广东	海峡
分布范围	5～25	5～25	5～20	5～20	5～20	10～20
最大概率深度	7.48	8.43/16.43	6.50	7.43	9.53	15.08
概率加权深度	10.72	12.46	10.28	10.80	11.60	15.00

2.3　区域性烈度经验衰减模型

在安装地震预警软件时，也要同步配置烈度经验衰减模型，以便在发布预警信息第一报时，对预警目标区的烈度进行预测，相当于初始烈度的预测，并随观测数据的实时增加，不断修改更新预测烈度。

2.3.1　利用历史地震烈度经验衰减关系

对于历史上地震多发的地区，当发生 $M>5.0$ 级以上地震时，都会派出现场工作队，对地震造成的损失和灾害程度进行现场分析评估，对于 7 级以上的地震还有相应的科考内容，待现场工作即将结束时，还要制作现场地震烈度空间分布图，作为现场工作的主要成果之一（肖亮和俞言祥，2011）。如果历史强震较多，地震烈度调查资料较丰富，就为统计分析烈度衰减关系奠定了坚实的基础。例如，雷建成等（2007）在分析我国西南地区多个历史地震野外现场调查烈度空间分布图后，统计得到了考虑大震破裂影响的长轴（沿破裂方向）和短轴（垂直于破裂方向）的椭圆形烈度经验衰减关系：

$$\begin{cases} I_a = 7.357 + 1.278M - 5.066 \lg(\Delta_a + 24) \\ I_b = 3.950 + 1.278M - 3.757 \lg(\Delta_b + 9.0) \end{cases} \quad (2\text{-}8)$$

其中，椭圆中心在宏观震中，I_a、I_b 分别表示沿长轴和短轴的衰减；Δ 为震中距。如果不分长、短轴，也可得到

$$I = 5.360 + 1.296M - 4.367 \lg(\Delta + 15) \quad (2\text{-}9)$$

其中，I_a、I_b 和 I 的均方差分别为 0.7、0.7 和 0.51。对于四川盆地，其烈度衰减具有特殊性，其烈度经验衰减公式分别为

$$\begin{cases} I_a = 4.029 + 1.300M - 3.640 \lg(\Delta_a + 10) \\ I_b = 2.382 + 1.300M - 2.857 \lg(\Delta_b + 5.0) \end{cases} \quad (2\text{-}10)$$

平均轴衰减关系为

$$I = 3.737 + 1.276M - 3.256 \lg(\Delta + 7) \quad (2\text{-}11)$$

其中，四川盆地 I_a、I_b 和 I 的均方差分别为 0.45、0.45 和 0.42。这些历史地震烈度经验衰减关系是十分宝贵的。由于在制订仪器（观测）烈度标准时，既参考了地震烈度标准中关于各烈度等级划分所对应的建筑物产生灾害的宏观描述，并与国外烈度等级所对应描述的宏观灾害现象进行了系统性的分析，据此得到国外仪器烈度与我国仪器烈度的大致对应关系，也参考了我国地震烈度表中（中国地震局，2008）所推荐的地震动参数，提出了目

前使用的我国仪器烈度标准，它与调查烈度大致有0.5度至1度的误差（金星等，2013）。因此，在没有积累较多观测资料供统计得到仪器烈度衰减关系之前，采用历史地震烈度经验衰减关系是比较合理的，例如对于西南地区和四川盆地就可采用雷建成等统计的烈度经验衰减关系作为地震预警系统预测烈度的初始模型。

2.3.2　统计分析仪器烈度经验衰减关系

在地震观测台网建成后，地震预警与烈度速报系统进入试运行时就要十分关注技术系统的产出和观测资料的积累，对于发生震级大于4.0级以上的中强震，每次都应进行 PGA 和 PGV 以及仪器烈度衰减的分析，并与烈度经验衰减模型进行对比分析。

1. 统计分析震中烈度与震级的关系

随着资料积累，地震次数的增多，要关注 I_0 与 M 的统计关系，一般具有如下形式：

$$I_0 = a_1 + a_2 M \tag{2-12}$$

一个地震，可以有多个等级不同的烈度，但最高烈度即震中烈度只有一个，因此 I_0 与 M 从统计上讲肯定有一定的关系，换句话说，相同的震级，由于震源特性不同，特别是震源深度不同，也会导致地表 I_0 的不同。因此，a_1 一般与震源深度 h 有关，即

$$a_1 = b_1 + b_2 \lg h \tag{2-13}$$

当然，对于我国内陆浅源型地震，h 一般为 $10 \sim 15 \text{km}$，故可近似将 a_1 看成常数。统计分析 I_0 和 M 的关系有重要意义，一旦大震时近场 M 饱和，可由震中烈度 I_0 直接估算大震震级 M。

2. 统计分析现场与仪器震中烈度的关系

对于 $M \geqslant 5.0$ 以上的地震，都有现场工作队制作的对外发布的地震烈度空间分布图及其关键指标震中烈度，以 I_0^{In} 表示，根据观测台网资料也可得到仪器震中烈度以 I_0^{Se}（可保留小数）表示，其关系可表示为

$$I_0^{\text{Se}} = d_1 + d_2 I_0^{\text{In}} \tag{2-14}$$

这一关系的含义表示现场调查的宏观震中烈度与仪器计算的震中烈度可能存在系统偏差。如果资料较丰富，数据较多，则结果较可靠。这对于评估二者的系统偏差、制订仪器烈度替代现场调查烈度的方案有现实意义，也为进一步修改仪器烈度标准提供了第一手的科学依据。

3. 点源与椭圆烈度衰减关系的统计方法

随着地震次数的增多，观测资料的积累，特别是3级以上中强震观测资料较多的实际，可以分析统计在点源模型假定下仪器烈度的经验衰减关系，即

$$I = a_1 + a_2 M + a_3 \lg(\Delta + \Delta_0) \tag{2-15}$$

例如对第 i 次地震（$i = 1, 2, 3, \cdots, N$），震级为 M_i，得到第 j 个台站的仪器烈度为 I_{ij}，震中距为 $\Delta_{ij}(j = 1, 2, 3, \cdots, K)$，其中 N 为地震事件总数，K 为台站总数，则依据最小

二乘拟合原理，令参数 S 为

$$S(a_1, a_2, a_3, \Delta_0) = \sum_{i=1}^{N} \sum_{j=1}^{K} \left[I_{ij} - a_1 - a_2 M_i - a_3 \lg(\Delta_{ij} + \Delta_0) \right]^2 \tag{2-16}$$

通过数值分析，可得到使 S 达最小值的系数 a_1，a_2，a_3 和 Δ_0。在没有大震资料的情形下，将 Δ 换成断层距 d，可以初步得到应用于大震的仪器烈度衰减公式，即

$$I = a_1 + a_2 M + a_3 \lg(d + \Delta_0) \tag{2-17}$$

其中，I 的椭圆长轴即 $d=0$ 的方向为破裂方向，椭圆中心在宏观震中。

2.4　P 波和 S 波的走时模型

由于我国幅员辽阔，块体运动和发震断层的活动水平差异较大，地壳介质模型及其波组发育程度各地也有较大差异。例如，东南沿海常采用华南模型，华北平原采用华北模型，四川以成都平原分界其东西两边的速度模型也有较大差异。由于地壳介质的速度模型即走时模型，是地震预警系统模型参数配置的基本要求，应尽量本土化，以便提高地震定位特别是测定地震深度的精度，提高目标区 S 波预警时间的准确性。影响震中和震源深度测定精度的外界因素不完全相同，前者与台网密度和台站分布关系更为密切，后者受走时模型影响较大。在预警地震参数的测定中，震级和预测烈度的计算都与震中距有关，因此定位时是将震中位置测定排在优先位置。

2.4.1　震中测定与 P 波走时模型关系不大

根据预警定位搜索震中区域 V 图理论，可由台站到时顺序不断搜索震中的可能区域，对网内地震只要知道震中附近能较好包围震中 3～4 个台的到时顺序（并非准确到时）就可将震中限制在一个很小的区域内，这说明震中测定对 P 波走时模型不敏感。换句话说，在保证各台站到时顺序正确的前提下，各种 P 波走时模型测定的震中位置都可以接受。这也是预警定位时假定介质速度模型在震中区域是局部均匀的，用简单的单层走时模型利用单台、双台、三台、四台连续测定震中的主要原因。当然，如果知道前三台（假设 h 已知）或前四台 P 到时（既知触发顺序也知精确到时），则震中区域收敛于一个点。因此，震中的测定精度主要取决于台网的密度和台站包围震中的空间分布，由于存在横向不均性，近台的定位要比远台的定位精度更高，并非参与定位的台站越多，精度就越高。

2.4.2　深度测定与走时模型关系密切

前面论述过震中测定与选择何种 P 波走时模型不敏感，但测定震源深度就极其敏感，也就是不同 P 波走时模型，测定的震源深度将有较大的变化。如果首台能准确量取 S 波到时，那么在已知震中的前提下，利用首台 t_{S-P} 即首台 S 波与 P 波的到时差，将比较好地控制震源深度及其精度。也就是

$$t_{S-P} = t_S(\Delta_1, h) - t_P(\Delta_1, h) \tag{2-18}$$

由此可解得 h。对于单层模型

$$h = \left[\, (v_\varphi T_{\text{S-P}})^2 - \Delta_1^2 \, \right]^{1/2} \tag{2-19}$$

其中，虚波速度 v_φ 为 $8.1 \sim 8.3 \text{km/s}$；Δ_1 为首台震中距。

2.4.3　预警时间需要可靠的 S 波走时模型

在发布预警信息第一报时，如果目标区的震中距为 Δ，首台触发第一报的时间为 Δt，网络延迟为 τ，则目标区的 S 波预警时间 ΔT_{S} 为

$$\Delta T_{\text{S}} = t_{\text{S}}(\Delta, h) - \left[\, t_{\text{P}}(\Delta_1, h) + \Delta t + \tau \, \right] \tag{2-20}$$

其中，$t_{\text{S}}(\Delta, \ h)$ 为 S 波到达目标区走时；$t_{\text{P}}(\Delta_1, \ h)$ 为首台 P 波的走时；Δ_1 为首台震中距；h 为震源深度。上述公式即为预测 S 波达到目标区的预警时间，也是 S 波达到目标区的剩余时间。预警盲区必须满足

$$\Delta T_{\text{S}} = 0 \tag{2-21}$$

则有

$$t_{\text{S}}(\Delta, h) = t_{\text{P}}(\Delta_1, h) + \Delta t + \tau \tag{2-22}$$

从中可解得 Δs，则 $\Delta \leqslant \Delta s$ 的区域即为盲区半径。如果考虑单层模型，可得到更直观的解为

$$\Delta s = \left\{ \left[\frac{v_{\text{S}}}{v_{\text{P}}}(\Delta_1^2 + h_2)^{1/2} + v_{\text{S}}(\Delta t + \tau) \right]^2 - h^2 \right\}^{1/2} \tag{2-23}$$

因此，利用预警区配置的走时模型，可以计算 $t_{\text{S}}(\Delta, \ h)$，$t_{\text{P}}(\Delta_1, \ h)$。

2.4.4　P 波和 S 波走时模型的检测

在选定本区域的 P 波和 S 波走时模型后，一旦强震来临，地震预警系统都可以产出相关产品。通过对比台站实际触发的 P 波和 S 波到时与走时模型计算的 P 波和 S 波到时的差异性，经过统计分析，可初步判断所选择的走时模型是否适合当地介质结构的特点，如果差异性较大，也可以建立更加适合当地特点的实验性 P 波和 S 波走时模型，以便修正所选择走时模型带来的系统性偏差。

2.5　地震预警事件及观测记录分析

在地震预警区，目前地震预警和烈度速报技术系统进入测试运行、示范运行阶段，一旦发生 $M \geqslant 4.0$ 以上地震，预警和烈度速报系统都会产出结果，也会获得大量的宝贵观测资料，因此，如何通过台站观测结果评估台站数据质量、研究场地影响、分析预警系统采用走时模型的合理性、根据台站观测烈度可以分析台站预测烈度的准确性等问题就提上议程。

2.5.1　台站观测数据质量的分析评估

预警工程站点建设共有三类。第一类为基准站，站点数量较少，但观测环境要求较

高，其建台标准基本沿用过去建设测震台的标准，全国多数省市基准台都选择市区外的基岩台基上，如云南、四川、福建等，在华北地区也有不少选择井下台。基准站配置双传感器即宽带地震计和标准强震仪（宽带加速度计），其安装要求也比较严格，有独立院落的观测室。第二类为基本站，多数建在县级城市内如公园、学校等人口比较密集的场所，建有简易观测室，配置标准强震仪，建有观测墩并置于地表土层上。第三类为一般站，多数省市通过委托第三方服务方式，建于离乡镇不远的铁塔公司通信基站内，基站场址一般地势较高，安装方式既有挂式，也有地表式，但站点观测数据一般会受铁塔风振及其观测房的基础震动影响，也会受场址土层与地形的影响。

1. 基准站观测数据质量评估

由于基岩台的基准站，在相同台基上安装了宽频带地震计和宽带加速度计，两台仪器相距 1m 左右，其观测波形具有很高的相似性，因此通过互相仿真（即将地震计速度波形仿真为加速度），并与强震仪记录做比较，或将强震仪加速度波形仿真为速度波形与地震计波形做比较，或者两者同时仿真为 DD-1 位移记录并比较二者波形的相关性等方式，对比分析两套设备参数配置的准确性、三分量记录的一致性（若不一致，则至少有一台方向有误）等评估仪器安装质量。由于两种仪器台基相同，两种仪器观测到噪声频谱和噪声水平的差异性就反映了两种观测仪器性能上的差异性。

（1）通过速度计的 P 波初动方向特别是爆破记录可判断垂直分量的方向是否正确。通过地震计水平二分量计算震中方位角，进一步判断地震计三分量的安装质量。

（2）通过速度计仿真为 DD-1 位移波形，测定台站 M_L 震级，并与台网测定的最终 M_L 震级做比较，分析震级误差是否在 0.5 级以内，如果震级误差大于 0.5 级，再次检查灵敏度的配置；如果震级误差仍大于 0.4 级以上，将其列入待查台站。如果多次地震测定结果表明单台测定震级都高于 0.2 级，将考虑进行台基校正。

（3）如果确认地震计安装质量和波形无问题，则以地震计记录为参考，检查强震仪安装质量。

（4）如果得到较好的地震记录，将地震计和强震仪地震观测波形同时仿真为 DD-1 位移记录，比较两者 DD-1 位移三分量波相关性，如果完全一致，表示计算 M_L 震级没问题。从理论上讲，二者可能有微小误差，可忽略。但如果两者波形特别是水平两分量有较大差异，要分析其原因，至少有一台仪器的安装质量（特别是正北方向）有问题。

2. 基本站的波形数据质量

配置标准强震仪的基本站一般建在市区如公园、学校等地表土层上，有单独的简易观测室，对安装质量也有相应的规范。

（1）强震仪的安装质量也很重要，其检查方法可参考基准站检查方法。

（2）基本站计算 M_L 震级。由于基本站除了参与烈度速报以外，还参与地震预警（包括定位和测定震级）。同时，由于基本站大部分都建在土层上，所以也要对其测定 M_L 震级的效果进行分析。仍然以 M_L 震级为基础，比较其测定的震级与台网测定的震级，如果误差小于 0.2 级是可以接受的，但若误差大于 0.2 级就要考虑场地修正。

3. 一般站的数据质量

由于一般站是委托第三方铁塔公司建设的，烈度计由多家公司提供，台址一般选择在乡镇附近的通信基站，西部地区如云南、四川离乡镇有几千米，通常地势较高，有些场址比较复杂，观测记录既包含地形和土层的影响，也包含通信基站高塔和观测房的影响，也有不同厂家烈度计自身的问题。

（1）场址和仪器安装质量。对于少部分烈度计，除了安装质量（包括三分量初动）问题以外，仍需要考察评估铁塔高度及风振对观测的影响。

（2）通信延迟和噪声异常大波形。由于有些地区也发现一定数量的烈度计数据通信延迟过大，超过技术要求，所以要尽快与铁塔公司协商解决。另外，不少地区发现，一些烈度计在日常噪声监测中有不明原因的异常大噪声，有些会触发台站，引起误判，对此要做专门研究，分析其根源。

（3）评估测定 M_L 震级的误差。由于烈度计也参与预警震级 M_L 的测定，因此在地震预警事件分析中，要对烈度计台得到的 M_L 震级进行统计分析，计算与台网中心测定的震级的统计偏差，如果出现系统性偏差，则意味着要重新分析 $R(\Delta)$。同时，重点关注震级测定误差超过 0.2 的台站。

2.5.2　场地土层响应分析

1. 井下基准站观测记录估计土层响应

华北地区如河北、天津等省市，所建基准站许多为井下基准站，即在井下安装有宽频带地震计，井上土层安装有强震仪（图2.9）。因此，也可根据上下两套仪器的地震观测记录分析土层场地影响。假设井下安装的地震计坐落于基岩或波速较高的土层，可将其等同于基岩，将井下宽频地震计速度记录 $v(t)$ 仿真为加速度记录 $a_b(t)$，根据公式：

$$\ddot{x}_b(t) + 2\xi\omega_0\dot{x}_b(t) + \omega_0^2 x_b(t) = -a_b(t) \tag{2-24}$$

其中，ξ 为阻尼比，$\xi=0.05$；$\omega_0=\dfrac{2\pi}{T_0}$，$T_0$ 为仪器自振周期。当 $T_0=0.1\text{s}$，0.2s，$\cdots$，可以得到相应的 $\ddot{x}_b(T_0,t)$，$\dot{x}_b(T_0,t)$，即加速度和速度波形，取

$$SA_b(T_0)=\max\{|\ddot{x}_b(T_0,t)|\}, \quad t\in(0,T_d)$$
$$SV_b(T_0)=\max\{|\dot{x}_b(T_0,t)|\}, \quad t\in(0,T_d) \tag{2-25}$$

其中，$SA_b(T_0)$、$SV_b(T_0)$ 也称为基岩 $a_b(t)$ 的加速度反应谱和速度反应谱；T_d 为 $\ddot{x}_b(t)$ 的震动总持时。同理，将地表土层上强震仪的记录记为 $a_s(t)$，按照上述相同的计算公式：

$$\ddot{x}_s(t) + 2\xi\omega_0\dot{x}_s(t) + \omega_0^2 x_s(t) = -a_s(t) \tag{2-26}$$

其中，ξ 和 $\omega_0=\dfrac{2\pi}{T_0}$ 取相同的参数，可以得 $\ddot{x}_s(T_0,t)$ 和 $\dot{x}_s(T_0,t)$ 的时程，即加速度波形和速度波形。定义 $\ddot{x}_s$ 和 $\dot{x}_s$ 的反应谱分别为

$$SA_s(T_0) = \max\{|\ddot{x}_s(T_0,t)|\}, \quad t \in (0, T_d)$$

$$SV_s(T_0) = \max\{|\dot{x}_s(T_0,t)|\}, \quad t \in (0, T_d) \tag{2-27}$$

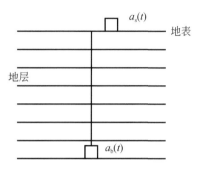

图 2.9　井下基准站安装示意图

可以这样理解，$SA_b(T_0)$ 为基岩加速度输入时的最大峰值，$SA_s(T_0)$ 为地表土层输出的最大加速度峰值，T_0 为其最大加速度对应的周期，按工程上最大地震反应的定义，可定义土层的放大效应为

$$S_a(T_0) = \frac{SA_s(T_0)}{SA_b(T_0)} = \frac{PGA_s(T_0)}{PGA_b(T_0)} \tag{2-28}$$

其中，PGA 的下标表示地表（s）和基岩（b）。

若将 T_0 改写为 T，则

$$S_a(T) = \frac{PGA_s(T)}{PGA_b(T)} \tag{2-29}$$

同理，$S_v(T)$ 可定义为

$$S_v(T) = \frac{SV_s(T)}{SV_b(T_0)} = \frac{PGV_s(T)}{PGV_b(T)} \tag{2-30}$$

其中，$S_a(T)$ 和 $S_v(T)$ 分别为土层场地加速度和速度放大倍数，也为场地校正值，它对于将地表观测校正到基岩，或由基岩修正到地表都十分有用，是修正仪器烈度和制作仪器烈度空间分布图的重要指标信息，在后续章节中将会讨论。

2022 年 5 月 21 日 16 时 5 分，河北卢龙发生 M3.6 级地震，我们以距离震中约 63km 的乐亭地震台站的观测记录为例，该台站为井下基准台，井下安装宽频带地震计，地表土层安装强震仪，为便于观测数据的对比，利用实时仿真方法，将两种地震计记录仿真为自振周期为 1s，阻尼比 0.707 的速度记录，图 2.10 为该台站的记录情况。其中，（a）为宽频带地震计仿真后的速度记录，（b）为强震仪仿真后的速度记录，从上到下分别为垂直向、东西向、南北向。从理论上讲，同台址的观测记录应相同，但从图中可看出，地表强震记录仿真后的速度幅值明显大于井下宽频带速度计仿真后的速度记录，这就是土层场地响应引起的。

利用此次地震记录，采用前面讲述的场地放大效应计算方法，计算该台站场地响应，如图 2.11 所示，（a）为加速度反应谱，（c）为速度反应谱，红色的为井下测震仪，蓝色为地表强震仪，（b）、（d）分别为加速度和速度放大倍数。从图中可以看出，该台站对速

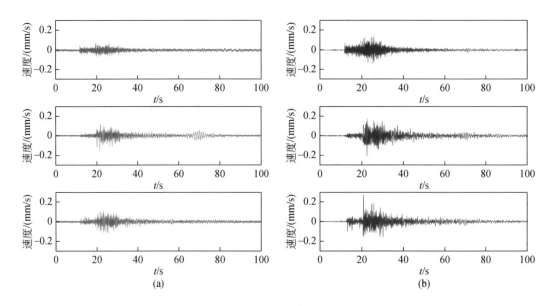

图 2.10　卢龙地震乐亭地震台站记录

（a）宽频带地震计仿真后的速度记录；（b）强震仪仿真后的速度记录

度和加速度的放大倍数约为 1.7。如果地震事件较多，大小地震都有，经统计平均后可以得 $S_a(T)$ 和 $S_v(T)$ 的统计结果，对华北地区所有井下台都做相同的分析，可以得到井下台的土层反应数据库，进而通过插值得到华北地区网格化的场地校正数据库。

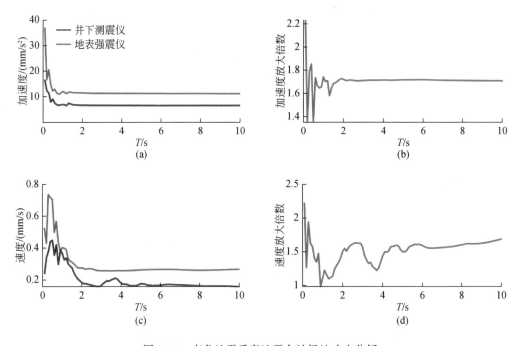

图 2.11　卢龙地震乐亭地震台站场地响应分析

（a）加速度反应谱；（b）加速度放大倍数；（c）速度反应谱；（d）速度放大倍数

2. 基本站土层场地的放大效应

场地放大效应计算一般归纳为两种：一种是利用观测到的实际记录（一般是强地震动数据）进行统计和分析得出场地放大系数；另一种是基于已有的理论研究成果，建立场地模型，通过数值模拟的手段，从而估算出场地放大系数（吴微微等，2016）。

1）基于实际强震动观测记录

利用实际强震动观测记录计算场地效应时，通常利用地震记录的直达 S 波和尾波。由于尾波的获取要求地震记录持续时间较长，因此通过直达 S 波来计算场地效应较为常见。利用 S 波计算场地效应的传统方法为谱比法。如果基本站仅有土层地表面记录，则可通过比较基本站的土层记录反应谱与邻近台站基岩场地记录的反应谱，定量估计土层场地的放大系数。该方法要求同一次地震发生时基本站与邻近基岩台站同时获取记录，且两台站之间的距离远远小于各自的震源距，以确保其传播路径、周围入射波场近似。

2）基于理论成果和数值模拟计算

第一种方法需要以观测记录较为丰富为基础，强震记录以震中距和震级分布较为均匀为最优。当已有的强震记录不足时，则可根据地震波在水平成层土介质中的传播理论，假设地震波是由下卧基岩经土层竖直向上传播的剪切波，即 SH 波垂直入射，利用建设基本站时场地勘测报告，提炼为实际工程场地的计算剖面模型，采用工程上常用的等效线性化数值方法模拟不同场地类型对地震动的传播影响，从而给出场地放大效应。这种方法的优点是土动力学参数可以通过钻孔资料和土层样本，并经实验室分析得到，不足是输入地震波一般采用人工合成加速度，对结果有一定程度的影响。现以福州某典型Ⅱ类场地为例介绍一下本方法分析过程。

第一步：根据钻孔资料，选取福州地区典型的Ⅱ类场地钻孔，建立场地一维土层模型，钻孔土层剪切波速与深度关系曲线和土层反应模型参数如图 2.12 及表 2.4 和表 2.5 所示。

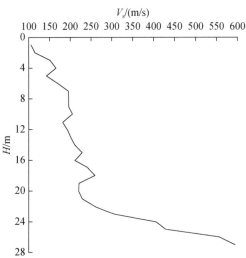

图 2.12　典型Ⅱ类场地钻孔土层剪切波速与深度关系曲线

表2.4　土体动力非线性特性参数表

类号	土层名称	参数	剪应变 $\gamma/10^{-4}$							
			0.05	0.1	0.5	1	5	10	50	100
1	填土	G/G_{max}	0.9910	0.9810	0.9130	0.8410	0.5130	0.3450	0.0950	0.0500
		ζ	0.0090	0.0130	0.0350	0.0510	0.1030	0.1240	0.1520	0.1560
2	中砂	G/G_{max}	0.9820	0.9660	0.8620	0.7680	0.4430	0.3040	0.1000	0.0580
		ζ	0.0118	0.0129	0.0225	0.0336	0.0816	0.1053	0.1428	0.1508
3	砂土状强风化花岗岩	G/G_{max}	0.9962	0.9924	0.9631	0.9289	0.7232	0.5664	0.2071	0.1155
		ζ	0.0061	0.0095	0.0260	0.0395	0.0941	0.1254	0.1843	0.1976
4	基岩	G/G_{max}	1.0000	1.0000	1.0000	1.0000	1.0000	1.0000	1.0000	1.0000
		ζ	0.0040	0.0080	0.0100	0.0150	0.0210	0.0300	0.0360	0.0460

表2.5　典型钻孔土层柱状剖面参数

序号	地层名称	土类号	厚度 d_i/m	$v_{si}/(m/s)$	容重 $\gamma/(g/cm^3)$
1	填土	1	1.5	106	1.75
2	中砂	2	1.5	115	1.95
		2	1	152	1.95
		2	1	166	1.95
		2	1	142	1.95
		2	1	171	1.95
		2	1	196	1.95
		2	1	196	1.95
		2	1	196	1.95
		2	1	205	1.95
		2	1	182	1.95
		2	1	193	1.95
		2	1	201	1.95
		2	1	211	1.95
		2	1	229	1.95
		2	1	211	1.95
		2	1	243	1.95
		2	1	260	1.95
		2	1	221	1.95
		2	1	220	1.95
		2	1	229	1.95
		2	1.1	259	1.95

续表

序号	地层名称	土类号	厚度 d_i/m	v_{si}/(m/s)	容重 γ/(g/cm^3)
3	砂土状强风化花岗岩	3	0.9	305	2.05
		3	1	406	2.05
		3	1.3	430	2.05
4	基岩	4	0.7	557	2.2

　　第二步：采用一维波动等效线性法计算场地土层反应，基岩输入采用地震危险性概率分析方法，基于我国第五代地震动参数区划图的"三级划分"的潜在震源区模型，计算得到的福州地区三种超越概率水准的基岩地震动加速度反应谱，人工拟合得到的基岩地震动输入时程曲线，如图 2.13 所示。

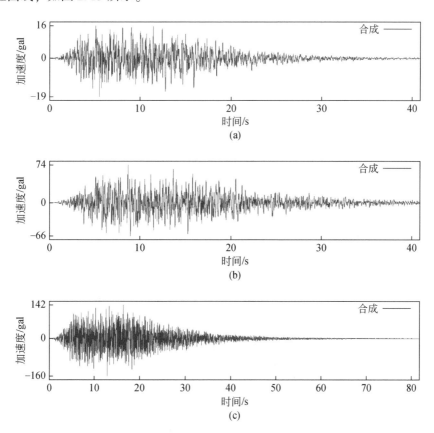

图 2.13　人工拟合得到的基岩地震动输入时程曲线

(a) 50 年 63%；(b) 50 年 10%；(c) 50 年 2%

　　第三步：采用谱比的方式计算土层加速度和速度最大反应放大倍数即 $S_a(T)$ 和 $S_v(T)$。其中福州地区典型Ⅱ类场地在三种超越概率水准下的场地和基岩地震动加速度反应谱对比如图 2.14 所示。其中，加速度最大反应放大倍数：50 年 63% 和 50 年 10% 水准分别为 3.08 和 3.17，均位于反应谱周期 0.5s 附近；50 年 2% 水准为 3.02，位于 0.6s 附近。

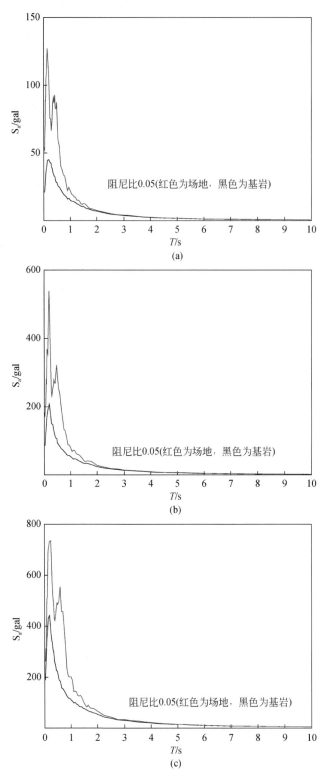

图 2.14　三种超越概率水准下的场地和基岩地震动加速度反应谱

（a）50 年 63%；（b）50 年 10%；（c）50 年 2%

速度反应谱对比如图 2.15 所示。其中，速度最大反应放大倍数：50 年 63% 水准为 2.85，位于速度谱周期 0.5s 附近；50 年 10% 水准为 3.04，位于 0.55s 附近；50 年 2% 水准为 2.86，位于 0.6s 附近。

2.5.3 地震预警相关参数的评估

在预警参数中，主要包括首报预警时间、地震基本参数（发震时间、地点、震级）以及震中烈度、特定城市预测烈度和 S 波预警时间；在后续报中会包括经修正后与首报相同的参数内容。一旦在预警区发生中强以上地震事件，就可以对相关预警参数进行分析，评估预警结果的可靠性、准确性、科学性。

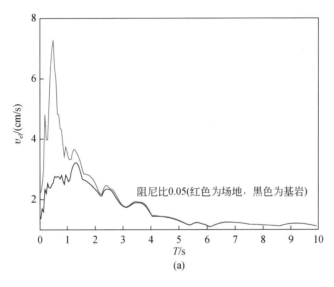

(a)

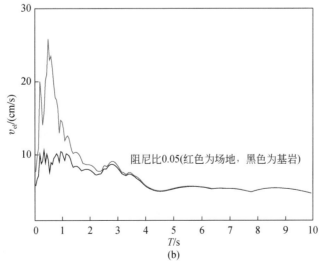

(b)

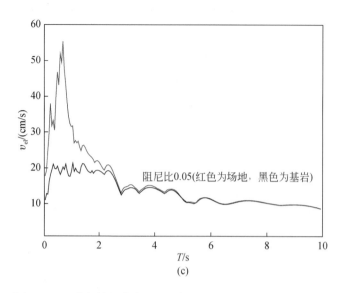

图 2.15　三种超越概率水准下的场地和基岩地震动速度反应谱

(a) 50 年 63%；(b) 50 年 10%；(c) 50 年 2%

1. 地震定位误差

预警定位主要涉及震中附近的前四个台站，在已知走时模型和震中附近介质局部均匀化的假定下，可由前四台确定震中和震源深度，但如果假定 h 已知（如 10km），也可由三台确定震中。因此，震中位置的评估要与震源深度分开，前者对 P 波走时模型依赖性不强，后者则紧密关联，换句话说，要测准震源深度，必须有准确可靠的走时模型。由于台网中心的定位结果是由多台（远近都有）参与定位的结果，实际上已包含了介质的横向不均匀性，但用均匀走时模型定位，也可能不太准确。因此，台网中心的定位结果只能做参考，不能作为评估依据。其评估定位步骤可参考如下。

（1）利用震中附近前四台的地震观测记录，在确认时钟无误的前提下，通过人工和计算机识别前四台的台站 P 波到时，分别表示为 T_{P1}，T_{P2}，T_{P3}，T_{P4}。

（2）分析前四台在空间上包围震中的分布情况，利用预警连续定位程序或常规定位程序和当地台网中心采用的速度模型，并利用前四台 P 到时或前三台 P 波到时（假设 $h = 10km$），可以确定震中位置或震源深度。如果四个台基本能包围震中，其定位结果基本可靠，但 P 波确定的震源深度仅为参考。震源深度可考虑用最近的首台 t_{S-P} 估计，根据走时模型可计算得到

$$t_{S-P} = t_S(\Delta_1, h) - t_P(\Delta_1, h) \tag{2-31}$$

由此可得

$$\begin{cases} h = (R_2^2 - \Delta_1^2)^{1/2} \\ V_\varphi = R_1 / t_{S-P} \end{cases} \tag{2-32}$$

由此可估计 h，并与 P 波确定的 h 进行比较，加以确认。

（3）将震中位置与预警系统定位结果相比较，如果误差较小而且所选用的台站与预警

定位相同，其误差可能是 P 波识别误差和走时模型误差，但都可接受。

（4）按照前四台到时顺序，可做出首台触发、双台触发、三台触发的 V 图，若将两个震中落于其中，是否都在 V 图限制的区域内，如果符合，均可接受，如果有一个不符合，则应否定其结果。

2. 震级误差的评估

根据地方震震级公式 M_L 的定义

$$M_L = \lg U_m + R(\Delta) \tag{2-33}$$

由于预警工程之前，我国台网台间距较大，台站分布较稀，所以近场资料较少，加之地震大于 6 级时近场地震计也容易限幅，因此国家规定的 $R(\Delta)$ 在 $\Delta < 100\text{km}$，特别是 $\Delta < 50\text{km}$ 时 $R(\Delta)$ 精度不够。为了解决此问题，我们利用日本 K-net 的量规函数 $R(\Delta)$ 进行模拟研究。利用

$$R(\Delta) = M_L - \lg U_m \tag{2-34}$$

经过大量震中距在 $1 \leqslant \Delta \leqslant 300$，震级 $4.0 < M < 7.0$ 的地震事件观测数据对 $R(\Delta)$ 进行拟合，也可以看出利用国家标准 M_L 的定义所拟合的 $R(\Delta)$ 在 $\Delta \geqslant 100\text{km}$ 的量规函数与国家标准几乎一致，但 $\Delta < 100\text{km}$，特别是 $\Delta < 50\text{km}$ 的 $R(\Delta)$ 差别较大，换句话说，国家规定的 $R(\Delta)$ 在近场时补偿不够，通常导致计算的震级偏小。

（1）首台测定的震级。首台触发就意味着地震事件参数测定的开始，无论首台是何站点类型，只要 S 波峰值到达首台时间为 T_{Sm1}，则从单台测定震级讲，将第一次得到可靠的震级 M_{L1}，因此首台触发到时 T_{P1}、首台 S 波峰值到时 T_{Sm1} 以及首台震级 M_{L1} 是震级测定的重要阶段性成果，也是衡量首报震级可靠性、准确性的标志。测定首台可靠的震级 M_{L1} 的时间大致为

$$\Delta t'_m = T_{Sm1} - T_{P1} \tag{2-35}$$

当然这与首台 P 波触发 3s 测定的震级略有不同。这是以首台震级为客观标准，分析评估首报震级准确性、可靠性的相对比较尺度。

（2）分析后续报的震级。分别测定 S 波峰值到第二台、第三台、第四台的到时 T_{m2}，T_{m3}，T_{m4}，以及单台震级 M_{L2}，M_{L3}，M_{L4}。按照第二报、第三报的时间，计算后续报的时间内，测定各台站的平均震级，并与后续报的震级做比较分析，评估震级误差。

（3）关注前四台的传感器和场址。分析前四台中基准站、基本站和一般站参与测定震级的情况，一般来讲，在不考虑场地校正因素时，基准站的台基是基岩，准确性较高，基本站为土层，准确性次之，烈度计既有土层和地形影响也有房屋的影响，误差会更大一些。为了提升单台测定震级的精度，建议考虑台基校正值。

3. 首报时间的科学评估

根据预警相关规则，第一报要有三个台参与定位，其定位时间可估计为 t_L，即震后定位时间为

$$t_L = T_{P3} - T_0 \tag{2-36}$$

其中，T_0 为发震时刻，其准确性依赖于定位结果。首台触发 3s 测定首报震级，则震级测

定的时间为 t_M，即震后首报时间为

$$t_M = T_{P1} + 3 - T_0 \qquad (2\text{-}37)$$

其震后首报时间为

$$\Delta t = \max\{t_L, t_M\} \qquad (2\text{-}38)$$

为了降低 T_0 误差带来的首报时间误差，可采用首台触发起算，测定地震参数的时间为 $\Delta t'$，则

$$\begin{cases} \Delta t' = \Delta t - T_{P1} \\ \Delta t' = \max\{t'_L, t'_M\} \end{cases} \qquad (2\text{-}39)$$

如果以三台触发，首台触发时间作为首报技术要求，则有

$$\begin{cases} t'_L = T_{P3} - T_1 \\ t'_M = 3 \end{cases} \qquad (2\text{-}40)$$

4. 对比预警各报参数的变化

根据预警系统产出首报和后续报及相关震源参数，与上述分析步骤和方法所计算的首报及后续报时间内所测定的参数进行分析对比，并参考各台站数据通信延迟的测试结果，对比首报和各后续报时间内测定震中和震级的偏差，只要二者相关参数基本符合，就说明预警软件没问题。

2.5.4　统计事件地震动参数衰减关系

统计 PGA 和 PGV 的衰减关系如下所述。

根据仪器烈度 I 的测定要求，可将地震记录按 $0.1 \sim 10\mathrm{Hz}$ 进行滤波，测定各台站的 PGA 和 PGV，并按下列公式进行统计分析：

$$\begin{cases} \lg PGA = a_1 + a_2 \lg(\Delta + \Delta_0) \\ \lg PGV = b_1 + b_2 \lg(\Delta + \Delta_0) \end{cases} \theta \qquad (2\text{-}41)$$

其中，a_1、a_2 以及 b_1、b_2 为拟合参数，同理，也可统计 I 的衰减关系。至于 PGD，也可得到类似关系：

$$\lg PGD = c_1 + c_2 \lg(\Delta + \Delta_0) \qquad (2\text{-}42)$$

同时，也可按 M_L 的定义统计 $R(\Delta)$，即对于第 i 个台站有 M_i，可得

$$R(\Delta_i) = M_i - \lg U_{mi} \qquad (2\text{-}43)$$

由此可得到此次地震

$$R(\Delta) = d_1 + d_2 \lg(\Delta + \Delta_0) \qquad (2\text{-}44)$$

并与当地采用的 $R(\Delta)$ 作对比分析。事实上，地震动位移峰值 PGD（水平二分量的平均值即为 U_m），也可写成

$$\lg U_m = M_L - R(\Delta) \qquad (2\text{-}45)$$

因此，$-R(\Delta)$ 即为位移峰值随震中距的衰减，则 $R(\Delta)$ 即为位移峰值补偿函数。

2.5.5　评估 S 波预警时间误差

1. 统计 P 波走时经验曲线

根据各台站的 P 波触发到时，即第 j 个台站的 P 波到时为 $T_{Pj}(\Delta_j, h)$，发震时间为 T_0，则其经验走时为 $t_{Pj}(\Delta_j, h)$，即

$$t_{Pj}(\Delta_j, h) = T_{Pj}(\Delta_j, h) - T_0, \quad j = 1, 2, \cdots, N \tag{2-46}$$

可画出台站经验 P 波走时散点图，可统计其实验曲线，并与 P 波理论走时曲线进行对比分析。

2. 统计 S 波经验走时曲线

类似的，第 j 台站的 S 到时为 $T_{Sj}(\Delta_j, h)$ （j=1，2，…，N)，其震中距为 Δ_j，震源深度为 h，由此可得 S 波到时的经验走时 $t_{Sj}(\Delta_j, h)$ 为

$$t_{Sj}(\Delta_j, h) = T_{Sj}(\Delta_j, h) - T_0 \tag{2-47}$$

由此可得 S 波经验走时的散点图，经统计分析拟合 S 波经验走时曲线，并与 S 波理论走时曲线进行比较，即

$$\Delta t_S = t_S^e(\Delta, h) - t_S^0(\Delta, h) \tag{2-48}$$

其中，$t_S^e(\Delta, h)$ 和 $t_S^0(\Delta, h)$ 分别为 S 波理论和经验走时曲线，由此可评估 S 波预警时间的误差。上述研究可结合编目同步开展。

2.5.6　评估预测烈度初始模型误差

根据仪器烈度由 PGA 和 PGV 测定的公式，计算各台站的仪器烈度，如果震中距为 Δ_j，第 j 个台站的烈度为 I_j，由此可统计此次地震的烈度衰减关系为

$$I^0(\Delta) = e_1 + e_2 \lg(\Delta + \Delta_0) \pm \sigma_I \tag{2-49}$$

其中，σ_I 为拟合均方差；e_1 和 e_2 为拟合参数。根据烈度点源经验，衰减关系为

$$I^e(M, \Delta) = S_1 + S_2 M + S_3 \lg(\Delta + \Delta_0) \tag{2-50}$$

根据此次地震首报震级，取 $M = M_1$ （M_1 为首报震级)，由此可得到

$$\Delta I = I^e(M, \Delta) - I^0(\Delta) \tag{2-51}$$

由此可评估首报预测烈度系统性的误差。另外，也可统计各台站的观测烈度与初始预测台站烈度的误差，并做统计分析。

在预警地震事件结合分析过程中，如果发现台站到时明显偏差过大，例如大于 1s 或者超前（有可能台站位置错误或时钟错误）、震级明显偏大或偏小、烈度明显偏大或偏小等，都将列入异常台站，进一步核查确认。

参 考 文 献

黄玲珠，林彬华，王士成.2017. 测震台网实时波形数据质量自动监控. 华南地震，37 （4）：20-25.

金星，张红才，李军，等 . 2012. 地震预警连续定位方法研究 . 地球物理学报，55（3）：925-936.

金星，张红才，李军，等 . 2013. 地震仪器烈度标准初步研究 . 地球物理学进展，28（5）：2336-2351.

雷建成，高孟潭，俞言祥 . 2007. 四川及邻区地震动衰减关系 . 地震学报，（5）：500-511.

李军，金星，张红才，等 . 2014. 两种地震预警定位方法的比较 . 中国地震，30（1）：111-117.

李军，金星，郭阳 . 2016. 福建台网测定台湾地震震级偏差研究 . 自然灾害学报，25（3）：143-152.

林彬华，金星，陈惠芳，等 . 2020. 川滇台网烈度计台站测定震级校正研究 . 地震地磁观测与研究，41
　　（5）：1-9.

吴微微，苏金蓉，魏娅玲，等 . 2016. 四川地区介质衰减、场地响应与震级测定的讨论 . 地震地质，38
　　（4）：1005-1018.

肖亮，俞言祥 . 2011. 中国西部地区地震烈度衰减关系 . 震灾防御技术，6（4）：358-371.

中国地震局 . 2008. 中国地震烈度表（GB/T 17742–2008）. 北京：中国标准出版社 .

第3章 地震预警技术风险与风险控制

地震预警信息是涉及社会安全的重要公共服务产品,具有高度的政治性、社会性、科学性、复杂性,一旦发生大震"误报"或大震"漏报",都可能会产生社会混乱,导致严重后果。如果地震预警软件没有专门的设计和处理功能,在实时处理观测数据时,遇到传感器参数配置错误,就会将小震误报为大震,将仪器标定信号、尖锐异常噪声等误定为大震,也会将远场大震误定为近场中强震,或者多个地震事件。一次大震发生后,由于地壳块体内部应力调整会在余震区频繁发生强余震,预警处理系统如果设计不完善,软件处理有漏洞,就不能正确区分来自不同震源的波形数据,经常会将不同地点但几乎同时发生的地震混淆,从而出现波形关联错误而产生错报、漏报。这些事例在日本、美国等国家研发的预警处理软件中都曾发生过,我国也不例外。究其原因,主要是软件设计存在严重缺陷。一是目前国际通行的台站触发算法仅是相对幅值(表示能量)算法,并未考虑所拾取信号的频谱成分,这导致无法有效区分地震信号和非地震信号,近震信号和远震信号,以及 P 波信号和 S 波信号,甚至其他波组信号。二是软件对参数配置错误、双震或多震处理等没有专门的设计,也会产生误报、漏报。三是没有考虑在线处理和离线处理的巨大差异,在线处理时由于每个站点的通信延迟不同、数据质量不同等都会对处理结果有一定影响,甚至恰好地震来临采用实时仿真技术,计算不同类型波形数据,遇到丢包断记,测定 M_L 等地震参数也会产生严重问题。这说明离线测试时软件有问题,则在线处理时肯定有问题,但离线测试无问题并不代表在线测试时就没问题,因此经历一段时间的在线运行测试对软件是十分重要的。

目前,我国预警工程已建成地震计台站约有 2000 个,强震台站点约有 5000 个(其中约 2000 个与地震计共站点),烈度计站点约有 1 万个,三类传感器总数约 1.7 万个,建成三种传感器融合的实时传输综合地震观测台网,总站点数约为 1.5 万个。这种"三网"融合的综合性大型地震观测台网在世界上是前所未有的,相应的实时处理、融合处理技术也面临着前所未有的挑战。因此,如何根据我国"三网"融合的综合性台网实际,认真吸取大震误报和漏报的经验教训,采取相应的技术措施,大幅降低"误报"和"漏报"风险具有重要的现实意义。本章就是针对上述误报、漏报事件,分析其原因,结合我国实际提出相应的算法,增强、完善我国地震预警软件的处理能力,管控误报、漏报的技术风险。

本章重点讨论地震预警误报、漏报事件回顾,预警软件设计存在的主要问题,如何识别传感器参数配置严重错误,如何识别异常信号和波谱检测,如何区分近场和远场大震信号,以及地震真实与虚拟场景比对分析等问题。

3.1 地震预警误报漏报事件回顾

当今世界日本、美国两国仍然是地震预警理论与技术研究最深入广泛、软件研发较早、在线处理地震最多、技术比较成熟、经验也比较丰富的国家，因此以此为主线，结合我国实际，总结介绍相关情况。

1995 年日本阪神地震后就开始大规模台网建设，并于 2001 年开始研发基于地震计网的预警软件，2003 年开始为专业用户服务，经历多年实验运行逐步对社会公众开放提供预警服务。2007 年 10 月日本气象厅利用"紧急地震速报（警报）"系统对公众开展地震预警服务以来，已取得显著的预警社会实效，但也多次发生了"误报"和"漏报"。日本仪器烈度采用七度制，其 7 度相当于我国仪器烈度的 10.5～11 度。如果预警系统检测到地震，所预测的最大烈度达到 5 度弱时就会发布地震预警警报。在日本"误报"是指已发警报，但实际观测最大烈度不到 4 度，"漏报"是指观测烈度最高已达 5 度，但并没有发布警报，由此看出，日本对"误报"和"漏报"的要求是比较严格的。2009 年 8 月 25 日，千叶县东方近海发生地震，虽然发布了地震警报，但并没有观测到实际摇动，事后查明是地震计的参数配置错误，灵敏度放大了约 20 倍。2011 年 3 月 11 日东日本海 9.0 级大震发生后，由于海啸和断电，许多观测点都受到严重影响处于数据中断状态，加之大地震发生后，强余震不断，常常会在不同地点几乎同时发生多个地震，在此情况下处理系统表现失常，误报漏报频发，据统计有 60 次之多。2013 年 8 月 6 日，气象厅发布"奈良县发生 7.8 级地震"警报，但实际上并没有观测到强烈震动。事后查明是系统将三重县近海设置的海底地震计观测到的异常噪声信号和相同时间内在歌山县恰好发生的 2.3 级小地震当成一个事件处理，产生了误报。2016 年熊本 7.3 级地震期间也发生了与日本 3·11 大震后类似的情形，误报漏报约 30 次。2011 年和 2016 年这两年的误报漏报次数要比其他年份平均约 11.5 次的误报漏报次数多许多倍。日本预警软件是其产生误报漏报的重要原因之一，为了进一步提高预警系统的可靠性和预测烈度的准确性，日本对预警系统软件进行升级改进，一是于 2014 年提出粒子集成滤波即（integrated particle filter，IPF）算法，并于 2016 年 12 月正式上线。该算法由京都大学防灾研究所和气象厅共同研发，目的在于提高对几乎同时发生的多个地震震源及其震相的识别定位能力；二是采用局部无阻尼运动传播（propagation of local undamped motion，PLUM）算法（关曙渊，2020），目的在于使用各观测点的实时烈度数据，对其他附近地区的预测烈度进行更新，强化地震波场的模拟，提高烈度预测精度。该算法由日本气象研究所研发，并于 2018 年 3 月上线运行。目前这两种算法在日本预警系统中已正式应用，后续期望加入防灾科学技术研究所管理的"日本海沟海底地震海啸观测网"（S-net），对日本太平洋近海强震形成约 30s 预警时间。尽管 2018 年以来，日本预警系统得到了大量改进，但在 2022 年 3 月 16 日福岛海域 7.4 级地震处理中仍发生了较大问题。在该次地震事件中，预警系统在首台触发后 1.6s 产出第一次处理结果，并在首台触发后 9.6s 对公众发布第一报。但是，该次预警信息震中和震级在首台触发 1.6s 产出第一次结果之后再无更新，震中偏差接近 60km，震级也一直维持在 1 级。这个结果是相当奇怪的。根据日本气象厅的最新结果，造成此次奇异现象的原因应该是福岛海域 7.4 级地震（发生时间：东京时间 2022 年 3 月 16 日 23 时 36 分 32.6 秒）之前约 125.6s，在几乎相同区域发生了一次 6.1 级地震，如图 3.1 所示。预警系统对 6.1 级地震进行了较为正确的处理，在首台触发后 5.2s 即给出第一次处理结果，震中误差很小，预警震级也达到 5.3 级，在首台触发后 15.9s 对公众进行发布时，震级也更新到与实际震级非常接近的 6.0 级。然而，6.1 级地震与 7.4 级地震发生时间非常接近，导致 7.4 级地震预警产出了较大的偏差，漏报了这一次 7.4 级主震。在 7.4 级地震之后约 9min 发生的 4.8 级余震，震中偏差更是接近 90km，在首台触发后 11.8s 对公众进行发布时，不仅震中偏差没有改进，预警震级比实际也偏大近 1 级，预测烈度达到 5 弱，比实际的 3 度明显要高，这应该是由于震中和震级偏差均明显较大引起的。这一事例说明日本预警系统仍存在一些缺陷，主要体现在双震的处理技术仍有待改进，在双震前小后大的特殊情形下漏报最大的地震。在此需要说明的是日本陆域预警站网除原有的 1022 个速度计站点外，新增了 55 个 JMA（宽带地震计）速度计台，15 个 KiK-net 强震台和 660 个烈度计台；海域从 2011 年 7 月新增 Donet1 海底地震观测站网 22 个节点站，2016 年 3 月又接进 Donet2 海底地震观测站网 29 个节点站，新建 S-net 接入 150 个节点站，使日本预警台网形成陆海一体、多网融合的综合性观测台网，值得关注。

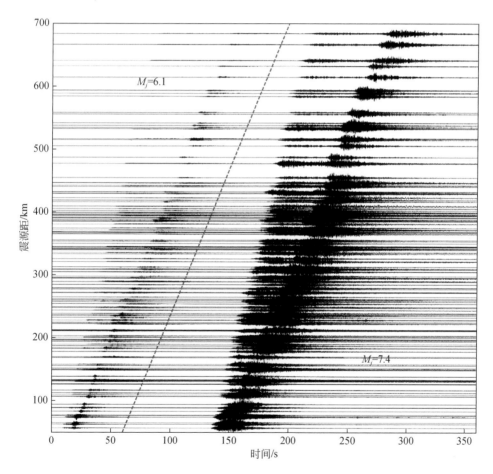

图 3.1 2022 年 3 月 16 日日本福岛县外海地震 S-net 台网速度记录
从第一个事件发震时刻（M_j=6.1）开始，窗长为 6min，可以看到后续的另一个事件（M_j=7.4），
两个事件发震时间相差 125.6s

ElarmS 是由美国加利福尼亚大学伯克利分校研发的一个基于组网模式的地震预警系

统，是美国西海岸地震预警 ShakeAlert 计划中的重要组成部分。ElarmS 于 2006 年开始研发，并于 2016 年正式上线。2010 年至 2011 年 11 月期间研发人员对软件进行了重新改写和编译，增加和更新了一些算法并命名为 ElarmS v.2（Serdar Kuyuk et al.，2014）。系统升级后，其产出结果的稳定性和可靠性都得到提升，但在线运行期间仍发生了几次较严重的误报事件。例如，2015 年 5 月 30 日日本本州 M7.8 级地震（震源深度 664km），此次地震震级大，震源深度较深，震相波组多，震动持续时间长，导致 ElarmS 预警软件对此远场大震处理表现失常，错误发布了 10 次地震事件警报（7 次事件震级大于 M5.0，3 次事件震级大于 M3.0）。另外，2016 年 ElarmS 处理系统将 2 次台网仪器标定误报为大地震事件（一次震级为 8.2 级，另一次为 6.3 级），这说明 ElarmS v.2 软件也存在重要缺陷。为此，2019 年研发人员对 ElarmS 进行改进升级，由 v.2 升级为 v.3（Chung et al.，2019）。v.3 以 v.2 为基础，做了有针对性的改进和完善。一是增加远震排除算法，就是利用滤波器组算法，从站点触发时刻前 30s 至触发后 1s 和 2s 的时间窗内构建 11 个滤波器，触发后 1s 内按 $\Delta_t = 0.1\text{s}$ 设置 10 个窗，加上触发后 2s 共 11 个时间窗，采用二阶带通巴特沃斯滤波器，计算各频带内的 PGA，并与经验模型比对判定远场地震。二是采用幅值、周期以及极值校核方法排除误触发。

我国地震预警软件研发较晚，时间较短，2010 年在国家科技支撑项目资助下才开始系统研发。2013 年依托省级区域地震计台网的预警软件研发完成，经 4 年在线运行测试和不断完善，福建省预警系统于 2018 年 5 月 12 日开始正式对外服务，近四年来已成功发布台湾和海峡强震预警信息多次，除特殊原因两岸数据通信中断漏报 2 次台湾地震外，没有发生误报事件，现在系统运行稳定、可靠。福建预警系统后续又经过多次改进可以融合实时传输的强震仪和烈度计网，也可兼容实时传输的高频 GNSS 台网，具备"四网"融合的处理能力。目前国家预警工程研发的地震预警软件由设计思路不同、算法不尽相同的两个独立系统即两个模块组成，各自独立产出，经融合系统融合后对外发布地震预警信息。除首都圈外，在川滇等先行先试地区按照"以快为先"的原则经融合后对外发布，换句话说，只要有"一套系统有产出"就对外发布。2021 年 10 月 5 日，由于四川台网对强震仪进行常规标定，其中一套系统即其中一个预警模块将 7 个强震仪标定信号识别为地震信号，误报四川省泸州市纳溪区发生 8.1 级地震。此次误报震中离强震仪观测点约 100km，中间还有烈度计、地震计等站点均未触发，如果真的发生 8.1 级地震，这些离震中更近的观测点仪器不触发是不可能的，这说明近场波场情景模拟是十分重要的。同年 10 月 13 日，甘肃台网由于将强震仪灵敏度（放大倍数）配置错误，整体提高约 6 个数量级，致使将在甘肃省临洮发生的一个约 2 级的小震误报为 8.3 级地震。显然，2 级左右小震和 8 级大震在地震波谱与持续时间上都是完全不同的，即使小震幅值放大约 6 个量级，但不会改变其频率成分和持续时间。这说明我国预警软件设计当时也存在严重缺陷。事件发生后，中国地震局高度重视，研发人员对软件进行了升级完善，并制订了新的融合系统策略。我们必须深刻吸收这些教训，并在软件系统中加以改进、完善。

3.2　预警软件设计存在的主要问题

在原有地震预警软件研发的基础上，通过总结分析美国、日本、中国等国家预警系统在线处理结果，可以发现存在的主要问题有：不能识别仪器参数配置明显错误、不能识别标定等异常信号、台站触发算法有明显缺陷、不能有效区分近场地震和远场大震、缺乏对地震波场的情景模拟、对双震和强震序列处理能力较弱等。

另外，在数据发生断记丢包的情形下，利用实时仿真技术在线计算各种波形数据时也会发生问题，遇到此种情况要终止仿真计算，待数据包排序正确后才能继续计算，否则也会产生严重后果。除最后一个问题即双震和序列震的处理将安排多章专门讨论外，其余的将在本章中讨论。上述问题中，有些问题是相互关联的，以站点触发算法存在明显缺陷为例来说明此问题。

长短时平均（STA/LTA）触发算法就是利用短时窗平均特征值和长时窗平均特征值之比随时间的动态变化来识别地震波初至时刻（马强，2008）。选取 $y(i)$ 为地震波形的特征量，定义

$$SNR = \frac{STA(i)}{LTA(i)} = \frac{\sum_{k_1}^{i} \dfrac{y(i)}{i - k_1 + 1}}{\sum_{k_2}^{i} \dfrac{y(i)}{i - k_2 + 1}} \tag{3-1}$$

其中，$y(i)$ 取加速度时程和速度时程各种特征量，如 $|a(t)|$、$|v(t)|$、$|a(t)|^2$、$\cdots$，不同专家选择的特征量各不相同，但检测效果基本上都是大同小异，这些方法基本上相当于一个相对能量的检测。短窗窗长一般取 $0.5 \sim 1\mathrm{s}$，长窗窗长一般取 $30 \sim 60\mathrm{s}$。这种检测由于短窗变化较快以刻画信息的瞬时变化，长窗变化稍缓相当于刻画背景噪声，对于拾取初至 P 波到时，这种方法具有适应性强、捡拾效率高、稳定可靠等特点。STA/LTA 能粗略识别到时，但一般滞后于实际到时。为解决这一问题，20 世纪 70 年代日本学者赤池弘次（Akaike）提出 AIC 准则对初检的 P 波到时进行更准确识别。对地震记录 $x(i)(i = 1, 2, \cdots, L)$ 来说，AIC 可定义为

$$AIC(k) = k\log\{\mathrm{var}[x(1,k)]\} + (L-k-1)\lg\{\mathrm{var}[x(k+1,L)]\} \tag{3-2}$$

其中，k 的范围为地震图某窗口内所有的采样点；var 表示方差。对粗略捡拾点前后各一段时间的数据应用 AIC 准则，AIC 最小值即为精确到时点。由此可知，这套用于定位的检测震相到时算法，只是相对能量的触发算法，只要信噪比 SNR 足够大，都可拾取。换句话说，地震、爆破、标定、噪声异常等都可拾取，由于没有考虑地震频谱特征，因此不能分辨是地震信号还是非地震信号，如标定等异常信号，也不能区分远震和近震信号。如果非地震信号恰巧多台触发，震相关联定位成功，误报地震在所难免。

解决上述问题的总体思路就是按照"宽进严出、层层把关、逻辑严谨、科学评判"的原则，综合运用站点噪声信息与地震波信息、震中附近站网的分布与触发信息以及地震动幅值、频谱、持时等信息，将相关研究成果转化为可编程的算法，按照技术分析流程，前后逻辑关系，循序渐进，环环相扣，进行系统性的完善和软件升级，力求避免"大震"误报，同时避免大震"漏报"，大大降低了地震误报、漏报技术风险。现讨论如何解决上述问题。

3.3 识别仪器参数配置明显错误的算法

在台站参数配置过程中，经常发生的两个最致命的错误就是台站经纬度配置错误和台站仪器参数配置错误，前者将导致定位错误或震相关联时间过长，对此已有相关的检查流程和要求。现讨论如何避免第二种错误。众所周知，尽管各个厂家生产的烈度计、强震仪、地震计型号不一、参数配置各有差异，观测的噪声水平差异比较明显，但是相同类型传感器（如烈度计）噪声水平都集中在一定范围内。为了分析台网的监测能力，可将烈度计、强震仪、地震计的实时噪声波形统一仿真为 DD-1 记录，即自振周期 $T_0 = 1\text{s}$，阻尼比 $\xi = 0.707\xi$，由此可得噪声加速度、速度、位移波形记录，以此为依据，可统计每个站点、每一种传感器 1 天或数天的噪声水平，从而得到烈度计网、强震台网、地震计网的噪声水平空间分布，并以此评估各类台网监测最小地震的能力和预警能力。因此，可充分运用噪声监测，预先判断噪声是否有明显的错误。传感器观测的噪声可用噪声峰值 PGA_0 和均方值（有效值）σ_0 表示，σ_0 的定义如下：

$$\sigma_0(j) = \sqrt{\frac{1}{\Delta t} \int_{\tau_j}^{\tau_j + \Delta t} \overline{a^2(t)} \, \mathrm{d}t} \tag{3-3}$$

Δt 为窗长，$\tau_j = (j-1)\Delta t$。经统计一般有

$$PGA_0 \doteq 3\sigma_0 \tag{3-4}$$

这一关系对速度、位移噪声均近似成立。它可由 1 天或数天的噪声观测统计得到。收集预警示范区，如四川、新疆、青海、甘肃、福建等地区三类台网的噪声资料，共统计地震计台站 567 个、强震仪台站 1257 个、烈度计台站 2790 个，分别获得地震计、强震仪、烈度计等三类传感器的地脉动噪声峰值范围，如表 3.1 所示。

表 3.1 不同类型设备的地脉动噪声峰值范围

		PGA/gal	$PGV/(\text{cm/s})$	PGD/cm
烈度计	范围	$[0.1, 1.1]$	$[3.58 \times 10^{-3}, 2.16 \times 10^{-2}]$	$[5.10 \times 10^{-4}, 4.72 \times 10^{-3}]$
	上界	1.5	3.00×10^{-2}	5.00×10^{-3}
强震仪	范围	$[3.40 \times 10^{-4}, 0.23]$	$[9.30 \times 10^{-6}, 3.37 \times 10^{-3}]$	$[3.30 \times 10^{-6}, 1.11 \times 10^{-4}]$
	上界	0.3	4.0×10^{-3}	1.50×10^{-4}
地震计	范围	$[5.70 \times 10^{-5}, 1.05 \times 10^{-2}]$	$[5.9 \times 10^{-7}, 2.39 \times 10^{-4}]$	$[1.7 \times 10^{-8}, 1.04 \times 10^{-5}]$
	上界	2.0×10^{-2}	3.0×10^{-4}	1.50×10^{-5}

注：$[X_1, X_2]$ 表示仪器正常噪声的上下界。

3.3.1 通过噪声加强对异常台站监控

在站点观测环境没有发生重大变化的情况下，站点传感器噪声的变化就有可能是台站传感器及数采的变化引起的，据此可利用站点噪声数据的通信和数据分析加强异常台站的

监管。例如，通过接收和发送波形数据的时间差，监控站点通信网络的延迟；通过接收和发送数据包的重新排列，发现通信断记丢包，等等。另外，可通过监测站点的日常噪声水平发现仪器状态是否正常。例如在近99%的概率条件下，烈度计的日常加速度噪声峰值都在 0.1～1.1gal 范围内，超过 1.5gal 即属不正常，应列入排查对象。各种强震仪的日常噪声峰值 PGA_0 以近99%的概率在 0.001～0.02gal 范围内，与地震计同台基的强震仪噪声要明显小一些，在土层上的强震仪噪声要大一些，但 PGA_0 一般不会超过 0.2gal，若超过就可能是异常，台站要列入排查对象；同样各种地震计的 PGA_0 以99%的概率都为 10^{-4}～2×10^{-2}gal，若 PGA_0 超过 0.02gal 就可能属于异常台站，应进行排查。当然，异常台站在地震时，如果信噪比 SNR 足够高，可参与定位但不能参与烈度和震级计算。据此，在预警处理软件中，应具有噪声状态检测功能，可应用1min或数分钟的窗长，计算其均方值 σ_0 或峰值 PGA_0，并与正常噪声界限和前一时段的噪声水平进行比对分析，鉴别异常台站。

1. 三类传感器噪声参数值

将烈度计、强震仪、地震计统一仿真为 DD-1 加速度记录，这三类传感器的日常噪声水平参考值分别为：

烈度计　$0.1\mathrm{gal} \leqslant PGA_0 \leqslant 1.1\mathrm{gal}$；

强震仪　$0.001\mathrm{gal} \leqslant PGA_0 \leqslant 0.02\mathrm{gal}$；

地震计　$10^{-4}\mathrm{gal} \leqslant PGA_0 \leqslant 0.02\mathrm{gal}$。

2. 异常站点的初步识别

计算每个站点传感器噪声水平，将观测噪声波形仿真为 DD-1 记录，量取 1～5min 噪声水平，第 j 个台站的噪声峰值为 PGA_{0j} 或 σ_{0j}。如果发现

$$PGA_{0j} > 2PGA_0（上限）$$

可初判为异常台站，需进一步核实判断。其 PGA_0（上限）为各类传感器日常噪声上限，如强震仪为 0.2gal，建立每个站点的噪声水平库并作为台站触发的背景值，同时通过较长时间如 1 天的监测进一步识别异常台站。

3.3.2　通过噪声检测识别参数配置错误

预警软件在启动进入运行时，就要检测统计每个站点每种仪器的噪声水平，并与本地区经长期观测统计得到的相同传感器如烈度计、强震仪、地震计的噪声水平进行比对分析，以确认其配置的传感器参数是否有明显错误，因为这种错误的直接后果首先体现在观测的噪声上。例如，甘肃强震仪仪器参数配置错误，配大约 10^6 个数量级，将一个小震误报为8.3级大震。如果进行噪声检测，其结果会如何呢？一般强震仪的峰值噪声水平 PGA_0 为 0.001～0.1gal，上界不超过 0.2gal。如果传感器灵敏度配置错误，则可预见其峰值噪声水平将在 $1g$ 至 $150g$（g 为重力加速度）之间，即可达几十个 g，这是不可能的，因此通过噪声检测可排除明显参数配置错误的台站。当然，如果传感器参数配置错误，相差几倍，其噪声又在合理范围内，通过这种噪声检测难以发现，但其测定的震级偏差就在

1 级以内，其危害程度就会大大降低。通过噪声检测，如果发现三类传感器的某一种传感器噪声水平有明显异常，符合下列条件，则参数配置可能有明显错误（放大约 10 倍以上）：

烈度计　　$PGA_0 \geqslant 10\text{gal}$；

强震仪　　$PGA_0 \geqslant 2\text{gal}$；

地震计　　$PGA_0 \geqslant 0.2\text{gal}$。

3.3.3　增加对产出结果合理性的检测

1. PGA 和 PGV 参数有上界

如果站点仪器参数配置错误、标定和异常大脉冲，其产出的数据结果也往往违背科学家掌握的基本常识。根据我国仪器烈度表，11 度的 $PGA > 1720\text{gal}$，$PGV > 175\text{cm/s}$，但对于大陆地震，震中区地震动参数应满足

$$\begin{cases} PGA \leqslant 2g \\ PGV \leqslant 2\text{m/s} \end{cases} \tag{3-5}$$

当然 3·11 东日本海 9.0 级大地震，也曾观测到超过 $2g$ 的情况。但是仅对我国而言，大陆地区的震级一般不会超过 8.5 级，对 PGA 和 PGV 做上述限制是符合目前科学家的认识水平的。此外，如同一把尺子，各种传感器都有其最大量程，如现有的烈度计或强震仪，其最大量程为 $2g$，地震计的最大量程为 $1 \sim 3\text{cm/s}$。显然，超出最大量程的观测数据是有问题的，不可接受。

2. 震级有饱和

另外，如果预警系统用 M_L 标准测定震级，由于大震时 M_L 会饱和，因此所测定的 M_L 应满足下列条件：

$$M_L \leqslant 6.7 \tag{3-6}$$

据此也可有效捡拾出参数配置错误，标定等异常信号产出结果错误等问题，从而降低大震误报的技术风险。但是如果用震中烈度 I_0 估算震级，即烈度震级 M_I 就不受震级饱和的限制，这一点很重要，务必牢记。

这样通过加强噪声监测识别异常台站，设置噪声上限识别参数配置错误，加强产出结果如 PGA、PGV 等合理性，检测这三道门槛检测传感器参数配置明显错误。当然上述检测对标定、异常大脉冲等误报结果的检测也是十分有效的。

3.4　排除干扰与地震波谱检测

在站点触发后检测到信号，但是是干扰还是地震波则要进行全面检测。众所周知，地震波的频谱成分与非地震信号（如爆破、标定）等都有明显区别。就近场而言，地震越小，频率越高；地震越大，低频越丰富。而对于网外远场大震，由于路途较远，高频衰减

较快，主要保留地震波的低频成分。因此，要针对我国烈度计、强震仪、地震计"三网"融合的综合性观测台网的实际，专门设计一套非地震信号与地震信号的检测方法。

3.4.1　判别标定等异常信号

如果台网中某一类型如强震台网进行统一标定（图3.2～图3.4），一般在台网监控系统中对标定站点有明显标记，但考虑到目前在线监控运行系统与处理系统之间信息交换还不充分，处理软件应有独立的排除功能。当然排除标定的方法有多种，如 Elams 介绍的方法等，现只介绍一种简便的方法。其可采用将实时波形数据仿真为 DD-1 速度记录，以10s 的滑动窗计算，计算 PGV 峰值以及样本与 $0.1PGV$ 的交点个数，如果交点个数 $n \leqslant 2$ 为异常波形，若 $n>2$ 初判为地震波形。实践证明此方法效果良好。上述方法可与下面介绍的 PGA-τ_A 和 PGD-τ_C 方法（Wu et al.，2007；张红才等，2017）联合使用，皆可排除标定等异常信号。另外，仪器标定只会在某一种类型（如强震仪或地震计）几乎同时标定，触发的只能是某一种特定类型台网及其部分站点，其他站点不会触发。由于任意强震都要满足地震波传播规律和地震动参数衰减规律，因此也可通过近场波场的情景模拟将其排除。

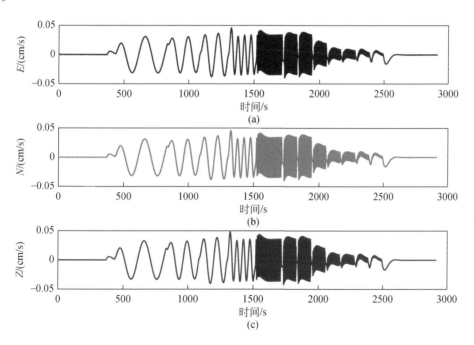

图 3.2　地震计正弦标定记录

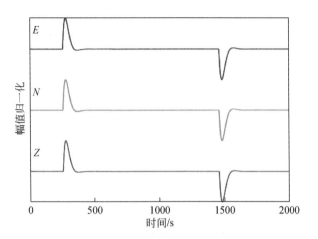

图 3.3　速度计脉冲标定

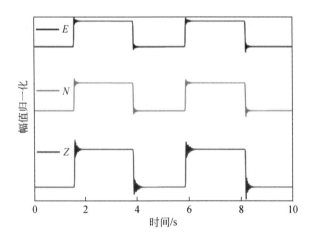

图 3.4　强震仪方波标定

3.4.2　检测地震波谱的近场峰值-周期准则

现行我国台网中，加速度传感器（包括烈度计和强震仪）最多，而烈度计的频带为 0.1 ~ 10 Hz，为保证地震波谱统计分析较为一致，可将"三类"传感器统一仿真为 $T_0 = 7\,\mathrm{s}$，$\xi = 0.707$ 的加速度记录 $a(t)$ 和速度记录 $v(t)$。在地震触发后 $T_\mathrm{d}\mathrm{s}$ 的时间窗内，计算 $PGA(T_\mathrm{d})$ 和 $\tau_\mathrm{A}(T_\mathrm{d})$，即

$$\begin{cases} PGA(T_\mathrm{d}) = \max|a(t)|, \quad 0 < t \leqslant T_\mathrm{d} \\[2mm] \tau_\mathrm{A}(T_\mathrm{d}) = 2\pi\sqrt{\dfrac{\displaystyle\int_0^{T_\mathrm{d}} a^2(t)\,\mathrm{d}t}{\displaystyle\int_0^{T_\mathrm{d}} v^2(t)\,\mathrm{d}t}} \end{cases} \tag{3-7}$$

其中，T_d 为台站触发时刻起算，地震波形的时间窗长，一般取 $T_d = 3s$。可看出在近场震中约 50km 范围内，检测到的三类传感器 $\tau_A \leqslant 0.4s$，如图 3.5 所示。

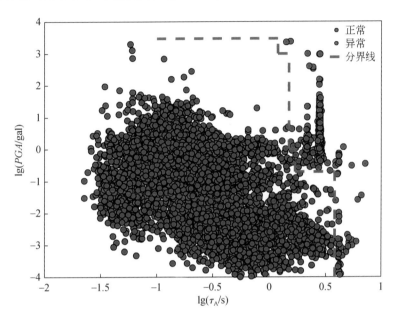

图 3.5 $PGA-\tau_A$ 统计关系图

PGA 与 τ_A 的异常判别准则，以每条记录的 τ_A 对数为横坐标，$\lg PGA$ 为纵坐标表示，图中蓝色点为正常波形，红色点为异常波形，可以绘制出紫色的虚线作为正常和异常波形的分界线，绝大多数异常点都在紫色线右侧，正常点在其左侧，因此异常波形判别准则为

$$\begin{cases} PGA > 2800\text{gal} \\ \tau_A > 1.2s \text{ 且 } PGA > 1000\text{gal} \\ \tau_A > 1.5s \text{ 且 } PGA > 1\text{gal} \\ \tau_A > 1.7s \text{ 且 } PGA > 0.2\text{gal} \\ \tau_A > 3.8s \end{cases}$$

可以统计 $\lg PGA$ 与 $\lg \tau_A$ 的关系即 $\lg PGA = a\lg \tau_A + b$，其中 $a = -1.256$，$b = -2.003$，$\sigma = 1.223$ 为其均方差，δ 为与 σ 有关的参数如 $\delta = 3\sigma$，也可得到判据：

$$|\lg PGA - a_1 \lg \tau_A - b| \leqslant \delta$$
$$0.1s < \tau_A \leqslant 5.0s$$

3.4.3 构建多层处理局部虚拟台网排除干扰

1. 站点触发构建三层虚拟台网

烈度计比较便宜，站点众多，但由于安装场地条件较差，所以干扰较多，噪声较大。经常看到烈度计地震波形前有一些干扰信号，如果处理不好，也会导致定位错误，产生误报。为解决此问题，要构造多层虚拟局部台网，进行并行处理计算。一旦首台触发，以首台为中心，将周边附近台站拉进快速处理进程构建三层虚拟台网。第一层是由三种传感器即烈度计、强震仪、地震计构建的"三网"虚拟台网；第二层是以两种传感器即强震仪、地震计构造的"两网"虚拟台网，以及加速度传感器即烈度计和强震仪组成的"虚拟台网"，也就是"两网"有两种类型；第三层是以地震计单独组成虚拟台网。这三层四个虚拟台网各自的站点数约为 50 个，站点传感器有部分重复，总数不超过 150 个。

2. 多层并行处理虚拟网的优势

这种"三层"四网局部虚拟台网（图 3.6）并行处理的好处在于：一是充分挖掘三类传感器的监测潜能，监测能力可由极小震延伸到 8 级地震；二是当某一种传感器出现问题（如干扰多）时，不影响其他类型台网数据的处理，节约波形关联判断时间；三是其处理结果可相互印证，提高判定参数的可靠性、稳定性；四是具有较强的鲁棒性，对于强震，正常情况下四网都有产出，如果某一类传感器局部 1~3 台有异常，四网中至少有 1~2 个网有产出，增强了抗干扰的能力。

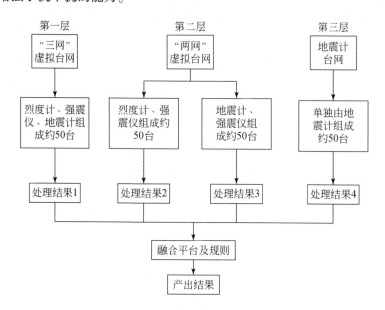

图 3.6　"三层"四网局部虚拟台网处理流程

3. 融合平台规则与触发强度设计

为方便讨论，结果 1 表示"三网"产出结果；结果 2 表示烈度计和强震仪组网产出的结果；结果 3 表示强震仪和地震计组网产出的结果；结果 4 表示地震计单独组网产出的结果。将"三层"四网结果提交到融合产出平台（图 3.7），采用下列规则产出最终结果。

A. 正常状态从时效性分析，大震时"四网"皆有产出，产出速度排序：结果 1，结果 2，结果 3，结果 4；小震时，产出结果速度排序：结果 3，结果 4；远场大震时结果 4。

B. 强震以"快"为先；小震以"稳"为主。

C. $M \geqslant 3.5$，采用结果 1，参考结果 2、3。

D. $2.5 < M < 3.5$，采用结果 3 和 4。

E. 远场大震采用结果 4，参考结果 3。

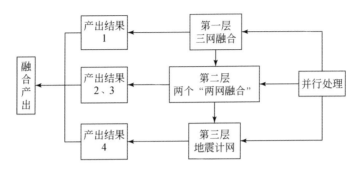

图 3.7　"三层"四网局部虚拟台网融合策略

（1）构建"三网"虚拟台网。主要目的就是针对近场 5 级以上的强震，当近场强震时，各类传感器触发的信噪比较高，站点较密，测定参数时间短，时效性好，但缺点是烈度计干扰多，有时会造成波形关联时间较长。对"三网"参与地震测定的 PGA 做限定：

$$PGA \geqslant 2.0 \text{gal} \tag{3-8}$$

（2）构建第一种"两网"即由烈度计、强震仪组成的加速度计虚拟台网。其主要目的在于针对近场大震，验证"三网"测定的参数，另外，利用其对小震和远场大震不敏感的特点，过滤极小震和远场大震。如果加速度计台网不触发，基本上可判定是近场小震或远场大震。如果是网内地震，则可判断是小震，否则可能是远场大震。对其参与测定地震的 PGA 做限定：

$$PGA \geqslant 2.0 \text{gal} \quad （相当于烈度 1 度以上）$$

（3）构建第二种"两网"即由强震仪和地震计组成的虚拟台网。其目的在于：一是单独定位和测定震级，其监测能力可下调至 3 级左右；二是检验"三网"测定参数的准确性和可靠性；三是在烈度计干扰较严重，"三网"波形关联较长的情形下，直接采用"两网"定位结果，排除烈度计干扰信号。对"两网"参与地震测定的 PGA 做限定：

$$PGA \geqslant 0.2 \text{gal}$$

（4）构建地震计单独组网构建的虚拟台网。其目的在于：一是目前自动速报主要依托于地震计网，以后便于预警系统和自动速报对接，使地震信息不断更新；二是充分利用"三网"震中附近站点较多的优势，提高自动速报定位特别是测定震源深度的能力；三是满足监测 2.5 级小震和远场大震的监测需要，区分近场和远场地震信号。对地震计网测定地震的 PGA 做限定：

$$PGA \geqslant 0.002 \text{gal}$$

由此可归纳四网参与地震测定 PGA 的限定。

（1）烈度计、强震仪、地震计组成的"三网"：

$$PGA \geqslant 2.0 \text{gal}$$

（2）烈度计、强震仪组成的第一种"两网"：

$$PGA \geqslant 2.0\mathrm{gal}$$

（3）强震仪、地震计组成的第二种"两网"：

$$PGA \geqslant 0.2\mathrm{gal}$$

（4）地震计单独组成的台网

$$PGA \geqslant 0.002\mathrm{gal}\ （也可不限制）$$

这种多层（三层）多网并行处理的技术，无疑增加了定位和测定震级的可靠性，有效排除了干扰和标定等异常信号。

因此，通过提出判断标定等特殊算法、对近场信号进行 $PGA\text{-}\tau_{\mathrm{A}}$ 波谱检测，以及利用多层多网并行处理技术等综合性技术措施，可有效识别标定等干扰信号，提高预警效率，增强可靠性，降低误报风险。

3.5　远场大震的判定

任何一个国家台网和省级台网都有固定的台网边界，一般将台网内（其 Voronoi 图封闭）发生的地震称为网内地震，否则称为网外（其 Voronoi 图开口）地震，通常也将边界附近 100km 以内发生的地震称为网缘地震（马东，2013）。网外数百千米以上乃至上千千米发生的地震依其离边界距离的远近和震级大小，都会对地震观测台网带来影响。预警软件的重要功能之一，就是要将这种远场强震排除掉，尽量避免将其误定为网内地震或网缘地震或者将远场大震或深震误定为多个地震。例如，2008 年汶川大震时，$PGA \geqslant 2.0\mathrm{gal}$ 华北地区台网触发，误定为 3 级左右的地震。

3.5.1　远场大震的综合特性初判

远场大震的主要特征之一就是 PGA 较小，而周期较大，即地震动包含的成分主要是低频成分，而我国目前台网是烈度计、强震仪、地震计组成的综合性观测台网。烈度计由于噪声大，对小震和远场大震有较好的过滤性；而地震计对近场小震和远场大震有极强的敏感性；强震仪的特性介于二者之间。因此，初步判定远场大震的准则如下。

1. 烈度计不触发而地震计触发

如果烈度计不触发，则表明其观测到的 PGA 较小，只有两种可能，一是近场地震震级小，二是远场大震，这对生活在台网内的公众来讲影响较小，除非居住在高楼。而地震计则不同，由于其观测环境好，动态较大，频带较宽，可以清晰识别到小震和远场大震，并且由于小震和大震的地震波谱有明显区别，容易识别。因此，远场大震的 PGA 一般满足

$$PGA \leqslant 0.1\mathrm{gal}$$

由于烈度计噪声峰值一般为 $0.1 \sim 1\mathrm{gal}$，因此通常条件下烈度计不触发。根据第二种加速度计（烈度计和强震仪组成）虚拟台网的设计，远场大震也不触发。

2. 地震计台网边界站点首先触发

将地震计单独组网，如果是网内地震，首台触发后站点是地震计而烈度计不触发，即可判定为小地震。但若地震计网的边界站点触发时烈度计仍不触发，既可能是网缘小震，也可能是网外远场大震，这需要进行后续的判定。

3.5.2 远场大震的峰值–周期准则

如果将宽频带地震计速度记录仿真至 $T_0 = 14s$，$\xi = 0.707$ 宽频速度记录 $v(t)$ 和位移记录 $D(t)$，并采用下式计算 P_d 和 τ_c，可得

$$\begin{cases} P_d(T_d) = \max(|D(t)|), & 0 < t \leqslant T_d \\ \tau_c(T_d) = 2\pi \sqrt{\dfrac{\displaystyle\int_0^{T_d} D^2(t)\,dt}{\displaystyle\int_0^{T_d} v^2(t)\,dt}} \end{cases} \tag{3-9}$$

其中，T_d 为台站触发时刻起算，地震波形的时间窗长，一般取 T_d 为 3s。最早，地震学家期望通过测定 $\tau_c(T_d)$ 来测定预警震级（宋晋东等，2018），即

$$M = a_1 \lg \tau_c + a_2 \tag{3-10}$$

后来发现，这种方式测定的震级不稳定，精度较差。与此同时，通过地震位移峰值 $P_d(T_d)$ 来测定震级，即

$$M = b_1 + b_2 \lg P_d + b_3 \lg(\Delta + \Delta_0) \tag{3-11}$$

实践证明，P_d 测定震级效果不错，但也存在饱和问题。尽管如此，通过 P_d 和 τ_c 的组合判定远场地震具有较好的效果，即

$$\lg P_d = c_1 \lg \tau_c + c_2 \lg(\Delta + \Delta_0) + c_3 + \sigma \tag{3-12}$$

其中，$c_1 = 1.0769$，$c_2 = 1.5385$，$c_3 = -4.1846$，均方值 $\sigma = 0.457$。如果 Δ 分别取 0km 和 100km，相当于设置了 $\Delta < 100km$ 的近场地震的有效检测范围，可以对近场小震和强震进行有效识别，并排除爆破等异常信号，如图 3.8 所示。

这种 P_d-τ_c 准则相当于建立了地震波的位移峰值–周期的频谱结构，对区分近场地震和远场大震是十分有效的。$P_d = 10^{-3}$ cm，将图形分成上下两部分，取 $\Delta = 0$ 与 $\Delta = 100km$，将其构成一个条带，只有当 $P_d < 10^{-3}$ cm 且在条带内，可判定为小震，否则为远场大震和标定信号，如图 3.9 所示。

通过 P_d-τ_c 准则可有效区分近震还是远场大震，以及标定等异常信号。另外，也可以采用美国 Elarms 系统排除远场大震的方法，即采用 2 阶带通巴特沃斯滤波器对原始波形进行带通滤波，滤波长度从触发位置前 30s 至触发后 0.2s，检查 0.375~0.75Hz 与 6~12Hz 两个窄带内 PGA_{nb} 对数比值是否大于 0.90，若是则判断为远震事件，若前 3 个触发台站中至少有 2 个则判定为远震。

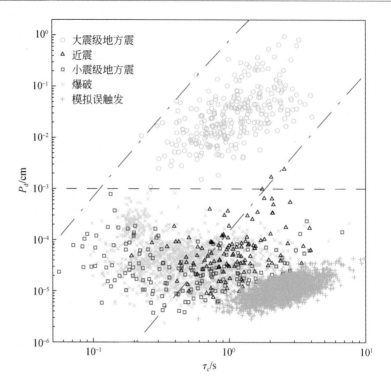

图 3.8 P_d-τ_c 关系准则

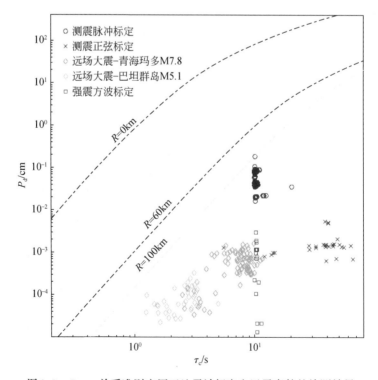

图 3.9 P_d-τ_c 关系准则应用于地震计标定和远震事件的检测效果

3.5.3　远场比近场触发台站数明显多

1. 网内近场触发台站数的估计

如果首台震中距为 Δ_a，以首台触发时间起算，τs 后 P 波在地表传播的距离为 $\Delta_P(\tau)$，则

$$\begin{cases} \tau = t_P(\Delta_P) - t_P(\Delta_a) \\ t_P(\Delta_P) = \sqrt{\Delta_P^2 + h^2}/v_P \\ t_P(\Delta_a) = \sqrt{\Delta_a^2 + h^2}/v_P \end{cases} \tag{3-13}$$

由此可近似得到

$$\Delta_P(\tau) = v_P \tau + \Delta_a \tag{3-14}$$

此时 P 波在地表扫过的面积为 $S_1(\tau)$，若平均台间距为 d，则 τs 内触发的台站数 $N_1(\tau)$ 可估计为

$$N_1(\tau) = \frac{\pi}{d^2}(v_P \tau + \Delta_a)^2 \tag{3-15}$$

对于网缘地震，相当于台网面积近似减少一半，则触发的台网数也近似减少一半。

2. 网外远场大震的触发台站数的估计

网外远场地震时，P_n 波将成为初至到时，假设以二层速度模型进行模拟，其走时模型为

$$t_{Pn} = \frac{2H - h}{v_{P1}} + \frac{\Delta}{v_{P2}} \tag{3-16}$$

其中，H 为地壳厚度；h 为震源深度；v_{P1} 为地壳 P 波速度；v_{P2} 为地壳底部滑行波的速度。如果首台到震中的距离为 Δ_b，并以首台触发起算，τs 内 P_n 波在地表的传播距离为 $\Delta_{Pn}(\tau)$，则可得

$$\Delta_{Pn}(\tau) = v_{P2} \tau + \Delta_b \tag{3-17}$$

若 Δ_b 较大，如超过 500km，地震射线将穿透 Mohor 面到达岩石圈，则 v_{P2} 的速度将更大。在地球表面可近似看成平面波，在 $\tau = 3s$ 内，波阵面与台网相切的波阵面距离即弧长为 $L(\tau)$，则

$$\theta = \frac{L(\tau)}{\Delta_P(\tau)} \tag{3-18}$$

则 τs 内触发台站数可估计为 $N_2(\tau)$，则

$$N_2(\tau) = \theta \frac{(v_{P2} \tau + \Delta_b)}{d^2}(v_{P2} \tau) \tag{3-19}$$

或者

$$\frac{dN_2}{d\tau} = \frac{v_{P2} \tau L(\tau)}{d^2} \tag{3-20}$$

因此，远场触发的台站数，既与震中离台网的远近 Δ_b 有关，也与台网大小 $L(\tau)$ 和 θ

有关，如图 3.10 所示。例如，日本发生大震，华北台网的规模较大，而且 Δ_a 达上千千米，其单位时间内触发的台站数将远超网内地震。但对于缅甸地震，由于边界限制，云南台网的规模较小而且狭窄，其台网分布对缅甸地震的定位能力较弱，单位时间内触发的站点数较小。对比分析近场和远场触发台站数公式 $N_1(\tau)$ 和 $N_2(\tau)$，可以看出 $\Delta_b \gg \Delta_a$，并且 $v_{P2} > v_P$，对相同的传感器，如地震计，在相同的 τs 内，远场大震触发的台站数要远高于网内地震。

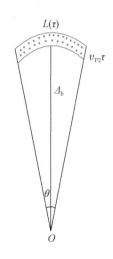

图 3.10　远场波阵面余震图

通过远场大震的初步特征判定、检测远场大震波谱的 P_d-τ_c 准则、多个窄频带滤波以及单位时间内地震计触发台站数明显增多等综合性检测方法，可以有效判别远场大震信号。一旦判定为远场地震，应参照远场地震定位程序，等待更多台站触发（至少 6 台以上）参与定位。

3.6　地震真实与虚拟场景比对分析

任何一个强震如果真实发生，那么地震波在时间上应该满足传播规律，在空间上其峰值应该满足相应的衰减规律，因此以 PGA、PGV、$a_{0.5}$ 或仪器烈度 I 为特征的地震波场的时空模拟就是重现这一客观规律或情景。当然，即便 M 大致相同的地震特别是大震，其差异性也是十分明显的，因此模拟的好坏主要体现在能否刻画出其细节，当然这是一个由粗到细的过程，并与实时触发的观测资料密切相关。这种波场模拟的目的在于：一是利用预警系统测定的地震参数快速构建地震发生的虚拟与真实场景，在 P 波和 S 波已到达的范围内，根据地震强度（震级 M 或震中烈度 I_0）并结合衰减规律，分析判断台站是否触发及其触发台站的空间分布，并与实际触发的台站空间分布进行比对分析，帮助确认地震参数的可靠性；二是根据震中附近近场台站的实际地震动观测结果，构建以观测资料为基础的插值网格模型，以替代初始经验预测模型，随着地震波的传播、站点的不断触发、真实观测资料的不断增加，通过实时比较预测与真实两者的差异性，实时修改、更新预测模型使之更逼近于真实场景，提高预警目标区预测烈度等预测精度；三是随着地震波的不断传播，预测的地震波场逐步收敛于真实的地震波场，为地震灾害的情景构建提供地表地震波场输入。在此，重点讨论第一个问题，也是目前预警系统采用的方法，对第二个问题仅做简单介绍，关于后续的改进以及第三个问题，将有另外章节（如第 9 章）专门分析讨论。

3.6.1 构建地震发生场景的比对模型

1. 假设地震参数正确构建地震模型

当预警系统测定出地震参数，其测定的震级 $M>4.0$ 时，为排除标定、尖锐脉冲、小震等产生的误报，还应对其可靠性做进一步分析。以首台触发后 τs 内发出预警警报及其测定的地震参数（如发震时间、地点、震级和震中烈度）为依据，以 PGA、PGV 或烈度 I 为特征参数作为模拟的物理量，进行地震波场时-空的初步模拟，构建地震发生的虚拟场景。这种初步模拟主要是针对预警参数是否可靠而专门设计的，应用于分析台网站点触发的空间分布，以便与实际情况进行有针对性的快速对比。如果对比成功，虚拟场景的事件确实在发生，说明地震事件是真实的，测定地震参数是可靠的，反之，对比不成功，虚拟场景事件不曾发生，这说明测定的地震参数是不可靠的，预警信息就不能发出。

2. 构建地震波传播过程的虚拟场景

为重塑地震波传播过程，以测定的震中为中心，利用测定的地震参数可预测 P 波和 S 波到达各台站时间为

$$\begin{cases} T_{Pj}=T_0+\dfrac{R_j}{v_P} \\[2mm] T_{Sj}=T_0+\dfrac{R_j}{v_S} \\[2mm] R_j=\sqrt{\Delta_j^2+h^2} \\[2mm] t_P(\Delta_j,h)=\dfrac{R_j}{v_P} \\[2mm] t_S(\Delta_j,h)=\dfrac{R_j}{v_S} \end{cases} \tag{3-21}$$

其中，$t_P(\Delta_j, h)$ 和 $t_S(\Delta_j, h)$ 分别为根据走时模型计算的 P 波和 S 波（直达波）的走时；T_0 为发震时间；R_j 为第 j 个台站的震源距；Δ_j $(j=1, 2, 3, \cdots)$ 可由震中坐标和各台站坐标计算得到；h 为震源深度；v_P 和 v_S 分别为 P 波和 S 波波速。为防止 h 测定误差导致 T_0 结果误差过大，同时便于与实际站点触发时间对比，一律以首台触发时间起算，预测各台站 P 波和 S 波到达时间：

$$\begin{cases} T'_{Pj}=T_{Pj}-T_{P1} \\[2mm] T'_{Sj}=T_{Sj}-T_{P1} \end{cases} \tag{3-22}$$

其中，T_{P1} 为首台的触发时刻；T'_{Pj}、T'_{Sj} 分别为以首台触发起算，各台站的触发时刻。据此

可得到震中 60 ~ 100km 范围内以首台触发作为起算时间，各台站的 P 波和 S 波到时。由于三类传感器监测地震的能力有较大差别，这种站点理论触发时间可用于判别不同强度地震时各传感器是否触发的到时依据。

3. 划定虚拟和真实事件比对的空间范围

以首台 P 波触发起算，可估计警报发布时间 τs 内 P 波在地表传播距离，即震中距 Δ_P 为

$$\Delta_P(\tau) = \sqrt{(\tau v_P + R_1)^2 - h^2} \doteq v_P \tau + \Delta_1 \tag{3-23}$$

其中，

$$\tau = T_P - T_{P1} \tag{3-24}$$

并估计 S 波的传播距离为

$$\Delta_S(\tau) = \sqrt{\left(\tau v_S + \frac{v_S}{v_P} R_1\right)^2 - h^2} \tag{3-25}$$

其中，R_1 为首台震源距，$R_1 = \sqrt{\Delta_1^2 + h^2}$；$h$ 为震源深度。计算 Δ_P 和 Δ_S 的意义就在于划定虚拟场景和真实场景可以进行对比的空间范围。换句话说，首报 τs 内真实场景的范围，是以震中为圆心，所有 P 波可能触发的台站震中距以 Δ_{Pj} 表示（$j = 1, 2, \cdots, N_P$），应满足

$$\Delta_{Pj} \leqslant \Delta_P(\tau) \tag{3-26}$$

所有 S 波可能触发的台站震中距以 Δ_{Si} 表示（$i = 1, 2, \cdots, N_S$）应满足

$$\Delta_{Si} \leqslant \Delta_S(\tau) \tag{3-27}$$

例如，对于台网密度较高、台间距在 10 ~ 14km 的预警示范区，取 $\Delta_1 = 7$km，$h = 10$km。如果首台触发即 τ 为 3 ~ 5s 发出预警第一报，可估计 $\Delta_P \approx 20 ~ 35$km。通过首报时间 τ，计算得到 Δ_P 和 Δ_S，上述方法也可推广至第二报和第三报……，相当于 τ 不断取第二报和第三报的时间。可将震中附近区域分成 P 波和 S 波到达区和未到达区两类，前者用于识别传感器是否触发，后者用于预评估后续站点的触发。当震级较大时，三类传感器在 P 波到达时就触发；但当震级较小时，烈度计可能在 P 波到达时不触发，只有在 S 波到达时才触发。

4. 构建烈度和 *PGA* 衰减的预测模型

利用预警第一报的地震参数，由震中位置和震级或者震中烈度，构造站点 P 波触发强度预测模型。作为第一步，先分析 *PGA*、*PGV* 和烈度 *I* 的衰减模型。对于川滇预警区，有仪器烈度的统计结果：

$$I = 4.0 + 1.29M - 3.76\lg(\Delta + 10) \tag{3-28}$$

根据上述关系可得 $\Delta = 0$ 时，震级和震中烈度的关系以及烈度衰减关系为

$$\begin{cases} I_0 = 1.29M + 0.24 \\ I = I_0 - 3.76\lg\left(\dfrac{\Delta + 10}{\Delta}\right) \end{cases} \tag{3-29}$$

并由中国仪器烈度表规定的仪器烈度与 *PGA* 和 *PGV* 关系换算得到 *PGA* 和 *PGV* 衰减关系为

$$\begin{cases} \lg PGA = 0.41M - 1.19\lg(\Delta+10) - 0.82 \\ \lg PGV = 0.43M - 1.25\lg(\Delta+10) - 1.92 \end{cases} \tag{3-30}$$

这样可依据震级或震中烈度，预测 $60\sim100$km 范围内各站点的烈度和 PGA、PGV 分布。以此为依据估计 P 波峰值和触发强度，并可与实际站点烈度和实际站点 P 波触发及 S 波触发做对比。

5. 估计 P 波触发强度及门槛值

假设地震信号的 P 波触发峰值为 PGA_P，S 波触发峰值为 PGA_S，对于近场 PGA 即为 S 波的最大峰值。一般来讲，S 波的幅值是 P 波幅值的 $3\sim5$ 倍，取平均值为 4 倍，假定 P 波峰值是 P 波触发峰值的 3 倍，则可得初始 P 波触发峰值 PGA_P 和 PGA 的关系为

$$PGA_p(M,\Delta) = PGA(M,\Delta)/12 \tag{3-31}$$

由此可估计第 j 个台站，震中距为 Δ_j 的 PGA_j 和 P 波触发峰值即强度 PGA_{Pj}，则

$$\begin{cases} \lg PGA_j = 0.41M - 1.19\lg(\Delta_j+10) - 0.82 \\ PGA_{Pj} = PGA_j/12 \end{cases} \tag{3-32}$$

假设传感器的日常噪声峰值为 PGA_0，其均方值噪声为 σ_0，由站点触发定义

$$SNR \doteq \frac{\sigma_A}{\sigma_0} = \frac{PGA_P}{PGA_0} > 3\sim5 \tag{3-33}$$

最低信噪比可取 $SNR \geqslant 3$，由此可得 P 波触发条件：

$$PGA_P \geqslant 3PGA_0 \tag{3-34}$$

定义 PGA_d 为

$$PGA_d = 3PGA_0 \tag{3-35}$$

则 PGA_d 为传感器触发的下限，即门槛值，它取决于传感器的噪声水平。例如，烈度计的噪声水平介于 $0.1\sim1.1$gal 之间，其平均值 $PGA_0 = 0.6$gal，则有

$$PGA_d = 1.8\text{gal} \tag{3-36}$$

参考强震仪和地震计噪声水平，取其均值作为噪声水平，同理可得强震仪和地震计触发门槛值为

$$\begin{cases} PGA_d = 0.23\text{gal} & （强震仪触发强度） \\ PGA_d = 0.03\text{gal} & （地震计触发强度） \end{cases} \tag{3-37}$$

综上所述，根据地震震级和各站点的震中距，可估计 P 波触发时的强度 PGA_{Pj}，依据各类传感器的噪声峰值 PGA_0，可估计 P 波触发的门槛值 PGA_d。据此，可构建各类传感器站点 P 波是否触发的虚拟场景模型。同理可得，S 波触发强度 PGA_S 与其峰值 PGA 的关系为

$$PGA_S(M,D) = PGA(M,D)/4 \tag{3-38}$$

显然 $PGA_S > PGA_P$，当 P 波不触发时，S 波有可能触发。

3.6.2　比对模拟触发与真实触发场景

对社会有影响的地震，例如 $M \geqslant 5$ 级，在震中附近几十千米范围内比较密集的站点触

发进行模拟分析并与真实触发场景进行比对分析是十分必要的，而且震级越大，社会影响越大，其可靠性要求就越高，对比分析更是不可缺少，这也是预警参数可靠性的一种重要设计。

1. 评估震中误差

如果以首台触发起算，测定地震参数的用时为 $T\mathrm{s}$，则此时 P 波在地表的传播距离为 $\Delta_\mathrm{P}(T)$。此时，以震中为圆心，$\Delta_\mathrm{P}(T)$ 为半径，所包围的台站为 N_P 个，Δ_j 为第 j 个台站的震中距，即 Δ_j 满足

$$\Delta_j \leqslant \Delta_\mathrm{P}(T), \quad j=1,2,\cdots,N_\mathrm{P} \tag{3-39}$$

第 j 个台 P 波真实触发时间为 T_P^*，则计算

$$\begin{cases} \Delta T_{\mathrm{P}j} = \left| T_{\mathrm{P}j}^* - T_{\mathrm{P}j}' \right| \\ \Delta T_\mathrm{P}(N_\mathrm{S}) = \sqrt{\dfrac{1}{N_\mathrm{S}} \sum T_{\mathrm{P}j}^2} \end{cases} \tag{3-40}$$

震中定位的最大偏差可估计为

$$r_{\max} = v_\mathrm{P} \max(\Delta T_{\mathrm{P}j}) \tag{3-41}$$

平均误差为

$$r_\mathrm{c} = v_\mathrm{P} \Delta T_\mathrm{P}(N_\mathrm{S}) \tag{3-42}$$

对于台点密集的台网，r_c 一般应满足 $r_\mathrm{c} \leqslant 5\mathrm{km}$，否则震中误差较大，其定位结果也会影响参数精度。

2. 模拟台网触发的空间分布

根据前述分析，可得到各台站峰值参数预测模型参数。依震中距由小到大排列，令第 j 个台站的烈度为 I_j、PGA_j、PGV_j （$j=1$，2，$\cdots$），则预估的 P 波触发强度 $PGA_{\mathrm{P}j}$ 为

$$PGA_{\mathrm{P}j} = PGA_j/12 \tag{3-43}$$

根据信噪比 SNR 和各类传感器日常噪声统计估计的触发门槛值为

$$PGA_\mathrm{d} = 3PGA_0 \tag{3-44}$$

$$PGA_\mathrm{d} = \begin{cases} 1.8\mathrm{gal}, & \text{烈度计} \\ 0.23\mathrm{gal}, & \text{强震仪} \\ 0.03\mathrm{gal}, & \text{地震计} \end{cases} \tag{3-45}$$

从上式看出，烈度计、强震仪、地震计的触发门槛 PGA_d 彼此相差近一个数量级，都略高于相同仪器噪声的上界，这相当于一种平均门槛的估计。具体到某一台点特定的传感器，由于噪声水平的差异性，有可能高估或低估其触发门槛值，更精确的估计应根据每个台站的噪声来估计。根据首台触发 $\tau\mathrm{s}$ 后，P 波到达的震中距为 $\Delta_\mathrm{P}(\tau)$，

$$\begin{cases} \Delta_\mathrm{P}(\tau) = \sqrt{(Tv_\mathrm{P}+R_1)^2 - h^2} \\ \Delta_j = \sqrt{(x_j-x_0)^2 + (y_j-y_0)^2} \end{cases} \tag{3-46}$$

当 $0 \leqslant t \leqslant T$ 时，如果

$$\Delta_j \leqslant \Delta_\mathrm{P}(\tau), \quad j=1,2,\cdots \tag{3-47}$$

根据各站点的传感器，确定触发强度 PGA_d，如果第 j 个台站的 PGA_{Pj} 符合

$$\begin{cases} PGA_{Pj} \geqslant PGA_d, & \text{第 } j \text{ 个台站触发} \\ PGA_{Pj} < PGA_d, & \text{第 } j \text{ 个台站不触发} \end{cases} \tag{3-48}$$

由此得到 $\tau = \tau_1$，τ_2，$\cdots$，τ_k，$\cdots$，τ_n（τ_k 为第 k 报参数的时间），与此相应 $\Delta_P(\tau_k)$ 为第 k 报时 P 波到达的震中距。据此得到虚拟场景下，测定地震参数各报时，以震中为圆心，各种传感器组成的台网触发状况空间分布，如表 3.2 和表 3.3 所示。

表 3.2　首报 T、Δ_P 和 Δ_S

T/s	3	5	7
Δ_P/km	29.6	41.2	52.7
Δ_S/km	17.1	23.8	30.5

表 3.3　加速度触发强度 $PGA_d\left(\eta_k = \dfrac{N_k}{M_k}\right)$　　　（单位：cm/s^2）

Δ/km \ M	3.0	4.0	5.0	6.0	6.5
10	0.606	1.56	4.005	10.294	16.504
15	0.465	1.195	3.071	7.893	12.655
20	0.374	0.962	2.472	6.354	10.187
25	0.311	0.800	2.058	5.289	8.479
30	0.266	0.683	1.755	4.512	7.234

3. 比对虚拟和真实触发状况空间分布

首台触发后，测定地震参数的时间为 $\tau = \tau_1$，τ_2，$\cdots$，τ_k，$\cdots$，分别为第一报至第 k 报的时间。当 $\tau = \tau_1 s$ 时，根据统计真实情形下共有 N_1 个台站触发，虚拟情况下共有 M_1 个台站触发，注意到真实与虚拟场景在考虑触发强度上的差异性，定义触发比例 η_1 为

$$\eta_1 = \frac{N_1(\text{实际触发台数})}{M_1(\text{虚拟触发台数})} \tag{3-49}$$

类似地，第 k 报时，实际触发的台站数为 N_k，虚拟触发的台站数为 M_k，同理定义第 k 次发布地震参数时

$$\eta_k = \frac{N_k}{M_k} \tag{3-50}$$

随着处理时间的增加，受信号衰减以及不确定因素增加的影响，η 值可能出现减小也是合理的。对于前面几报，当 η 符合下列条件则判定：

（1）$\eta \geqslant 0.8$，地震参数可靠；

（2）$0.6 \leqslant \eta < 0.8$，基本可靠；

（3）$0.5 \leqslant \eta < 0.6$，待考证，等待下一报；

（4）$\eta < 0.5$，不可靠，极可能误报。

随着时间的增加，η 的规定可以适当降低。此外，M 越大，模拟效果应越好，η 的值越大。当然，如果 $\eta > 1.0$，即真实触发的台站数大于虚拟触发的台站数，测定的震级 M 和 I_0 也可能偏小，则存在"漏报"大震风险。

显然，如果当时我国地震预警软件有虚拟与真实台站触发场景对比分析功能，四川和甘肃两次大震"误报"是可以避免的。

3.6.3　地震波场的实时模拟与更新

现仅介绍点源模型假定下地震波形的模拟，至于后续的改进特别大震波场的模拟尤其是预测烈度的更新，留待后续章节介绍。

1. 波场模拟假定

假定地震为点源，以发震时刻 T_0 起算，选定某一插值点 A，其震中距为 R_A，第 j 个台站观测点的震源距为 R_j，其 P 波和 S 波到达插值点和观测点的到时分别为 t_{PA} 和 t_{Pj} 以及 t_{SA} 和 t_{Sj}，则可分别得到

$$\begin{cases} t_{PA} = \dfrac{R_A}{v_P} \\ t_{Pj} = \dfrac{R_j}{v_P} \end{cases} \tag{3-51}$$

$$\begin{cases} t_{SA} = \dfrac{R_A}{v_S} \\ t_{Sj} = \dfrac{R_j}{v_S} \end{cases} \tag{3-52}$$

由此可得到

$$\begin{cases} t_{PA} = \dfrac{R_A}{R_j} t_{Pj} \\ t_{SA} = \dfrac{R_A}{R_j} t_{Sj} \end{cases} \tag{3-53}$$

由此可简化为

$$t_A = \dfrac{R_A}{R_j} t_j \tag{3-54}$$

显然，上式对于近场 P 波和 S 波波组都是成立的。由于近场任意观测点的时程都是由 P 波序列和 S 波序列组成的，在此期间波形上经历了多次往返振动，为此引入波场粒子模型，假定任意一个观测点地震动在时间上都是由一系列不同波速的粒子波动引起的，对于波速为 c 的任意粒子，其到时都满足

$$t(c) = \dfrac{R}{c} \tag{3-55}$$

由此可得

$$t_A = \frac{R_A}{R_j} t_j \tag{3-56}$$

式（3-56）对一系列不同波速的任意粒子的波动到时都成立。换个思路理解，相当于假设从点源辐射出一系列不同波速的粒子能量，产生了观测点的一系列波形振动，每一个波形相当于一束粒子，其走时符合式（3-56）。考虑到波束粒子能量强度应满足衰减规律，即

$$a \propto \frac{1}{R} e^{-\gamma R} \tag{3-57}$$

由此得到第 j 个台站 $a_j(t)$ 插值表达 $a_A(t)$ 的方程

$$a_A(t) = \frac{R_A}{R_j} e^{-\gamma(R_A - R_j)} a_j \left(\frac{R_A}{R_j} t \right) \tag{3-58}$$

其中，$a_j(t)$ 为第 j 个观测点的时程。当 $R_A > R_j$ 时，相当于要将第 j 个观测点的时程在时间上放大 $\frac{R_A}{R_j}$ 倍，才能得到 $a_A(t)$；反之，若 $R_A < R_j$，则在时间上压缩 $\frac{R_A}{R_j}$ 倍后才能得到 $a_A(t)$。这种将 $a_j(t)$ 在时间域上的放大和压缩，正是震源距不同时波束粒子振动时间长短所调制的效果。相应的，幅值（相当于能量）调节遵循了波动衰减规律。由于非弹性系数 γ 很小，可近似得到

$$a_A(t) = \frac{R_j}{R_A} a_j \left(\frac{R_A}{R_j} t \right) \tag{3-59}$$

如果考虑插值点附近有多个观测点，则

$$a_A(t) = \sum_{j=1}^{L} m_j \frac{R_j}{R_A} a_j \left(\frac{R_A}{R_j} t \right) \tag{3-60}$$

其中，m_j 为

$$m_j = \frac{\frac{1}{d_j^2}}{w}, \quad w = \sum_{j=1}^{L} \frac{1}{d_j^2} \tag{3-61}$$

其中，L 为插值点数，一般取 $L=3 \sim 6$，即插值附近 $3 \sim 6$ 个观测站点的实际记录。

2. PGA、PGV 等物理量地震波场的模拟

如果地震发生后，预警第 k 报的时间为 T_k，此时已触发的台站数为 L 个（$L \geq 3$），第 j 个台站的峰值时程分别为 $PGA_j(t)$ 和 $PGV_j(t)$。按 5km×5km 划分插值网格，第 i 个网格的坐标为 (x_i, y_i)，第 j 个台站的坐标为 (x_j, y_j)，则

$$\begin{cases} PGA_j(t) = \max(|a_j(t_k)|), & 0 < t_k \leq t \\ PGV_j(t) = \max(|v_j(t_k)|), & 0 < t_k \leq t \end{cases} \tag{3-62}$$

$$\begin{cases} d_{ij} = \sqrt{(x_j - x_i)^2 - (y_j - y_i)^2} \\ R_i = \sqrt{(x_i - x_0)^2 + (y_i - y_0)^2 + h^2} \\ R_j = \sqrt{(x_j - x_0)^2 + (y_j - y_0)^2 + h^2} \end{cases} \tag{3-63}$$

其中，$a_j(t)$ 和 $v_j(t)$ 分别为第 j 个观测点加速度和速度时程；(x_0, y_0) 为震中坐标；h 为

震源深度。由此得到第 i 个插值网格的 $PGA_i(t)$ 和 $PGV_i(t)$ 分别为

$$\begin{cases} PGA_i(t) = \sum_{j=1}^{L} m_{ij} \dfrac{R_j}{R_i} PGA_j\left(\dfrac{R_i}{R_j}t\right) \\ PGV_i(t) = \sum_{j=1}^{L} m_{ij} \dfrac{R_j}{R_i} PGV_j\left(\dfrac{R_i}{R_j}t\right) \end{cases} \tag{3-64}$$

上式中的 t 由发震时刻 T_0 起算，其中

$$m_{ij} = \frac{1/d_{ij}^2}{w_i}, \quad w_i = \sum_{j=1}^{L} \frac{1}{d_{ij}^2} \tag{3-65}$$

同理，由仪器烈度和 PGA、PGV 关系可得第 j 个插值点的烈度 $I_j(t)$ 为

$$I_j(t) = \sum_{j=1}^{L} m_{ij} \frac{R_j}{R_i} I_j\left(\frac{R_i}{R_j}t\right) \tag{3-66}$$

据此，可得插值点的 PGA 和 PGV 以及 I 的时–空分布。

综上所述，根据预警参数可构建地震发生的情景模型，划定了虚拟和真实可比对的时间和空间范围；通过震级和震中距预测了虚拟场景下 P 波触发的站点分布，并与真实场景进行比对，以确认预警参数的可靠性，尽量排除大震误报。与此同时，为进一步改进、更新预警目标区 PGA、PGV 和烈度的预测模型，通过引入 PLUM 方法，推导出以插值点附近站点实时观测资料为基础的插值模型，以替代仅由 M 和震中距控制的经验衰减预测模型，提高了烈度等参数的预测精度，这将在第 10 章再做讨论。

参 考 文 献

关曙渊. 2020. 地震预警中 PLUM 方法的研究. 中国地震局工程力学研究所硕士学位论文.

刘辰，李小军，景冰冰，等. 2019. 地震预警 PGV- Pd 关系参数的距离分段特征. 地球物理学报，62（4）：1413-1426.

马东. 2013. 基于福建区域地震台网的高速铁路预警能力评估及烈度预测方法探讨. 中国地震局工程力学研究所硕士学位论文.

马强. 2008. 地震预警技术研究及应用. 中国地震局工程力学研究所博士学位论文.

宋晋东，教聪聪，李山有，等. 2018. 基于地震 P 波双参数阈值的高速铁路 I 级地震警报预测方法. 中国铁道科学，39（1）：138-144.

张红才，金星，李军，等. 2017. P_d- τ_c 相容性检验方法在触发事件判别分析中的应用. 地震学报，39（1）：102-110.

Chung A I, Henson I, Allen R M. 2019. Optimizing earthquake early warning performance：ElarmS-3. Seismological Research Letters，90（2）：727-743.

Serdar Kuyuk H, Allen R M, Brown H. 2014. Designing a network-based earthquake early warning algorithm for California：ElarmS-2. Bulletin of the Seismological Society of America，104（1）：162-173.

Wu Y M, Teng T L, Shin T C, et al. 2003. Relationship between peak ground acceleration, peak ground velocity, and intensity in Taiwan. Bulletin of the Seismological Society of America，93（1）：386-396.

Wu Y M, Kanamori H, Allen R M, et al. 2007. Determination of earthquake early warning parameters，τ_c and P_d, for southern California. Geophys. J. Int. ，170（1）：711-717.

第4章 双震预警第一报的处理技术

2011年3月11日东日本海9.0级大地震发生后，地震及其引发的海啸淹没部分台站，导致部分台站通信中断，台网监测能力下降，日本预警系统对序列震的处理表现失常，产生误报漏报达60次之多。熊本2016年7.3级地震后，对序列震的处理也出现了类似3·11地震的情形，误报漏报也达30次之多，究其原因就在于序列地震的定位能力和后续报波组跟踪能力严重不足，不能有效分辨几乎同时发生但来自不同发震地点的多组地震信号，从而产生大量的误报漏报。一个7级以上的大震发生后，一般会在主震震中周围一定区域即余震区产生一系列的5.0~6.9级的地震，5级以下的地震则更多。这些序列地震的特点就是地震震中位置彼此相距不远，发震时间相差数秒至数十秒甚至数百秒，但前后地震震级有大有小，前一次地震对后一次地震的影响有大有小，情况比较复杂。如果我国地震预警处理软件对大震产生的序列震没有专门研究和设计，可以预见在实时处理大震余震序列时也会产生误报漏报。应该说明的是，地震预警系统对序列震的处理与传统的自动速报对序列震的处理有较大差别，一是体现在时效性上，预警要求在首台触发10s内产生结果，而自动速报时间放宽到1~2min；二是预警利用的台数较少，一般为前四台，波形数据也有限，而自动速报利用的台数较多，波形数据丰富；三是计算判定的方法差异较大，自动速报在时间轴上可对不同震源产生不同台站预计记录的波组到时、位移峰值及其顺序进行理论模拟，并与各台站实际触发的波组到时、观测位移峰值及其顺序结果进行反复比对分析，寻找比对最优或者概率最大的不同地震位置，区分或分辨不同地震产生的波组到时，并确定不同地震的定位结果和参数，而预警系统往往只能比对有限的P波和S波到时数据，难以判定和区分不同震源产生的所有波组；四是地震预警在不同地震产生的波组彼此相互影响时，例如只能二选一的情况下尽可能测定较大的地震，放弃小的地震。因此，处理好序列地震是预警系统的重要功能之一，必须专门研究设计。由于从发震时间上序列震一般都可分解为一系列前后两个地震即双震的参数测定问题，从处理思路考虑将第一报和后续报作为两个重要问题分两章分别讨论，前者专注于根据不同的复杂工况，提出处理双震第一报的方法和技术方案，后者则是在第一报的基础上专注于如何处理好后续报。如果按照两个地震震中之间的距离 D 分类，大体上可将其划分为三种类型：第一种就是 D 较大，两个地震几乎可看成独立处理的地震；第二种是 D 很小，可看成原地重复的地震；第三种是介于两者之间，处理也较为复杂。因此，前后两个地震能否处理好是处理序列震的核心问题。现在主要讨论双震定位基础及前震对后震的影响、双震处理理论模型及模型参数估计、双震判定与独立处理第一报条件、非原地非独立处理双震第一报的方法、原地重复双震的处理、研究成果总结与数值验证等问题。本章重点讨论双震第一报的问题，至于后续报如何处理留待第5章讨论。

4.1　双震定位基础及前震对后震的影响

4.1.1　预警连续定位方法

　　由于预警序列震的处理比较复杂，地震成丛，记录比较密集，而且处理时间要求高，加之快速定位结果是分辨和追踪震源波组的重要基础，更应重视预警连续定位方法，在此回顾一下此方法。当地震发生时，考虑局部坐标系，如图 4.1 所示，选择首台以 S_1 表示，作为坐标原点，第二台 S_2 触发以后以 S_1 和 S_2 连线作为 x 轴正向，采用右手定则选择 y 轴。假设地震震源坐标为 (x, y, h)，T_0 为发震时刻，前四个台依触发的时间为 T_{P1}，T_{P2}，T_{P3}，T_{P4}，台站坐标依次为 $(0, 0)$，$(d_{21}, 0)$，(x_3, y_3)，(x_4, y_4)，d_{21} 为 S_1 和 S_2 的台间距，则连续定位结果可表示如下。

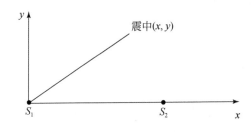

图 4.1　局部坐标系

1. 前两台定位方法

　　首台触发，其震中在首台的 V 图内（图 4.2），与首台关联的第二台触发，则在首台 V 内的震中坐标还应满足双线性方程：

$$x = P_1 + P_2 r \tag{4-1}$$

其中

$$r = (x^2 + y^2 + h^2)^{1/2}$$

$$P_1 = \frac{d_{21}}{2}(1 - P_2^2)$$

$$P_2 = -\frac{S_{21}}{d_{21}}$$

$$S_{21} = v_P(T_{P2} - T_{P1})$$

2. 三台定位方法

　　与前两台关联的第三台触发其坐标为 (x_3, y_3)，计算第一台与第三台的台间距 d_{31} 和第三台与第一台触发到时差 $(T_{P3} - T_{P1})$，得到新方程：

$$y = b_1 + b_2 r \tag{4-2}$$

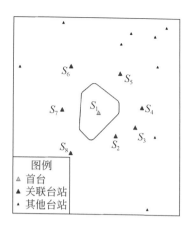

图 4.2　S_1 的 V 图

其中，b_1、b_2 分别为

$$\begin{cases} b_1 = \dfrac{1}{2y_3}\left(d_{31}^2 - 2x_3 P_1 - S_{31}^2\right) \\[2mm] b_2 = -\dfrac{1}{y_3}\left(x_3 P_2 + S_{31}\right) \\[2mm] S_{31} = v_P\left(T_{P3} - T_{P1}\right) \end{cases}$$

此时，前三台的定位方程变为

$$\begin{cases} x = P_1 + P_2 r \\ y = b_1 + b_2 r \end{cases} \tag{4-3}$$

四个参数 P_1，P_2，b_1，b_2 皆为已知，但 h 未知，震中轨迹线可简化为首台 V 图中的线段，其方程为

$$\begin{cases} y = b_1 + \dfrac{b_2}{P_2}\left(x - P_1\right) \\[2mm] r = \left(x^2 + y^2 + h^2\right)^{1/2} \end{cases} \tag{4-4}$$

选取 $h = 10\mathrm{km}$ 时，可得 (x, y)。

3. 四台定位方法

若与前三台关联的第四台触发，其坐标为 (x_4, y_4)，计算第一台与第四台的台间距 d_{41}，以及第四台与第一台触发时间差 $T_{P4} - T_{P1}$，从而得到

$$\begin{cases} r = \dfrac{1}{2}\dfrac{d_{41}^2 - 2\left(x_4 P_1 + y_4 b_1\right) - S_{41}^2}{S_{41} + x_4 P_2 + y_4 b_2} \\[2mm] S_{41} = v_P\left(T_{P4} - T_{P1}\right) \end{cases} \tag{4-5}$$

由此可完全得到方程组的解：

$$\begin{cases} x = P_1 + P_2 r \\ y = b_1 + b_2 r \end{cases} \tag{4-6}$$

换句话说，在台网布局合理的条件下，由四个台站的 P 波到时，可完全确定以首台为参考坐标的定位结果，即震中 (x, y) 以及相应的震源深度 h：

$$h = (r^2 - x^2 - y^2)^{1/2} \tag{4-7}$$

如果得到首台的 S 波到时 T_{S1}，则

$$\begin{cases} r = v_{\varphi}(T_{S1} - T_{P1}) \\ v_{\varphi} = v_P v_S / (v_P - v_S) \end{cases} \tag{4-8}$$

换句话说，也可由前三台的 P 波到时和首台的 S 波到时确定震源空间坐标。为了更快测定震中位置，也可利用前一台等待下一台的触发时间 Δt 来进一步缩小震中区域，提高定位精度，可参阅更详细的连续定位方法。

4. 多台定位与定位误差评估

当触发台数为四台以上时，较为传统的多台定位分析及台网布局对定位误差的分析已讨论过，在此不做讨论。

4.1.2　前震对后续地震的影响

任一震源激发的地震波都遵守三个自然规律：一是地震波的能量（用峰值表示）随震中距逐渐衰减直到淹没于噪声中，这说明任何一个地震影响的空间范围都是有限的；二是任何一个地震释放能量的过程和波组走时也是有限的，这种时间过程可用记录的震动持续时间 $T_d (M, \Delta)$ 表示，因此任意地震对台网观测的影响时间也是有限的；三是波组的走时关系，是将时间和空间紧密关联的物理关系，单震如此双震也如此。这里所指的地震影响就是依据震源模型和地震震级，评估地震波组的到时场、峰值强度场、震动持续时间场，场指的是影响的空间分布范围。显然，前震震级越大，其峰值越高，持续时间越长，影响范围越广，对后续地震的影响就大，反之影响就小。这种评估的物理意义就在于划定了前震的空间影响范围和对台网观测的影响时间，如果后续地震震中不在其影响空间范围内，或者空间在此范围内但发震时间不在前震影响时间内，则对后续震都没有影响，否则就会有影响。

1. 前震波组到时场的评估

地震对台网观测的影响是从 P 波到达台站开始计时的，假设已知前震的震源参数，首台触发后第一报的时间为 τ_1，第一个地震的 P 波和 S 波在地表传播的最远距离分别为 d_{1P} 和 d_{1S}，即

$$\begin{cases} d_{1P} = \left[(v_P \tau_1 + R_1)^2 - h_1^2 \right]^{1/2} \doteq v_P \tau_1 + \Delta_1 \\ d_{1S} = \left[\left(v_S \tau_1 + \dfrac{v_S}{v_P} R_1 \right)^2 - h_1^2 \right]^{1/2} \end{cases} \tag{4-9}$$

利用第一个震源位置 (x_{01}, y_{01}, h_1)，以及各台站的坐标 (x_i, y_i) $(i = 1, 2, \cdots, N)$，可以得到第一个地震从首台触发时刻起算，P 波和 S 波到达各台站的理论时间 T_{1i}^P、T_{1i}^S 分别为

$$\begin{cases} T_{1i}^{\mathrm{P}} = (R_{i1} - R_{11}) / v_{\mathrm{P}} \\ T_{1i}^{\mathrm{S}} = R_{i1} / v_{\mathrm{S}} - R_{11} / v_{\mathrm{P}} \end{cases} \tag{4-10}$$

其中，

$$\begin{cases} \Delta_{1i} = \left[(x_{01} - x_i)^2 + (y_{01} - y_i)^2 \right]^{1/2} \\ R_{1i} = (\Delta_{1i}^2 + h_1^2)^{1/2} \end{cases} \tag{4-11}$$

这种预测仅为理论分析得到的，但其台站是否真正触发还取决于震级大小和地震 PGA、PGV 的衰减关系，以及传感器噪声水平。

2. 地震动峰值衰减关系和震动持续时间

根据震级 M、PGA 和 T_{d} 的关系：

$$\begin{cases} \lg PGA = 0.41 M_1 - 1.19 \lg (10 + \Delta_{1i}) - 0.82 \\ \lg T_{\mathrm{d}} = -0.285 + 0.225 M + 0.373 \lg (\Delta + 10) \end{cases} \tag{4-12}$$

因此，第一个地震以首台触发起算，P 波到达第 i 个台站的时间为 T_{1i}^{P}，S 波到达的时间为 T_{1i}^{S}，第 i 个台站峰值和持续时间分别为

$$\begin{cases} PGA_i = PGA(M_1, \Delta_{1i}) \\ T_{\mathrm{d}i} = T_{\mathrm{d}}(M_1, \Delta_{1i}) \end{cases}, \quad i = 1, 2, \cdots, N \tag{4-13}$$

可以预测 P 波到达第 i 个台站后，震动的强度峰值 PGA_i 以及持续时间 $T_{\mathrm{d}i}$。根据霍俊荣和胡聿贤（1992）的研究，加速度峰值函数 $PGA(t)$ 和其包线 $f(t)$ 的关系为

$$PGA(M, \Delta, t) = PGA(M, \Delta) f(t) \tag{4-14}$$

其中，归一化包络函数形式 $f(t)$ 为

$$f(t) = \begin{cases} \left(\dfrac{t}{t_1} \right)^2, & t \leqslant t_1 \\ 1, & t_1 < t \leqslant t_2 \\ \mathrm{e}^{-c(t-t_2)}, & t > t_2 \end{cases} \tag{4-15}$$

其中，t_1、t_2 和 c 都是 M 和 Δ 的函数。在此需要说明的是：第一，不同的学者提出许多不同的包线函数，上面所提的只是其中一种；第二，不同学者对震动持时有不同的定义（徐培彬和温瑞智，2018；徐熙和蒲武川，2019）。在此我们更关心记录淹没于噪声的时间。因此，从地震观测的角度讲，将震动持续时间定义为 P 波到达震动开始直到地震观测记录结束淹没于噪声的时间，显然这种震动持续时间与观测仪器的噪声水平有关。

3. 前震的影响范围和持续时间估计

如果将第一个地震产生的强度影响衰减到噪声水平作为量取持续时间的标准，以全国数量最大的烈度计为例，其噪声水平上界为 $PGA = 2.0\mathrm{gal}$，如表 4.1 和图 4.3 所示，则可得

$$PGA(M, \Delta_{\mathrm{m}}) = 2.0 \tag{4-16}$$

由此可得影响范围 Δ_{m} 与 M 的关系：

$$\lg (\Delta_{\mathrm{m}} + 10) = 0.301 M + 0.646 \tag{4-17}$$

表 4.1　震级对烈度计影响范围的估计

M	2	3	4	5	6	7
Δ_{m}	7.7	25.3	60.7	131.5	273.1	556.2

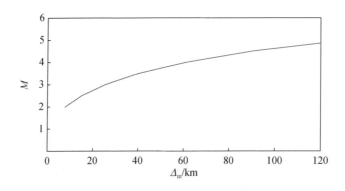

图 4.3　PGA 为 2gal 时，震级与影响范围 Δ_{m} 的关系

　　如图 4.4 和表 4.2 所示，如果不考虑传播时间，在震中周围的近场台网取 $\Delta_{\mathrm{m}}=0$ 时，T_{d} 为

$$\lg T_{\mathrm{d}}=0.225M+0.088 \tag{4-18a}$$

从 Δ_{m} 和 T_{d} 与 M 的关系可看出，$M\leqslant3.0$ 级的小地震其影响范围有限，一般都在震中附近震中距不超过 25km，持续时间在 10s 以下；4 级左右地震范围在 60km 左右，持续时间在 20s 左右，$M\geqslant5.0$ 级以上的地震影响范围将更广，持续时间更长。

　　在震中周围的近场台网取 $\Delta_{\mathrm{m}}=20$km 时，T_{d} 为

$$\lg T_{\mathrm{d}}=0.225M+0.269 \tag{4-18b}$$

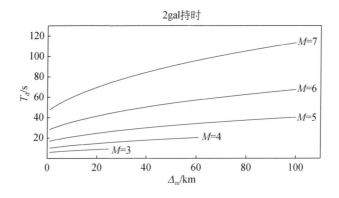

图 4.4　T_{d} 与 M 的关系

表 4.2　震中附近震动持续时间与震级的关系

M	2	3	4	5	6	7
$\Delta_m = 0$						
T_d	3.4	5.8	9.7	16.3	27.4	46.0
$\Delta_m = 20$						
T_d	5.2	8.8	14.7	24.7	41.6	69.8

对于强震仪和地震计组成的虚拟台网，如图 4.5 所示，可取

$$PGA(M,\Delta_m) = 0.2\text{gal} \tag{4-19}$$

由此可得影响范围 Δ_m 与 M 的关系（表 4.3）：

$$\lg(\Delta_m+10) = 0.301M + 1.11 \tag{4-20}$$

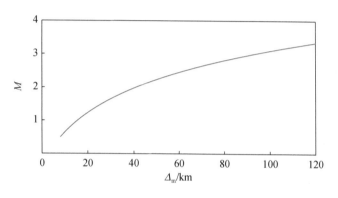

图 4.5　PGA 为 0.2gal 时，震级与影响范围 Δ_m 的关系

表 4.3　震级对强震仪观测范围的估计

M	2	3	4	5	6	7
Δ_m	51.5	103.1	206.1	412.1	824.1	1648

同理，对于地震计也可得到类似的公式和结论。从上面的分析中可以发现，对于相同的地震，烈度计的峰值衰减最快，Δ_m 最小，其次是强震仪，再次是地震计。因此，可以利用 Δ_m 判定前震影响的空间影响范围，利用 P 波到时和震动持时 T_d 分析前震对台网观测的影响时间，评估对后续震的影响程度。

4.2　双震处理理论模型及模型参数估计

序列震都可分解为一系列前后两次地震即双震的处理，因此双震处理是序列地震处理的基础。鉴于此，必须认真研究双震问题，明确思路，提出有针对性的方法。

4.2.1　双震处理的技术思路和模型

假设在发震时间上相差数秒至数十秒，在空间上两个不同地点前后发生两个地震，其中至少一个地震的震级 M 要达到预警标准，在此称之为双震。显然，在此所讨论的双震概念，与预报定义两个地震震级大体相当的双震有一定区别。处理好双震问题的总体技术思路就是：第一，将双震处理的预警第一报和后续报作为两个重要问题，分开处理，前者以首台 $3 \sim 5s$ 发布第一报为标准，提出处理方法，后续报更强调在首报定位的基础上，寻找两个地震各自相互影响最小的区域上的台站，分别测定各自的震级，提高定位精度；第二，建立双震震源模型，分析处理双震问题与双震的哪些因素或参数有关，如何快速估计这些参数；第三，通过 PGA 衰减模型以及不同震源 P 波波组的波场模拟，寻找两个地震可独立处理预警第一报的物理条件；第四，在两个地震不能独立处理的条件下，进一步寻找测定第一个地震参数即可发布预警第一报、至少第二个地震可定位的条件；第五，在两个地震难以同时处理的情形下，优先保证测准大的地震，放弃小的地震；第六，以双震预警第一报或定位结果为基础，建立测定后续报震级的理论模型，分别寻找两个地震震源在一定时间间隔内不受对方波组污染的安全区域，利用安全区域内台站的观测记录测定双震震级，持续更新后续报。为处理这两个地震，必须建立双震震源模型，设定相关参数，并构建两个局部虚拟台网，便于分析研究，至于地震局部虚拟台网如何构建可参阅第 3 章，现建立双震震源模型。

1. 设定第一个地震震源模型及参数

第一个地震的发震时间为 T_{01}，震中位置为 (x_{01}, y_{01})，震源深度为 h_1，震级为 M_1，首台触发时间为 T_{P1}，首台坐标为 (x_1, y_1)，首台触发后 $\tau_1 s$ 测定地震参数，并对外发布。以首台为中心，将其周围 50 个台站拉进快速处理进程，组建第一个地震的虚拟台网，其台网的半径为 r_1，则有

$$\begin{cases} T_{P1} = T_{01} + \dfrac{R_1}{v_P} \\ R_1 = \left[(x_{01}-x_1)^2 + (y_{01}-y_1)^2 + h_1^2 \right]^{1/2} \end{cases} \tag{4-21}$$

2. 设定第二个地震震源模型及参数

假设第二个地震的发震时间为 T_{02}，震中位置为 (x_{02}, y_{02})，震源深度为 h_2，震级为 M_2，首台触发时间为 T_{P2}，首台坐标为 (x_2, y_2)，首台触发后测定第二个地震参数的时间为 τ_2。以第二个地震首台触发的台站为中心，将第二个首台周边约 50 个台站拉进快速处理进程，构建第二个地震局部虚拟台网，其台网半径为 r_2，则有

$$\begin{cases} T_{P2} = T_{02} + \dfrac{R_2}{v_P} \\ R_2 = \left[(x_{02}-x_2)^2 + (y_{02}-y_2)^2 + h_2^2 \right]^{1/2} \end{cases} \tag{4-22}$$

由此可得

$$T_{P2}-T_{P1}=(T_{02}-T_{01})+\frac{R_2-R_1}{v_P} \tag{4-23}$$

3. 估计两个地震发震时间差

我国绝大多数序列震的处理结果表明，序列震的震源深度总体变化不大，这一特性可帮助估计震源模型参数。可以证明

$$R_1-R_2=(\Delta_1-\Delta_2)\frac{\Delta_1+\Delta_2}{R_1+R_2}+(h_1-h_2)\frac{h_1+h_2}{R_1+R_2} \tag{4-24}$$

由于

$$\begin{cases} \dfrac{\Delta_1+\Delta_2}{R_1+R_2}\leqslant 1 \\[2mm] \dfrac{h_1+h_2}{R_1+R_2}\leqslant 1 \end{cases} \tag{4-25}$$

由此可得

$$\frac{|R_1-R_2|}{v_P}\leqslant\frac{|\Delta_1-\Delta_2|}{v_P}+\frac{|h_1-h_2|}{v_P} \tag{4-26}$$

我国大陆绝大多数地震的震源深度都在 $10\sim15$km（梁姗姗等，2016），对于台间距在 $12\sim18$km 的高密度台网，由于 $h_1\approx h_2$，$\Delta_1\approx\Delta_2$，因此网内序列震可合理假定

$$R_1\approx R_2 \tag{4-27}$$

由此可得两个地震发震时间之差，即

$$\Delta T_0=T_{02}-T_{01} \tag{4-28}$$

可近似由这两个地震的首台触发时间之差 ΔT_P 估计，即

$$\begin{cases} |\Delta T_0-\Delta T_P|\leqslant\delta T \\ \Delta T_P=T_{P2}-T_{P1} \end{cases} \tag{4-29}$$

其误差 δT 为 $|R_2-R_1|/v_P$，对于浅源地震误差为 1s 左右。式（4-29）的物理意义就在于不需要精确定位，测定双震发震时间差，就可快速由两个地震各自的首台触发时间差估计其发震时间差，但应注意这两个地震的首台不能是彼此关联台站，即不参加对方地震定位。对于原地重复的双震，即震源位置基本相同，则首台触发时间差就等于发震时间差。

4. 估计两个地震震中位置的距离 D

定义两个地震震中的距离相隔为 D（单位：km），即

$$D=\left[(x_{01}-x_{02})^2+(y_{01}-y_{02})^2\right]^{1/2} \tag{4-30}$$

两个地震首台的距离相距为 D_c（单位：km），即

$$D_c=\left[(x_1-x_2)^2+(y_1-y_2)^2\right]^{1/2} \tag{4-31}$$

利用首台台站坐标和首台震中距 Δ_1 及其方位角 θ_1，可以得到第一个地震的震中坐标为

$$\begin{cases} x_{01}=x_1+\Delta_1\cos\theta_1 \\ y_{01}=y_1+\Delta_1\sin\theta_1 \end{cases} \tag{4-32}$$

同理可得第二个地震类似关系：

$$\begin{cases} x_{02} = x_2 + \Delta_2 \cos\theta_2 \\ y_{02} = y_2 + \Delta_2 \sin\theta_2 \end{cases} \tag{4-33}$$

故有

$$\begin{aligned} D &= \left[(x_{01} - x_{02})^2 + (y_{01} - y_{02})^2 \right]^{\frac{1}{2}} \\ &= \left\{ \left[(x_1 - x_2) + (\Delta_1 \cos\theta_1 - \Delta_2 \cos\theta_2) \right]^2 + \left[(y_1 - y_2) + (\Delta_1 \sin\theta_1 - \Delta_2 \sin\theta_2) \right]^2 \right\}^{\frac{1}{2}} \end{aligned}$$
$$\tag{4-34}$$

定义

$$\begin{cases} \cos\gamma = \dfrac{x_1 - x_2}{D_c} \\[2mm] \sin\gamma = \dfrac{y_1 - y_2}{D_c} \end{cases} \tag{4-35}$$

经计算化简后得到

$$D = \left[D_c^2 + \Delta_1^2 + \Delta_2^2 - 2\Delta_1\Delta_2 \cos(\theta_1 - \theta_2) + 2\Delta_1 D_c \cos(\gamma - \theta_1) + 2\Delta_2 D_c \cos(\gamma - \theta_2) \right]^{1/2} \tag{4-36}$$

当 $D_c > (\Delta_1 + \Delta_2)$ 时，并注意到

$$(\Delta_1 \pm \Delta_2)^2 = \Delta_1^2 + \Delta_2^2 \pm 2\Delta_1\Delta_2$$
$$\left[D_c \pm (\Delta_1 \pm \Delta_2) \right]^2 = D_c^2 \pm 2D_c(\Delta_1 \pm \Delta_2) + (\Delta_1 \pm \Delta_2)^2 \tag{4-37}$$

由此可估计 D 值上、下界：

$$D_c - (\Delta_1 + \Delta_2) \leqslant D \leqslant D_c + (\Delta_1 + \Delta_2) \tag{4-38}$$

取 $d \doteq (\Delta_1 + \Delta_2)$，$d$ 为平均台间距，则

$$|D - D_c| \leqslant d \tag{4-39}$$

即用 D_c 估计 D，其误差小于台站平均台间距 d。若 $D_c \gg d$，则有

$$D \approx D_c \tag{4-40}$$

上式的物理意义就在于，不需要精确测定两个地震的震源位置，就可由两个地震首台的台站距离 D_c 估计两个震中位置的距离 D。

4.2.2　影响双震处理的重要参数

两个空间位置不同，但发震时间几乎同时的双震，能否有效处理好取决于如下重要因素。

1. 两个地震震中位置的距离 D

任何地震的空间影响范围都是有限的，如果两个地震震中距离 D 比较大，超出其各自影响范围，可以看成两个独立的地震，分别处理。但如果两个地震震中距离相距不远，即彼此虚拟台网中的台站有部分重叠，则可能会彼此影响。根据前述的讨论，当 $D_c \gg d$ 时，两个地震震中相距距离 D 可近似由两个地震首台的距离 D_c 表示，其误差不超过平均台间距 d，即

$$|D - D_c| \leqslant d \tag{4-41}$$

2. 两个地震发震时间差

任何地震的影响时间都是有限的，如果两个地震发震时间相差较大，即使两个地震震中位置相距较近，相当于第一个地震的影响已消失才发生第二个地震，则两个地震也可以看成彼此无影响的地震，分别独立处理。但如果两个地震震中位置距离较小，而且 ΔT_0 相差不大，如几秒，就会在部分台站的观测记录中看到两个地震的波组信号几乎同时出现，要分辨哪些波组来自相同震源就显得十分重要。当 $R_1 \doteq R_2$ 时，作为近似估计，可用两个地震首台触发的时间差 ΔT_P 近似估计两个地震发震时间差 ΔT_0，即

$$\begin{cases} |\Delta T_0 - \Delta T_P| \leqslant \delta T \\ \delta T = |R_2 - R_1| / v_P \end{cases} \tag{4-42}$$

3. 测定两个地震参数的时间 τ_1 和 τ_2

假定第一个地震首台触发时刻为 T_{P1}，以首台触发起算测定第一个地震参数的时间为 τ_1，则此时第一个地震 P 波在地表传播的最远距离为 Δ_{P1}，即

$$\begin{cases} \Delta_{P1} = \left[(v_P \tau_1 + R_1)^2 - h_1^2 \right]^{1/2} \\ R_1 = (\Delta_1^2 + h_1^2)^{1/2} \end{cases} \tag{4-43}$$

Δ_{P1} 还可化简为

$$\Delta_{P1} = (v_P \tau_1 + \Delta_1) \left[1 + \frac{2(v_P \tau_1 - \Delta_1)(R_1 - \Delta_1)}{(v_P \tau_1 + \Delta_1)^2} \right]^{1/2} \tag{4-44}$$

若满足

$$\frac{(v_P \tau_1 - \Delta_1)(R_1 - \Delta_1)}{(v_P \tau_1 + \Delta_1)^2} \ll 1 \tag{4-45}$$

则近似有

$$\Delta_{P1} \doteq v_P \tau_1 + \Delta_1 \tag{4-46}$$

式（4-46）对于 10km 左右的浅源都有较高的精度。类似地，第二个地震首台触发时间为 T_{P2}，首台起算测定第二个地震参数的时间为 τ_2，以第二个地震发震时间起算，其 P 波在地表传播的最远距离 Δ_{P2} 为

$$\Delta_{P2} = \left[(v_P \tau_2 + R_2)^2 - h_2^2 \right]^{1/2} \tag{4-47}$$

近似有

$$\Delta_{P2} \doteq v_P \tau_2 + \Delta_2 \tag{4-48}$$

待第二个地震测定完地震参数后，第一个地震的 P 波此时在地表传播的最远距离为

$$d_{1P} \doteq v_P (\Delta T_P + \tau_2) + \Delta_1 \tag{4-49}$$

这样，利用 τ_1 和 τ_2 以及两个地震的首台触发时间差 ΔT_P，可估计两个地震产生 P 波波组的最远震中距，由此建立时间和空间的对应关系，并以两个地震产生的地震波组中主要是 P 波是否在台站有交会快速判定各自测定地震参数时彼此是否有影响。

4. 台网的平均台间距

台网的台站密度以平均台间距 d 表示，代表台网捕捉地震信号的能力，台站越密即 d

越小，地震定位的时间越短，分辨不同地震产生的地震波组的能力越强；反之 d 越大，定位时间越长，快速分辨不同波组的能力就越弱。通过构造两个虚拟台网，在第一个地震台网半径 r_1 内，计算其平均台间距为 d_1；在第二个地震台网半径 r_2 内，计算其平均台间距为 d_2，则 d 为

$$d = (d_1 + d_2)/2 \qquad (4\text{-}50)$$

在此提示，计算台间距有一种快速简便的方法，就是以首台触发作为中心，计算周边即对首台 V 图有贡献台站之间的台间距，为方便也可计算 30km 以内的台间距。在已知 h 的情形下三台可定位，因此按台间距由小至大排序取前三个台间距的平均值作为此次地震的局部平均台间距，分析效果更科学。

5. 两个地震的震级

在这里设定第一个地震的震级为 M_1，第二个地震的震级为 M_2。测量震级的方法以前已经讨论过，在地震预警中主要采用两种方法，即 M_L 震级和烈度震级 M_I。

$$M = \begin{cases} M_L, & M_L \leqslant 6.0 \\ \max\{M_L, M_I\}, & 6.0 < M_L \leqslant 6.5 \\ M_I, & M_L > 6.5 \end{cases} \qquad (4\text{-}51)$$

在震级 $M(t)$ 的实时计算过程中按 Δt 间隔采样，Δt 一般取 0.5s 或 1s。显然，两个地震彼此的影响程度取决于两个地震各自的震级，震级越大，地震对台网的观测记录影响越大，主要体现在影响空间范围更广、观测峰值较高，震动的持续时间就越长，此时如果发生其他地震，其波形必然相互叠加，分辨另一个地震的波形信号就越困难，甚至无法分辨测定第二个地震的波形信号。因此，在两个地震彼此有影响即二选一的前提下，按照对社会影响的程度，考虑将测定较大一个地震的参数放到优先位置。

6. 地震动峰值及持续时间

处理双震和单个地震的重要差别之一就是，不但要知道各个台站记录的地震信号从何时开始，也要知道震动信号何时结束。地震动峰值如 PGA、PGV 和持续时间 T_d 与震级和震中距的衰减关系前面章节已讨论过。由于检测地震的方法目前仍为 STA/LTA，加上 AIC 方法，LTA 相当于记录的背景噪声值，假设长窗的时间窗长为 T_L，对于以往的单个地震可取 T_L 为 30s 或 60s。对于双震，如果第一次地震发生后，其信噪比 SNR 快速下降至小于 1 后又逐渐趋于正常值，即

$$SNR = \frac{STA}{LTA} = 1.0 \sim 2.0 \qquad (4\text{-}52)$$

这表明第一次地震对台站观测记录的影响已经过去。因此，原则上此时应将检测地震触发参数调整为触发前的状态，或者采用变时长窗的设计，取长窗时间窗长 T_L 为

$$T_L \approx T_d(M, \Delta) \qquad (4\text{-}53)$$

这种变时窗的长窗设计，可以提高检测的效能，对序列震的检测特别是降低漏检率是十分有效的，后续还将做专门的讨论与设计。显然，地震越小，恢复到背景噪声的时间越短；地震越大，恢复到背景噪声的时间越长。如果前一个地震的影响没有消失，则台站检

测第二个地震的到时有可能捡拾不到或有较大偏差。

4.3 双震判定与独立处理第一报条件

4.3.1 双震发生的判定准则

1. 双震发生初步判定准则

两个地震的震中之间的距离为 D，两个地震首台之间的距离为 D_c，两个地震的发震时间差为 ΔT_0，两个地震首台之间 P 波触发的时间差为 ΔT_P，则

$$\begin{cases} |D-D_c| \leqslant d \\ \Delta T_0 \approx \Delta T_P \end{cases} \tag{4-54}$$

如果 D_c、ΔT_P 和 d 满足：

$$D_c > v_P \Delta T_P + 2d \tag{4-55}$$

则可初步判定发生了两个地震。

2. 更精细的判定准则

第一个地震首台触发起算预警第一报的时间为 τ_1，两个地震首台触发时间差为 ΔT_P，则第一个地震 P 波传播最远距离为 d_{1P}，即

$$d_{1P}(\tau_1) = v_P \tau_1 + \Delta_1 \tag{4-56}$$

上式对任意 τ_1 都成立，如果取 $\tau_1 = \Delta T_P$，这相当于第二个地震首台触发，第二个地震 P 波地表传播距离为 $d_{2P} = \Delta_2$，而此时第一个地震 P 波地表传播距离为 $d_{1P} = v_P \Delta T_P + \Delta_1$。由于第二个地震首台触发并非由第一个地震引起，故必有 $D > d_{1P} + d_{2P}$，即

$$D > v_P \Delta T_P + d \tag{4-57}$$

其中，$d = \Delta_1 + \Delta_2$。上式为已知双震震中距离 D 得到的双震发生的判别公式，但事实上，在开始判定双震是否发生时难以得到 D，只能用其估计值。如果用 D_c 估计 D，则有

$$D_c > v_P \Delta T_P + 2d \tag{4-58}$$

则可判定发生两个地震。在判定中已将 D_c 估计 D 的误差即最大误差 d 考虑在内。式（4-58）可以与属于同一震源两个台站关联的必要条件（但并非充分条件）的判据 $\Delta T_P \leqslant D_c/v_P$ 做对比分析，以加深印象。需要说明的是，如果能准确知道 D（相当于可准确定位两个震中），则用 $D > v_P \Delta T_P + d$ 判定发生两个地震，否则只能利用 $D_c > v_P \Delta T_P + 2d$ 判定。

3. 物理解释

当第一个地震发生后，可判定第一个震源位置和 P 波传播的最远距离，如果第一个地震的 P 波尚未到达的台站发生触发，那么很显然无法用第一个地震的 P 波来解释。此时可初步判定第二个地震的台站触发，并以此台为中心，构建虚拟台网。如果第二个地震首台触发，其相邻台站继续触发，可判定为第二个地震，可快速定位，并成功解释二个震源产

生的波组，说明两个震源成立，双震发生。

4.3.2　双震处理类型的分类

依据双震模型参数 D 和 ΔT_0 将如何处理双震分成下列三种类型。

1. 可完全独立处理的双震

这里所指的可完全独立处理包括双震第一报和后续报都可独立处理。对此又可细分为两种类型。第一种类型为，如果 D 较大，双震各自的影响区域半径之和都小于 D，则无论 ΔT_0 取何值，都可将双震视为两个空间互不相关的单个地震，分别处理。

第二种类型为，如果 ΔT_0 较大，第一个地震在时间上对台网观测的影响已完全消失才发生第二个地震，则双震也可作为时间上互不相关的两个地震分别单独处理。

2. 原地重复双震的处理

如果 D 较小，满足 $D \leqslant 2d$，则可视为原地重复双震的处理，处理较难，也比较复杂。这是震群型中常见的一种处理模式。

3. 非原地非独立的双震处理

这一类型介于上述两种类型之间，处理也较为复杂，特别是后续报时，双震波形一般会在部分台站有部分重叠，相互干扰。

4.3.3　两个地震独立处理的条件

对于假设的双震震源模型，进行地震波场的模拟，寻找独立处理的条件，以此为基础建立相关参数的物理关系，便于快速判别。

1. 以峰值衰减距离判定独立处理条件

假定第一个地震的震级为 M_1，考虑以烈度计为主的台网，依据 PGA 衰减到 2.0gal 的距离为 d_m，可以建立 d_m 和 M 的关系，可得第一个地震的影响范围 d_{m1} 和持续时间分别为

$$\begin{cases} \lg(d_{m1}+10) = 0.301M_1+0.646 \\ \lg T_{d1} = -0.285+0.225M_1+0.373\lg(d_{m1}+10) \end{cases} \quad (4\text{-}59)$$

第二个地震震级为 M_2，同理可得第二个地震的影响范围为 d_{m2} 和持续时间为 T_{d2}，即

$$\begin{cases} \lg(d_{m2}+10) = 0.301M_2+0.646 \\ \lg T_{d2} = -0.285+0.225M_2+0.373\lg(d_{m2}+10) \end{cases} \quad (4\text{-}60)$$

对于强震仪为主构成的台网，则 d_m 与 M 的关系可换成

$$\lg(d_m+10) = 0.301M+1.11 \quad (4\text{-}61)$$

如果满足

$$D \geqslant d_{m1}+d_{m2} \quad (4\text{-}62)$$

则两个地震即使时间上相关但从空间上可看成彼此互不相关可独立处理，也就是不仅第一报可独立处理，其后续报也可独立处理。例如，华北和四川几乎同时发生两个 5 级地震，两个地震震中相距较远，烈度计网只能记录本地发生的地震，这是容易理解的。

2. 以前震影响时间判定独立处理条件

对于第一个地震震级 M_1，对于前后地震都能得到观测记录的任意台站，其与前震的震中距为 Δ，震动持续时间为 T_d，如果两个地震在该台站触发时间差 ΔT_P 满足

$$\Delta T_P > T_d(M_1, \Delta) \tag{4-63}$$

则后一个地震可独立处理，如果 $\Delta = d_{m1}$，则式（4-63）可理解为第一个地震对台网影响时间上界的估计，如果 ΔT_P 大于此上界值，则前后地震即使空间上相关但从时间上互不相关，则双震第一报和后续报皆可独立处理。

4.3.4　传播距离判定双震独立处理首报条件

1. 双震首报独立处理条件

如果不满足上述空间和时间独立处理的条件，则表明双震互有影响，是否能独立处理第一报将取决于下列波传播距离判定准则。以两个地震能够独立处理预警第一报为标准，通过双震波场模拟寻找其各自独立处理的条件。如图 4.6 所示，假设两个地震发震时间相差 ΔT_0，两个地震震中位置相差为 D，第一个地震首台触发时间为 T_{P1}，测定第一个地震参数的时间为 τ_1，第二个地震首台触发时间为 T_{P2}，测定第二个地震的时间为 τ_2，则第二个地震 P 波在地表传播的距离最远为 d_{2P}：

$$d_{2P} = v_P \tau_2 + \Delta_2 \tag{4-64}$$

此时，第一个地震 P 波在地表传播的最远距离为 d_{1P}：

$$\begin{cases} d_{1P} = v_P \tau_m + \Delta_1 \\ \tau_m = \max\{\tau_1, \Delta T_P + \tau_2\} \end{cases} \tag{4-65}$$

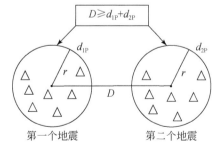

图 4.6　两个地震独立处理模型及条件

若两个地震的震中距离为 D，由此得到两个地震彼此独立处理第一报的判据：

$$D \geqslant d_{1P} + d_{2P} \tag{4-66}$$

其中假设两个台网的局部平均台间距为 d，并取 $d \approx (\Delta_1 + \Delta_2)$。一般来讲，测定地震参数的时间通常为 $3 \sim 5 \mathrm{s}$，可合理假设测定前后两个地震参数的时间大致相同，即满足

$$\tau_1 \approx \tau_2 \tag{4-67}$$

因此，$\tau_1 \leq \Delta T_{\mathrm{P}} + \tau_2$ 自然成立，故独立处理两个地震的条件简化为一个：

$$D \geq v_{\mathrm{P}} (\Delta T_{\mathrm{P}} + 2\tau_2) + d \tag{4-68}$$

由于 $\Delta T_{\mathrm{P}} \geq 0$，故 D 的最小值可估计为

$$D_{\min} = 2 v_{\mathrm{P}} \tau_2 + d \approx 40 \sim 50 \mathrm{km} \tag{4-69}$$

换句话说，如果两个 6 级地震同时发生，其震中相距至少在 50km 左右，才有可能独立处理两个地震的首报。由于特殊原因，测定第一个地震的时间过长，即

$$\tau_1 \geq \Delta T_{\mathrm{P}} + \tau_2 \tag{4-70}$$

若满足 $d_{1\mathrm{P}} + d_{2\mathrm{P}} \leq D$，则两个地震仍然可独立处理首报。因此，两个地震可以独立处理的首报条件为

$$\begin{cases} D \geq v_{\mathrm{P}} (\Delta T_{\mathrm{P}} + 2\tau_2) + d \\ \tau_1 \leq \Delta T_{\mathrm{P}} + \tau_2 \end{cases} \tag{4-71}$$

其中，

$$\begin{cases} D \doteq D_{\mathrm{c}} \\ \Delta T_0 = \Delta T_{\mathrm{P}} = T_{\mathrm{P2}} - T_{\mathrm{P1}} \\ D_{\mathrm{c}} = \left[(x_1 - x_2)^2 + (y_1 - y_2)^2 \right]^{1/2} \end{cases} \tag{4-72}$$

D_{c} 为两个地震首台之间的距离，ΔT_{P} 为两个地震首台的触发时间差，d 为台网平均台间距。例如，两个 6 级地震首台触发时间相差 10s，两个首台距离相差 150km，测定第一个地震的参数用时 $\tau_1 = 5\mathrm{s}$，测定第二个地震的参数用时 $\tau_2 = 3\mathrm{s}$，平均台间距 d 为 14km，则

$$D \doteq D_{\mathrm{c}} = 150 \mathrm{km} \tag{4-73}$$

$$v_{\mathrm{P}} (\Delta T_{\mathrm{P}} + 2\tau_2) + d = 110 \mathrm{km} \tag{4-74}$$

由于

$$\begin{cases} \tau_1 < \Delta T_{\mathrm{P}} + \tau_2 \\ D \geq v_{\mathrm{P}} (\Delta T_{\mathrm{P}} + 2\tau_2) + d \end{cases} \tag{4-75}$$

故两个地震可独立处理。另外，在以后的讨论中，我们默认 $\tau_1 \leq \Delta T_{\mathrm{P}} + \tau_2$ 是成立的，因此独立处理判定条件只有一个。对于台间距约为 12km 的台网，取 $\tau_2 = 3\mathrm{s}$，则可直接得到更简单的判别公式：

$$D \geq v_{\mathrm{P}} \Delta T_{\mathrm{P}} + 4d \tag{4-76}$$

如果从预警前四台连续定位技术和分辨震源位置考虑，对于 d 不同的台网，式（4-76）也是成立的，只是把 τ_1 和 τ_2 理解为定位时间。上述不等式的物理意义就在于，两个地震完成测定地震参数时，两个地震产生的 P 波波组在各自震中附近的台站 P 波波组是完全分离的，在这些台站两组 P 波还没有交汇，可清晰识别两个地震震源，并测定其参数。

2. 两个地震独立处理的步骤

（1）第一个台站首发测定地震参数按预警处理模式进行，包括组建虚拟台网、进行定

位、测定震级、判别地震信号等。需要说明的是，第一个地震定位时，不能有第二个地震触发的台站参与，以关联台站判别之。

（2）第二个地震首台触发，进入双震处理模式，计算相关参数，判别是否满足能独立处理第一报的条件，若第二个地震满足独立处理的条件，则转入正常程序处理。需要注意的是，第二个地震定位也不能用到第一个地震触发的台站。

（3）需要提醒的是，当完成第一报参数测定后，需要预测每一个地震产生的 P 波和 S 波到达虚拟台网中台站的到时，以区分哪组波形来自于哪一个地震，用同一地震波组测定震级，并更新后续报的地震参数。这些问题留待第 5 章来讨论。

4.4　非原地非独立处理双震第一报的方法

根据前面的讨论，现对前后两个地震的处理分别进行讨论。两个地震不能独立处理时，相关参数满足下列条件：

$$D < v_p(\Delta T_p + 2\tau_2) + d \qquad (4\text{-}77)$$

由于 d 是地震发生后首台周边台网的平均台间距，可视为常数；τ_2 为测定地震参数的时间，一般为 3s 左右，也可视为常数；对于台间距 12km 左右的台网，可简化为下列形式：

$$D < v_p \Delta T_p + 4d \qquad (4\text{-}78)$$

如果满足上述不等式组，就转入非原地非独立处理双震第一报处理模式。

4.4.1　第一个地震的处理

1. 自动满足测定第一个地震参数的条件

根据第一个地震首报条件以及前述的讨论，两个地震的震中距离 D 满足

$$2d < D < v_p \Delta T_p + 4d \qquad (4\text{-}79)$$

测定第一个地震参数没问题。以此为基础评估对后续地震的影响，并做好测定第二个地震准备。

2. 第一个地震影响完全消失的条件

1）评估影响范围 d_m

如图 4.7 所示，当第一个地震发生并测定完相关参数，才发生第二个地震，应首先评估其对第二个地震的影响程度。由 PGA 的衰减关系，考虑烈度计的日常最高噪声水平为 2gal，则有

$$\lg PGA(M, d) = 2.0 \qquad (4\text{-}80)$$

由第一个地震的震级 M_1 计算地震峰值影响的最远距离为 Δ_{m1}。两个地震震中位置相距为 D，取

$$d_{\min} = \min\{\Delta_{m1}, D\} \qquad (4\text{-}81)$$

若 $\Delta_{m1} \ll D$，则第一个地震的影响是局部的，对第二个地震影响不大；若 $D - 2d > \Delta_{m1}$，则第

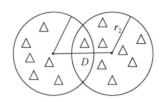

图 4.7　前震对后震的影响

二个地震可独立测定，否则影响较大。如第一个地震为 3 级，烈度计 $\Delta_{m1}=25km$，第一个地震对 $\Delta \leqslant \Delta_{m1}$ 台网的总体影响时间约为 9s，第二个地震为 6 级，二者 D 为 50km，$\Delta T_0 = 10s$，则第一个地震对第二个地震无影响。因此，若满足

$$D_c > \Delta_{m1} + 2d \tag{4-82}$$

则第二个地震从衰减距离判定可独立测定。在判定中也考虑用 D_c 估计 D 的最大误差。

2）评估影响时间

如果 $\Delta_{m1} > D$，则说明第一个地震对第二个地震有影响。其 P 波到时 t_{PM} 为

$$t_{PM} = t_P(D,h) \tag{4-83}$$

显然，若 ΔT_0 或者 ΔT_P 满足

$$\begin{cases} \Delta T_0 > t_{PM} + T_d(M_1,D) \\ \Delta T_P > T_d(M_1,D) \end{cases} \tag{4-84}$$

这表示第一个地震对第二个地震震中附近局部虚拟台网的影响已完全消失，此时第二个地震仍可独立测定地震参数；否则第一个地震对第二个地震的波组有影响。例如，一个 7.5 级左右的余震区长轴大约为 120km，序列震中如果发生 6 级地震，作为极端考虑，其最长影响时间为 $t_P = 20s$，$T_D = 40s$，大约 1min，平均估计影响时间为 60s。换句话说 $\Delta T_0 > 60s$，此次地震影响可忽略，下一个地震可独立处理。若满足

$$3 \leqslant \Delta T_P \leqslant T_d(M_1,D) \tag{4-85}$$

则是否能独立测定第二个地震仍要看波组传播距离的判断。

4.4.2　第二个地震的处理

地震参数测定主要取决于参与定位的台站数以及首台触发后 P 波波形发育 3s 有测定震级的时间，原则上都可以从分析波组传播距离范围内触发的台站数得到答案。

1. 波传播距离估计触发台站数

如果台网平均台间距为 d，地震波从震中传播的距离为 $d_P(\tau)$，τ 为测定地震参数的时间，则地震波此时覆盖的面积为 $S(t)$，有

$$\begin{cases} S(t) = \pi [d_{1P}(t)]^2 \\ d_{1P}(\tau) = v_P \tau + \Delta_1 \end{cases} \tag{4-86}$$

由此可估计平均触发的台站数 $N(t)$ 为

$$N(t) = \pi \left[\frac{d_{\mathrm{P}}(t)}{d} \right]^2 \tag{4-87}$$

由此，可以制作表格（表 4.4），其中 $\Delta_1 \doteq 0.5d$。

表 4.4　传播距离与触发台站数关系表

时间 τ / s	传播距离 $d_{1\mathrm{P}}/\mathrm{km}$	触发台站数 $N(t)$
0	$0.5d$	1
1	d	3
2	$1.5d$	7
3	$2d$	12

其中，$v_{\mathrm{P}} = 6\mathrm{km/s}$，$d$ 按 12km 估计，若 d 在 12～18km，表 4.4 中触发台站数将有所降低，当 $\tau = 3\mathrm{s}$ 时，则满足定位和测定震级的双重要求。因此，若满足

$$d \leq d_{1\mathrm{P}} < 1.5d \tag{4-88}$$

则至少 3 台以上参与定位，当 $d_{1\mathrm{P}} \approx 2d$ 时，可以测定地震参数。如果 d 为 18km，则首台触发 3s 测定完震级时 P 波传播距离 $d_{1\mathrm{P}} \approx 27\mathrm{km}$，约为 $1.5d$，此时触发的台站数约为 7 个。因此，对于 d 为 12～18km 的台网，测定完地震参数时 P 波波组的最远传播距离为 $1.5d$～$2d$。作为更严格的要求，一般取 $d_{1\mathrm{P}} = 2d$ 作为测定完地震参数时 P 波波组最远震中距的估计。

2. 分析测定第二个地震参数的条件

根据前面传播距离与触发台站数的讨论，如果 ΔT_{P} 较小即 $\Delta T_{\mathrm{P}} < 3$，可以肯定传播距离 $2d$ 约为测定第一个地震参数时首报的 P 波传播距离。为此从 D 中扣除 $2d$ 的影响，其剩余距离为 $D' = D - 2d$，考虑到双震发生时双震 P 波对跑，则留给第二个地震的距离约为 $D'/2$。即从第二个地震震中起算，当 P 波传播距离 $d_{2\mathrm{P}} = D'/2$ 时，应满足

$$\begin{cases} v_{\mathrm{P}} \Delta T_{\mathrm{P}} + 2d < D < v_{\mathrm{P}} \Delta T_{\mathrm{P}} + 4d \\ \dfrac{v_{\mathrm{P}} \Delta T_{\mathrm{P}}}{2} < d_{2\mathrm{P}} < \dfrac{v_{\mathrm{P}} \Delta T_{\mathrm{P}} + 2d}{2} \end{cases} \tag{4-89}$$

其平均触发台站数 N_2 为

$$N_2 = \pi d_{2\mathrm{P}}(t)^2 / d^2 \tag{4-90}$$

其中，d 为台站平均台间距离，分两种情况。

（1）若满足

$$\frac{v_{\mathrm{P}} \Delta T_{\mathrm{P}}}{2} < d_{2\mathrm{P}} < \frac{v_{\mathrm{P}} \Delta T_{\mathrm{P}} + d}{2} \tag{4-91}$$

则可估计 N_2 的台站数为

$$\pi \left(\frac{v_{\mathrm{P}} \Delta T_{\mathrm{P}}}{2d} \right)^2 < N_2 < \pi \left(\frac{v_{\mathrm{P}} \Delta T_{\mathrm{P}} + d}{2d} \right)^2 \tag{4-92}$$

考虑到第二个地震首台已触发，则

$$N_2 \geqslant 1$$

如果 $\Delta T_P \neq 0$，则至少第二个地震可定位。

（2）若满足

$$\frac{v_P \Delta T_P + d}{2} < d_{2P} < \frac{v_P \Delta T_P + 2d}{2} \tag{4-93}$$

作为极限考虑，$\Delta T_P = 0$，则触发台站数

$$1 \leqslant N_2 \leqslant 3$$

如果 $\Delta T_P \neq 0$，则触发台站数更多，测定参数没问题。同理，若 $\Delta T_P > 3$，则测定第一个地震的时间已包含在 ΔT_P 内，故有

$$D' = D - v_P \Delta T_P$$

同理可证明，当 $d < d_{2P} \leqslant 1.5d$ 时，第二个地震可定位，当 $1.5d < d_{2P} \leqslant 2d$ 时，测定第二个地震参数没有问题。

3. 不能测定第二个地震参数的条件

根据前述讨论，可以肯定不能测定第二个地震参数的条件为

$$2d < D_c < v_P \Delta T_P + 2d \tag{4-94}$$

除非 ΔT_P 很大，满足 $\Delta T_P > T_d(M_1, \Delta)$ 即前震影响已消失的条件，否则第二个地震首报无法测定其参数。

4. 第二个地震可定位的条件

根据上述讨论，若 D 满足下列条件：

$$v_P \Delta T_P + 2d < D < v_P \Delta T_P + 3d \tag{4-95}$$

如果 $\Delta T_P \geqslant 3s$，则第二个地震原则上可测定地震参数至少可以定位。

5. 第二个地震测定地震参数的条件

更进一步分析，如果 D 满足下列条件：

$$v_P \Delta T_P + 3d \leqslant D < v_P \Delta T_P + 4d \tag{4-96}$$

则第二个地震可以测定地震参数。从式（4-96）中看出，留给测量第二个地震的窗口很小。

4.4.3 测定第二个地震参数的时间窗

根据前面的分析，测定第一个地震没有问题，但由于两个地震的震中距离 D 不满足双震独立测定条件，因此是否能测定第二个地震定位结果的条件更严，保留 ΔT_P 的时间窗口较短。可以估计第一个地震测定完参数后产生第二个地震，其 P 波在地震传播的最远距离为 d_{1P}，即

$$d_{1P} = v_P \Delta T_P + \Delta_1 \tag{4-97}$$

因此，如果满足

$$D-d_{1\mathrm{P}}>d+\Delta_2 \tag{4-98}$$

第二个地震就有可能测定地震参数或定位，因此能测定第二个地震的条件为

$$v_\mathrm{P}\Delta T_\mathrm{P}+2d<D<v_\mathrm{P}\Delta T_\mathrm{P}+4d \tag{4-99}$$

如果取

$$\begin{cases} \Delta_\mathrm{a}=v_\mathrm{P}\Delta T_\mathrm{P}+2d \\ \Delta_\mathrm{b}=v_\mathrm{P}\Delta T_\mathrm{P}+4d \end{cases} \tag{4-100}$$

则

$$\begin{cases} \dfrac{D-4d}{v_\mathrm{P}}<\Delta T_\mathrm{P}<\dfrac{D-2d}{v_\mathrm{P}} \\ \Delta_\mathrm{a}<D<\Delta_\mathrm{b} \end{cases} \tag{4-101}$$

则以第一个地震震中为圆心，第二个地震的震中距离 D 只能在 Δ_a 和 Δ_b 之间。因此，满足确定第二个地震的条件更宽松，成功的概率仍较大。当 D 与 ΔT_0 满足上述关系时可以测定第二个地震参数，这完全取决于 ΔT_0 的大小。若不满足式（4-101）和第一个地震影响完全消失的条件，说明第一个地震会对第二个地震的参数测定有重大影响，无法准确测定第二个地震的参数。

4.4.4　测定两个地震参数的步骤

第一，可以测定第一个地震的震源参数，包括震中、震级等。

第二，利用第一个地震的震源参数，可以快速预测第一个地震和第二个地震所构造虚拟台网中各台站的 P 波和 S 波到时，也就是先分辨出第一个地震在各台站的 P 波和 S 波波组，并估计其影响的空间范围和持续时间，预估对第二个地震波组的影响程度，为分辨第二个地震的波组打下重要基础。

第三，当第二个地震首台触发时，如果满足测定第二次地震测定条件，就要充分运用预警连续定位的办法，确定第二个地震的震中区域，并在震中区域内进行网格划分，通过多个震源模拟，寻找第二个地震的震中位置，以此预估第二个地震到达各台站的 P 波和 S 波的到时，并在第二个地震产生的波组上测定相应的震级。

第四，在近场的台站中，两个地震一般有四个震相（两个地震各自的 P 波和 S 波震相），当两个地震互有影响时，只有部分台站的记录能有效分辨两个地震的震相，要充分利用这些台站记录，对第二个地震进行定位和测定震级。

4.4.5　两个地震定位结果合理性的评估

在考虑后续报时，要继续跟踪和判定两个地震在各台站的波组信号。根据两个地震定位结果，可得到第一个地震的震中位置为 (x_{01}, y_{01})，发震时间为 T_{01}，第二个地震的震中位置为 (x_{02}, y_{02})，发震时间为 T_{02}，由此可预测第 j 个台站预计到达的第一个地震产生的 P 波和 S 波的时间 T_{1j}^P、T_{1j}^S，以及第二个地震产生预计到达第 j 个台站的 P 波和 S 波到时 T_{2j}^P、T_{2j}^S（$j=1, 2, \cdots, N$）。换句话说，每个台站共有四组波，并按到时顺序排列，应该

说，每个台站这两个地震产生的波组顺序（前后到达的时间顺序）是变化的，这相当于理论模拟的到时触发顺序结果。并以此判定在哪些台站的初至 P 波是第一个地震产生的，哪些台站的初至 P 波是第二个地震产生的，并由这些台站的初至 P 波评估两个地震定位结果的质量。对于台站的触发算法，仍采用 *STA/LTA+AIC* 的算法，这种算法只能检测到 P 波或 S 波的震相到时，不能分辨来自哪个震源，是何震相。利用触发算法可在 *SNR-T* 图上标注可能的波组震相，通过对两个地震产生波组的理论模拟及其到时顺序与实际触发算法检测到的波组到时顺序进行综合比较分析，区分来自两个震源的波组，如图 4.8 和图 4.9 所示。

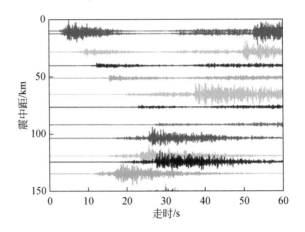

图 4.8　双震时，波形相互影响的模拟震例

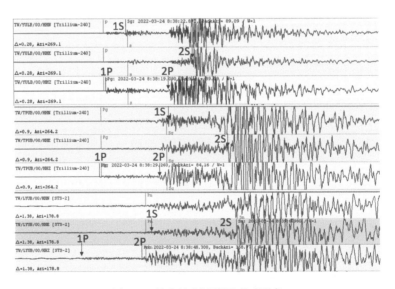

图 4.9　某台站实际检测到时顺序

4.5　原地重复双震的处理

4.5.1　原地重复双震的定义

根据波场模拟，当第一个地震测定完地震参数，P 波传播最远距离为

$$d_{1P}=v_P\tau_1+\Delta_1 \tag{4-102}$$

取 $\tau_1=3s$，则 $d_{1P}\doteq2d$，因此将 $D\leqslant2d$ 定义为原地重复的双震。

4.5.2　只能当一个地震处理的双震

当两个地震的震中距离 D 和发震时刻的时间差 ΔT_P 满足

$$\begin{cases}D\leqslant2d\\\Delta T_P<3\end{cases} \tag{4-103}$$

时，在第一报规定的时间内，这种双震类型是没有办法处理的。为何取 $\Delta T_P=3s$ 作为分界线来讨论问题，主要基于两点考虑，一是 ΔT_P 为 3s，与测定参数时间 τ 相同，$\Delta T_P<3s$，说明正判定第一个地震震源；二是根据震级 M 与持续时间 T_d 的关系，3 级以下的小震 T_d 也在 3s 左右，烈度计网可过滤。此时，相当于双震发震时间差小于 3s，且双震震中位置小于 2 倍的平均台间距的两个地震即原地重复发生的双震，可以想象这两个地震的首台都可能是彼此第二台触发的关联台站，无法分辨和判断第一个地震首台触发后，第二个触发的台站究竟是第二个地震的首台还是第一个地震触发产生的第二台的触发，在此情形下不能确定两个地震震源位置的精确坐标，最有可能或者只能当成一个地震去处理。即震中为第一个地震的震中（定位误差不超过 $0.5d$），震级取为两个地震的震级最大值，也有可能是两个地震波形叠加后所计算震级的最大值，震级估计肯定会有一定误差，但这是完全可以接受的一个结果。由于震级小的地震衰减快，影响范围小，超出小震影响范围的区域只会记录到大震的波形，待后续报再更新相应的参数。当然，如果这两个地震的震源深度相差较大，例如一个是深震另一个是浅震，在满足上述条件下会识别到两个震源，但大陆地震发生这种现象的概率很低，本章不讨论这种情况。

4.5.3　原地重复双震的处理

前面已讲过，当前后地震即双震震中距 D 和发震时间差 ΔT_0 或者首台触发时间差 ΔT_P，以及平均台间距 d 满足

$$\begin{cases}D\leqslant2d\\\Delta T_P<3\end{cases} \tag{4-104}$$

时，只能当成一个地震去处理。对于 d 为 12～18km 的台网，原地重复地震的处理，相当于两个地震的震中距离在 25～36km 的范围之内。当 $\Delta T_P\geqslant3s$ 时，又该如何处理呢？这相

当于地震原地重复发生问题，对于 4~5 级的序列震，这样的实例很多，特别是前面发生一个小震，原地又发生一个大震。现在的问题可归结为

$$\begin{cases} D \leqslant 2d \\ \Delta T_{\mathrm{P}} \geqslant 3 \end{cases} \tag{4-105}$$

前面讲过，在震中距 20km 范围内重复发生的地震，2 级时持续时间为 3~5s，3 级时持续时间为 5~9s，4 级时持续时间为 9~15s，对于 $\Delta T_{\mathrm{P}} > 3\mathrm{s}$，如果不考虑传感器的噪声限制，可以分辨 2 级以上的地震。但对于烈度计近场可以分辨 3 级以上地震，T_{d} 为 5s 以上；对于强震仪近场可记录 2 级以上地震，T_{d} 为 3s 以上；地震计可记录 0~1 级，T_{d} 为 1s 以上。

1. 测定第一个地震的参数

由于 $\Delta T_{\mathrm{P}} \geqslant 3\mathrm{s}$，按照预警第一报的时间要求估计，测定第一个地震的参数没有问题，从而可得第一个地震的震级 M_1，现在的首要问题就是要快速评估首台附近的近场台网恢复到正常状态，以便测定第二个地震参数的时间间隔 $T_{\mathrm{d}}(M_1, \Delta)$。

2. 评估第一个地震影响范围

以烈度计为例，根据 Δ_{m} 和 M_1 的关系可得

$$\lg(\Delta_{\mathrm{m}} + 10) = 0.301M + 0.646 \tag{4-106}$$

由第一个地震震级 M_1，可得 Δ_{m1}，对第一个地震首台附近的台网可取影响范围为

$$d_{\min} = \min\{\Delta_{\mathrm{m1}}, 2d\} \tag{4-107}$$

3. 评估震中区台网恢复正常状态的时间

根据第一个地震的震级 M_1，可以得到震中区台网震动持续时间 T_{d}，即

$$\lg T_{\mathrm{d}}(M_1, \Delta_1) = 0.225M_1 + 0.37\lg(\Delta_1 + 10) - 0.285 \tag{4-108}$$

其中 $\Delta_1 = d_{\min}$，据此估计 T_{d}。如果从绝对时间起算，第一个地震在某一台站的触发时间为 T_{P1}，震中持续时间为 $T_{\mathrm{d}}(M_1, \Delta)$，第二个地震在该台站的触发时间为 T_{P2}，则在该台站两个地震的波组完全分离，可独立处理的条件为

$$T_{\mathrm{P2}} > T_{\mathrm{P1}} + T_{\mathrm{d}}(M_1, \Delta)$$

或者

$$\begin{cases} \Delta T_{\mathrm{P}} > T_{\mathrm{d}}(M_1, \Delta) \\ \Delta \leqslant d_{\mathrm{m1}} \end{cases} \tag{4-109}$$

也就是当第一个地震发生后，首台附近的台网恢复到正常状态的时间为 $T_{\mathrm{d}}(M_1, \Delta)$，完全取决于第一个地震的震级大小。若地震大，恢复到正常状态的时间就越长，反之就小。若满足

$$\Delta T_{\mathrm{P}} > T_{\mathrm{d}}(M_1, \Delta) \tag{4-110}$$

原则上第二个地震是可以识别的。如果前后地震的首台是相同台站，则

$$\Delta T_0 > T_{\mathrm{d}}(M_1, \Delta) \tag{4-111}$$

原则上就可以识别第二个地震。对于同一类型的烈度计，厂家不同性能也有差别，这就需

要更精确地判断台站恢复正常状态时间。

4. 实时计算台站恢复原状态的时间

$T_d(M_1, \Delta)$ 对于不同地区不同地震可能略有差别，仅是估计值，现需要对每个台站做更准确的测定。根据 $STA/LTA+AIC$ 方法，假设 LTA 的初始窗长为 T_L，原则上 T_L 越长，对拾取 P 波的到时越准确、越稳定，但对序列震时，T_L 不能过长，否则会漏掉第二个地震的 P 到时，因此在正常检测信号的常规长–短时窗的基础上增加一个检测序列震的变时窗，具体可参阅第 6 章相关内容，其变时窗窗长建议取 $T_L \approx T_d$，并调整相应的短窗。根据 SNR 定义

$$SNR = \frac{STA}{LTA} \tag{4-112}$$

从台站触发起算，SNR 迅速上升，当地震记录结束时，STA 值趋于噪声，此时 LTA 值仍包含地震记录的影响，故 $SNR<1$，稍后逐渐上升，计算 SNR 恢复到

$$SNR = 1.0 \sim 2.0 \tag{4-113}$$

的时间窗长即 T_E，尤其要注意短窗随时间的变化。当 SNR 恢复到正常标准时，说明前震的影响已过去，将触发参数调整到地震前，准备处理第二个地震。更精细的判定参考后续章节原地重复序列震的相关判定。

如图 4.10（a）为云南东川 3.7 级地震，震中距为 36km 的烈度计台站的实际观测记

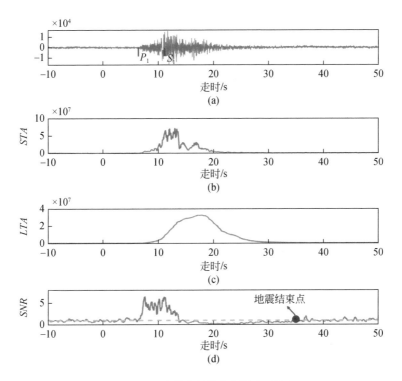

图 4.10　计算台站恢复原状的时间

录，图 4.10（a）中 P_1 和 S_1 为理论的 P 波和 S 波到时；图 4.10（b）为短时平均 STA，可以看出当 STA 恢复到噪声水平原状时，则为该地震的结束时间；图 4.10（c）为长时平均 LTA，其刻画的信号变化没有 STA 明显；图 4.10（d）为长短时平均 SNR 结果，可以看出在噪声段时 SNR 基本为 1。当地震信号来临时，SNR 显著增加，当记录结束时，STA 值趋于噪声，此时 LTA 值仍包含前者影响，故 $SNR<1$，稍后逐渐上升，当 SNR 恢复到 1.0 左右时，则初步确定为地震的结束时间。

5. 测定第二个地震参数

当第二个地震触发后，根据前后两个地震的首台触发时间差 ΔT_{p} 和两个首台坐标计算 D_{c}，首先判定是否属于原地重复地震，即验证

$$D_{\mathrm{c}} \leqslant 2d \tag{4-114}$$

如果满足条件即属于原地重复地震发生问题。其次判定是否满足下列条件：

$$\Delta T_{\mathrm{p}} > T_{\mathrm{d}}(M_1, d) \tag{4-115}$$

若满足上述条件，则表明第二个地震确实发生，与第一次地震无关，其监测的第二个地震的 P 波震相到时是可靠的，此时对第二个地震的处理可不考虑第一个地震的影响。如果不满足式（4-115）条件，则第二个地震无法分辨其 P 波初动到时。

6. 两种特殊情况

根据前面的分析，如果 $\Delta T_{\mathrm{p}} < T_{\mathrm{d}}$，即原则上只有两种情形，第一种情形就是前震震级很大，后震震级很小，原则上后一个地震是无法测定的；第二种情形，前者很小，又来一个较大的地震，从波形上可看到两者的区别，但后一个地震的 P 波触发精确到时无法确定，难以对大震定位。因此，作为预警第一报，两个地震只能按一个地震处理，即震中为前一个小震，震级为后一个大震，这两种情况都是可以接受的。如何更准确地测定大震参数，以及后续报如何更新，留待原地重复序列震相关章节再讨论。

4.6　研究成果总结与数值验证

4.6.1　建立理论模拟模型

为了验证本章的研究成果，必须进行数值验证。为此设立局部坐标系，如图 4.11 所示，以第一个地震的震中 O_1 为原点，将 x 轴设为两个震中的连线，即第二个地震的震中坐标为（D, 0），采用右手定则。假设仍以台站 S 的坐标为（x, y），根据几何关系：

$$\begin{cases} \Delta_2^2 = D^2 + \Delta_1^2 - 2D\Delta_1\cos\theta_1 \\ \Delta_1^2 = D^2 + \Delta_2^2 - 2D\Delta_2\cos\gamma \\ \gamma = \pi - \theta_2 \end{cases} \tag{4-116}$$

其中，Δ_1、θ_1 以及 Δ_2、θ_2 分别为

$$\begin{cases} \Delta_1 = (x^2+y^2)^{1/2} \\ \tan\theta_1 = \dfrac{y}{x} \end{cases} \tag{4-117}$$

$$\begin{cases} \Delta_2 = \left[(x-D)^2+y^2 \right]^{1/2} \\ \tan\theta_2 = \dfrac{y}{x-D} \end{cases} \tag{4-118}$$

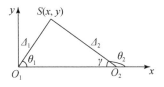

图 4.11　双震震源模型

若两个地震发震时间差为 ΔT_0，震源深度分别为 h_1、h_2，则两个地震产生的 P 波到达台站 S 的到时分别为 T_{P1} 和 T_{P2}，则有

$$\begin{cases} T_{P1} = T_{01}+\dfrac{R_1}{v_P} \\ R_1 = (\Delta_1^2+h_1^2)^{1/2} \end{cases} \tag{4-119}$$

以及

$$\begin{cases} T_{P2} = T_{01}+\Delta T_0+\dfrac{R_2}{v_P} \\ R_2 = (\Delta_2^2+h_2^2)^{1/2} \end{cases} \tag{4-120}$$

定义识别第一个地震 P 波安全区域为

$$T_{P2}-T_{P1} = \Delta T_0+\frac{R_2-R_1}{v_P} \geqslant \Delta t \tag{4-121}$$

同理，定义第二个地震的安全区域为

$$T_{P1}-T_{P2} = -\Delta T_0+\frac{R_1-R_2}{v_P} \geqslant \Delta t \tag{4-122}$$

其中，Δt 为识别第一个震源或第二个震源的安全时间间隔。为方便计算，上述公式中设定 $h_1=h_2=h$，具体可参阅第 5 章。可以得到属于第一个地震的 P 波安全区边界方程为

$$\begin{cases} \Delta_{cP1} = \dfrac{D}{2}\left(\dfrac{1-k_1^2-\eta_1}{\cos\theta_1-k_1}\right) \\ k_{P1} = \dfrac{v_P(\Delta T_0-\Delta t)}{D}<1 \\ \eta_1 = -2\left(k_1+\dfrac{\Delta_1}{D}\right)\left(\dfrac{R_1-\Delta_1}{D}\right) \end{cases} \tag{4-123}$$

若 Δ_1 满足

$$\Delta_1 \leqslant \Delta_{cP2} \tag{4-124}$$

则在区域上的台站识别第一个震源是可靠的。同理可得第二个震源安全区边界方程为

$$\begin{cases} \Delta_{cP2} = \dfrac{D}{2}\left(\dfrac{1-k_2^2-\eta_2}{k_2-\cos\theta_2}\right) \\[3mm] k_{P2} = \dfrac{v_P(\Delta T_0 + \Delta t)}{D} < 1 \\[3mm] \eta_2 = 2\left(k_2 - \dfrac{\Delta_2}{D}\right)\left(\dfrac{R_2 - \Delta_2}{D}\right) \end{cases} \tag{4-125}$$

若 $\Delta_1 = \Delta_{cP1}$ 和 $\Delta_2 = \Delta_{cP2}$ 分别定义为双震 P 波安全区边界方程，当 $D \gg (R_1 - \Delta_1)$ 或者 $D \gg (R_2 - \Delta_2)$ 时，即 $\eta_1 \ll 1$ 和 $\eta_2 \ll 1$，则

$$\begin{cases} \eta_1 = 0 \\ \eta_2 = 0 \end{cases} \tag{4-126}$$

对于原地重复地震，若取

$$\begin{cases} D \leqslant 2d \\ \Delta T_0 < 3 \end{cases} \tag{4-127}$$

其中，d 为平均台间距。为了对原地重复发生的双震进行上述条件模拟，可取最大的 D 为 $D = 2d$，$\Delta T_0 = 1.5$，$\Delta t = 0.5$。

$$\begin{cases} \Delta_{cP1} = d\left(\dfrac{1-k_1^2-\eta_1}{\cos\theta_1 - k_1}\right) \\[3mm] k_1 = \dfrac{v_P(\Delta T_0 - \Delta t)}{2d} \end{cases} \tag{4-128}$$

以及

$$\begin{cases} \Delta_{cP2} = d\left(\dfrac{1-k_2^2-\eta_2}{k_2 - \cos\theta_1}\right) \\[3mm] k_2 = \dfrac{v_P(\Delta T_0 + \Delta t)}{2d} \end{cases} \tag{4-129}$$

4.6.2　研究总结与模拟

现将本章结果总结如下：假定双震的震中距为 D，发震时间相差 $\Delta T_0 s$，测定参数时间 $\tau_1 = \tau_2$，τ_1 取为 3s，测定参数时 P 波传播距离为 $d_{1P} = 2d$，d 为台网平均台间距。

1. 原地重复双震的处理

若满足

$$D_c \leqslant 2d \tag{4-130}$$

则为原地重复双震的处理。如果前震的震级为 M_1，可估计震动持续时间 $T_d(M_1, \Delta)$，若 ΔT_P 满足

$$3 < \Delta T_P < T_d(M_1, \Delta) \tag{4-131}$$

则两个地震只能当成一个地震处理，得到震级较大的地震。若满足

$$\Delta T_P > T_d(M_1, \Delta) \tag{4-132}$$

则可处理前后两个地震。

图 4.12 为 d 取 10km，则 D 为 20km，$T_0 = 1.5$s，$\Delta t = 1$s 或 3s，对原地重复地震进行模拟。

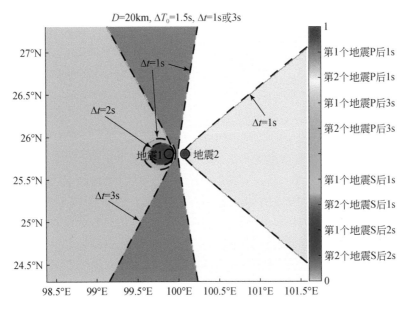

图 4.12　原地重复双震模拟 1

图 4.13 为 d 取 5km，则 D 为 10km，$T_0 = 1.5$s，$\Delta t = 1$s 或 2s，对原地重复地震进行模拟，可得若 D 太小，则第二个地震被淹没在第一个地震里。

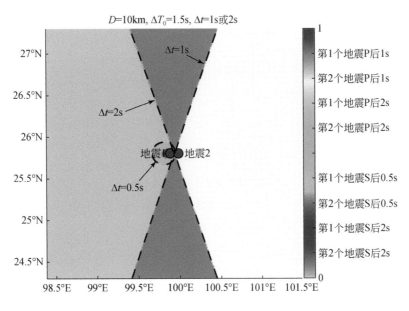

图 4.13　原地重复双震模拟 2

2. 判定非原地双震触发条件

$$D_c > v_P \Delta T_0 + 2d \tag{4-133}$$

若 $\Delta T_0 < 3s$，第一个地震可初步测定地震参数，第二个地震可判定触发；若 $\Delta T_0 \geqslant 3s$，第一个地震可测定较准确的地震参数，可判定第二个地震触发。根据衰减规律判定，若

$$D_c > \Delta_{m1} + 2d \tag{4-134}$$

则第二个地震可独立处理。Δ_{m1} 为第一个地震 PGA 衰减到 2.0gal 的距离。

3. 测定第二个地震参数

$$v_P \Delta T_0 + 2d < D < v_P \Delta T_0 + 4d \tag{4-135}$$

第一个地震自动满足测定地震参数条件，第二个地震至少可定位。

取 $D = v_P \Delta T_0 + 3d$，若 d 取 12km，则 D 为 48km，ΔT_0 分别取 2s 和 4s 进行模拟。图 4.14 为 d 取 12km，$T_0 = 2s$，则 D 为 48km，$\Delta t = 1s$ 或 3s，对非原地双震进行模拟，可以看出两个地震的 P 波和 S 波都具有一定的安全区范围。图 4.15 为 d 取 12km，$T_0 = 4s$，则 D 为 60km，$\Delta t = 1s$ 或 3s，对非原地双震进行模拟，随着 ΔT_0 的增大，第一个地震的 P 波和 S 波安全区范围增大，而第二个地震的 P 波和 S 波安全区进一步减小。

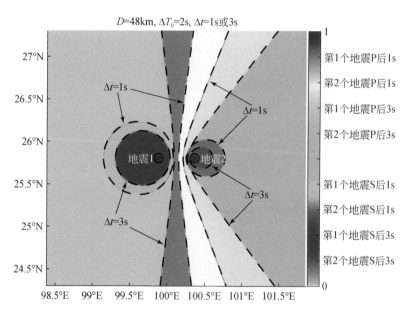

图 4.14　非原地双震模拟 1

4. 双震独立处理的传播距离条件

$$D \geqslant v_P \Delta T_0 + 4d \tag{4-136}$$

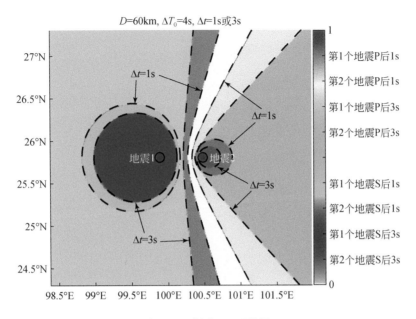

图 4.15　非原地双震模拟 2

5. 双震独立处理的物理条件

根据双震震级 M_1 和 M_2，可得

$$\begin{cases} \lg(\Delta_{\mathrm{M}}+10)=0.301M+0.646 \\ \lg T_{\mathrm{d}}=0.225M+0.088 \end{cases} \tag{4-137}$$

由于可得 Δ_{M1} 和 Δ_{M2}，若

$$D \geqslant \Delta_{\mathrm{M1}}+\Delta_{\mathrm{M2}} \tag{4-138}$$

从物理上判定两个地震互不影响。

6. 后续报与测定地震参数时间的理解

对于 1 和 5，即原地重复双震和物理上判定可独立处理的地震，其第一报和后续报处理方式与现在的方式相同，但其他情况如何处理后续报参见第 5 章。前面讨论中反复用到测定两个地震的参数的时间 τ_1 和 τ_2，从严格意义上理解就是测定地震三要素的时间，但从双震判定和波组跟踪的角度去理解，也可看成完成定位的时间，这一点很重要，这也是第一报和后续报的基础。

参 考 文 献

霍俊荣，胡聿贤 . 1992. 地震动峰值参数衰减规律的研究 . 地震工程与工程振动，12（2）：11.

梁姗姗，雷建设，徐志国，等 . 2016. 2016 年 1 月 21 日青海门源 Ms6.4 级地震序列重定位研究 . 2016 中国地球科学联合学术年会 .

徐培彬，温瑞智 . 2018. 基于我国强震动数据的地震动持时预测方程 . 地震学报，40（6）：809-819，832.

徐熙，蒲武川．2019．考虑地震动持时影响的非结构构件加速度响应预测．地震工程与工程振动，39（3）：230-237.

Fujinawa Y，Noda Y，冯继威．2015．日本地震预警系统在 2011 年 3 月 11 日地震中的效能、不足与改进．国际地震动态，439（7）：4-22.

Kodera Y，Saitou J，Hayashimoto N，et al. 2016. Earthquake early warning for the 2016 Kumamoto earthquake：Performance evaluation of the current system and the next-generation methods of the Japan Meteorological Agency. Earth，Planets and Space，68（1）：202.

第 5 章 双震预警后续报模型与技术

在前面讨论测定双震地震参数时，是以预警第一报为标准来研究双震的问题，但这是远远不够的，最直接的问题就是第二报或者后续报怎么办？如果第二个地震预警第一报不成功，是否还有机会补报？这就需要继续追踪两个震源产生的波组震相及到时才能保证持续定位和测量两个地震震级的质量和精度。为了精确测定两个地震各自的震级，必须在相同震源激发的 P 波和 S 波组上量取相应的位移幅值，否则，当观测记录受到两个地震彼此影响时，量取的震级将不再准确，也分不清究竟是哪一个地震的震级。众所周知，一个震源激发的近场直达 P 波和 S 波波组，都是 P 波跑得快总是先到，S 波跑得慢总是后到（中国地震局监测预报司，2017），因此目前预警测定震级的方法正是按此思路设计的（张红才等，2012），P 波和 S 波波组中间不能插入其他震源的波组，否则震级将不再可靠。但是对于双震来讲，问题变得棘手和复杂，为了保证测定震级的准确性，我们不得不在特定区域上选择一些台站，使得这些区域上的台站观测记录不受第一个或者第二个地震特定波组主要是直达 P 波的干扰或者污染，在此称之为测定震级波组的安全区，问题就转化为如何寻找安全区及其台站。为保证后续报定位和测定 P 波震级的要求，双震各自的 P 波安全区如何确定？为了继续用 S 波测定震级，两个地震的 S 波安全区又在哪里？如果寻找到 P 波和 S 波安全区，其边界方程又表示什么曲线？如何验证理论分析结果的正确性？第 4 章已经讨论过双震可独立处理首报和后续报的条件，也就是双震在彼此影响的空间范围内没有交集，或者有交集，但前震影响时间结束后才发生第二个地震。对于原地重复双震的处理，在第 4 章首报的基础上如何处理后续报，特别是遇到前小后大情形如何补报大震，将在第 6 章中讨论。本章主要讨论对于非原地重复双震，在双震首报的基础上双震波组互有干扰的情形下如何完成后续报。因此，本章主要讨论测定双震后续报参数的理论模型、第一个地震波组的安全区及边界方程、第二个地震波组的安全区及边界方程、双震波组安全区边界满足二次曲线方程、双震波组安全区有关问题、双震安全区边界理论解与数值解等问题。

5.1 测定双震后续报参数的理论模型

按照地震预警相关技术要求，在首台触发 3~5s 内要发布预警第一报，后续报（包括第二报、第三报等）一般要在首台触发后 5~20s 陆续发布，这相当于震中距 120km 以内的台站有可能参与后续报的处理，但真正参与处理的是离震中最近拉进快速处理进程的 50 个台站所组成的局部虚拟台网，其波组主要是直达 P 波和 S 波。在预警第一报的基础上，建立测定双震后续报参数的理论模型，假定两个震中的坐标为 (x_{01}, y_{01}) 和 (x_{02}, y_{02})，发震时间分别为 T_{01}、T_{02}，震源深度分别为 h_1、h_2，第 j 台的坐标为 (x_j, y_j)，由此可计算两个震源震中的距离为 D，第一个震源至第 j 个台站的震中距为 Δ_{1j}，第二个震源至第 j

台的震中距为 Δ_{2j}，则有

$$\begin{cases} D = \left[(x_{01}-x_{02})^2 + (y_{01}-y_{02})^2 \right]^{1/2} \\ \Delta_{1j} = \left[(x_{01}-x_j)^2 + (y_{01}-y_j)^2 \right]^{1/2} \\ \Delta_{2j} = \left[(x_{02}-x_j)^2 + (y_{02}-y_j)^2 \right]^{1/2} \end{cases} \tag{5-1}$$

根据波场模拟技术，以直达 P 波和 S 波为例，在单层介质模型中第 j 个台站，观测到第一个地震产生的 P 波和 S 波到时分别为

$$\begin{cases} T_{1j}^{P} = T_{01} + \dfrac{R_{1j}}{v_P} \\ T_{1j}^{S} = T_{01} + \dfrac{R_{1j}}{v_S} \\ R_{1j} = (\Delta_{1j}^2 + h_1^2)^{1/2} \end{cases} \tag{5-2}$$

同理，第二个地震在第 j 个台站产生的 P 波和 S 波到时分别为

$$\begin{cases} T_{2j}^{P} = T_{02} + \dfrac{R_{2j}}{v_P} \\ T_{2j}^{S} = T_{02} + \dfrac{R_{2j}}{v_S} \\ R_{2j} = (\Delta_{2j}^2 + h_2^2)^{1/2} \end{cases} \tag{5-3}$$

两个地震发震时间差 ΔT_0 为

$$\Delta T_0 = T_{02} - T_{01} \tag{5-4}$$

利用几何关系，可以得到 Δ_{1j}、Δ_{2j} 和 D 满足

$$\Delta_{2j}^2 = D^2 + \Delta_{1j}^2 - 2D\Delta_{1j}\cos\theta_1 \tag{5-5}$$

其中，θ_1 为第一个震源 O_1 至第 j 个台站的连线与两个震中连线的夹角。在考虑后续报时，首先要考虑定位对到时的精度要求，P 波到时拾取误差在 $0.2 \sim 0.3\mathrm{s}$，因此用一个安全时间间隔 Δt，在此时间间隔内不允许其他震源的波组混进来。对于 P 波定位 Δt 可取 $0.5 \sim 1\mathrm{s}$，对于 P 波列测定震级，考虑连续测定震级和震级采样的要求，Δt 可取 $3 \sim 4\mathrm{s}$，对于 S 波也可做类似的考虑。因此，在考虑第二个地震 P 波组的影响后，可以定义第一个地震测定参数的安全区。

（1）P 波安全区：

$$T_{2j}^{P} - T_{1j}^{P} = \Delta T_0 + \frac{1}{v_P}(R_{2j} - R_{1j}) \geqslant \Delta t \tag{5-6}$$

（2）S 波安全区：

$$T_{2j}^{P} - T_{1j}^{S} = \Delta T_0 + \frac{1}{v_P}\left(R_{2j} - \frac{v_P}{v_S}R_{1j}\right) \geqslant \Delta t \tag{5-7}$$

同理，定义第二个地震测定参数安全区。

（1）P 波安全区：

$$T_{1j}^{P} - T_{2j}^{P} = -\Delta T_0 + \frac{1}{v_P}(R_{1j} - R_{2j}) \geqslant \Delta t \tag{5-8}$$

（2）S 波安全区：

$$T_{1j}^{P} - T_{2j}^{S} = -\Delta T_0 + \frac{1}{v_P}\left(R_{1j} - \frac{v_P}{v_S}R_{2j}\right) \geqslant \Delta t \tag{5-9}$$

根据量取到时还是测量震级可取不同的 Δt。应该指出的是，上述思路仅是从波动角度考虑问题，隐含着假定震级足够大的两个震源激发地震波是相互影响的。另外，若 $\Delta T_0 = D/v_P$，表明第一个地震 P 波已到达第二个地震震中位置时才发生第二个地震，从理论上讲这意味着第二个地震将没有 P 波和 S 波的安全区。因此，在本章讨论中，发震时间差 ΔT_0 应满足 $0 \leqslant \Delta T_0 < D/v_P$。在上述分析中，仅考虑双震近场 P 波和 S 波即直达波的影响，并不考虑 D 很大时，Pn 和 Sn 的影响。如果 D 很大，即两个地震震中距离较远，可参阅第 4 章的处理。

5.2　第一个地震波组的安全区及边界方程

为了揭示波组安全区及边界方程的物理含义，得到理论解，假设地壳走时模型为单层介质模型，后续通过数值计算再比较复杂介质走时模型与单层走时模型的差别。

5.2.1　P 波安全区

1. ΔT_0 较小时第一个地震 P 波安全区

先考虑定位对波组到时的要求。为了追踪两个地震产生的 P 波，可定义第一个地震的 P 波安全区为第一个地震产生的 P 波比第二个地震的 P 波早到 Δt，即满足

$$\Delta T_j^{P} = T_{2j}^{P} - T_{1j}^{P} \geqslant \Delta t \tag{5-10}$$

当 $0.5\text{s} \leqslant \Delta T_0 \leqslant 1.0\text{s}$ 时，可取 $\Delta t = \Delta T_0$，即可得方程

$$\begin{cases} \Delta T_j^{P} = \Delta T_0 + \dfrac{1}{v_P}(R_{2j} - R_{1j}) \geqslant \Delta T_0 \\ R_{2j} - R_{1j} = (\Delta_{2j}^2 + h_2^2)^{1/2} - (\Delta_{1j}^2 + h_1^2)^{1/2} \end{cases} \tag{5-11}$$

如果定义两个震源在第 j 个台站的 P 波走时差为 Δt_j^{P}，则有

$$\begin{cases} \Delta t_j^{P} = (R_{2j} - R_{1j})/v_P \\ \Delta T_j^{P} = \Delta T_0 + \Delta t_j^{P} \\ 0.5 \leqslant \Delta T_0 \leqslant 1.0 \end{cases} \tag{5-12}$$

由于 $\Delta T_0 > 0$，若 $\Delta t_j^{P} \geqslant 0$，即满足

$$\Delta T_j^{P} \geqslant \Delta t \tag{5-13}$$

上式的物理意义在于保证第二个地震产生的 P 波到时至少滞后于第一个地震产生的 P 波到时的间距为 ΔT_0。由于 $0.5 \leqslant \Delta T_0 \leqslant 1$，也满足 P 波计算到时的采样要求。这样问题就转化为在地表台网中寻找满足 $R_{2j} > R_{1j}$ 条件的空间范围及在此区域上的台站。假设两个地震的震源深度相同，$h_1 \doteq h_2$，欲使 $R_{2j} \geqslant R_{1j}$，必有

$$\Delta_{2j}^2 - \Delta_{1j}^2 \geqslant 0 \tag{5-14}$$

利用几何关系，可得到等价方程：

$$D - 2\Delta_{1j}\cos\theta_1 \geq 0 \tag{5-15}$$

如图 5.1 所示，如果选取以 O_1 为坐标原点，O_1 和 O_2 的连线为 x 轴，遵守右手定则，根据几何关系和 θ 的定义

$$\begin{cases} \cos\theta_1 = \dfrac{x_{1j}-x_{01}}{\Delta_{1j}} = \dfrac{x_{1j}}{\Delta_{1j}} \\ \sin\theta_1 = \dfrac{y_{1j}-y_{01}}{\Delta_{1j}} = \dfrac{y_{1j}}{\Delta_{1j}} \end{cases} \tag{5-16}$$

则 $\Delta_{1j}\cos\theta_1$ 相当于 Δ_{1j} 在 x 轴上的投影距离 d_{1j}，故 θ 有

$$d_{1j} = x_{1j} = \Delta_{1j}\cos\theta_1 \tag{5-17}$$

或者

$$\Delta_{2j} \geq \Delta_{1j} \tag{5-18}$$

由此得到满足条件的区域为

$$d_{1j} = x_{1j} \leq \frac{D}{2} \tag{5-19}$$

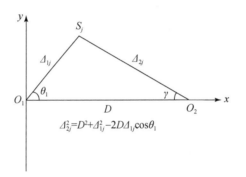

图 5.1　测定双震后续报参数理论模型

在此区域内的台站，保证第一个地震的 P 波先到，不受第二个地震 P 波的污染，称为第一个地震测定 P 波的区域，因此此范围内的台站是测定第一个地震参数的优选区域。

2. ΔT_0 较大时第一个地震 P 波安全区

如果考虑到 ΔT_0 较大即 $\Delta T_0 > 1\mathrm{s}$，显然第一个地震 P 波的安全区会扩大，可以设定一个安全时间间距 Δt，该安全区上台站满足

$$\begin{cases} T_{2j}^{\mathrm{P}} - T_{1j}^{\mathrm{P}} = \Delta T_0 + \dfrac{1}{v_{\mathrm{P}}}(R_{2j}-R_{1j}) \geq \Delta t \\ D > v_{\mathrm{P}}\Delta T_0 \end{cases} \tag{5-20}$$

利用两个震源和台站的几何关系，并替换 Δ_{2j} 后，解不等式，由此可得第一个地震的台站震中距 Δ_{1j} 满足

$$\Delta_{1j} \leq \Delta_{\mathrm{cP1}} \tag{5-21}$$

其中

$$\begin{cases} \Delta_{cP1} = \dfrac{D}{2}\left(\dfrac{1-k_1^2-\eta_{1P}}{\cos\theta_1-k_1}\right) \\[3mm] k_1 = \dfrac{v_P(\Delta T_0-\Delta t)}{D}<1 \\[3mm] \theta_{1c} = \arccos k_1 \end{cases} \tag{5-22}$$

其中 η_{1P} 为

$$\begin{cases} \eta_{1P} = -2\left(k_1+\dfrac{\Delta_1}{D}\right)\left(\dfrac{R_1-\Delta_1}{D}\right) \\[3mm] R_1 = (\Delta_1^2+h^2)^{1/2} \end{cases} \tag{5-23}$$

其中，将 R_{1j} 和 Δ_{1j} 简写为 R_1 和 Δ_1，当 $D\gg(R_1-\Delta_1)$ 时，$\eta_{1P}=0$。为了得到 Δ_{cP1} 边界方程曲线，必须验证 $\eta_{1P}\to0$，可将得到的 Δ_{cP1} 按 $\Delta_1=\Delta_{cP1}$ 代入计算 η_{1P} 的公式，若 $\eta_{1P}\ll1$，则取 $\eta_{1P}=0$，否则将 η_{1P} 代入 Δ_{cP1} 的公式迭代修正一次即可得真实边界曲线。显然，当 $\Delta t=\Delta T_0$ 时，$k_1\to0$，可得到

$$x_c = \Delta_{cP1} = \dfrac{D}{2} \tag{5-24}$$

需说明的是，若 $\Delta T_0=0$，$\Delta t>0$，则 k_1 为负值方程仍然有解，这说明式（5-24）为通用公式。其适用范围为 $0\leqslant\Delta T_0<\dfrac{D}{v_P}$。因此，如果取 $\Delta t=0.5\mathrm{s}$ 或者 $1.0\mathrm{s}$ 则为 P 波定位的安全区，$\Delta t=3\sim4\mathrm{s}$ 则为测定 P 波列震级的安全区。在这两个 P 波安全区上的台站可分别参加第一个地震的定位和测定震级。

5.2.2　S 波安全区

1. ΔT_0 测较小第一个地震 S 波安全区

S 波震相到时拾取的误差一般在 $0.4\mathrm{s}$ 左右，当 $0.5\mathrm{s}\leqslant\Delta T_0\leqslant1\mathrm{s}$ 时，同理取 $\Delta t=\Delta T_0$。由于第二个地震的 P 波比第一个地震的 S 波跑得快，因此第一个地震的 S 波较容易受第二个地震 P 波的干扰或污染，因此要在第一个地震 P 波安全区内继续寻找第一个地震 S 波没有被污染的安全区域。定义第一个地震 S 波不受污染的安全区域，它满足

$$T_{2j}^P-T_{1j}^S = \Delta T_0+\left(\dfrac{R_{2j}}{v_P}-\dfrac{R_{1j}}{v_S}\right)\geqslant\Delta t \tag{5-25}$$

当 $0.5\mathrm{s}\leqslant\Delta T_0\leqslant1\mathrm{s}$ 时，取 $\Delta t=\Delta T_0$，第一个地震 S 波不受第二个地震 P 波污染的区域显然满足式（5-25）中的第二项必须大于等于 0，

$$R_{2j}-\dfrac{v_P}{v_S}R_{1j}\geqslant0 \tag{5-26}$$

取 $h=h_1\doteq h_2$，必有

$$R_{2j}^2\geqslant\left(\dfrac{v_P}{v_S}\right)^2 R_{1j}^2 \tag{5-27}$$

或者

$$\left(\Delta_{2j}^2-\frac{v_P^2}{v_S^2}\Delta_{1j}^2\right)\geqslant h^2\left(\frac{v_P^2}{v_S^2}-1\right) \tag{5-28}$$

利用几何关系

$$\Delta_{2j}^2=D^2+\Delta_{1j}^2-2D\Delta_{1j}\cos\theta_1 \tag{5-29}$$

令 $e=h^2\left(\dfrac{v_P^2}{v_S^2}-1\right)$，可得不等式

$$\left(\frac{v_P^2}{v_S^2}-1\right)\Delta_{1j}^2+2D\cos\theta_1\Delta_{1j}-(D^2-e)\leqslant0 \tag{5-30}$$

令 $z=\Delta_{1j}$，a、b、c 分别为

$$\begin{cases}a=\dfrac{v_P^2}{v_S^2}-1\\[2mm]b=2D\cos\theta_1\\[2mm]c=-(D^2-e)\end{cases} \tag{5-31}$$

问题转化为解下列不等式：

$$az^2+bz+c\leqslant0 \tag{5-32}$$

可得到两个根为

$$\begin{cases}z_{1,2}=\dfrac{1}{\dfrac{v_P^2}{v_S^2}-1}(-D\cos\theta_1\pm D\gamma_S)\\[6mm]\gamma_S=\left\{\left(\dfrac{v_P^2}{v_S^2}-1\right)\left[1-\dfrac{h^2}{D^2}\left(\dfrac{v_P^2}{v_S^2}-1\right)\right]+\cos^2\theta_1\right\}^{1/2}\end{cases} \tag{5-33}$$

令 $v_P=\sqrt{3}v_S$，由于 $z=\Delta_{1j}>0$，则可化简为

$$\begin{cases}z_1=\dfrac{D}{2}(-\cos\theta_1+\gamma_S)\\[3mm]\gamma_S=\left[2(1-\eta)+\cos^2\theta_1\right]^{\frac12}\\[3mm]\eta=\dfrac{2h^2}{D^2}\end{cases} \tag{5-34}$$

对于非原地重复地震，$D\gg h$，$\eta=0$，则第一个地震 S 波的临界安全震中距 Δ_{cS1} 为

$$\Delta_{cS1}=\frac{D}{2}\left[(2+\cos^2\theta_1)^2-\cos\theta_1\right] \tag{5-35}$$

若第一个地震的台站震中距 Δ_{1j} 满足

$$\Delta_{1j}\leqslant\Delta_{cS1} \tag{5-36}$$

则第 j 个台站观测到的第一个地震的 S 波和第二个地震产生的 P 波满足

$$T_{2j}^P-T_{1j}^S=\Delta T_0+\frac{1}{v_P}\left(R_{2j}-\frac{v_P}{v_S}R_{1j}\right)\geqslant\Delta \tag{5-37}$$

由于 $\Delta t=\Delta T_0$，即两个波组至少相差 ΔT_0，第一个地震的 S 波参与定位是安全的，如图 5.2 所示。

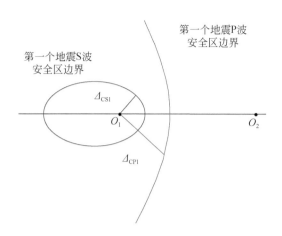

图 5.2　第一个地震 S 波安全区模型

2. ΔT_0 较大时第一个地震 S 波安全区

当 $\Delta T_0 > 1$ 即 ΔT_0 较大时，第一个地震 S 波的安全区也会扩大，考虑到时间安全间隔 Δt，则安全区上的台站到时应满足

$$T_{2j}^{\mathrm{P}} - T_{1j}^{\mathrm{P}} = \Delta T_0 + \frac{1}{v_{\mathrm{P}}}\left(R_{2j} - \frac{v_{\mathrm{P}}}{v_{\mathrm{S}}}R_{1j}\right) \geqslant \Delta t \tag{5-38}$$

则满足不等式：

$$R_{2j} \geqslant \frac{v_{\mathrm{P}}}{v_{\mathrm{S}}}R_{1j} - v_{\mathrm{P}}(\Delta T_0 - \Delta t) \tag{5-39}$$

令 $D_1 = v_{\mathrm{P}}(\Delta T_0 - \Delta t)$，经计算化简为

$$\begin{cases} \Delta_{2j}^2 \geqslant \left(\dfrac{v_{\mathrm{P}}}{v_{\mathrm{S}}}\Delta_1 - D_1\right)^2 + e \\[2mm] e = 2\,\dfrac{v_{\mathrm{P}}}{v_{\mathrm{S}}}\left(\dfrac{v_{\mathrm{P}}}{v_{\mathrm{S}}}\Delta_{1j} - D_1\right)(R_{1j} - \Delta_{1j}) + \left(\dfrac{v_{\mathrm{P}}}{v_{\mathrm{S}}}\right)^2 (R_{1j} - \Delta_{1j})^2 - h^2 \end{cases} \tag{5-40}$$

利用几何关系：

$$\Delta_{2j}^2 = D^2 + \Delta_{1j}^2 - 2D\Delta_{1j}\cos\theta_1 \tag{5-41}$$

如果令 $z = \Delta_{1j}$，$k_1 = v_{\mathrm{P}}(\Delta T_0 - \Delta t)/D$，取 $v_{\mathrm{P}}/v_{\mathrm{S}} = \sqrt{3}$，以及令 a、b、c 分别为

$$\begin{cases} a = \dfrac{v_{\mathrm{P}}^2}{v_{\mathrm{S}}^2} - 1 = 2 \\[2mm] b = 2D\left(\cos\theta_1 - \dfrac{v_{\mathrm{P}}}{v_{\mathrm{S}}}k_1\right) = 2D(\cos\theta_1 - \sqrt{3}\,k_1) \\[2mm] c = -D^2(1 - k_1^2 - \eta_{1\mathrm{S}}) \end{cases} \tag{5-42}$$

其中 $\eta_{1\mathrm{S}}$ 为

$$\eta_{1\mathrm{S}} = 2\sqrt{3}\left(\sqrt{3}\,\frac{\Delta_1}{D} - k_1\right)\left(\frac{R_1 - \Delta_1}{D}\right) + \frac{3(R_1 - \Delta_1)^2 - h^2}{D^2} \tag{5-43}$$

可化简为

$$\eta_{1S} = -2\sqrt{3}\,k_1\left(\frac{R_1-\Delta_1}{D}\right)+2\left(\frac{h}{D}\right)^2 \tag{5-44}$$

其中将 R_{1j}、Δ_{1j} 简化为 R_1、Δ_1。显然，当 $D\gg(R_1-\Delta_1)$ 以及 $D\gg h$ 时，$\eta_{1S}=0$，否则要进行迭代计算求得 η_{1S}，可参考后续章节求解 η_{2S} 的方法。令 $z=\Delta_{1j}$，问题转化为求解下列不等式的根：

$$az^2+bz+c\leqslant 0 \tag{5-45}$$

由此可得第一个地震 S 波边界方程：

$$\begin{cases}\Delta_{cS1}=\dfrac{D}{2}(q_2-q_1)\\ q_2=[\,q_1^2+2(1-k_1^2-\eta_{1S})\,]^{1/2}\\ q_1=\cos\theta_1-\sqrt{3}\,k_1\\ k_1=\dfrac{v_P(\Delta T_0-\Delta t)}{D}\end{cases} \tag{5-46}$$

$\Delta t=1\mathrm{s}$ 为拾取 S 波到时的安全区；当 $\Delta t=3\sim4\mathrm{s}$ 时，利用第一个地震的 S 波安全区上的台站测定震级，其震中距 Δ_{1j} 满足

$$\Delta_{1j}\leqslant\Delta_{cS1} \tag{5-47}$$

则测定第一个地震的 S 波震级是安全的。当 $\Delta t=\Delta T_0$ 时，即为前面 $0.5\leqslant\Delta T_0\leqslant1$ 的结果，这说明上述方程具有普适性。另外，由于参数 $k_1<1$，因此 S 波安全区总是存在的。显然，上述分析思路和方法与双震预警第一报的处理思路和方法是完全不同的，这主要是针对后续报定位和测量震级的 P 波和 S 波的方法展开的，必须保证第一个地震的后续报不受第二个地震产生的 P 波干扰导致的波形叠加污染，就必须在台网分布中寻找在一段安全时间间隔 Δt 内不被其影响的台站来测定第一个地震的震级并提高定位精度。必须提醒的是，双震第一报定位正确是分析后续报的重要基础，如果定位误差较大，也会导致后续报的安全区及边界的误差较大，因此要持续提高定位精度，以保证分析结果的可靠性、准确性。

5.3　第二个地震波组的安全区及边界方程

5.3.1　第二个地震 P 波安全区及边界方程

根据前面分析：

$$\begin{cases}T_{1j}^P=T_{01}+\dfrac{R_{1j}}{v_P}\\ T_{2j}^P=T_{02}+\dfrac{R_{2j}}{v_P}\end{cases} \tag{5-48}$$

根据定位和测定震级要求，如果满足

$$T_{1j}^P-T_{2j}^P=-\Delta T_0+\frac{1}{v_P}(R_{1j}-R_{2j})\geqslant\Delta t \tag{5-49}$$

则保证第二个震源比第一个震源产生的 P 波先到台站 Δt，确保第二个地震 P 波定位要求及测定震级的可靠性。上述方程变为

$$R_{1j}-R_{2j}>v_\mathrm{P}(\Delta T_0+\Delta t)$$
$$\Delta_{1j}^2+h^2>\left[v_\mathrm{P}(\Delta T_0+\Delta t)+R_{21}\right]^2 \tag{5-50}$$

如图 5.3 所示，如果将第一个震中 O_1 定为原点，选取第一个震中和第二个震中连线为 x 轴，第一个地震震中坐标为 $(0，0)$，第二个地震震中为 $(D，0)$，则定义第二个地震台站方位角 θ_2 为

$$\begin{cases} \tan\theta_2=\dfrac{y_{2j}}{x_{2j}-D} \\[2mm] \Delta_{2j}=\left[\,(x_{2j}-D)^2+y_{2j}^2\,\right]^{1/2} \end{cases} \tag{5-51}$$

则 γ 和 θ_2 的关系为

$$\gamma=\pi-\theta_2 \tag{5-52}$$

利用几何关系：

$$\Delta_{1j}^2=D^2+\Delta_{2j}^2-2D\Delta_{2j}\cos\gamma \tag{5-53}$$

经过简化可以推导出

$$D^2-2D\Delta_{2j}\cos\gamma\geqslant\left[v_\mathrm{P}(\Delta T_0+\Delta t)+R_2^2\right]^2-\Delta_{2j}^2-h^2 \tag{5-54}$$

令 $k_2=\dfrac{v_\mathrm{P}(\Delta T_0+\Delta t)}{D}$，则上述不等式化为

$$D(1-k_2^2-\eta_{2\mathrm{P}})\geqslant2\Delta_{2j}(k_2-\cos\theta_2) \tag{5-55}$$

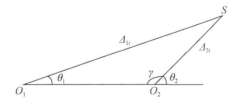

图 5.3　第二个地震 P 波安全区模型

讨论上述不等式有解的范围。

当 $D\leqslant v_\mathrm{P}\Delta T_0$ 时，第一个震源的 P 波已到达第二个震源，则方程无解。当 $D>v_\mathrm{P}\Delta T_0$ 时，相当于第一个地震的 P 波在到达两个震源之间时已发生了第二个地震，欲使方程有解 θ，须满足

$$\begin{cases} k_2-\cos\theta_2>0 \\[2mm] k_2=\dfrac{v_\mathrm{P}(\Delta T_0+\Delta t)}{D}<1 \\[2mm] 1-k_2^2-\eta_{2\mathrm{P}}>0 \end{cases} \tag{5-56}$$

即得 P 波列测量震级的安全区，则必有

$$\begin{cases} \Delta_{cP2} = \left(\dfrac{D}{2}\right)\dfrac{1-k_2^2-\eta_{2P}}{k_2-\cos\theta_2} \\ k_2 = \dfrac{v_P(\Delta T_0+\Delta t)}{D} < 1 \\ \theta_{2cP} = \arccos k_2 \end{cases} \tag{5-57}$$

其中 η_{2P} 为

$$\begin{cases} \eta_{2P} = 2\left(k_2-\dfrac{\Delta_2}{D}\right)\left(\dfrac{R_2-\Delta_2}{D}\right) \\ R_2 = (\Delta_2^2+h^2)^{1/2} \end{cases} \tag{5-58}$$

其中，将 R_{2j} 和 Δ_{2j} 简写为 R_2 和 Δ_2，当 $D \gg (R_2-\Delta_2)$ 时，$\eta_{2P}=0$。为了得到 Δ_{c1P} 边界方程曲线，必须验证 $\eta_{2P} \to 0$，先取 $\eta_{2P}=0$，得到 Δ_{cP2} 后，令 $\Delta_2 = \Delta_{cP2}$ 代入计算 η_{2P} 的公式，若 $\eta_{2P} \ll 1$，则 $\eta_{2P}=0$ 合理，否则将得到的 η_{2P} 代入 Δ_{cP2} 迭代一次才能得到边界曲线。若第二个地震的台站震中距 Δ_{2j} 满足

$$\Delta_{2j} \leqslant \Delta_{cP2} \tag{5-59}$$

可参与后续报 P 波的测定。当 $\Delta t=1\text{s}$ 和 $\Delta t=3\sim 4\text{s}$ 时，所选定的两个 P 波安全区分别用两个安全区上的台站对第二个地震进行后续报的定位和测定 P 波震级是安全的。

5.3.2　第二个地震 S 波安全区边界方程

根据相似的推导，可以得到第二个地震产生的 S 波比第一个地震产生的 P 波先到达第 j 个台的条件为

$$T_{1j}^P-T_{2j}^S = -\Delta T_0 + \frac{1}{v_P}\left(R_{1j}-\frac{v_P}{v_S}R_{2j}\right) \geqslant \Delta t \tag{5-60}$$

也就是满足下列条件：

$$\begin{cases} R_{1j} \leqslant v_P\Delta T_0' + \dfrac{v_P}{v_S}R_{2j} \\ \Delta T_0' = \Delta T_0 + \Delta t \end{cases} \tag{5-61}$$

可计算得到

$$\left(\frac{v_P^2}{v_S^2}-1\right)\Delta_{2j}^2 + 2\left(D\cos\gamma + v_P T_0'\Delta\frac{v_P}{v_S}\right)\Delta_{2j} + (v_P\Delta T_0')^2-D^2+e \leqslant 0 \tag{5-62}$$

其中，

$$e = 2\left(v_P\Delta T_0' + \frac{v_P}{v_S}\Delta_{2j}\right)\frac{v_P}{v_S}(R_{2j}-\Delta_{2j}) + \frac{v_P^2}{v_S^2}(R_{2j}-\Delta_{2j})^2-h^2 \tag{5-63}$$

取 $v_P=\sqrt{3}\,v_S$，相关参数可表示为

$$\begin{cases} k_2 = v_{\mathrm{P}}(\Delta T_0 + \Delta t)/D \\[2mm] a = \left(\dfrac{v_{\mathrm{P}}^2}{v_{\mathrm{P}}^2} - 1\right) = 2 \\[3mm] b = 2D(\sqrt{3}\,k_2 - \cos\theta_2) \\[2mm] c = -D^2(1 - k_2^2 - \eta_{2\mathrm{S}}) \\[2mm] \eta_{2\mathrm{S}} = \dfrac{e}{D^2} \end{cases} \tag{5-64}$$

令 $z = \Delta_{2j}$，则方程转化为求下列不等式的根：

$$az^2 + bz + c \leqslant 0 \tag{5-65}$$

注意到

$$b^2 - 4ac = 4D^2\big[\,(\cos\gamma + \sqrt{3}\,k_2)^2 + 2(1 - k_2^2 - \eta_2)\,\big] \tag{5-66}$$

则第二个地震 S 波安全区的边界方程为

$$\begin{cases} \Delta_{\mathrm{cS2}} = \dfrac{D}{2}(q_2 - q_1) \\[3mm] q_2 = \big[\,q_1^2 + 2(1 - k_2^2 - \eta_{2\mathrm{S}})\,\big]^{1/2} \\[2mm] q_1 = -\cos\theta_2 + \sqrt{3}\,k_2 \\[2mm] k_2 = v_{\mathrm{P}}(\Delta T_0 + \Delta t)/D \end{cases} \tag{5-67}$$

当 $D^2 \gg e$ 时，即取 $\eta_{2\mathrm{S}} = 0$。是否满足 $D^2 \gg e$，需要验证。则 $\eta_{2\mathrm{S}}$ 为

$$\begin{cases} \eta_{2\mathrm{S}} = 2\sqrt{3}\,k_2\left(\dfrac{R_2 - \Delta_2}{D}\right) + 2\left(\dfrac{h}{D}\right)^2 \\[3mm] R_2 = (\Delta_2^2 + h^2)^{1/2} \end{cases} \tag{5-68}$$

其中将 R_{2j}、Δ_{2j} 简化为 R_2、Δ_2。为了得到 Δ_{cS2}，必须先确定 $\eta_{2\mathrm{S}}$，可通过迭代方式得到 $\eta_{2\mathrm{S}}$，其方法如下。取 $h = 10\mathrm{km}$，先令 $\eta_{2\mathrm{S}} = 0$，得到 Δ_{cS2}，并且将 $\Delta_2 = \Delta_{\mathrm{cS2}}$ 代入式（5-68）计算 $\eta_{2\mathrm{S}}$。若 $\eta_{2\mathrm{S}} \ll 1$，则 $D^2 \gg e$ 确实成立，也就是

$$\eta_{2\mathrm{S}} = 0 \tag{5-69}$$

否则，$D^2 \gg e$ 不成立，应考虑 $\eta_{2\mathrm{S}}$ 的影响，将进行迭代计算。首先选取第一次结果为

$$\Delta_{\mathrm{c}}^{(1)} = \Delta_{\mathrm{cS2}} \tag{5-70}$$

并计算

$$\Delta R_{\mathrm{c}} = \big[\,(\Delta_{\mathrm{c}}^{(1)})^2 + h^2\,\big]^{1/2} - \Delta_{\mathrm{c}}^{(1)} \tag{5-71}$$

由此得无量纲修正系数为

$$\eta_{2\mathrm{S}} = 2\sqrt{3}\,k_2\left(\dfrac{\Delta R_{\mathrm{c}}}{D}\right) + 2\left(\dfrac{h}{D}\right)^2 \tag{5-72}$$

在 q_1 不变的情况下，重新计算

$$q_2 = \big[\,q_1^2 + 2(1 - k_2^2 - \eta_2)\,\big]^{1/2} \tag{5-73}$$

重新得到

$$\Delta_{\mathrm{c}}^{(2)} = \dfrac{D}{2}(q_2 - q_1) \tag{5-74}$$

利用 $\Delta_c^{(2)}$，由此循环重新计算 η_{2S} 以及 q_2 和 $\Delta_c^{(3)}$。以此类推，若

$$| \Delta_c^{(k)} - \Delta_c^{(k-1)} | \leq r_c \tag{5-75}$$

其中，r_c 为网格精度，一般为 $2 \sim 3 km$。迭代终止，一般只需迭代一次，即满足精度要求，则

$$\Delta_{cS2} = \Delta_c^{(k)} \tag{5-76}$$

另一种方法也可由震源参数和台站参数直接计算 η_{2S}，并计算 Δ_{cS2}，以此判断台站是否在 S 波安全区内。若第二个地震的台站震中距满足

$$\Delta_{2j} \leq \Delta_{cS2} \tag{5-77}$$

则测定第二个地震 S 波参数是安全的。如果取 $\Delta_{cS2} = 0$，即 S 波安全区消失，则有

$$q_2 = q_1 \tag{5-78}$$

必有

$$\eta_{2S} = 1 - k_2^2 \geq 0 \tag{5-79}$$

当 $k_2 = 1$ 时，$\eta_{2S} = 0$，则第二个地震 S 波安全区消失，即无法测定 S 波震级。

5.4　双震波组安全区边界满足二次曲线方程

现在仍有两个重要问题需要回答：第一，所寻找到以极坐标表述的测定双震参数的 P 波和 S 波波组的安全区边界方程是什么曲线方程？应给予必要的证明。第二，本章推导理论解和波场模拟数值解是否一致？边界控制误差究竟有多大？为了验证前面的理论分析结果，建立局部直角坐标系，将第一个地震的震中设为坐标原点，以第一个地震震中至第二个震源的震中作为 x 轴，两个震中的距离为 D，如图 5.4 所示。台站 A 的坐标为 (x, y)，则第一个地震 O_1 至台站 A 的震中距为 Δ_1，则

$$\begin{cases} \Delta_1 = (x^2 + y^2)^{1/2} \\ \tan\theta_1 = \dfrac{y}{x} \\ x = \Delta_1 \cos\theta_1 \end{cases} \tag{5-80}$$

第二个地震 O_2 至台站 A 的震中距为 Δ_2，则

$$\begin{cases} \Delta_2 = [(D-x)^2 + y^2]^{1/2} \\ \tan\theta_2 = \dfrac{x-D}{y} \\ \gamma = \pi - \theta_2 \end{cases} \tag{5-81}$$

可从几何关系得到

$$\begin{cases} \Delta_2^2 = D^2 + \Delta_1^2 - 2D\Delta_1\cos\theta_1 \\ \Delta_1^2 = D^2 + \Delta_2^2 - 2D\Delta_2\cos\gamma \\ \gamma = \pi - \theta_2 \end{cases} \tag{5-82}$$

设第一个地震的发震时间为 T_{01}，则 P 波和 S 波在台站 A 的到时为

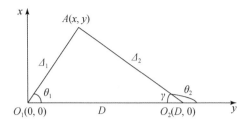

图 5.4　构建双震局部直角坐标系

$$\begin{cases} T_1^{\mathrm{P}} = T_{01} + \dfrac{R_1}{v_{\mathrm{P}}} \\[2mm] T_1^{\mathrm{S}} = T_{01} + \dfrac{R_1}{v_{\mathrm{S}}} \\[2mm] R_1 = (\Delta_1^2 + h^2)^{1/2} \end{cases} \tag{5-83}$$

设第二个地震的发震时间为 T_{02}，双震发震时间差 ΔT_0 为

$$\Delta T_0 = T_{02} - T_{01} \tag{5-84}$$

则第二个地震在台站 A 产生的 P 波和 S 波的到时为

$$\begin{cases} T_2^{\mathrm{P}} = T_{01} + \Delta T_0 + \dfrac{R_2}{v_{\mathrm{P}}} \\[3mm] T_2^{\mathrm{S}} = T_{01} + \Delta T_0 + \dfrac{R_2}{v_{\mathrm{S}}} \end{cases} \tag{5-85}$$

5.4.1　P 波安全区边界满足双曲线方程

1. 第一个地震 P 波的安全区边界方程

为了保证第一个地震 P 波列有较高的分辨能力，保证预警后续报定位和震级测定的质量，定义第一个地震 P 波列的安全区域为

$$T_2^{\mathrm{P}} - T_1^{\mathrm{P}} = \Delta T_0 + \frac{R_2 - R_1}{v_{\mathrm{P}}} \geqslant \Delta t \tag{5-86}$$

则第一个地震的台站震中距 Δ_1 应满足

$$\Delta_1 \leqslant \Delta_{\mathrm{cP1}} \tag{5-87}$$

其中以极值坐标表示 P 波安全区边界方程为

$$\begin{cases} \Delta_{\mathrm{cP1}} = \dfrac{D}{2}\left(\dfrac{1 - k_1^2 - \eta_{1\mathrm{P}}}{\cos\theta_1 - k_1} \right) \\[3mm] k_1 = \dfrac{v_{\mathrm{P}}(\Delta T_0 - \Delta t)}{D} < 1 \\[3mm] \theta_{1\mathrm{c}} = \arccos k_1 \end{cases} \tag{5-88}$$

当 $D \gg (R_1 - \Delta_1)$ 时，取 $\eta_{1\mathrm{P}} = 0$。当 $\Delta T_0 \rightarrow \Delta t$ 时，即两个地震同时发生，$k_1 \rightarrow 0$，$\cos\theta_1 \rightarrow 1$，

则必有

$$\Delta_{cP1} = \frac{D}{2} \qquad (5\text{-}89)$$

此时，第一个 P 波安全区边界为直线方程。

当 $k_1 \neq 0$ 时，注意到

$$\begin{cases} \Delta_1^2 = x^2 + y^2 \\ \Delta_1 \cos\theta_1 = x \end{cases} \qquad (5\text{-}90)$$

边界方程满足 $\Delta_1 = \Delta_{cP1}$，

$$\begin{cases} \Delta_1(\cos\theta_1 - k_1) = d \\ d = \dfrac{D}{2}(1 - k_1^2) \end{cases} \qquad (5\text{-}91)$$

可以得到

$$\left(x - \frac{d}{1-k_1^2}\right)^2 - \frac{k_1^2}{1-k_1^2}y^2 = \frac{k_1^2 d^2}{(1-k_1^2)^2} \qquad (5\text{-}92)$$

当 $k_1 > 0$ 时，可以得到 P 波安全区边界曲线方程：

$$\frac{(x-x_a)^2}{a^2} - \frac{y^2}{b^2} = 1 \qquad (5\text{-}93)$$

即为双曲线其中一支：

$$x = x_a + a\left(1 + \frac{y^2}{b^2}\right)^{1/2} \qquad (5\text{-}94)$$

其中系数 x_a、a、b 分别为

$$\begin{cases} x_a = \dfrac{D}{2} \\ a = \dfrac{D}{2}k_1 \\ b = \dfrac{D}{2}(1-k_1^2)^{1/2} \end{cases} \qquad (5\text{-}95)$$

当 $y = 0$ 时，顶点坐标 x_0 为

$$x_0 = x_a + a = \frac{D}{2}(1 + k_1) \qquad (5\text{-}96)$$

当 $k_1 < 0$ 时，方程可变为

$$\frac{y^2}{b^2} - \frac{(x-x_a)^2}{a^2} = 1 \qquad (5\text{-}97)$$

仍然为双曲线方程。其解为

$$x = x_a + a\left(\frac{y^2}{b^2} - 1\right)^{1/2} \qquad (5\text{-}98)$$

因此，P 波安全区边界上的台站坐标 (x, y) 满足双曲线方程，是双曲线中的一支。对于 $\eta_{1P} \neq 0$ 仍可证明结论成立。

2. 第二个地震 P 波安全区边界方程

当两个地震发震时间差为 ΔT_0 时，第二个地震 P 波早于第一个地震 P 波到达的区域应满足

$$T_1^P - T_2^P \geqslant \Delta t \tag{5-99}$$

可以得到第二个地震的震中距 Δ_2 应满足

$$\Delta_2 \leqslant \Delta_{cP2} \tag{5-100}$$

其中，第二个地震边界上的台站坐标 (x, y) 满足 P 波安全区边界方程 $\Delta_2 = \Delta_{cP2}$，

$$\begin{cases} \Delta_{cP2} = \dfrac{D}{2}\left(\dfrac{1-k_2^2-\eta_{2P}}{k_2-\cos\theta_2}\right) \\ k_2 = \dfrac{v_P(\Delta T_0+\Delta t)}{D} < 1 \end{cases} \tag{5-101}$$

先取 $\eta_{2P}=0$，经过推导，可以得到第二个地震 P 波安全区边界方程为

$$\frac{(x-x_a)^2}{a^2} - \frac{y^2}{b^2} = 1 \tag{5-102}$$

其中，

$$\begin{cases} x_a = \dfrac{D}{2} \\ a = \dfrac{D}{2}k_2 \\ b = \dfrac{D}{2}(1-k_2^2)^{\frac{1}{2}} \\ k_2 = v_P(\Delta T_0+\Delta t)/D < 1 \end{cases} \tag{5-103}$$

显然，第二个 P 波安全区边界方程亦为双曲线方程，是其中的一支。对于 $\eta_{2P} \neq 0$ 也可证明其为双曲线。另外，按照双曲线方程的定义：任意动点 A 到两个固定点的距离之差为常数，也可直接证明 P 波安全区边界符合双曲线方程。

5.4.2　S 波安全区边界方程是圆或椭圆

1. 第一个地震 S 波边界方程

1）第一个地震 $\Delta t = \Delta T_0$ 时边界方程

S 波安全区可定义为

$$T_2^P - T_1^S \geqslant \Delta t \tag{5-104}$$

取 $\Delta t = \Delta T_0$，则有 $k_{1S}=0$，当 $D \gg h$ 时，必有 $\eta_{1S}=0$，则

$$\Delta_1 \leqslant \Delta_{cS1} \tag{5-105}$$

其中，

$$\begin{cases} \Delta_{cS1} = \dfrac{D}{2}(\gamma_S - \cos\theta_1) \\ r_S = (2 + \cos^2\theta)^{1/2} \end{cases} \tag{5-106}$$

当 $\Delta t = \Delta T_0$ 时，边界条件为 $\Delta_1 = \Delta_{cS1}$，则 S 波安全区边界上的台站坐标 (x, y) 满足

$$\begin{cases} \Delta_1 = (x^2 + y^2)^{1/2} \\ x = \Delta_1 \cos\theta_1 \end{cases} \tag{5-107}$$

由此可得

$$\Delta_1 + \frac{D}{2}\cos\theta_1 = \frac{D}{2}(2 + \cos^2\theta_1)^{1/2} \tag{5-108}$$

对上式两边取平方并利用几何关系，可以得到

$$\left(x + \frac{D}{2}\right)^2 + y^2 = \frac{3}{4}D^2 \tag{5-109}$$

这就是一个半径为 $\dfrac{\sqrt{3}}{2}D$，圆心在 $\left(-\dfrac{D}{2}, 0\right)$ 的圆方程。此时第一个地震 S 波安全区边界上的台站坐标 (x, y) 满足圆方程，在此圆内的台站是测定 S 波到时的安全区。显然，当 $\Delta t = \Delta T_0 = 0$ 时，根据对称性，第二个震源 S 波的安全区边界也为圆形，满足方程

$$(x - x_a)^2 + y^2 = R^2 \tag{5-110}$$

其中，

$$\begin{cases} x_a = \dfrac{3}{2}D \\ R = \dfrac{\sqrt{3}}{2}D \end{cases} \tag{5-111}$$

2）$\Delta t \neq \Delta T_0$ 时 S 波边界方程

第一个地震 S 波安全区定义为

$$T_2^P - T_1^S = \Delta T_0 + \left(\frac{R_2}{v_P} - \frac{R_1}{v_S}\right) \geqslant \Delta t \tag{5-112}$$

若第一个地震 S 波安全区边界上的台站坐标 (x, y) 满足边界方程

$$\begin{cases} \Delta_1 = \Delta_{cS1} \\ \Delta_1 = (x^2 + y^2)^{1/2} \\ x = \Delta_1 \cos\theta \end{cases} \tag{5-113}$$

则可得到

$$\Delta_{cS1} = \frac{D}{2}(q_2 - q_1) \tag{5-114}$$

其中，

$$\begin{cases} q_1 = \cos\theta_1 - \sqrt{3}\,k_1 \\ q_2 = \left[q_1^2 + 2(1 - k_1^2 - \eta_{1S})\right]^{1/2} \\ k_1 = v_P(\Delta T_0 - \Delta t)/D \end{cases} \tag{5-115}$$

为讨论方便，先取 $\eta_{1S} = 0$，上述 S 波安全区边界方程为极坐标表示的方程，经绘图发

现为一椭圆方程。现在要进一步证实它确实可化为标准椭圆方程。前面已经证明：当 $k_1 = 0$ 时，边界方程是圆点坐标在 x 轴的圆；当 $k_1 > 0$ 时，利用坐标平移方法 $x' = x + x_a$，可将式（5-114）和式（5-115）化为标准椭圆方程，也就是上述边界方程经二次曲线判定是椭圆。因此，当 $\Delta_1 = \Delta_{cS1}$ 时，极坐标边界方程为

$$\begin{cases} \Delta_1 = \Delta_{cS1} = \dfrac{D}{2}(q_2 - q_1) \\ q_2 = \left[q_1^2 + 2(1 - k_1^2) \right]^{1/2} \\ q_1 = \cos\theta_1 - \sqrt{3}\,k_1 \end{cases} \tag{5-116}$$

由于 $\cos(\pm\theta) = \cos\theta$，显然该方程关于 x 轴对称，其标准椭圆方程为

$$\frac{(x + x_a)^2}{a^2} + \frac{y^2}{b^2} = 1 \tag{5-117}$$

由极坐标和直角坐标椭圆关系可得

$$\begin{cases} x_a = \dfrac{1}{2}\left[\Delta_1 \big|_{\theta_1 = \pi} - \Delta_1 \big|_{\theta_1 = 0} \right] = \dfrac{D}{2}(1 + k_1) \\ a = \Delta_1 \big|_{\theta_1 = 0} + x_a = \dfrac{\sqrt{3}\,D}{2}1 + k_1 \end{cases} \tag{5-118}$$

当 $x = 0$ 时，上述椭圆方程化为

$$\frac{x_a^2}{a^2} + \frac{y_a^2}{b^2} = 1 \tag{5-119}$$

由于

$$\frac{x_a}{a} = \frac{1}{\sqrt{3}} \tag{5-120}$$

注意到 $y_a = \Delta_1 \big|_{\theta_1 = \frac{\pi}{2}}$，则有

$$\begin{cases} \dfrac{y_a^2}{b^2} = \dfrac{2}{3} \\ y_a = \dfrac{D}{2}\left[(2 + k_1^2)^{1/2} + \sqrt{3}\,k \right] \end{cases} \tag{5-121}$$

则有

$$b = \sqrt{\frac{3}{2}}\,y_a \tag{5-122}$$

由此可得到第一个地震 S 波安全区边界满足椭圆方程：

$$\frac{(x + x_a)^2}{a^2} + \frac{y^2}{b^2} = 1 \tag{5-123}$$

其中，

$$\begin{cases} x_a = \dfrac{D}{2}(1 + k_1) \\ a = \dfrac{\sqrt{3}\,D}{2}(1 + k_1) \\ b = \dfrac{\sqrt{6}\,D}{4}\left[(2 + k_1^2)^{1/2} + \sqrt{3}\,k_1 \right] \end{cases}$$

对于 $\eta_{1S}\neq0$，经推导也可证明其为椭圆方程。当 $k_1=0$ 时，即有

$$\begin{cases} x_a=\dfrac{D}{2} \\ R=a=b=\dfrac{\sqrt{3}\,D}{2} \end{cases} \tag{5-124}$$

显然为圆方程。作为注解，如果取椭圆中心为原点，其两个焦点坐标为 $(-c,\,0)$，$(c,\,0)$，在椭圆上任意点 $(x,\,y)$ 至两个焦点的距离之和为常数即为 $2a$，则 $b^2=a^2-c^2$，则 a、b 满足标准椭圆方程：

$$\frac{x^2}{a^2}+\frac{y^2}{b^2}=1$$

由此可以证明震源 O_1 并非为其 S 波安全区边界方程的焦点。

图 5.5 为两个地震的震中距 D 为 60km，震源深度 h 假设为 0，当 ΔT_0 取为 1s，Δt 取为 0 时，得 k_1 为 0.1，如图 5.5（a）所示；当 T_0 取为 5s，Δt 取为 0 时，得 k_1 为 0.5，如图 5.5（b）所示；采用平面坐标形式，分别绘制的第一个地震 S 波安全范围为黄色区域，其中黑色实线是根据极坐标方程 [式（5-116）] 确定的 S 波安全区的边界，红色实线是根据椭圆标准方程 [式（5-123）] 绘制的 S 波安全区边界，可以得出两者几乎重合，说明 S 波安全区边界满足椭圆方程形式。

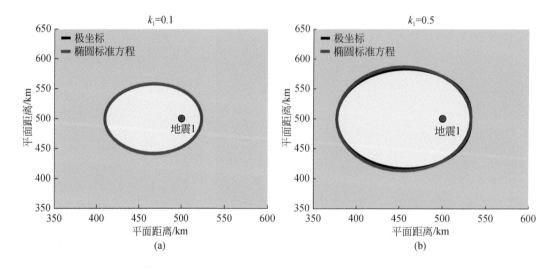

图 5.5　第一个地震 S 波安全区边界极坐标椭圆与椭圆标准方程的比较

2. 第二个地震 S 波的安全区边界方程

在满足第二个地震 P 波安全区中，继续寻找 S 波的安全区，这些区域应满足

$$\Delta_2\leqslant\Delta_{cS2} \tag{5-125}$$

其中，

$$\begin{cases} \Delta_{cS2} = \dfrac{D}{2}(q_2 - q_1) \\ q_2 = \left[q_1^2 + 2(1 - k_2^2 - \eta_{2S}) \right]^{1/2} \\ q_1 = \sqrt{3}\,k_2 - \cos\theta_2 \\ k_2 = v_P(\Delta T_0 + \Delta t)/D \end{cases} \tag{5-126}$$

同理，对于 S 波第二个安全区边界方程也满足椭圆方程。先取 $\eta_{2S} = 0$，注意到 $\theta_2 = \pm\dfrac{\pi}{2}$，$q_1$ 和 q_2 系数相同，该方程以 x 轴对称，椭圆圆点只能在 x 轴上，其椭圆方程为

$$\frac{(x - x_a)^2}{a^2} + \frac{y^2}{b^2} = 1 \tag{5-127}$$

并注意到

$$\begin{cases} \Delta_2 \mid_{\theta_2 = 0} = \dfrac{D}{2}(\sqrt{3} + 1)(1 - k_2) \\ \Delta_2 \mid_{\theta_2 = \pi} = \dfrac{D}{2}(\sqrt{3} - 1)(1 - k_2) \\ \Delta_2 \mid_{\theta_2 = \pm\frac{\pi}{2}} = \dfrac{D}{2}\left[(2 + k_2^2 - \eta_2)^{1/2} - \sqrt{3}\,k_2 \right] \end{cases}$$

根据极坐标和直角坐标椭圆关系：

$$\begin{cases} x_a = D + a - \Delta_2 \mid_{\theta_2 = 0} \\ a = \dfrac{1}{2}(\Delta_2 \mid_{\theta_2 = 0} + \Delta_2 \mid_{\theta_2 = \pi}) \end{cases} \tag{5-128}$$

则

$$\begin{cases} x_a = D + \dfrac{D}{2}(1 - k_2) \\ a = \dfrac{\sqrt{3}\,D}{2}(1 - k_2) \end{cases} \tag{5-129}$$

当 $x = D$ 时，$y_a = \Delta_2 \mid_{\theta_2 = \frac{\pi}{2}}$，则有

$$\frac{1}{3} + \frac{y_a^2}{b^2} = 1 \tag{5-130}$$

则

$$b = \sqrt{\frac{3}{2}}\,\Delta_2 \mid_{\theta_2 = \frac{\pi}{2}} \tag{5-131}$$

则第二个地震 S 波的安全区边界方程为

$$\frac{(x - x_a)^2}{a^2} + \frac{y^2}{b^2} = 1 \tag{5-132}$$

其中，

$$\begin{cases} x_a = D + \dfrac{D}{2}(1-k_2) \\[2mm] a = \dfrac{\sqrt{3}D}{2}(1-k_2) \\[2mm] b = \dfrac{\sqrt{6}D}{4}\big[(2+k_2^2)^{1/2} - \sqrt{3}k_2\big] \end{cases} \tag{5-133}$$

对于 $\eta_{2S} \neq 0$，也可证明是椭圆方程。显然，当 $k_2 = 0$ 时，化为圆方程。

图 5.6 中两个地震的震中距 D 为 60km，震源深度 h 假设为 0，当 ΔT_0 取为 1s，Δt 取为 0 时，得 k_2 为 0.1，如图 5.6（a）所示；当 T_0 取为 5s，Δt 取为 0 时，得 k_2 为 0.5，如图 5.6（b）所示；采用平面坐标形式，分别绘制的第二个地震 S 波安全范围为绿色区域，其中黄色实线是根据极坐标方程［式（5-126）］确定的 S 波安全区的边界，紫色实线是根据椭圆标准方程［式（5-133）］绘制的 S 波安全区边界，可以得出两者几乎重合，说明 S 波安全区边界满足椭圆方程形式。

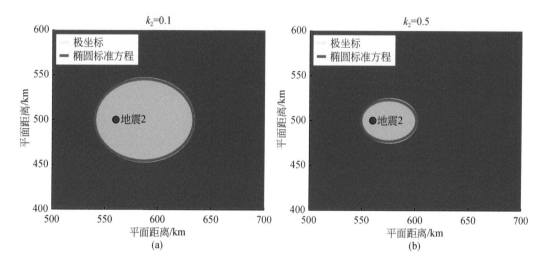

图 5.6　第二个地震 S 波安全区边界极坐标椭圆与椭圆标准方程的比较

5.5　双震波组安全区有关问题的讨论

在双震问题的处理实践中，有经验的科技人员都清楚，只能使用双震各自震中附近台站的波形数据测定双震的震源参数，但为何如此处理则说不清楚，现在双震各自 P 波和 S 波波组的安全区及边界方程从理论上揭示了其原理。另外，在使用上述研究成果时，还要注意双震震级的影响，只有在地震 PGA 的衰减影响的区域范围内，波组的影响才能存在。在推导 S 波安全区边界方程时，假设 $v_P/v_S = \sqrt{3}$，对于地壳介质，v_P/v_S 的比值一般为 1.69～1.75，这一假设是可以接受的，也不会对边界形状带来较大影响。

5.5.1　双震边界方程总结

1. 以极坐标表示的 P 波边界方程统一形式

根据前面的理论分析，如果采用局部坐标系，如图 5.7 所示，将双震震源 O_1 和 O_2 的连线取为 x 轴，O_1 的坐标为坐标系的原点，O_2 的坐标为 $(D, 0)$，D 为双震震中之间的距离，则台站 (x, y) 与 O_1 的震中距为 Δ_1，与 O_2 的震中距为 Δ_2，有

$$\begin{cases} \Delta_1 = (x^2 + y^2)^{1/2} \\ \tan\theta_1 = \dfrac{x}{y} \\ k_1 = \dfrac{v_{\mathrm{P}}(\Delta T_0 - \Delta t)}{D} \end{cases} \tag{5-134}$$

$$\begin{cases} \Delta_2 = [(x-D)^2 + y^2]^{1/2} \\ \tan\theta_2 = \dfrac{x-D}{y} \\ k_2 = \dfrac{v_{\mathrm{P}}(\Delta T_0 + \Delta t)}{D} \end{cases} \tag{5-135}$$

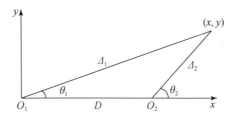

图 5.7　双震边界方程局部坐标系

如果 $i=1$，代表第一个地震，即表示 Δ_1，θ_1，k_1，$i=2$ 代表第二个地震，则双震的 P 波安全区边界方程统一写为

$$\begin{cases} \Delta_{\mathrm{c}Pi} = \dfrac{D}{2}(1 - k_i^2 - \eta_{iP}) Q(k_i, \theta_i) \\ Q(k_i, \theta_i) = (-1)^{i-1} \times (\cos\theta_i - k_i)^{-1} \end{cases} \tag{5-136}$$

若台站震中距 Δ_i 满足

$$\Delta_i \leqslant \Delta_{\mathrm{c}Pi}, \quad i = 1, 2 \tag{5-137}$$

则 $i=1$ 时，利用台站观测记录测量第一个地震的 P 波参数是安全的；$i=2$ 时，利用台站观测记录测量第二个地震的 P 波参数是安全的。

2. 以极坐标表示的 S 波边界方程统一形式

双震 S 波的安全区边界方程也可统一形式：

$$\begin{cases} \Delta_{cSi} = \dfrac{D}{2}(q_{2i}-q_{1i}) \\ q_{1i} = (-1)^{i-1}(\cos\theta_i - \sqrt{3}\,k_i) \\ q_{2i} = [\,q_{1i}^2 + 2(1-k_i^2-\eta_{iS})\,]^{1/2} \end{cases} \tag{5-138}$$

5.5.2　关于 k_1 和 k_2 的讨论

在推导双震 P 波和 S 波安全区边界方程时，都用到两个重要参数 k_1 和 k_2，即

$$\begin{cases} k_1 = \dfrac{v_P(\Delta T_0 - \Delta t)}{D} \\ k_2 = \dfrac{v_P(\Delta T_0 + \Delta t)}{D} \end{cases} \tag{5-139}$$

以及 k_1 和 k_2 约束条件

$$\begin{cases} 1-k_1^2 \geq 0 \\ 1-k_2^2 \geq 0 \end{cases} \tag{5-140}$$

由此得到第一个地震 P 波不受第二个地震 P 波污染的安全时间间隔 Δt 应满足

$$\Delta T_0 - \Delta t < \frac{D}{v_P} \tag{5-141}$$

P 波安全区双曲线的顶点 a_1 坐标 x_{a_1} 为

$$\begin{cases} x_{a_1} = \dfrac{D}{2}(1+k_1) \\ k_1 = v_P(\Delta T_0 - \Delta t)/D \\ 0 \leq \Delta T_0 < D/v_P \end{cases} \tag{5-142}$$

因此，ΔT_0 越大，Δt 可选择的余地越大，P 波的安全区面积也越大，可选择的台站就越多。同理，可得到第二个地震 P 波安全区的安全时间间隔 Δt 应满足

$$\Delta T_0 + \Delta t < \frac{D}{v_P} \tag{5-143}$$

双曲线顶点 x_{a2} 为

$$\begin{cases} x_{a_2} = \dfrac{D}{2}(1+k_2) \\ k_2 = v_P(\Delta T_0 + \Delta t)/D \end{cases} \tag{5-144}$$

因此，随着 ΔT_0 逐渐增大，P 波安全区双曲线顶点逐渐后退，Δt 选择性逐步降低，安全区面积逐步缩小，可选择的台站也逐步减少。ΔT_0 逼近 $\dfrac{D}{v_P}$ 时，P 波安全区消失。S 波的安全区也存在类似的情况，即随着 ΔT_0 的增大，第一个地震安全区面积逐渐增加，椭圆中心 $x_{a_1} = \dfrac{D}{2}(1+k_1)$ 也向第二个震源移动。同理，第二个地震椭圆中心坐标 $x_{a_2} = \dfrac{D}{2} + \dfrac{D}{2}(1-k_2)$ 也逐渐后退，S 波安全区逐渐减少。当 $\Delta T_0 \to \dfrac{D}{v_P}$ 时，第二个地震 S 波安全区迅速消失。

5.5.3　定位和测定震级使用不同安全间隔

Δt 的选择比较灵活，因此，对 P 波定位，P 波测定震级以及拾取 S 波到时和测定 S 波震级，可选用不同的安全时间间隔 Δt。

1. P 波定位对 Δt 的要求

由于 P 波到时是通过 *STA/LTA+AIC* 方法得到的，其拾取 P 波到时的误差一般在 0.2s 左右，不超过 0.5s，因此在利用双震 P 波安全区进行定位分析时，可取

$$\Delta t = 0.5 \sim 1.0s \tag{5-145}$$

按 $\Delta t = 0.5s$ 左右寻找到的 P 波安全区都比较大，台站较多。对第二个地震还要参考 ΔT_0 的大小，若 ΔT_0 较大，可取 $\Delta t = 0.5s$ 或者最小时间间隔 0.3s。这样可快速满足后续报对改进定位精度的要求。

2. P 波列测定震级对 Δt 的要求

目前我国预警系统将 P 波和 S 波测定震级的公式都统一写成如下形式：

$$\begin{cases} M(t) = a_1(t) \lg U_{\mathrm{m}}(t) \\ R(\Delta, t) = a_2(t) \lg(\Delta + \Delta_0) + a_3(t) \end{cases} \tag{5-146}$$

其中，系数 $a_i(t)$（$i = 1, 2, 3$）都是台站触发起算的时间系数，不再区分 P 波和 S 波，而是将其影响隐含在 $a_i(t)$ 中。这些系数在 $t = 3 \sim 4s$ 时有突变，换句话说 $t \leqslant 3s$ 时相当于 P 波的幅值测定震级，$t > 4s$ 时相当于 S 波的幅值测定震级。鉴于此，在考虑 P 波列测定震级时，为了提高测定 P 波震级的可靠性，可设

$$\Delta t = 3 \sim 4s \tag{5-147}$$

这样，在上述 $\Delta t = 0.5 \sim 1.0s$ 的 P 波定位安全区上，通过设置 $\Delta t = 3 \sim 4s$ 进一步缩小区域，选择台站参加后续报震级测定，保证测定 P 波震级时是可靠的。

3. S 波列测定震级对 Δt 的要求

在 S 波安全区内的台站，不但可以利用其 P 波列的信息参与 P 波定位、P 波测定震级，还可利用其 S 波信息参与震源参数的测定。基于与 P 波列测定地震参数相同的理由，并注意到 S 波的安全区总体面积较小，台站数较少，对 S 波列安全区，按照不同的时间间隔设置 S 波安全区，即 $\Delta t = 1.0, 2.0, 3.0, 4.0s$，分别作为拾取 S 波震相到时和测定 S 波震级的安全区。这样通过 Δt 取不同的安全时间间隔，不断选择优化台站，使台站 S 波测定震级也有较高的可靠性。在台网固定即 d 已知的前提下，双震的安全区取决于双震参数 D 和 ΔT_0，D 越大，对双震测定参数越有利，D 越小，对双方都不利；ΔT_0 越大对第一个地震有利，对第二个地震不利，特别是 $\Delta T_0 \to D/v_\mathrm{P}$ 时，第二个地震的 S 波将迅速消失，P 波安全区也很快消失，因此要根据实情，因地制宜地选择 Δt。

5.5.4　关于 η_1 和 η_2 的讨论

前面在推导双震 P 波安全区边界方程时，分别得到第一个地震和第二个地震的 P 波系数 η_{1P} 和 η_{2P}，即

$$\begin{cases} \eta_{1P} = -2\left(k_1+\dfrac{\Delta_1}{D}\right)\left(\dfrac{R_1-\Delta_1}{D}\right) \\[3mm] \eta_{2P} = 2\left(k_2-\dfrac{\Delta_2}{D}\right)\left(\dfrac{R_2-\Delta_2}{D}\right) \end{cases} \tag{5-148}$$

显然，$D \gg (R_1-\Delta_1)$ 或 $D \gg (R_2-\Delta_2)$ 时，$\eta_{1P}=\eta_{2P}=0$，这相当于两个地震震中距离较大时的情形。另外一种情形就是在 Δ_1 或 Δ_2 较大时，自然满足，这是由于 $\Delta_1 \gg h$ 或者 $\Delta_2 \gg h$，$R_1 \doteq \Delta_1$，$R_2 \doteq \Delta_2$。只有在两个地震震中距离 D 较小且在首台附近的近场时需要考虑其影响，计算 η_{1P} 和 η_{2P}。其他情形都可设置 $\eta_{1P}=\eta_{2P}=0$。要判断某一台站是否在 P 波安全区，可直接用首报得到的震源参数和台站坐标直接计算 D、R_1、Δ_1 以及 R_2、Δ_2，从而得到 η_{1P} 和 η_{2P}，并用 $\Delta_1 \leqslant \Delta_{cP1}$ 或者 $\Delta_2 \leqslant \Delta_{cP2}$。判定台站是否在第一个地震或第二个地震的 P 波安全区内，如果要绘制 P 波安全区边界曲线，则可通过迭代计算边界曲线上的每一点的 η_{1P} 和 η_{2P}。

对于两个地震的 S 波安全区边界方程，也得到二个 S 波参数 η_{1S} 和 η_{2S} 分别为

$$\begin{cases} \eta_{1S} = 2\sqrt{3}\left(\sqrt{3}\dfrac{\Delta_1}{D}-k_1\right)\left(\dfrac{R_1-\Delta_1}{D}\right)+\dfrac{3\,(R_1-\Delta_1)^2-h^2}{D^2} \\[3mm] \eta_{2S} = 2\sqrt{3}\left(k_2+\sqrt{3}\dfrac{\Delta_2}{D}\right)\left(\dfrac{R_2-\Delta_2}{D}\right)+\dfrac{3\,(R_2-\Delta_2)^2-h^2}{D^2} \end{cases} \tag{5-149}$$

可简化为

$$\begin{cases} \eta_{1S} = -2\sqrt{3}\,k_1\left(\dfrac{R_1-\Delta_1}{D}\right)+2\left(\dfrac{h}{D}\right)^2 \\[3mm] \eta_{2S} = 2\sqrt{3}\,k_2\left(\dfrac{R_2-\Delta_2}{D}\right)+2\left(\dfrac{h}{D}\right)^2 \end{cases} \tag{5-150}$$

基于相同的理由，当 $D \gg (R_1-\Delta_1)$ 和 $D \gg h$ 时，$\eta_{1S}=\eta_{2S}=0$，只有在震中附近时，需要对 S 波的安全区边界方程系数 η_{1S} 和 η_{2S} 进行验证，但有一点不同，即第一个地震的 S 波边界由于 k_1 较小且 $D \gg h$ 时基本满足要求即 $\eta_{1S}=0$，而且 S 波安全区总是存在的。但对于第二个地震 S 波的安全区，当 ΔT_0 较大时，安全区都在第二个震源首台附近，一般要迭代后得到 η_{2S}，当 $k_2 \to 1$ 时，S 波的安全区将迅速消失。需要说明的是，要判断台站是否在 S 波的安全区内，可直接利用首报得到的震源参数和台站坐标，直接计算得到 D、R_1、Δ_1 以及 R_2、Δ_2，由此得到 η_{1S} 和 η_{2S}，再利用 S 波安全区边界方程判定台站是否位于其安全区内；如果要绘制 S 波安全区边界方程曲线，则可通过迭代方式计算曲线上的每一个点的 η_{1S} 和 η_{2S}。

5.5.5　关于多层介质与单层介质模型的问题

在本章的双震问题的研究中，为了简化问题，揭示双震问题内在的规律性，采用了最

简单的单层介质模型，那么对于多层介质模型是否适用呢？多层介质模型如图5.8所示。

$$\begin{cases} R_{1j} = (\Delta_{1j}^2 + h^2)^{1/2} \\ R_{2j} = (\Delta_{2j}^2 + h^2)^{1/2} \end{cases} \tag{5-151}$$

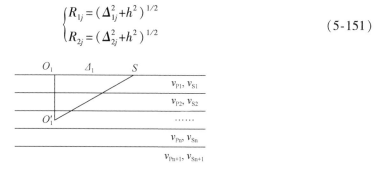

图 5.8　多层介质模型

如图5.9所示，由此得到，O_1' 发生地震时，其 P 波和 S 波到达台站 $S(x,\ y)$ 的到时 T_{P1}，T_{S1} 分别为

$$\begin{cases} T_{1j}^{P} = T_{O1} + t_P(\Delta_{1j}, h) \\ T_{1j}^{S} = T_{O1} + t_S(\Delta_{1j}, h) \\ \Delta_{1j} = x_j^2 + y_j^2 \end{cases} \tag{5-152}$$

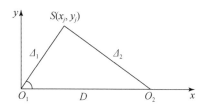

图 5.9　双震模型局部直角坐标系

同理，可得 O_2' 发生地震时，其 P 波和 S 波到达台站 $(x_j,\ y_j)$，其到时分别为

$$\begin{cases} T_{2j}^{P} = T_{O2} + t_P(\Delta_{2j}, h) \\ T_{2j}^{S} = T_{O2} + t_S(\Delta_{2j}, h) \\ \Delta_{2j} = \left[(D - x_j)^2 + y_j^2 \right]^{1/2} \end{cases} \tag{5-153}$$

为了将多层介质模型等效为单层介质模型，可以通过波组数值计算，得到

$$\begin{cases} v_P = R/t_P(\Delta, h) \\ v_S = R/t_S(\Delta, h) \\ R = (\Delta^2 + h^2)^{1/2} \end{cases} \tag{5-154}$$

由于 h 不同，设定每一个震源时，v_P 和 v_S 略有不同。但一般来讲，当 h 确定时，都可得到一个等效的 v_P 和 v_S。由此可以得到

$$\begin{cases} t_P(\Delta, h) = R/v_P \\ t_S(\Delta, h) = R/v_S \end{cases} \tag{5-155}$$

因此，单层介质模型的主要结果可以推广到多层介质模型，其揭示的物理规律仍然适

用，这一点很重要。后续，我们将通过数值模拟的方法来说明这一点。另外，对于 v_P/v_S 不等于 $\sqrt{3}$ 也可通过数值计算来说明不会对边界形状带来较大变化。

5.5.6　估计 S 波安全区的台站数

如果虚拟台网中的台站数为 N，面积为 S，则平均台间距 d 可估计为

$$d=\sqrt{\frac{S}{N}} \tag{5-156}$$

第一个地震 S 波安全区面积为 $S_1=\pi a_1 b_1$，其安全区上的台站数 N_1 为

$$\begin{cases} N_1=0.31\left(\dfrac{D}{d_1}\right)^2 Q_1 \\ Q_1=(1+k_1)\left[\,(k_1^2+2)^{1/2}+3k_1\,\right] \\ k_1=v_P(\Delta T_0-\Delta t)/D \end{cases} \tag{5-157}$$

同理，第二个 S 波安全区上的台站数 N_2 为

$$\begin{cases} N_2=0.31\left(\dfrac{D}{d_2}\right)^2 Q_2 \\ Q_2=(1-k_2)\left[\,(k_2^2+2)^{1/2}-3k_2\,\right] \\ k_2=v_P(\Delta T_0+\Delta t)/D \end{cases} \tag{5-158}$$

其中，d_1 和 d_2 为两个虚拟台网的平均台间距。

5.6　双震安全区边界理论解与数值解

5.6.1　理论解与数值解的一致性

为了模拟两个震源相距 D km，震源时间差相差 ΔT_0，分析两个地震 P 波和 S 波的安全区域及边界，并与数值模拟结果进行比较。数值模拟以网格划分，每个网格在二者比较时，取 $\Delta x=\Delta y=1\sim 2$km，取一维介质模型模拟，$v_P/v_S=\sqrt{3}$，$v_P=6$km/s，$v_S=3.46$km/s。

1. 模拟双震几乎同时发生的情景

如图 5.10 所示，模拟两个震源相距 60km，几乎同时发生地震的情景。取 $D=60$km，$\Delta T_0=1$s，Δt 取为两种间隔：$\Delta t=1$s，为满足 P 波和 S 波拾取震相参与定位要求；$\Delta t=3$s，为满足 P 波和 S 波参与后续报量度震级的要求。

2. 模拟双震发震时间差中等的情景

如图 5.11 所示，两个震源相距相差 60km，第一个地震 P 波大致跑到第二个震源之间时发生第二个地震的情景。取 $D=60$km，$\Delta T_0=5$s，Δt 仍取两种安全间隔，即 $\Delta t=1$s 以及

$\Delta t = 3\text{s}$。从图中可看出，第一个地震 P 波和 S 波安全区迅速增大，但第二个地震 P 波和 S 波在迅速缩小，特别是第二个地震 S 波安全区。

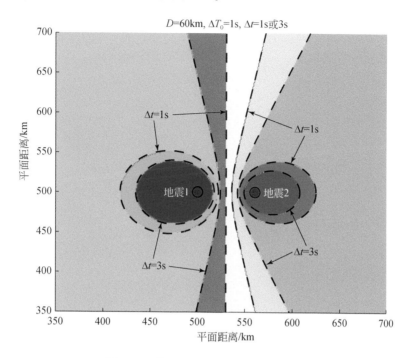

图 5.10　模拟双震几乎同时发生的情景

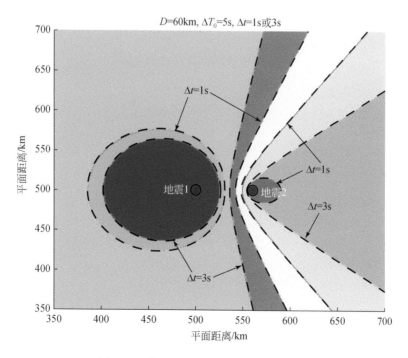

图 5.11　模拟双震发震时间差中等的情景

3. 模拟双震 ΔT_0 较大时的情景

如图 5.12 所示，两个震源相距 60km，第一个地震 P 波接近第二个震源时发生第二个地震的情景。取 $D=60km$，$\Delta T_0=7s$，当 $\Delta t=1s$ 和 3s 时，第一个地震 P 波和 S 波安全区继续扩大，可选台站的区域增多。第二个地震 P 波安全区继续减少，S 波安全区几乎接近消失。

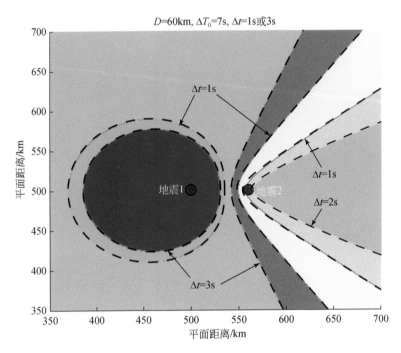

图 5.12　模拟双震 ΔT_0 较大时的情景

5.6.2　复杂介质模型与简单介质模型比较

1. 复杂介质模型与简单介质模型的比较

为了比较不同介质模型对 P 波和 S 波安全区边界的影响程度，选择三种介质模型，一是全球介质模型（Wang et al., 2012；Wenqi et al., 2022;），二是华南介质模型，三是理论推导介质模型。从图 5.13 ~ 图 5.15 中可看出，理论解和数值解对安全区边界的分界线有所差异，其中全球介质模型的平均误差在 8km 范围内，华南介质模型的平均误差在 3km 范围内，理论推导介质模型的平均误差在 0km 范围内。

2. 平面和球面的差异性比较

图 5.16 和图 5.17 分别为选用平面理论解介质模型和球面一维介质模型，可看出二者几乎一致，也就是在 S 波安全区边界上略有区别，误差总体可接受。通过上述模拟，在一

维介质模拟中，双震 P 波和 S 波安全区及边界方程与数值模拟结果高度一致。因此，对于一维介质模型，作为快速确定 P 波安全区的方法可用理论解固定双震安全区及边界，它与复杂介质模型得到的安全区及边界总体上是一致的，只是安全区边界由于速度模型不同，各有细微差别，但不影响总体效果。当然，作为后续精细化的补充，也可用复杂介质走时方程做进一步的研究，更精确地确定安全区边界。

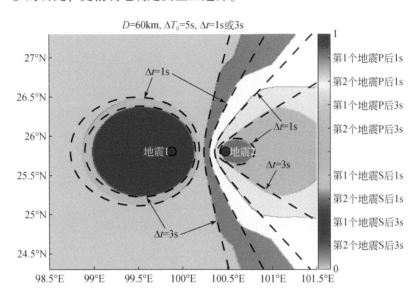

图 5.13　全球介质模型绘制的安全区情景

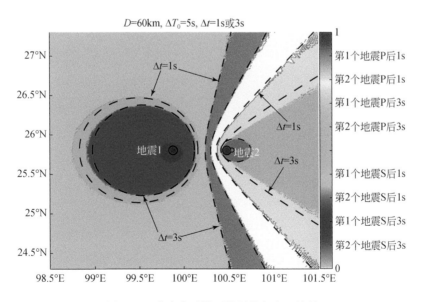

图 5.14　华南介质模型绘制的安全区情景

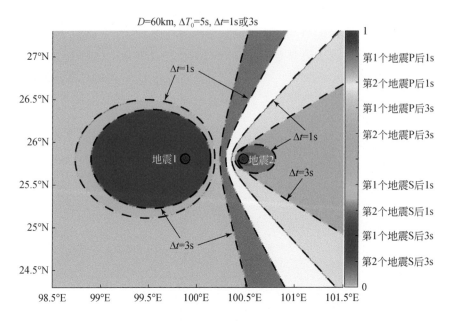

图 5.15　理论推导介质模型绘制的安全区情景

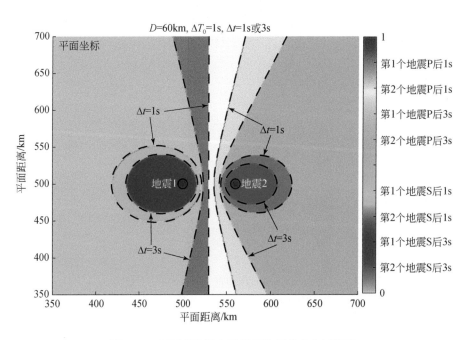

图 5.16　平面理论解介质模型绘制的安全区情景

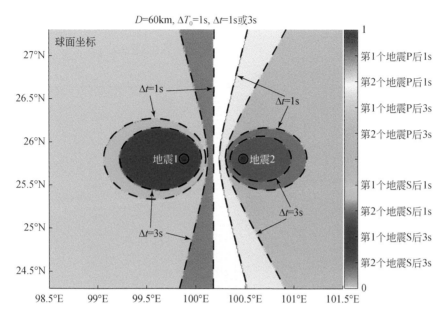

图 5.17　球面一维介质模型绘制的安全区情景

3. 平面简单介质模型与曲面多层介质模型的综合比较

平面简单介质模型，通常只考虑直达波 Pg 的影响；而曲面多层介质模型（表 5.1 和表 5.2）通常在 120km 内考虑 Pg 影响，但震中距超过 120km 以上，还需考虑 Pn 影响，因此两者获得的 P 波和 S 波安全区在远距离边界上会存在一定的差异，如图 5.18 所示。

表 5.1　全球介质模型（iasp91）参数

h/km	$v_P/(\text{km/s})$	$v_S/(\text{km/s})$
0	5.800	3.360
20	5.800	3.360
20	6.500	3.750
35	6.500	3.750
35	8.040	4.470
77.5	8.045	4.485

表 5.2　华南介质模型参数

h/km	$v_P/(\text{km/s})$	$v_S/(\text{km/s})$
0	6.010	3.550
21.4	6.010	3.550
21.4	6.880	3.930
32.4	6.880	3.930

h/km	$v_P/(km/s)$	$v_S/(km/s)$
32.4	7.980	4.580
77.5	7.980	4.580

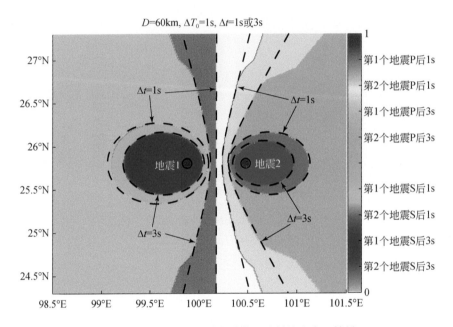

图 5.18　利用曲面多层介质模型绘制的安全区情景

5.6.3　双震实例：P 波和 S 波安全区记录

　　为了进一步验证上述研究成果，举三个实例。实例 1 为四川地震计网得到 2 ~ 3 级双震记录的结果；实例 2 为福建仙游发生的一个双震记录；实例 3 为台湾花莲发生的原地重复双震，福建台网记录结果。图 5.19 为 2014 年 4 月 5 日 05 时 20 分四川台网记录的两个地震，震中相差 168km，发震时刻相差 1.6s；第一个地震为四川彭州 2.1 级地震，有 10 个台站记录，均在第一个地震的安全区内；第二个地震为四川雨城 3.9 级地震，共有 65 个台站记录，绝大部分台站都在第二个地震的安全区内，特别在 S 波安全区内，P 和 S 均能很清晰观测到波组；但部分台站落在第一个地震的安全区内，这是由于第二个地震能量较大，其受第一个地震的影响较小，故在受污染的情况下也能观测到信号。

　　图 5.20 为 2020 年 5 月 22 日 16 时 33 分四川台网记录的两个地震，震中相差 151km，发震时刻相差 10s；第一个地震为四川兴文 2.6 级地震，有 10 个台站记录，均在第一个地震的安全区内；第二个地震为四川荣县 2.2 级地震，有 23 个台站记录，绝大部分台站都在第二个地震的安全区内，只有个别台站在安全区边界上。由上述可知，当两个地震震级相差不大时，地震实际记录台站均能很好地与理论解的安全区匹配。

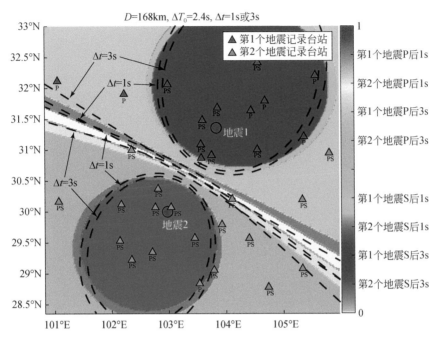

图 5.19　四川台网双震实例 1

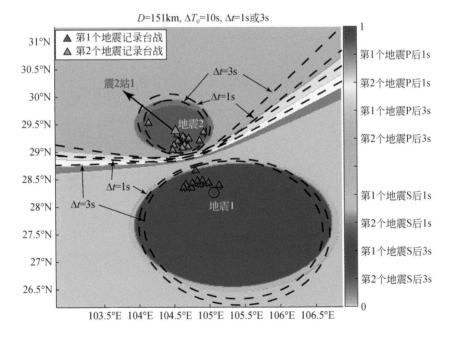

图 5.20　四川台网双震实例 2

图 5.21 为两个地震触发的前几个台站，其中 1 表示四川兴文 2.6 级地震信号，2 表示四川荣县 2.2 级地震信号，若不将两个地震分组处理，而是当成一个地震进行定位，则会错误定出一个 3.3 级地震，且震中位置与真实两个地震的位置存在一定偏差，如图 5.22 所示。

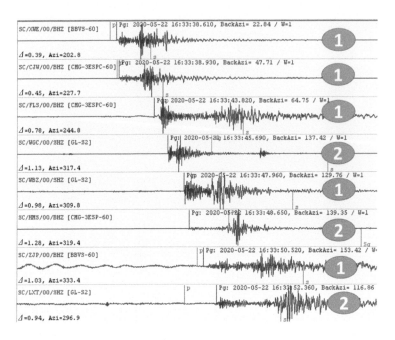

图 5.21 四川台网双震实例 2 的台网波形

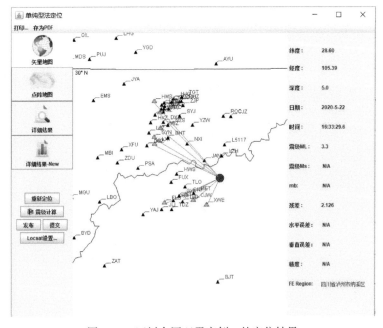

图 5.22 四川台网双震实例 2 的定位结果

图 5.23 和图 5.24 为 2013 年 12 月 9 日 23 时 25 分福建台网记录的两个地震，震中相差 93km，发震时刻相差 9.7s。第一个地震为福建仙游 1.8 级地震，有 34 个台站记录，均在第一个地震的安全区内。第二个地震为福建南安 1.4 级地震，有 16 个台站记录，均在第二个地震的安全区内；两个地震的实际观测台站均能很好地与理论解安全区匹配。

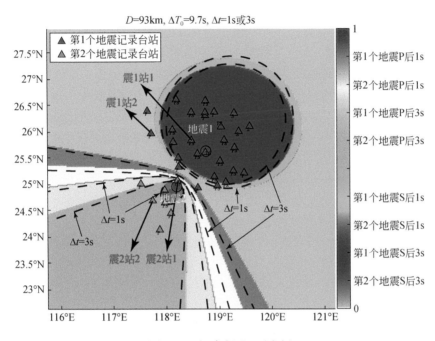

图 5.23　福建台网双震实例

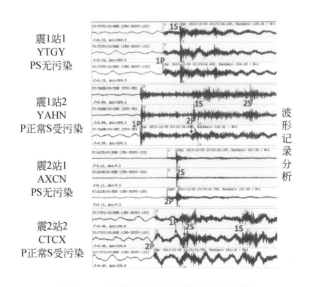

图 5.24　福建台网双震实例的实际波形

在第一个地震的 P 波安全区内选取两个台站进行分析，台站 1（震 1 站 1）位于第一个地震的 S 波安全区内，从其波形记录可清晰观测到第一个地震的 P 波和 S 波信号（1P、1S）；台站 2（震 1 站 2）位于 S 波安全区外，其波形记录 1P 正常，1S 受第二个地震的 P 波（2P）污染。在第二个地震的 P 波安全区内选取两个台站进行分析，台站 3（震 2 站 1）位于第二个地震的 S 波安全区内，从其波形记录可清晰观测到第二个地震的 P 波和 S 波信号（2P、2S）；台站 4（震 2 站 2）位于 S 波安全区外，其波形记录 2P 正常，2S 受第一个地震的 P 波（1P）污染。

图 5.25 和图 5.26 为 2022 年 3 月 24 日 8 时 38 分福建台网记录的两个台湾地区地震，震中相差仅为 6km，发震时刻相差 12.7s；第一个地震为台湾花莲 4.5 级地震，有 33 个台站记录；第二个地震为台湾台东海域 5.2 级地震，有 43 个台站记录。由于两个地震震中位置相差较近，发震时刻有一定时差，且第二个地震震级大于第一个地震，符合两个地震独立处理要求。两个地震均能观测到，虽然第二个地震的 P 还受第一个地震的后续波组影响，但部分台站还是能观测到信号。两个地震震中相差较近，可以看出原地重复地震，其特点为所有台站的两个地震的 P 波到时差是一致的（$t_{2P}-t_{1P}$），第一个地震的 P 波（1P）不受第二个地震污染，1S 在近场时不受污染，如图 5.26 的震 1 站 1 所示，不过到达一定距离后，第二个地震的 P 波（2P）就赶超上第一个地震的 S 波（1S），如图 5.26 的震 1 站 2 所示；另外，第二个地震比第一个地震的能量大很多，故到达一定距离后，第一个地震衰减较快，信号逐渐减弱，而第二个地震的能量较强，故第二个地震的 P 波（2P）能被清晰观测到，且第二个地震的 S 波（2S）不受污染，如图 5.26 震 2 站 1 和震 2 站 2 所示。

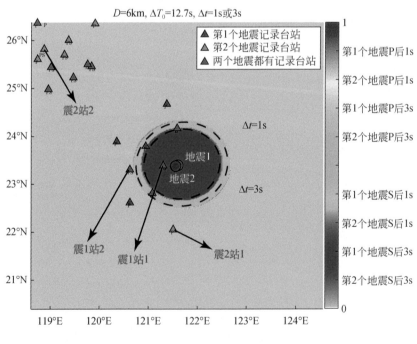

图 5.25　台湾地区双震实例

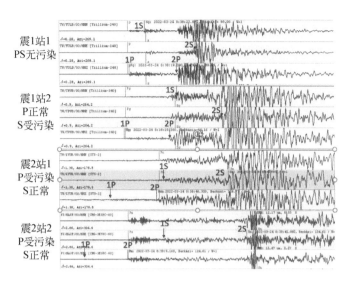

震1站1
PS无污染

震1站2
P正常
S受污染

震2站1
P受污染
S正常

震2站2
P受污染
S正常

图 5.26　台湾地区双震实例的实际波形

5.6.4　主要结论

由于不同介质模型和地球曲面对主要结果影响不大，故作为预警后续报快速判定，可采用简单模型确定双震 P 波和 S 波安全区。

（1）根据双震预警第一报参数，计算 D 和 ΔT_0。

（2）在双震初步定位的基础上，建立双震后续报震源参数测定模型，采用局部坐标系，以第一个震源为原点，两个震中连线为 x 轴，满足右手定则，在此坐标系下，计算各台站 Δ_{1i}，θ_{1i}，Δ_{2i}，θ_{2i}。

（3）以双震 P 波安全区边界方程为基础，设 $\Delta t = 1\mathrm{s}$，3s，计算双震各自 P 波安全区，同理以 S 波边界方程为基础，设置 $\Delta t = 1\mathrm{s}$，3s，计算双震 S 波各自安全区。

（4）按照 $\Delta t = 1\mathrm{s}$ 或 $\Delta t = 3\mathrm{s}$，以及 $\Delta_{1i} \leqslant \Delta_{cP1}$，$\Delta_{1i} \leqslant \Delta_{cS1}$，分别寻找第一个地震 P 波和 S 波安全区，在 P 波安全区上的台站可参与 P 波定位和测定 P 波列震级，在 S 波安全区上的台站参加 S 波测定震级。对于第二个地震，根据 ΔT_0 大小，选择不同的 Δt，按 $\Delta_{2j} \leqslant \Delta_{cP2}$，$\Delta_{2j} \leqslant \Delta_{cS2}$，分别寻找 P 波和 S 波安全区及其台站，参与第二个地震后续报的处理。

参 考 文 献

张红才，金星，李军，等 . 2012. 地震预警震级计算方法研究综述 . 地球物理学进展，27（2）：464-474.

中国地震局监测预报司 . 2017. 测震学原理与方法 . 北京：地震出版社 .

Wang H，Xiang L，Jia L，et al. 2012. Load Love numbers and Green's functions for elastic Earth models PREM，iasp91，ak135，and modified models with refined crustal structure from Crust 2. 0. Computers and Geosciences，（49）：190-199.

Wenqi G，Youxue W，Songping Y. 2022. An interactive system based on the IASP91 earth model for earthquake data processing. Applied Sciences，12（22）：11846.

第 6 章 序列震处理技术构架和处理方案

一个 7 级以上大震发生前后，会在主震震中附近沿某一长轴方向呈条带状发生一系列 4.0～6.9 级的前震和余震，长度可达上百千米，长轴方向一般与主震破裂方向一致，通常也以此证明主震的破裂方向。余震区的面积大小一般与主震震级有关。这种大震余震序列，一般会在几天时间内发生大大小小不同的数千次地震（赵翠萍和夏爱国，2003；吴建平等，2009；林向东等，2013），对于地震预警系统来讲就是尽量过滤大量的中小震，特别是 $M<4.0$ 级以下地震。这是由于在 7.0 级以上大震发生后，$M<4.0$ 以下的地震对社会影响已不重要，但是为了保障大震后的应急救援人员在严重损坏工程结构环境中的安全，避免救援过程中的二次伤害，应尽量对 $M>4.0$ 以上的强余震进行报警和预警，及时提供地震信息。这种地震序列的处理具有一定的特殊性，突出体现在：一是发生地震的地点比较集中，其地表空间分布的范围和面积与主震的震级和破裂面积有关，主震震级越大，空间分布范围越广，反之就越小；二是地震序列的发生时间比较密集，前后两次地震发生时间相差数秒到数十秒直至数十分钟都有，成丛性特征比较明显（Esteban et al.，2022）；三是前后地震的震级有大有小，具有高度的随机性，但从统计上讲服从震级-频次分布关系，即震级大发生的频次少，震级小发生的频次多；四是序列震的持续时间从数天至数周甚至数月，但总体上地震发生次数随时间呈衰减趋势。由于序列震总体可分解为一系列发生时间、发震地点、发生震级高度随机的前后两个地震的处理，因此前后两个地震即双震处理思路和处理技术就构成序列震处理的核心技术。换句话说，如果处理不好，震中位置相距不远，发生地震时间相差数秒至几十秒，对震级有大有小的前后两个地震，要处理好序列震是不可能的。但序列震的处理与单纯双震的处理也有明显的区别，也就是序列震可能要面对同时处理多个双震，即多源地震的处理。因此，序列震的处理是对预警系统的巨大挑战，只有专门研究把握理论分析要领，提出相关的处理技术，才能在未来大震序列中经受住考验，展现强大的处理能力。本章重点讨论序列震处理的总体技术要求、序列震处理的总体技术思路、构建序列震处理的局部虚拟台网、处理序列震的多尺度时间窗、多源激发震动观测实时图像识别技术、序列震的震源模型与分类、原地重复序列震的处理、非原地重复序列震的处理等问题。由于篇幅所限，多源模型及处理技术留待第 7 章介绍。

6.1 序列震处理的总体技术要求

一旦发生强震，就会产生一系列的序列震，这些序列震震中分布相对密集，发震时间成丛性比较突出（Yijian et al.，2021），但根据其发震时间都可分解为一系列前后两次地震的处理。从预警的角度考虑并结合双震的研究分析，地震预警系统处理序列震的总体技术要求如下。

6.1.1　确保主震和强余震不漏报不虚报

　　预警的目的就是要产生社会效益，首先就是要保证主震不漏报不虚报，其次就是要对有可能造成二次伤害的强余震有预警，尽量保障救灾工作安全开展。从地震预报对序列震的分类，大体有三种，前震–主震–余震型、主震–余震型和震群型等，但无论何种地震序列的处理，都要确保主震特别是 7 级以上主震不漏报不虚报，其次要确保 5 级以上强余震不漏报不虚报。如果主震为 6~7 级的地震，强余震的预警级别可以下调至 4 级以上。这一要求是比较高的，真正实现也非易事，但是在现有科技水平能实现的范围内要努力做到。

6.1.2　对中小地震要有极强的过滤性

　　根据震级 M 和发生频次 N 的关系：
$$\lg N = a - bM \tag{6-1}$$
其中，a，b 为序列震的统计参数，不同地区不同序列略有差别。由式（6-1）可知，地震震级越大，序列震中发生的次数越少，震级越小，序列震中发生的次数越多。对 6 级以上主震发生后大量的 4 级以下中小地震，预警系统要有极强的过滤性，不能因为中小地震过密，处理压力过大而影响对强余震的处理，要保证预警系统正常运行。

6.1.3　具备有效应对复杂情况的鲁棒性

　　与单个地震处理相比，序列震的处理要复杂得多，它既要有排除异常信号的能力，不能因为少数 1~2 台有异常信号或者小震干扰，造成定位时波形关联算法时间过长，影响预警的时效性；又要有较强的分析判断能力，针对序列震不同工况选择最优技术方案和处理方法，具备有效应对多种较复杂工况的能力。

6.1.4　具备同时处理多个地震的能力

　　序列震的处理以双震处理技术为基础，这包括双震发生的判定，具备实时处理双震预警第一报和后续报的能力，能够持续跟踪两个震源的波组，科学合理地选择台站观测记录参与后续报的处理。对网内序列震的处理成功率较高，对网外序列震的处理具备一定的能力，对于多个震源同时发生地震也具备较强的分析处理能力。

6.1.5　具有识别前后地震的最小分辨率

　　预警系统能有效评估前震对后震的影响范围 Δ_M 和影响的持续时间 T_d，特别是原地发生的序列震，对前后地震具有较准确的判断，一旦前震震动影响基本结束后，对震中附近台站各类传感器恢复原状态有准确的时间分析和判断能力，具备快速识别下一个地震发生的最小时间间隔的分辨能力。

6.1.6　具备二选一测定大震参数的能力

要针对以下三种双震类型提出针对性的思路和方法，分别为前小后大、前大后小、两个地震相当。从科学上尽最大可能解决双震问题；对于前后两次地震，由于波形叠加，只能二选一的特殊情形，具备测定较大地震震级的能力。

6.2　序列震总体处理思路

根据序列震的地震特点和技术处理的总体要求，结合地震震源和波场形成的物理规律，处理序列震的总体思路如下。

6.2.1　准确把握处理序列震的科学基础

对于单源、双源或者多源地震进行波场模拟时，要遵从震源激发地震波的物理规律，这种物理规律主要体现在三个方面。

1. 遵守地震波能量（峰值）衰减规律

震源激发的地震波在传播过程中，由于几何扩散和非弹性衰减，地震动的能量或者峰值都随震中距逐渐衰减，直至淹没在仪器脉动噪声中，因此一个地震的影响在空间上总是有限的，震级越大，影响范围越大，震级越小，影响范围越小。这为我们利用地震动峰值的衰减规律和传感器的噪声水平判断一个地震的影响范围提供了理论基础。例如，对于原地重复的前小后大的双震，由于发震时间相差数秒，3 级左右的小震波形与后续 6 级左右大震的波形已相互叠加，难以分析后一个大震的 P 波到时，但对于烈度计 3 级左右的地震动衰减较快，其影响在 30km 左右，若超出此范围可清晰看到后一个大震的波形。因此，可以在后续时段对后一个大震参数进行补报和更新。

2. 遵守地震波震动持续时间的规律

地震释放能量需要一定时间，地震越大，破裂时间越长，加之 P 波和 S 波传播速度不同，到达台站的时间也不同，这些因素都会造成台站的地震观测记录的震动持续时间 T_d 随震级和震中距离的变化而变化，就震中附近的台站而言，震级越大，震动持续时间就越长，反之就小；相同震级，震中距越大，震动持续时间越长，反之小。因此，台站地震观测记录的震动持续时间本质上反映了地震释放能量和波传播的时间过程，体现了地震对台网观测的影响时间，这为我们从时间上判断一个地震的影响程度提供了理论遵循。例如，前后地震台站 P 波触发时间差 $\Delta T_p > T_d(M, \Delta)$，其中 M 为前震震级，Δ 为前震至台站震中距，即前震台网观测记录结束后才发生后一个地震，则前后地震可独立处理。换句话说，处理序列震时，我们不但要判断台站地震观测波形从何时开始，还要判断震动何时结束，以及这种震动状态是否正常等，这也是与处理单个地震的最大差别。

3. 遵守地震波组走时传播规律

震源激发的各种地震波在近场主要是直达 P 波和 S 波都有其特定的传播规律，即走时与震中距的特定关系，并与介质模型有关，这种传播规律在时间和空间紧密关联，是判断多源波组是否相互影响，选择处理方案的重要依据。这三个物理规律划定了任何地震在空间上的影响范围、对台网观测的影响时间以及空间和时间的对应关系，在判断多源地震、跟踪震源波组、评估地震影响、制订处理方案等方面都会用到，而且反复使用，这也是解决序列震处理难题的理论基础。

6.2.2　序列震处理采用多种新技术新方法

序列震处理比较复杂，必须采用多种新技术，主要体现在：一是构建多层多网并行处理的虚拟台网技术，既过滤中小地震，也增强系统处理的鲁棒性；二是快速识别前后地震的多尺度时间窗技术，尽量不漏检中强余震；三是将台网观测记录转变为 $PGA(t)$、$PGV(t)$ 和 $E(t)$ 空间网格图像，并用人工智能图像识别技术帮助确认震中测定震级。这三项新技术就是根据序列震处理的总体技术要求，针对序列震处理遇到的难题，采取的新技术手段。由于本章将对其做专题讨论，在此不做过多说明。

6.2.3　以双震处理技术为基础处理序列震

从发震时间的分类讲，序列震都可分解为前后两次发震时间不同的地震，即双震序列。从理论上讲，如果有 N 个震源的序列震，可分解为 $N(N-1)/2$ 个双震序列。幸运的是，所分解的双震序列中绝大多数是前震影响已消失才发生后一个地震，真正需要考虑彼此互相影响的双震是少数。因此，序列震的处理应以双震处理作为核心技术。这种核心技术包括前后双震的判定，处理双震第一报和后续报的方法，跟踪双源激发的 P 波和 S 波波组，选择台网不同区域的台站参与双震第一报和后续报的测定等。因此，序列震的处理应在双震处理核心技术的基础上，对一些特别工况，例如三个地震相距不远且几乎同时发生，这相当于前一对双震和后续双震互有影响的问题，将在第 7 章讨论。另外，原地重复序列震的问题比较特殊，也要专门分析讨论。

6.2.4　针对复杂工况制订不同的处理方案

针对 7 级以上序列震，其余震区空间分布将长达 100 多千米，宽约几十千米，可将其分为三种类型的处理模式：第一种为前后地震震中距离 D 较小，即原地重复发生序列震处理；第二种为 D 较大，前后地震波组不交会或者发震时间差 ΔT_0 较大，前震对后震无影响可看成可独立处理的序列震；第三种为非原地重复但前后地震彼此有影响的序列震处理。

对于 7 级以上大震序列，这三种类型都会遇到。在序列震可分解为一系列双震处理的基础上，针对前后两次地震（即双震）震中距离 D，将双震划分成三种处理方案：第一种为 D 很小，相当于发生原地重复双震的处理，对应于序列震中的第一类；第二种为 D 较大或者 ΔT_0 较大，几乎可看成两个独立地震的处理，对序列震来讲，可看成空间或者时间上彼此独立的多源序列震处理；第三种为介于上述两类之间，两个地震彼此互相影响，对应于序列震的第三类。但是序列震在双震处理的基础上也要研究一些特殊类型，如原地发生双震的震级测定问题，三个几乎同时发生但地点不同的多源地震问题，这相当于同时处理相互影响的三个双震问题等，情况比双震处理更为复杂。

6.3　构建序列震并行处理局部虚拟台网

根据前后两个地震的处理模型和处理方案，它主要与双震震中距离 D，地震发生时间差 ΔT_0，前震震动持续时间 $T_d(M, \Delta)$，以及台站平均台间距 d 和传感器类型及噪声水平 σ_0 或 PGA_0 有关。D 和 ΔT_0 以及地震震级 M 都是自然界属性，人类无法选择和更改，但对 d 和传感器类型以及与传感器噪声 PGA_0 相关联的 $T_d(M, \Delta)$，人类有一定的选择权，如何利用现有的台网资源和已有的研究成果，使之在处理序列震时发挥一定的作用，这是具有挑战性的问题。如果 d 越小，由两个地震各自首台距离 D_c 和首台触发时间 ΔT_p 分别估计 D 和 ΔT_0 的精度就越高，反之就越低，因此台网的密度即用平均台间距 d 表示，就是处理双震问题最重要的参数之一。根据序列震处理的总体技术要求，也就是预警系统对中小地震要有极强的过滤性和具备应对复杂情况的鲁棒性，以及使台网的平均台间距 d 具有可伸缩性，结合传感器的监测能力和噪声水平评估情况，构建多层次并行处理的虚拟台网。

6.3.1　单一传感器组成并行处理虚拟台网

根据烈度计、强震仪和地震计各自的性能和对小震监测能力的差异性，各自组建由三个单一传感器构建，但同时并行处理的三个局部虚拟台网，也就是在首台触发后，以首台为中心，将周围 50 个左右的单一传感器拉进快速处理进程，组成虚拟台网。由此组建的烈度计网，一般 3 级以下的地震不会触发，强震台网 2 级以下的地震不会触发，而且某一类型传感器 1~2 站点出问题，不影响其他站网处理结果。

1. 以烈度计单独构成的局部虚拟台网

由于烈度计网的数量最多，目前全国约为 1 万个，密度较高，其最大噪声 PGA_0 为 1~2gal，可有效过滤 3 级以下的中小地震。从分辨前后两个地震的时间分辨率讲，具有分辨 3.5 级以上前后地震的最小时间间隔的分辨率，不会受 1~2 级地震密集发生带来辨认大震触发时间的困难，因此烈度计对中小地震有极强的过滤性，是处理序列震强余震的优质台网资源。但烈度计也有部分台站异常较多，性能有限，通信延迟有时过大，运行率有时会偏低等问题。其触发强度可设计为 $PGA>2gal$，用于过滤 3 级以下中小地震。

2. 以强震仪单独构建的局部虚拟台网

强震仪的数量也较多，大致为烈度计的一半，对于首都圈其局部密度几乎与烈度计相同。根据强震仪的噪声评估分析，其最大噪声 PGA_0 约为 0.2gal，一般对 2.5 级或者 2 级以下的小地震有较好的过滤性，而且性能比烈度计好，稳定可靠，运行率较高，异常信号较少，也是处理序列震强余震较好的台网资源。鉴于此，强震仪台网触发强度可设计为 $PGA \geqslant 0.2$gal，用于过滤 2.0 级以下的小地震。

3. 以地震计单独构建的局部虚拟台网

地震计的数量约为烈度计数量的 1/5，其平均台间距大约是烈度计平均台间距的 2.25 倍，但各地差别较大。地震计具有灵敏度高、性能可靠、延迟率低等特点，按噪声评估其最大噪声 PGA_0 约为 0.02gal，可以记录 0 级以上的近场地震记录和远场大震记录。但从序列震处理的角度看，这些优点就直接转化为处理序列震强余震的缺点，也就是当余震发生时，地震计上的记录总是连续不断，大小都有，比较密集，对前后地震的分辨能力比较差，频次较多的 1～2 级小震记录就会对后续大震触发事件的波形造成干扰，难以准确辨认后一个大震的精确触发事件的时间，其触发强度可设计为 $PGA \geqslant 0.02$gal。

4. 计算三种传感器单独成网的台间距

根据烈度计网、强震台网和地震计网分别计算局部虚拟台网的台间距，d_A 表示烈度计网的平均台间距，d_B 表示强震台网的平均台间距，d_C 表示地震计网的平均台间距，对于预警示范区内的三类传感器台网，根据三类传感器站点的数量统计一般有

$$d_C > d_B > d_A$$

上述 d_A、d_B 和 d_C，既与传感器的密度有关，也与其监测最小地震的能力有关，换句话说，烈度计网的 d_A 只有发生 3 级以上或 3.5 级以上地震才能发挥作用，对于 1～2 级地震毫无意义。这样通过构造三种单一传感器的台网即烈度计网、强震台网、地震计网，使 d 由一个变成三个，即 d_A、d_B 和 d_C，使 d 具有了一定的伸缩性，这对处理双震和序列震都具有一定的灵活性和通融性。作为参考，平均台间距的计算公式为

$$d = \sqrt{\frac{S}{N}} \tag{6-2}$$

其中，S 为台网面积；N 为传感器个数，则

$$\frac{1}{d^2} = \frac{N}{S} \tag{6-3}$$

如果在某个地区其台网面积为 S，烈度计的个数为 N_A，强震仪的个数为 N_B，地震计的个数为 N_C，则 d_A、d_B、d_C 分别为

$$\begin{cases} d_A = \sqrt{\dfrac{S}{N_A}} \\ d_B = \sqrt{\dfrac{S}{N_B}} \\ d_C = \sqrt{\dfrac{S}{N_C}} \end{cases} \tag{6-4}$$

6.3.2　构建多网融合并行处理局部虚拟台网

对于强震来讲，这种多网融合的优势是很明显的，一是充分发挥三种传感器的监测能力，提高了台网密度，时效性充分得到体现；二是密度增高，在多种网中的平均台间距 d 取最小值，提高了处理双震时用首台距离估计双震震中距离的精度，为选择双震处理方案提供了科学依据。

1. 构建"三网合一"局部融合台网

为提高对主震的处理能力，有效提高主震和强余震处理的时效性，组建烈度计、强震仪、地震计构建的虚拟台网，进行并行处理。对于"三合一"的台网，其三类传感器的平均台间距为 d，由于 $N = N_A + N_B + N_C$，则有

$$\frac{1}{d^2} = \frac{N}{S} = \frac{N_A + N_B + N_C}{S} \tag{6-5}$$

可以得到

$$\frac{1}{d^2} = \frac{1}{d_A^2} + \frac{1}{d_B^2} + \frac{1}{d_C^2} \tag{6-6}$$

2. 构建"二合一"局部融合台网

对于主震震级在 5~6 级的余震序列，为了提高 3.5 级以上地震的处理能力，也可将烈度计和强震仪融合构建"二合一"虚拟台网进行处理。根据前面分析，其融合虚拟台网平均台间距 d_{AB} 为

$$\frac{1}{d_{AB}^2} = \frac{1}{d_A^2} + \frac{1}{d_B^2} \tag{6-7}$$

当然，如果要考虑更小序列震如 2.5 级以上地震的处理，也可将强震仪和地震计组成"二合一"台网，其平均台间距 d_{BC} 为

$$\frac{1}{d_{BC}^2} = \frac{1}{d_B^2} + \frac{1}{d_C^2} \tag{6-8}$$

这种"二合一"虚拟台网的组建方案，可根据序列震的处理要求和处理预案进行搭建。

6.3.3　六个局部虚拟台网处理任务分工

上述三种"三合一"和"二合一"构建的融合台网，与前述三种单一传感器即烈度

计网、强震台网、地震计网，共同组成六个局部虚拟台网，同时进行并行处理。根据前面分析，主震和强余震的处理可根据主震的震级大致分工如下。

1. 主震震级在 6 级以上序列震

如果主震震级在 6 级以上，主震震级主要参考"三合一"台网的处理结果与烈度计和强震仪"二合一"台网的处理结果，并参考烈度计网处理结果，对于强余震，主要参考烈度计网和"二合一"台网的处理结果。

2. 主震震级在 4~6 级的序列震

如果主震震级在 4~6 级，主震主要参考"三合一"与强震仪和地震计组成的"二合一"处理结果。余震主要参考强震仪和地震计组成的"二合一"台网以及强震仪单独组网并行处理结果。

3. 主震震级在 4 级以下序列震

主震震级在 4 级以下的序列震主要参考强震仪和地震计"二合一"处理结果以及地震计单独组网的处理结果。需要提醒的是：一是要利用 d 最小的台网测定的 D_c 和 ΔT_p 来选择双震处理方案；二是要在测定双震参数后，用真实双震的 D 和 ΔT_0 来复核处理结果。这两点务必高度重视。

6.3.4　构建融合处理平台

根据上述六个局部虚拟台网观测资料的实时处理分析，参考其功能设计和任务分工，按照"稳定"（至少两个台网有产出）、"快速"（选择最快两个结果）、"可靠"（通过地震信息测试和评估）的原则构建融合处理平台，对产出结果进行融合处理，最终产出融合处理结果。

6.4　处理序列震的多尺度时间窗技术

从处理台站观测记录的角度思考，处理序列震和单个地震的重要差别之一，就是要准确判断每个地震记录从何时开始，又何时结束。在处理台站传感器观测记录时，从地震学家角度讲可以清晰识别前后两个地震信号，但计算机处理时往往会漏掉后一个地震的处理，这与目前常用的 $STA/LTA+AIC$ 拾取震相到时的固定式窗长有关。从单个震源震相到时的识别和捡拾精度来讲，长窗的窗长越长，背景噪声越平均，在此背景下的短窗信号就越凸显，结果越稳定，精度越高，捡拾效果越好，但对于序列震来讲，这种优点就转变为缺点。原因在于地震密集，如果长窗过长，长窗背景值信息可能包含了前续多个地震记录的信息，反而突出不了短窗信息的优势。例如，原地重复发生的两个地震，发震时间差 ΔT_0 = 12s，震中附近烈度计记录前一个地震为 4 级地震，后一个地震为 6 级地震，前震持续时间 T_d 为 8~10s，前一个地震震动结束后至少有 2s 的时间间隔，才发生第二个地震。如果取长窗窗长为30s或40s，则完全有可能漏检第二个地震。为了克服这一缺点，提高前后地震的分辨能力，降低漏检序列震强余震的风险，提高捡拾地震的成功率，必须采用新技术对时间窗重新进行设计。

6.4.1　分辨前后地震最小时间窗的设计

原地重复地震取 $\Delta=0$ 即对震中附近台站来讲，震级和震动持续时间的关系为

$$\lg T_d(M) = c_1 M + c_2 \tag{6-9}$$

其中，$c_1=0.225$，$c_2=0.088$。如果不考虑传感器及其噪声水平，从式（6-9）可以估计2级地震 T_d 小于3s，3级地震 T_d 小于5s，4级地震 T_d 小于10s，5级地震 T_d 小于15s，6级地震 T_d 小于25s等。为兼顾未来地震速报和地震预警两方面的要求，同时在拾取震相到时并不知道地震大小，但参考大小地震与持续时间的关系，可以采用多尺度时间窗的窗口技术。设长窗的窗长为 T_L，则总体上可采用6种时间窗长，即

$$T_{LTA_j} = \begin{cases} 3.0, & j=1 \\ (j-1)\times 5, & j=2,3,4,5 \\ 30.0, & j=6 \end{cases} \tag{6-10}$$

其中，T_{LTA_1} 为检测2级以下地震的时间窗，T_{LTA_2} 为检测3级以上地震的时间窗，以此类推，T_{LTA_6} 为7级以上的时窗。这种多尺度时间窗的优点就在于能够有效应对序列震中大小不同地震导致持续时间不同的巨大差异性，增强 STA/LTA 对后续地震检测的信噪比，提高在最小时间间隔内分辨前后地震的分辨率，尽量不漏掉强余震。

6.4.2　不同传感器选用不同的长窗

根据三类传感器的噪声水平和监测最小地震的能力，考虑到地震计既承担监测小地震也承担监测远场大震的任务，各类传感器的长窗可设计如下。

烈度计选用三种长窗：$T_{LTA}=5s$，15s，30s；

强震仪选用三种长窗：$T_{LTA}=3s$，10s，20s；

地震计选用三种长窗：$T_{LTA}=3s$，20s，30s。

这种多时间尺度变长窗的设计，与上述局部多层多网并行处理的虚拟台网相结合可有效增强对序列震处理的效能，也增强了应对复杂工况的鲁棒性。但要提醒的是：一是在发生7级以上强震记录结束后，都有较强的尾波，这是由散射造成的一种面波，周期较长，为了压制其影响，应在仿真为 DD-1 记录上检测背景噪声和震相；二是对于地震计，为了拾取远震，也可在宽频带记录上捡拾远震震相，也就是地震计要有两种监视近场震和远震的算法。

6.4.3　短窗和长窗的适配性

在设计检测2级以上多时间尺度长窗的基础上，设计与之相适应的短窗窗长 T_{STA_j}，设

计短窗时既要考虑率分辨 P 波和 S 波震相的要求，突出短窗对信息增量的检测效果，也要考虑长短窗的适配性。可以取

$$T_{STA_j} = \begin{cases} 0.3, & j=1 \\ 0.5, & j=2 \\ 1.0, & j=3,4,5,6 \end{cases} \tag{6-11}$$

多种多尺度长短时间窗的设计，可以提高前后地震的分辨率，如果结合前三秒地震参数的估计，可以评估其检测效果。

6.4.4　测定台站地震记录结束时间

当首台触发 3s 时，可发布预警第一报，相当于已知前震震级，此时可以预估台站观测记录的震动持续时间 T_d，由 P 波触发时间和 T_d，可以预测地震观测记录结束时刻，但这仅仅是一种估计，现在需要更准确的判定。假设震中区台站日常观测的噪声记录为 $a_0(t)$，地震来临，P 波触发的时间为 t_1，地震观测记录为 $a_g(t)$，当地震记录结束淹没在仪器噪声中的时间为 t_2，则地震观测记录的时长即震动持续时间就定义为

$$T_d = t_2 - t_1 \tag{6-12}$$

现在的问题就是如何确定 t_1 和 t_2。众所周知，t_1 可以由触发算法即 STA/LTA+AIC 来准确判定，t_2 可以由下列移动窗技术来获取。根据上述分析，台站仪器观测记录 $a(t)$ 可表示为

$$\begin{cases} a(t) = a_0(t) + H(t-t_1)[1-H(t-t_2)]a_g(t) \\ H(t) = \begin{cases} 0, & t<0 \\ 1, & t\geq 0 \end{cases} \end{cases} \tag{6-13}$$

其中，$H(t)$ 为 Heaviside 阶跃函数。采用移动窗技术，短窗的时间长度为 T_{STA}，长窗的时间长度为 T_{LTA}，假如选用 $a^2(t)$ 作为特征量，则定义

$$\begin{cases} STA_j = \sqrt{\dfrac{1}{T_{STA}} \displaystyle\int_{t_j-T_{STA}}^{t_j} a^2(t)\,dt} \\ LTA_j = \sqrt{\dfrac{1}{T_{LTA}} \displaystyle\int_{t_j-T_{LTA}}^{t_j} a^2(t)\,dt} \end{cases} \tag{6-14}$$

其中，

$$t_j = (j-1)\Delta t, \quad j=1,2,\cdots,N_t \tag{6-15}$$

Δt 为记录的采样间隔，信噪比 SNR 可定义为

$$SNR_j = \frac{STA_j}{LTA_j} \tag{6-16}$$

当无震时，台站记录都记录仪器的噪声，即

$$\begin{cases} STA_j \approx \sigma_0 \\ LTA_j \approx \sigma_0 \end{cases} \tag{6-17}$$

当地震波来临时，SNR 迅速上升，当记录结束时短窗最先感知 STA 迅速下降，此时 LTA 仍包含地震记录信息导致 SNR<1，此后逐步回升，恢复到震前水平，SNR=1.0～2.0。

通过短窗 STA_j 的比较分析，可准确地判定地震观测记录 $a_g(t)$ 的结束时间 t_2，由此可得到此时记录总的持续时间为 T_d。根据上述移动窗的技术，对于三类传感器，采用多尺度的时间窗，可以准确判定观测记录的结果时间 t_2，对小地震和远场大震，在可以分辨前后地震的前提下，地震计对 t_2 的误差估计为 0.5s 以内，烈度计和强震仪对 T_d 的估计误差在 1s 以内。准确得到前震影响的结束时间 t_2，可以快速调整触发参数使之恢复到地震前的水平，并继续滑动时间窗，以便识别序列震的下一个地震。因此，除了关注 SNR 变化外，还要比较地震前后噪声的变化，由此可得记录结束判据：

$$SNR<1, \quad STA_{前} \approx STA_{后}$$

要特别关注短窗的数值随时间的变化规律，以短窗恢复到震前水平的时间帮助确认地震记录结束时间。另外，为了监控仪器状态的实时变化，设置触发参数，要注重建立 STA 和 LTA 在日常噪声的变化，以便监控传感器异常变化，即

$$\begin{cases} \sigma_0^S = STA_j \\ \sigma_0^L = LTA_j \end{cases} \tag{6-18}$$

一般情况下，$\sigma_0^S \doteq \sigma_0^L$，当仪器有异常变化时，会首先反映在仪器噪声变化上。同时，当前一个地震结束后，移动窗的数值在滑动前可取为前一个地震之前的长、短窗数值，即短窗取 σ_0^S，长窗取 σ_0^L。

在获得部分台站观测记录的准确结束时间后，可初步分析 $\lg T_d = c_1 \lg (\Delta + \Delta_0) + c_2$ 的统计规律，以便对此次地震对各台站的影响时间做出更准确的估计。

如图 6.1(a) 为模拟的原地重复双震记录，第一个为 4.0 级地震，第二个为 6.0 级地震；图 6.1(b)、(c)、(d) 分别为长窗取 5s、10s、30s 三种时窗的长短时平均结果，通过三种不同变时窗的比较分析，可以得出 30s 长窗拾取第二个地震的触发点偏后，其次为 10s 长窗结果，5s 长窗拾取第二个地震的触发点与实际更加接近。如果前震为 6.0 级地震，前震结束后 2s 左右又有 4.0 级地震，可以想象一下其监测效果又怎样呢？

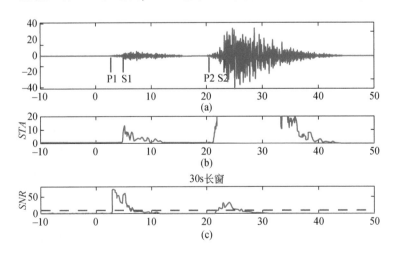

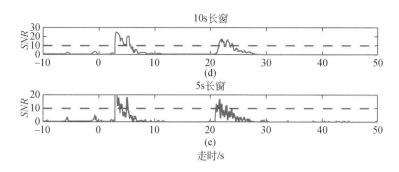

图 6.1　长窗分别取 5s、10s、30s 三种时窗的长短时平均结果的比较

6.5　多源激发震动观测实时图像识别技术

众所周知，当地震发生时所激发的地震波将向四周传播扩散，当地震较小时，其震源可视为点源，其影响的区域和震动持续时间均有限；当 7 级以上的大震发生时，震源将不能视为点源，而是沿某一方向不断破裂扩张，同时不断辐射地震波能量。但无论是大震还是小震，地震密集台网的观测记录将实时反映地下的震源过程和地震波的传播与衰减过程。因此，地表密集台网观测记录在空间和时间上是对震源释放能量和传播规律最直观的体现。利用台网密集观测制作的 $PGA(t)$ 和 $PGV(t)$ 以及烈度和能量图所展现出的实时空间图像画面，也可以帮助我们识别震源、破裂过程、震动强烈地区等信息。基于上述思路，也可考虑将密集台网的实时观测 $PGA(t)$、$PGV(t)$ 以及烈度 $I(t)$ 和能量 $E(t)$ 的空间分布图像作为一种新的台网资源，通过引入类似人脸识别等图像识别技术（林彬华等，2021），来对序列震进行多源识别、检测最大地震等提供技术支持和帮助，特别是前后两次地震在震相上难以识别时，通过引入人工智能识别释放能量较大的震源，确定相关的震源参数就是一个挑战性的难题。

6.5.1　空间观测图像的实时制作和数据收集

某一地区拥有密集观测台网，假设第 j 个台站的三分量观测记录为 $a_{0E}(t)$，$a_{0N}(t)$，$a_{0Z}(t)$，通过实时仿真技术可将其统一仿真至自振周期为 T_0s，$\xi = 0.707$ 某一类型仪器的观测记录，例如 DD-1 记录，则 T_0 可取 1s。也就是可以同步得到速度记录 $v(t)$ 和加速度记录 $a(t)$，则定义

$$a(t) = \sqrt{a_E^2(t) + a_N^2(t) + a_Z^2(t)}$$
$$v(t) = \sqrt{v_E^2(t) + v_N^2(t) + v_Z^2(t)} \tag{6-19}$$

对时间进行离散化，取时间间隔为 Δt，则

$$t_k = t_1 + (k-1)\Delta t, \quad k = 1, 2, \cdots, N_t \tag{6-20}$$

对图像识别来讲，可按间隔 $\Delta t = 1$s 即每秒扫描一张空间图像，也可按每隔 $\Delta t = 2$s 扫

描一张空间图像，识别震源、评估影响、测定震级等，逐渐提高图像的空间识别率。由此得到第 j 个台站的 $PGA(t)$、$PGV(t)$：

$$\begin{cases} PGA_j(t_k) = \max[a(t)], & 0 < t \leq t_k \\ PGV_j(t_k) = \max[v(t)], & 0 < t \leq t_k \end{cases} \tag{6-21}$$

根据能量定义并注意到：

$$\Delta E_j(t_k) = \int_{t_{k-1}}^{t_k} v^2(t)\, \mathrm{d}t \tag{6-22}$$

因此可以得到

$$\begin{cases} E_j(t_k) = E_j(t_{k-1}) + \Delta E_j(t_1), & j = 2,3,\cdots,N \\ \Delta E_j(t_1) = \int_0^{t_1} v^2(t)\, \mathrm{d}t \end{cases} \tag{6-23}$$

如果进行空间网格划分，通过插值技术，可以得到每个网格点离散化的 $PGA(t)$、$PGV(t)$ 和 $E(t)$。通过中国仪器烈度表，也可根据 PGA 和 PGV 得到每个网格的烈度 $I(t)$。通过收集美国、日本等国以及我国川滇地区、台湾、福建等历史地震事件文件，通过将观测记录转化为模拟流的方式，制作海量的地震观测 $PGA(t)$、$PGV(t)$ 和 $E(t)$ 的空间图像，扫描间隔可按 $\Delta t = 1\mathrm{s}$ 至 $3\mathrm{s}$，以及与图像相配置的地震参数（即发震位置、发震时间、地震震级和震中烈度），特别注意收集序列震的资料及双震、多源地震的资料，供图像识别系统训练辨别。

6.5.2　建立多种人工神经元识别网络

通过人工卷积神经元网络图像识别技术，帮助完成如下识别目标。

（1）识别单源、双源或者多源。在识别震源的基础上，给出震中参考位置。

（2）识别震级和最大地震。在识别震源的基础上估计地震震级。在双源或者多源时重点识别最大地震并估计其参数。

（3）构建神经元网络及其参数。以多层卷积神经元网络为主，经多个神经元网络测试，建立识别模型及参数，建立训练集和测试集。识别成功率在95%以上。

6.5.3　统计震动图特定面积和震级的关系

在上述分析的基础上，通过首台触发后 5s、10s、15s、20s、30s，建立 BP 神经元网络，利用 PGA 或 PGV 等于某一阈值，通过其包围的面积估计震级，例如 PGA 可取下列四种阈值，即 $PGA \geq 10\mathrm{gal}$，$PGA \geq 20\mathrm{gal}$，$PGA \geq 50\mathrm{gal}$，$PGA \geq 100\mathrm{gal}$，所包围面积 S_{10}，S_{20}，S_{50}，S_{100} 四个等级与 M 的关系，即

$$\begin{cases} S_{10} = a_1 + a_2 M \\ S_{20} = b_1 + b_2 M \\ S_{50} = c_1 + c_2 M \\ S_{100} = d_1 + d_2 M \end{cases} \tag{6-24}$$

通过 BP 神经元网络和传统统计相结合，利用特定 PGA 取值所包围的面积估计其最大震级。

6.6　序列震的震源模型和分类

序列震的处理从本质上讲是对多源地震的连续处理，通过构建多层多网并行处理技术，充分利用了烈度计和强震仪噪声水平较高对中小地震有较强过滤性的特点，使预警系统有效处理的地震数目大幅减少；通过多时间窗技术能有效感知前震震动结束时间，增强了识别后续强震的能力，为处理序列震奠定了坚实的基础。从时间上可将序列震看成一系列前后地震即双震的处理，为便于分析必须建立相应的模型。

6.6.1　序列震的震源模型

假设在某一地区发生序列震，第 1 个地震震中位置为 (x_{01}, y_{01})，震源深度为 h_1，震级为 M_1，发震时间为 T_{01}，首台坐标为 (x_1, y_1)，首台触发时间为 T_{P1}；第 2 个地震震中位置为 (x_{02}, y_{02})，震源深度为 h_2，震级为 M_2，发震时间为 T_{02}，首台坐标为 (x_2, y_2)，首台触发时间为 T_{P2}；以此类推，第 j 个地震的震中位置为 (x_{0j}, y_{0j})，震源深度为 h_j，发震时间为 T_{0j}，震级为 M_j，首台坐标为 (x_j, y_j)，首台触发时间为 T_{Pj}，$j=1, 2, \cdots, N$。如果从各自首台起算，假定第一个地震参数的时间为 τ_1，测定第二个地震参数的时间为 τ_2，以此类推，测定第 k 个地震参数的时间为 τ_k，由此构成测定参数时间模型。由此可计算前后两个地震震中距离 D_j 和发震时间差 ΔT_j^0，即

$$\begin{cases} D_j = \sqrt{(x_{0j+1} - x_{0j})^2 + (y_{0j+1} - y_{0j})^2} \\ \Delta T_{0j} = T_{0j+1} - T_{0j}, \quad j = 1, 2, \cdots, N \end{cases} \tag{6-25}$$

在没有测定前后两个地震参数之前，可以根据前后两个地震各自首台的距离 D_c 和首台触发时间差 ΔT_P，快速估计 D 和 ΔT_0，则 D_j^c 和 ΔT_j^p 为

$$\begin{cases} D_j^c = \sqrt{(x_{j+1} - x_j)^2 + (y_{j+1} - y_j)^2} \\ \Delta T_j^p = T_{j+1}^p - T_j^p \end{cases} \tag{6-26}$$

假设第 j 个地震首台的震中距为 Δ_j，第 $j+1$ 个地震首台的震中距为 Δ_{j+1}，则

$$\begin{cases} R_j = \sqrt{\Delta_j^2 + h_j^2} \\ R_{j+1} = \sqrt{\Delta_{j+1}^2 + h_{j+1}^2} \end{cases} \tag{6-27}$$

序列震地区台网平均台间距为 d，近似有

$$d \doteq \Delta_j + \Delta_{j+1} \tag{6-28}$$

可以证明：

$$\begin{cases} |D_j - D_j^c| \leqslant d \\ |\Delta T_j^0 - \Delta T_j^p| \leqslant \delta T_j \end{cases} \tag{6-29}$$

其中 δT_j 为

$$\delta T_j \leqslant \frac{|\Delta_{j+1} - \Delta_j|}{v_P} + \frac{|h_{j+1} - h_j|}{v_P} \tag{6-30}$$

d 为台站平均台间距，台站越密，d 越小，由 D_c 估计 D 的精度就越高。对于首都圈，d 为 8 ~ 10km；对于川滇地区，d 为 12 ~ 18km。一旦台网建成，其 d 也就确定。对于序列震，其震源深度依序列震的特性，如水库震群、页岩气震群等，震源深度较浅，一般为几千米；天然震群较深，如 10 ~ 15km，但深度变化不大，可取 h 为常数，故 δT_j 的误差约为 1s。因此，根据序列震震源模型分析，可以得到 D_j、ΔT_j^0 和 d 组成的模型参数。当然这种分解仅仅考虑前后两个地震的分解，当第 j 个地震对后续 $j+2$ 或者 $j+3$ 个地震有影响时，可再分为其他序列，因此，如果有 N 个地震，则应为 $N(N-1)/2$ 个双震序列。在此定义序列震中第 j 个双震的参数为 D_j 和 ΔT_{0j}，如果第 j 个双震对第 $j+1$ 个双震的处理没有影响，则序列震可看成彼此可独立处理的双震序列，本章将研究此种双震序列；如果第 j 个双震和第 $j+1$ 个双震彼此影响，则属于三源或者多源地震同时发生的问题。例如，序列震中由三个地震 O_1、O_2 和 O_3 组成，可分解为 O_1 与 O_2，O_1 与 O_3，O_2 与 O_3，三个双震序列中如果 O_3 发生较晚，O_3 与 O_1 和 O_2 彼此不影响，则三个双震可看成三个独立处理的双震，但是如果 O_1、O_2 和 O_3 几乎同时发生，震中之间的距离又相距不远，这三对双震彼此会相互影响，这留待第 7 章讨论。在此章中仅考虑序列震可分解为独立处理的双震序列。

6.6.2　关于序列震分类的讨论

序列震有两种分类方案可供讨论，一种分类方案按 D 的大小分类，另一种分类方案按前后地震波组互相影响程度分类。

1. 第一种按 D 的大小分类

（1）原地重复序列震的处理。当前后两次地震的震中距离 D 满足

$$D \leqslant 2d \tag{6-31}$$

时，可判定为原地重复序列震，例如震群型地震。原地重复序列震的处理可分为单源地震处理、双震处理、三震处理，这种类型的序列震具有其特殊性，本章重点讨论。

（2）非原地重复序列震的处理。若前后两次地震的震中距离 D 满足

$$D > 2d \tag{6-32}$$

则属于非原地重复序列震的处理。在此基础上，根据发震时间和前震的影响评估，可将其细分为单源地震处理（前后地震可独立处理）、双震处理、三震处理，三源地震留待第 7 章讨论。对于 3 个以上地震几乎同时发生，极为少见，在此不做详细讨论。

（3）关于可独立处理的序列震的说明。序列震处理中经常遇到的一种类型就是单源地震处理，即满足 D 较大或 ΔT_0 较大，前后地震波组彼此无关可独立处理前后地震。由于在上述两种类型中已包括此种类型地震的处理，在本章中就不再单独讨论。

2. 第二种按前后地震波组互相影响程度分类

在处理序列震的过程中，如果根据前震与后续震波组是否互相影响或者干扰，也可将

其分成单源地震（前震与后续震波组互不干扰可分别独立处理）、双源地震（双震波组会互相干扰）、三源地震（前震与后两个地震互有影响，波形会相互干扰）等，以此类推可以定义多源地震问题。单个地震处理比较常见，占多数；双震处理也会经常见到，占少数；三源地震很少见到，占极少数。这种分类是从震源激发的波组是否相互影响考虑，并没有震中之间距离 D 的地理概念，在判定双震发生和编程中难以操作，本章讨论中以第一种分类为主。但这两种分类之间也是互相关联的，可独立处理的序列震相当于单源地震的处理，另外两种类型既包括双震的处理，也包括三源地震的处理。

6.7　原地重复序列震的处理

原地重复地震序列所在地区台网的平均台间距为 d，如果前后地震的震中之间距离为 D，发震时间差为 ΔT_0，若 D 满足

$$D \leqslant 2d \tag{6-33}$$

就定义为原地重复地震。例如在川滇地区，以烈度计为主的台网 d 为 $12 \sim 14\text{km}$，则前后地震震中在 $25 \sim 30\text{km}$ 即为原地重复地震。另外，一些主震震级在 $5 \sim 6$ 级以下的震群，例如水库震群，页岩气震群以及一些中强地震震群都属于序列震中的重要一类，即原地重复的序列震。

6.7.1　原地重复序列震的处理思路

在序列震的处理中将原地重复的地震序列统称为震群，也就是这些地震的震中位置与主震震中位置相距不远，按上述定义都在 $2d$ 范围内。处理这类震群型的思路如下：一是要充分利用三类传感器的物理特征和监测最小地震能力的差异性，依主震震级的大小决定过滤最小地震的震级门槛，通过构建多层多个局部虚拟台网，尽量过滤发生地震次数较多的中小地震；二是通过多时间尺度长短时窗的设计，提高前后地震最小时间间隔的分辨能力，尽量不漏掉较大地震的识别；三是引入包括人工智能在内的多种技术，在前后地震确实难以分辨必须二选一的条件下，尽量测定较大地震的震级；四是针对不同的工况条件，制订处理的方案，大致分为两大类：第一类是可清晰识别前后地震的处理方法，第二类是不能完全清晰识别前后地震的处理方法，在第二类中又细分为前大后小、前小后大两种情况，分别进行分析讨论。

6.7.2　可清晰辨别前后地震的处理方法

若前后两个地震的震中距离为 D，发震时间差为 ΔT_0，两个地震首台触发时间差为 ΔT_P，当 $\Delta T_0 > 3\text{s}$ 时可测定第一个地震参数，其震级设为 M_1。在震中附近台站观测记录的持续时间为 $T_d(M_1, \Delta)$，满足下列条件时可测定第二个地震参数。

$$\begin{cases} D \leqslant 2d \\ \Delta T_P > t_P(\Delta, h) + T_d(M_1, \Delta) > 3.0 \end{cases} \tag{6-34}$$

其中，Δ 为前震震中至台站的震中距，$\Delta \leqslant 2d$。前后两个地震相同首台触发时，可取 $\Delta T_0 >$ $T_d(M_1,\Delta) > 3$。应该说明的是，应在初估 T_d 的基础上分析震中附近每个台站地震记录结束时间，以此做更精确的判断。上述不等式的物理意义就在于当第一个地震发生时，震中附近台站观测到第一个地震记录结束并在其恢复震前状态后才发生第二个地震，因此这两个地震在震中附近台站产生的波形彼此不叠加，相互不影响，可将其视为两个完全独立的地震进行处理。但应注意如下几点。

1. 评估前震影响范围和持续时间

这里所说的影响范围既包括 $D \leqslant 2d$ 的部分，也包括 $D > 2d$ 的部分，这取决于 M_1 的大小，利用 M 和 $\Delta_{M1}(M_1)$ 的关系，当 $\Delta_{M1} > 2d$ 时，这个地震影响的范围就较大，不局限于 $D \leqslant 2d$ 即震中附近的台网。另外，其影响持续时间将依 M_1 的大小而定，震级 M_1 越大，持续时间越长，反之越小。

2. 测定前三台记录结束时间验证其一致性

利用 M 与 T_d 的关系可以预估 T_d，但这仅是统计关系，会有区域性的差异性，加之震源机制不同也会有差别。因此，为了准确地得到 T_d 以便识别下一个地震，必须利用多尺度时间窗的技术精确测定 T_d，这也是分辨前后地震的基础。一旦精确测定前三台的记录结束时间，若一致性较好，就可将触发参数调整为触发前状态，原则上就可检测后续地震并测定其参数。

3. 评估后一个地震的影响

由于原地重复的序列震可看成发震地点在一定范围内，但发震时间差几秒至几十秒前后两个地震的处理，因此评估前震对后震的影响程度是十分重要的，因此当第二个地震发生后也要重复上述过程，以便预警系统实时了解情况，及时调整 *STA/LTA* 触发参数，为分析下一个地震做好准备。

6.7.3　无法清晰辨识前后地震的处理方法

若两个地震的震中距离为 D，两个地震首台触发时间差为 ΔT_P，第一个地震的持续时间为 T_d。若满足下列条件

$$\begin{cases} D \leqslant 2d \\ 3.0 \leqslant \Delta T_P \leqslant T_d(M_1,\Delta) \end{cases} \tag{6-35}$$

其中，$\Delta \leqslant 2d$，则无法完全清晰识别前后两个地震，这包括第二个地震无法准确识别其 P 波到时，也无法用第二个地震的 P 波测定震级。上述不等式的物理意义就在于利用震中附近台站记录测定第一个地震参数的过程中，至少震动没有结束，又发生了第二个地震，导致二个地震的波形除了第一个地震 P 波波形前几秒以外，其他波形都是相互叠加在一起的，无法准确分辨或识别第二个地震的震源和 P 波波组。在此情况下如何处理这两个地震就是具有挑战性的问题。为何在上述不等式中 ΔT_P 要满足 $\Delta T_P \geqslant 3s$？如果遇到 $\Delta T_P < 3s$，

怎么办？如果真发生此种情况，那么两个地震是无法分辨的，只能当成一个地震处理。因此 $\Delta T_P = 3s$，从定位和测定震级的角度看，是分辨波形相互叠加在一起双震的最小时间间隔的要求。

1. 尽量快速测定第一个地震参数

前震相对于后震来讲，在测定地震参数方面总是有优势的，要充分利用 P 波前三秒的波形进行定位和测定震级 M_1，为后续分析奠定基础。一般来讲，第一个地震 P 波前几秒（如三秒）还没有受到第二个地震的影响，可以快速定位和测定震级，这一点很重要。这也是后续处理方案的理论基础，否则只能当成一个地震处理。

2. 前大后小地震的处理

当测定完第一个地震的参数以后，根据震级可预估 $T_d(M_1, \Delta)$，也就是从发震时刻起算第一个地震影响的持续时间，即预估值为

$$T_e(M_1) = t_P(\Delta, h) + T_d(M_1, \Delta) \tag{6-36}$$

即震中附近局部台网的总体影响时间，其中 $\Delta \leqslant 2d$。从理论上讲，当第二个地震发生后，假设其震级为 M_2，预估其震动持续时间为 $T_d(M_2, \Delta)$。当后一个地震发生在第一个震动的过程中，如果以台站触发起算，则总的持续时间 T_D 为

$$T_D \leqslant T_d(M_1, \Delta) + T_d(M_2, \Delta) \tag{6-37}$$

震中附近台站相当于 Δ 较小，$T_d(M, \Delta)$ 可视为与 M 相关的参数，表示为 $T_d(M)$。就烈度计而言，$M = 3$ 级时 T_d 约为 5s，$M = 4$ 级时 T_d 约为 10s，$M = 5$ 级时 T_d 约为 15s，$M = 6$ 级时 T_d 约为 25s。因此，当 $M_1 \geqslant M_2 + 2$，即大震震动过程中发生较小地震时，其 $T_d(M_1) \gg T_d(M_2)$，故必有

$$\begin{cases} PGA(M_1) \gg PGA(M_2) \\ T_D \doteq T_d(M_1) \end{cases} \tag{6-38}$$

换句话说，小地震的震动完全淹没于大地震的持续震动中，无法识别和感知其中的小地震，也不会对大震震级的测定带来较大影响。只有当 $M_1 = M_2$ 时，即前后两个地震震级相当，则 T_D 满足

$$\begin{cases} T_d(M_1) < T_D \leqslant 2T_d(M_1) \\ PGA(M_1) \doteq PGA(M_2) \end{cases} \tag{6-39}$$

通过台站震动时间的判别，其实际震动时间要明显高于预估的持续时间 T_d，约为预估值的 2 倍，其震级 M 将是两个地震波形叠加后测定的结果，会比 M_1 略大但可接受。

3. 前小后大双震发生的判据

当测定第一个地震参数后，由震级初步估计 $T_d(M_1)$，即

$$T_d(M_1) = 0.225M_1 + 0.269 \tag{6-40}$$

上式相当于 $\Delta = 20km$ 时震中区附近台站持续时间的估计值，考虑到原地重复地区的地震，其 P 波传播时间为 $t_P(\Delta, h)$，则震中距 Δ 在 $D \leqslant 2d$ 台网内，台站最大持续时间为

$$\begin{cases} T_{\max}(M_1) = T_d(M_1) + t_P(\Delta, h) \\ t_P(\Delta, h) = \dfrac{\sqrt{\Delta^2 + h^2}}{v_P} \end{cases} \tag{6-41}$$

若 $d = 12 \sim 18 \text{km}$，$v_P = 6 \text{km/s}$，考虑前后震源位置不同引起到时不同的差异性，取

$$\begin{cases} T_{\max 1} = T_d(M_1) + 2 \\ PGA_1 = \max\{PGA(t)\}, \quad t \leqslant T_{\max 1} \end{cases} \tag{6-42}$$

根据多尺度时间窗技术监测第一个地震 P 波到时为 t_1，以及当前实时计算的台站震动持续时间为 $T_D(t)$，即

$$T_D(t) = t - t_1 \tag{6-43}$$

当 $t = t_2$ 时，如果震动结束，$SNR < 1$ 且短窗特征值恢复到震前水平，否则，若满足条件

$$\begin{cases} T_D(t) > T_{\max 1} \\ PGA(t) > PGA_1, \quad t > T_{\max 1} \end{cases} \tag{6-44}$$

其中，PGA_1 为前震预估的峰值，则表明第一个地震的最大持续时间已到达，震动应该结束，但信噪比 SNR 仍很高，峰值继续增大，震动仍在持续，唯一的解释只能是在第一个地震震动过程中又来了第二个更大地震，因此 $T_D(t) > T_{\max 1}$ 可作为从震动时间初判发生难以分辨双震的标志。

根据震级 M 和持续时间 T_d 的关系，如果发生前后地震波形恰好相接的两个地震，则总的持时为

$$T_d(M_1, M_2) = T_d(M_1) + T_d(M_2) \tag{6-45}$$

如果取 $M_1 = M_2$，则

$$T_d(M_1, M_2) = 2T_d(M_1) \tag{6-46}$$

对于在第一个地震震动过程中发生的第二个 $M_2 = M_1$ 的地震，其

$$T_d(M_1, M_2) < 2T_d(M_1) \tag{6-47}$$

因此，对于 $D \leqslant 2d$ 的震中附近台站，可取 $T_{\max 2}$ 为

$$T_{\max 2} = 2T_d(M_1) \tag{6-48}$$

如果满足

$$\begin{cases} T_D(t) > T_{\max 2} \\ PGA(t) \gg PGA_1 \end{cases} \tag{6-49}$$

则说明发生了震级 M_2 比第一个震级 M_1 更大的地震，也就是满足

$$M_2 > M_1 \tag{6-50}$$

至于 M_2 究竟有多大？除前述 PGA 判定外，还需要多种方法判定，但也要继续监控 $T_D(t)$，直到 $t = t_2$ 时恢复至震前状态，这为通过持续时间验证 M 的大小打下了基础，即

$$T_D = t_2 - t_1 \tag{6-51}$$

6.7.4　前小后大地震的处理

根据前面的分析，当发生原地重复两个地震而且是前小后大的类型时，如果处理不好

就会漏掉较大的地震，这是必须要避免的情况。

1. 前小后大双震的进一步判别

当测定第一个地震参数时，又发生了一个更大的地震，当下最重要的是快速判定这种情况的发生。首先以第一个地震初步测定地震参数为基础估计 $T_d(M_1)$，并实时测定加速度、速度、位移峰值，即 $A_M(t)$、$V_M(t)$、$U_M(t)$ 的变化，并测定

$$\begin{cases} M(t) = a_1(t)\lg[U_M(t)] + a_2\lg(R_0 + \Delta) + a_3(t) \\ t \geqslant 0 \end{cases} \tag{6-52}$$

在预计震动结束的时间 $t = T_d(M_1)$ 时，U_M 并非逐渐减少，而是越来越大，而且峰值超过了第一个地震的峰值，说明确实发生了更大的地震。由于 $T_d(M_1)$ 已包含了第一个地震震源激发的 P 波和 S 波传播的影响，在近场并无其他波组，只能有一种解释就是发生了第二个更大的地震，也就是若

$$U_{M2} > U_{M1} \tag{6-53}$$

其中，U_{M1} 和 U_{M2} 分别为

$$\begin{cases} U_{M1} = \max[U_M(t)], & 0 < t \leqslant T_{max1} \\ U_{M2} = \max[U_M(t)], & t > T_{max1} \end{cases} \tag{6-54}$$

则判定确实发生了更大一个地震。

2. 测定两个地震的震级

由于第二个地震的准确震中位置无法准确测定，考虑到 $D \leqslant 2d$，对于网内地震，如果假设前后两个地震的震中位置基本相同，则继续利用上述测定地震震级的公式测定震级。第一个地震震级可取为

$$\begin{cases} M_1(t) = a_1(t)\lg U_M(t) + a_2\lg(\Delta_0 + \Delta) + a_3(t) \\ 0 < t < T_d(M_1) \end{cases} \tag{6-55}$$

式中，M_1 相当于第一个地震震级上限的估计，这是由于第一个地震波形中已叠加了第二个地震的 P 波影响。第二个地震的震级 M_2 可估计为

$$\begin{cases} M_2(t) = a_1(t)\lg U_M(t) + a_2\lg(\Delta_0 + \Delta) + a_3(t) \\ t > T_d(M_1) \end{cases} \tag{6-56}$$

当然，由此估计的第二个地震的震级 M_2 与真实的震级会有一定偏差，这是由于：一是定位假定有一些误差，二是后一个地震的波形中也可能叠加了第一个地震波形的影响，最大误差可能达到 1 级左右。另外，根据实测的 $T_D = t_2 - t_1$，如果扣除第一个地震震动持续时间的影响，即

$$T'_d = T_D - T_d(M_1) \tag{6-57}$$

利用

$$\lg T'_d = a_1 M + a_2 \lg(\Delta_0 + \Delta) + a_3 \tag{6-58}$$

估计 M，也可进一步帮助确定 M_2 的大小。

3. 后续报更新第二个地震的参数

对于原地重复的序列震，震中基本相同，如果 $M_1 < M_2$，即前小后大，则必有

$$d_{m1} < d_{m2}$$

这说明在震中附近，若 ΔT_0 较小，两个地震波形有叠加，近场难以分辨双震特别是较大地震，但是由于前震震级小，PGA 衰减快，在 $\Delta > d_{m1}$ 较远的区域能得到更清晰的大震波形。上述现象在烈度计中体现得最明显，例如 3 级左右的烈度计其观测范围在 30km 左右，若超出此范围，烈度记录不到地震波。由于是前小后大的双震，而前震震级小，其影响范围有限，当震中距 $\Delta > d_{m1}$ 时，第一个小震的影响将消失，只保留第二个地震的记录波形，此时在其拾取 P 波震相后重新定位和测定震级，在后续报中更新第二个地震的相关参数。要特别关注烈度计网处理结果。

4. 利用震中附近烈度及分布特点确定最大地震的震级和震中位置

由于台站烈度值只与台站观测记录最大峰值有关，它不会分辨前震和后震，只当成一个地震去处理，因此烈度值的大小最终取决于两个地震中较大一个地震的影响。基于这种属性，可以持续更新台站烈度计算值，对于网内地震来讲，它只与最大一个地震有关，因此可由震中烈度值转换为相应的震级，并与上述方法测定的震级作比较，并取

$$M = \max(M_L, M_I) \tag{6-59}$$

其中，M_L 为传统地方震震级公式计算的震级；M_I 为由震中烈度 I_0（首台及附近台站的烈度值综合估计的 I_0）换算得到的烈度震级 M_I。

此外，根据人工智能技术也可得到震源位置和可能的震级，作为发布信息时的重要参考。

6.7.5　原地重复序列震的处理实例

图 6.2 为 2023 年 5 月 12 日 4 时 32 分四川台网记录的泸定原地重复双震，震中相差仅为 2.3km，发震时刻相差 6.3s；第一个地震为四川泸定 3.4 级地震，有 50 个台站记录；第二个地震为四川泸定 4.2 级地震，有 23 个台站记录。由于两个地震震中位置相差较近，发震时刻有一定时差，且第二个地震震级大于第一个地震，符合两个地震独立处理要求。两个地震信号均能观测到，虽然第二个地震的 P 还受第一个地震的后续波组影响，但部分台站还是能观测到比较清晰的信号。如图 6.2 所示，在 S 波安全区内均能观测到第一个地震和第二个地震的 P 和 S。由图 6.2（a）可知，在 S 波安全区外，只能观测到第一个地震的 P 波；由图 6.2（b）可知，在 S 波安全区外，只能观测到第二个地震的 S 波，当距离较远时，第一个地震衰减较快，对第二个地震影响较小，故第二个地震的 P 波也能被观测到。

由于两个地震震中相差较近，可看成原地重复地震，其特点为两个地震的所有台站 P 波到时差是一致的（即 $t_{2P} - t_{1P}$ 不变），第一个地震的 P 波（1P）不受第二个地震的 P 波（2P）污染，1S 在近场时不受污染，如图 6.3 的台站 1 所示，P 波和 S 波都不受污染。不

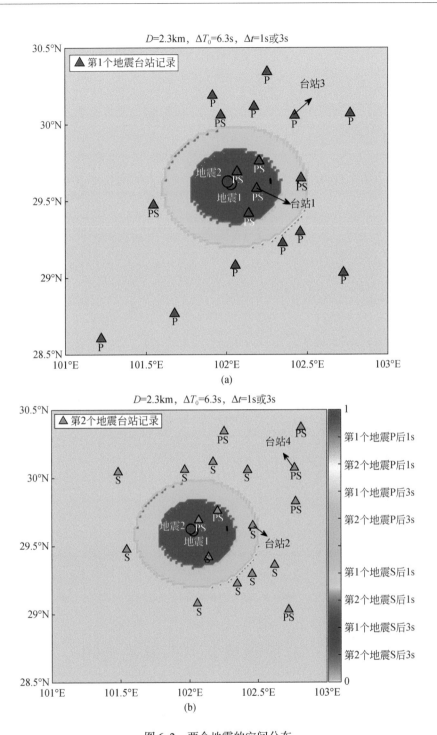

图 6.2　两个地震的空间分布

（a）第一个地震台站记录 P 波和 S 波情况；（b）第二个地震台站记录 P 波和 S 波情况

过到达一定距离后，第二个地震的 P 波（2P）就会赶超上第一个地震的 S 波（1S），如图 6.3 的台站 2 所示；另外，第二个地震比第一个地震的能量大很多，故到达一定距离后，第一个地震衰减较快，信号逐渐减弱，而第二个地震的能量较强，故第二个地震的 P 波（2P）能被清晰地观测到，且第二个地震的 S 波（2S）不受污染，如图 6.3 的台站 3 和台站 4 所示。

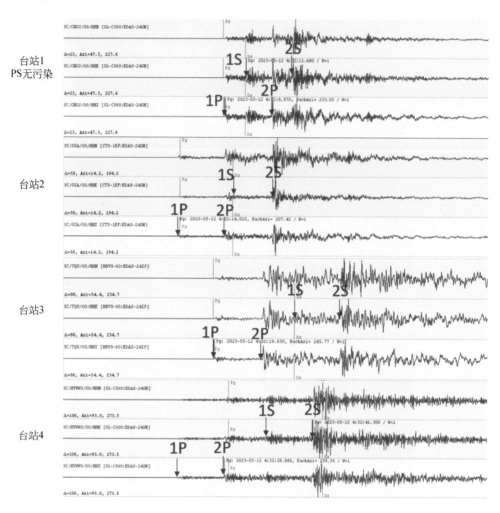

图 6.3 部分台站实际记录情况

6.8 非原地重复序列震的处理

如果序列震中第 j 个地震和第 $j+1$ 个地震的震中距离为 $D_{j+1,j}$，发震时间差为 $\Delta T_{j+1,j}^0$，两个地震各自首台的距离为 $D_{j+1,j}^{c}$，首台触发时间差为 $\Delta T_{j+1,j}^p$，为方便可取

$$\begin{cases} D = D_{j+1,j} \\ \Delta T_0 = \Delta T_{j+1,j}^0 \end{cases} \tag{6-60}$$

$$\begin{cases} D_c = D_{j+1,j}^c \\ \Delta T_p = \Delta T_{j+1,j}^p \end{cases} \tag{6-61}$$

如果上述前后两个地震测定完参数，其影响已经结束才发生后续地震，则前两个地震对后续地震参数测定无影响，可看成彼此相互独立，否则将考虑三源或多源参数测定问题，在第 7 章中也有专门讨论。由于对非原地重复的序列中的双震问题在第 4 章和第 5 章也做过专门研究，在此根据双震问题的研究成果做一小结，可将其直接应用于非原地重复序列震的处理。根据双震处理的研究成果，用 D_c 估计 D，用 ΔT_P 估计 ΔT_0，若 D、ΔT_0 和 d 分别满足不同条件，可采用相应的处理模型和技术。

6.8.1　可独立处理的序列震

在序列震可分解为一系列前后双震处理的前提下，利用双震可独立处理的判别研究成果，如果序列震中每一对双震（即前后地震）的震中距离 D 和发震时间差 ΔT_0 满足下列条件，就可独立处理。

1. 以双震衰减距离判定可独立处理的条件

依据 PGA 随 M 和 Δ 的衰减关系，对地震的空间影响范围进行判定，若第一个地震 PGA 衰减至噪声的距离为 Δ_{m1}，第二个地震 PGA 衰减至噪声的距离为 Δ_{m2}，若 D 满足

$$D \geqslant \Delta_{m1} + \Delta_{m2} \tag{6-62}$$

则双震在空间上无关，其双震首报和后续报都可独立处理。对于相同的双震模型，由于烈度计的噪声水平要高于强震仪 $1 \sim 1.5$ 个数量级，高于地震计 $2 \sim 3$ 个数量级，对于相同地震，由于强震仪 Δ_m' 约为烈度计的 2 倍，地震计 Δ_m' 约为烈度计的 3 倍，因此烈度计网最容易满足式（6-62），其次是强震台网，再次为地震计网。这也是为何要构建多网并行处理的重要原因。

2. 以前震影响时间判定可独立处理的条件

对于前后地震都能得到地震观测记录的任意台站，其与第一个地震的震中距为 Δ，如果 ΔT_0 或者双震台站触发时间差 ΔT_P 满足

$$\begin{cases} \Delta T_0 > t_P(\Delta, h) + T_d(M, \Delta) \\ \Delta T_P > T_d(M, \Delta) \end{cases} \tag{6-63}$$

其中，M 为第一个地震的震级，h 为其深度，则双震在时间上无关，其双震首报和后续报都可独立处理。由于噪声水平的较大差异，烈度计的震动时间较短，烈度计网最容易满足式（6-63），其次为强震台网，再次为地震计网。

6.8.2　可独立处理首报的双震序列

如果 D 和 ΔT_0 不满足双震可独立处理的上述条件，说明前后地震彼此会有影响，则双震是否能独立处理首报还要看双震 P 波传播距离的条件。若 D 和 ΔT_P 满足

$$D \geqslant v_P \Delta T_P + 4d \tag{6-64}$$

则序列震中分解得到的前后地震（即双震）可独立处理第一报，但后续报不能独立处理，

必须寻找双震各自 P 波和 S 波的安全区上的台站，参与后续报的处理。

6.8.3 非独立处理首报的双震序列

如果序列震中分解的双震不能满足波组传播距离判定的可独立处理首报的条件，则转入双震非独立处理首报的模式。由于属于非原地重复的序列震，所以 $D>2d$。

1. 第一个地震即前震可测定地震参数

由于测定第一个地震参数时，$d_{1P}\approx 2d$，显然当 D、ΔT_P 和 d 满足

$$2d<D<v_P\Delta T_P+4d \tag{6-65}$$

时，第一个地震参数首报都可测定，但后续报要参考双震后续报的处理模型，要尽快评估前震的空间影响范围和对台网的影响时间。

2. 第二个地震的处理技术

（1）无法处理第二个地震的条件。若 D、ΔT_0 满足

$$2d<D<v_P\Delta T_P+2d$$

则无法处理第二个地震的首报，至于属于前小后大地震，后续报如何处理，可参考原地重复序列前小后大处理的方案。

（2）第二个地震即后震初步定位条件。若两个地震震中距离 D 和首台触发时间差 ΔT_P 满足

$$v_P\Delta T_P+2d<D\leqslant v_P\Delta T_P+3d \tag{6-66}$$

根据双震相关研究成果，第二个地震至少可定位。

3. 测定第二个地震参数的条件

如果两个地震震中距离 D 和首台触发时间差 ΔT_P 满足

$$v_P\Delta T_P+3d\leqslant D<v_P\Delta T_P+4d \tag{6-67}$$

此时可以判断第二个地震触发台站数 $N\geqslant 3$，可以得到较好的定位结果，并测定第二个地震的首报震级，因此测定第二个地震参数无问题。

6.8.4 建立双震后续报处理模型

在双震第一报定位较准确的基础上，可充分利用双震后续报研究成果，在此简要做一回顾。建立局部坐标系，以两个地震的震中连线为 x 轴，采用右手定则，坐标原点设在第一个震中位置。如图 6.4 所示，设台站 S 的坐标为 (x, y)，分别计算台站到 O_1 和 O_2 两个震中的距离为 Δ_1 和 Δ_2，以及与 x 轴的夹角 θ_1 和 θ_2，则

$$\begin{cases} \Delta_1 = \sqrt{x^2+y^2} \\ \tan\theta_1 = \dfrac{x}{y} \end{cases} \tag{6-68}$$

以及

$$
\begin{cases}
\Delta_2 = \sqrt{(x-D)^2 + y^2} \\
\tan\theta_2 = \dfrac{x-D}{y}
\end{cases}
\tag{6-69}
$$

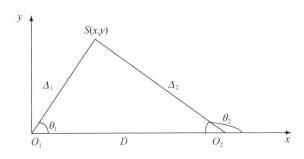

图 6.4　双震后续报处理模型

1. 第一个地震安全区和后续报方法

根据双震后续报测定参数模型的研究，第一个地震 P 波和 S 波边界方程分别如下。

1）P 波安全区边界方程和后续报处理

$$
\Delta_{cP1} = \frac{D}{2}\frac{1-k_1^2-\eta_{1P}}{\cos\theta_1-k_1}
\tag{6-70}
$$

其中，

$$
\begin{cases}
k_1 = \dfrac{v_P(\Delta T_0 - \Delta t)}{D} \\[2mm]
\eta_{1P} = -2\left(k_1 + \dfrac{\Delta_1}{D}\right)\left(\dfrac{R_1-\Delta_1}{D}\right)
\end{cases}
\tag{6-71}
$$

对于 P 波，定位取 $\Delta t = 1s$，P 波测定震级 $\Delta t = 3\sim4s$。若台站与第一个地震的震中距满足

$$
\Delta_1 \leqslant \Delta_{cP1}
\tag{6-72}
$$

则用此台站的观测资料参与第一个地震后续报 P 波定位和测定 P 波震级是安全的。

2）S 波安全区边界方程和后续报的处理

同理，可得到 S 波的安全区边界方程为

$$
\begin{cases}
\Delta_{cS1} = \dfrac{D}{2}(q_2 - q_1) \\[2mm]
q_1 = \cos\theta - \sqrt{3}\,k_1 \\[2mm]
q_2 = \sqrt{q_1^2 + 2(1-k_1^2-\eta_{1S})}
\end{cases}
\tag{6-73}
$$

其中

$$\begin{cases} k_1 = \dfrac{v_P(\Delta T_0 - \Delta t)}{D} \\[3mm] \eta_{1S} = -2\sqrt{3}\,k_1\,\dfrac{R_1 - \Delta_1}{D} + 2\left(\dfrac{h}{D}\right)^2 \end{cases} \tag{6-74}$$

若台站与第一个震源的震中距 Δ_1 满足

$$\Delta_1 \leqslant \Delta_{cS1} \tag{6-75}$$

则台站落入 S 波安全区，取 $\Delta t = 1\,\mathrm{s}$ 和 $\Delta t = 3 \sim 4\,\mathrm{s}$，由此选择的台站可参与第一个地震 S 波震相到时的捡拾和参与后续报测定 S 波震级。

2. 第二个地震安全区和后续报方法

（1）P 波安全区边界方程和后续报处理类似前面的推导，可得第二个地震 P 波安全区边界方程为

$$\Delta_{cP2} = \frac{D}{2}\frac{1 - k_2^2 - \eta_{2P}}{k_2 - \cos\theta_2} \tag{6-76}$$

其中

$$\begin{cases} k_2 = \dfrac{v_P(\Delta T_0 + \Delta t)}{D} \\[3mm] \eta_{2P} = 2\left(k_2 - \dfrac{\Delta_2}{D}\right)\left(\dfrac{R_2 - \Delta_2}{D}\right) \end{cases} \tag{6-77}$$

若台站至第二个地震震中距离 Δ_2 满足

$$\Delta_2 \leqslant \Delta_{cP2} \tag{6-78}$$

则台站落在第二个地震 P 波安全区内，当 $\Delta t = 1\,\mathrm{s}$ 时可参与定位，当 $\Delta t = 3 \sim 4\,\mathrm{s}$ 时可测定 P 波震级，参与后续报的更新。

（2）S 波安全区边界方程和后续报处理。同理，可得 S 波安全区边界方程为

$$\begin{cases} \Delta_{cS2} = \dfrac{D}{2}(q_2 - q_1) \\[2mm] q_1 = -\cos\theta_2 + \sqrt{3}\,k_2 \\[2mm] q_2 = \sqrt{q_1^2 + 2(1 - k_2^2 - \eta_{2S})} \end{cases} \tag{6-79}$$

其中

$$\begin{cases} k_2 = \dfrac{v_P(\Delta T_0 + \Delta t)}{D} \\[3mm] \eta_{2S} = 2\sqrt{3}\,k_2\left(\dfrac{R_2 - \Delta_2}{D}\right) + 2\left(\dfrac{h}{D}\right)^2 \end{cases} \tag{6-80}$$

当台站与第二个震源的震中距 Δ_2 满足

$$\Delta_2 \leqslant \Delta_{cS2} \tag{6-81}$$

时，台站位于 S 波的安全区内，若分别取 $\Delta t = 1\,\mathrm{s}$ 和 $\Delta t = 3 \sim 4\,\mathrm{s}$，则所选择的台站将分别参与第二个地震的 S 波到时检测和测定 S 波震级，用于更新后续报的信息。

6.8.5　估计双震对后续地震的影响

在测定完双震地震参数后，可得到第一个地震震级 M_1 和第二个地震震级 M_2，由此估计第一个地震以震中为圆心其影响范围为 Δ_{M1}，最大影响持续时间为

$$\begin{cases} \Delta_1 = \Delta_{M1} \\ T_{c1} = T_d(M_1, \Delta_{M1}) + T_P(\Delta_{M1}, h) \end{cases} \tag{6-82}$$

第二个地震以震中为圆心其影响范围为 Δ_{M2}，最大影响持续时间为

$$\begin{cases} \Delta_2 = \Delta_{M2} \\ T_{c2} = \Delta T_0 + T_d(M_2, \Delta_{M2}) + T_P(\Delta_{M2}, h) \end{cases} \tag{6-83}$$

影响时间从第一个地震发震时刻 $T = T_{01}$ 起算。当后续震发生在前述两个地震的影响区域，发震时间在其影响时间范围内都会对后续震的测定带来影响。当然，各个台站的地震观测记录结束时，按照序列震的处理要求，要准确测定其结束时间，以便为处理后续地震做好准备。

参 考 文 献

林彬华，金星，康兰池，等. 2021. 基于卷积神经网络的地震震级测定研究. 地球物理学报，64（10）：3600-3611.

林向东，葛洪魁，徐平，等. 2013. 近场全波形反演：芦山7.0级地震及余震矩张量解. 地球物理学报，56（12）：4037-4047.

吴建平，黄媛，张天中，等. 2009. 汶川 Ms8.0 级地震余震分布及周边区域 P 波三维速度结构研究. 地球物理学报，52（02）：320-328.

赵翠萍，夏爱国. 2003. 新疆巴楚–伽师 6.8 级地震序列震源特征的初步研究. 内陆地震，17（2）：182-189.

Esteban P，Patricia P，Francisco V，et al. 2022. 2019 Mw 6.0 Mesetas（Colombia）earthquake sequence：Insights from integrating seismic and morphostructural observations. Earth and Space Science，9（12）.

Yijian Z，Abhijit G，Lihua F，et al. 2021. A high-resolution seismic catalog for the 2021 MS6.4/MW6.1 Yangbi earthquake sequence，Yunnan，China：application of AI picker and matched filter. Earthquake Science，34（5）：390-398.

第7章 多源地震模型及处理方法

前面已经系统讨论过，序列震按前后地震震中之间的距离 D 分类，可分为三种类型：第一类是可独立处理序列震，D 很大，彼此波形在台站无交集，或者 ΔT_0 很大，前震对后震的影响已经过去，前后地震彼此无关可看成各自单源地震的处理；第二类是原地重复序列震的处理，也就是地震在某一区域密集发生，地震的震中分布集中在一定的空间范围内，其 $D \leq 2d$，d 为台站平均台间距，对这一类类似震群型的地震如何处理，第 6 章已专门讨论过；第三类是非原地非独立处理的序列震，就是彼此有关联、互相有影响的序列震的处理，在此可再分为双源（双震）、三源或多源地震的处理。在前面章节已对双震问题做过专门讨论，因此，本章中重点研究空间上有一定距离、发生时间彼此相差几秒至十几秒，彼此互相有影响的多个震源如何处理的问题，作为代表性，重点讨论三源地震模型及处理方法。本章主要讨论多源地震处理思路、三源地震模型和模型参数、第一个地震 O_1 处理方法、第二个地震 O_2 处理方法、第三个地震 O_3 处理方法、三源地震处理的模拟研究等问题。

7.1 多源地震的处理思路

在序列震中如果发生震中之间相隔一定距离，发生时间相差几秒至十几秒的两个以上地震即多源地震，地震激发的地震波在台站观测记录上彼此会有一定影响，在此定义为多源地震。在前面我们反复强调过，序列震都可分解为前后一系列双震的处理，因此双震的处理方法和处理技术就构成序列震处理的核心处理方法和技术。从序列震处理的实践来看，绝大多数序列震由于前后地震震中距离 D 较大或者发震时间差 ΔT_0 较大，前震对后续震的影响已消失，从空间上或者时间上可看成前后无关的单源地震处理；少数是前后彼此影响的双源即双震的处理；极少数是彼此相互影响的三源地震处理；三源以上地震同时发生的概率极小，故以三源地震的处理为代表来介绍处理方法。处理序列震中的多源地震的总体思路如下。

7.1.1 多源问题都可分解为多个双震问题

对于三源（三个地震相差不远，发震时间相差数秒）问题，即 O_1、O_2、O_3 三个地震都可分解为 O_1 与 O_2、O_1 与 O_3、O_2 与 O_3 三个双震问题；对于四源问题，即 O_1，O_2，O_3，O_4 四个地震，都可分解为 O_1 与 O_2、O_1 与 O_3、O_1 与 O_4、O_2 与 O_3、O_2 与 O_4、O_3 与 O_4 六个双震问题。推而广之，对于 N 个震源，最多可分解为 $N(N-1)/2$ 个双震问题。

7.1.2　双震处理方法可有效应对多源问题

在双震问题的处理方法和技术中，综合应用了震源波场的模拟方法和技术（杨顶辉，2002；张永刚，2003；裴正林和牟永光，2004），也就是重点考虑了震源释放能量过程和波传播过程在时间上对观测点记录的影响；考虑了震源激发能量（以 PGV 或 PGA 表示）随震中距的衰减，从空间上分析了对台站各类传感器观测记录的影响；重点研究了近场直达波组走时和震中距的特定关系，使震源激发的地震波组在空间和时间上紧密关联，在影响空间范围和持续时间上紧密相关。因此，双震问题的研究成果在台网观测记录上综合反映了两个地震对彼此的综合影响，其第一报和后续报的测定方法和技术都可推广到任意双震，而并不需要再做特殊分析和研究。因此，在多源问题可分解为多个双震问题的前提下，可充分利用已有双震处理技术来有效应对多源问题。

7.1.3　双震安全区边界方程具有较高精度

根据双震模型的研究成果，双震的处理方案与双震模型参数 D、ΔT_0、Δ_M、T_d 以及台网参数 d 有关。通过单层介质模型可以得到双震中每一个震源 P 波和 S 波的边界理论方程，经理论解和多种复杂介质模型数值解的比较分析，发现理论解与数值解在安全区边界上有 2~3km 的误差，换句话说，理论解具有较高精度的边界控制，这为快速判定每个震源各自安全区边界，选择安全区边界内的台站测定双震震源参数，更新后续报的信息提供了理论依据。

7.1.4　任一震源波组安全区及最终边界都必须考虑其他震源综合影响后才能得到

对于序列震的多源模型地震参数的测定，可在上述思路的基础上，考虑每一个双震的 P 波和 S 波安全区，然后对每一个震源自己的安全区及边界进行综合分析，取其最小的安全区边界及其所包围的台站，参与每一个震源后续报的测定和信息更新。例如，对于 O_1、O_2、O_3 的三源问题，分别考虑 O_1 与 O_2、O_1 与 O_3 两个双震，得到 O_1 两个 P 波和 S 波安全区后，取其边界方程的最小值，从而得到考虑 O_2 和 O_3 对 O_1 的综合影响后，才能得到震源 O_1 的 P 波和 S 波安全区及边界方程。以此类推，可以得到 O_2 和 O_3 各自 P 波和 S 波安全区及边界。因此，对于 N 个震源，都可按此思路，分解得到 $N(N-1)/2$ 个双震对每个震源的 P 波和 S 波安全区及边界，通过（$N-1$）个安全区及边界方程综合可得到每一个震源自己的 P 波和 S 波安全区及边界。

对于多源问题，本章以三源问题为代表，即同时处理三个几乎同时发生的地震，系统介绍上述处理思路和处理方法。从目前自然界发生的序列震来看，双震问题比较常见，三震（三源）问题比较少见，三个以上的多源问题极其罕见。另外，我们自己发展的处理序列震的方法和技术，主要针对我国内陆网内地震，其处理方法比较高效，处理效果也较优，但是这一方法也有缺点。以双震为例，其假定可由两个地震的首台距离 D_c 估计震中距，用两个首台的触发时间 ΔT_P 估计两个地震的发震时间差 ΔT_0，对于网内地震

$$\begin{cases} |D-D_c| \leqslant d \\ |\Delta T_0 - \Delta T_P| \leqslant \delta T \end{cases} \tag{7-1}$$

其中 δT 为

$$\delta T \leqslant \frac{|\Delta_2 - \Delta_1|}{v_P} + \frac{|h_2 - h_1|}{v_P} \tag{7-2}$$

但是对于网外地震，上述结论不再成立，因此必须考虑其他方法来解决网外双震或多源问题。目前日本预警系统发展了一种粒子集成滤波方法来解决这一问题（Masumi et al., 2021），在第 8 章中，也将简要介绍这一方法。

7.2　三源地震模型和模型参数

如果在几秒至十几秒的时间内，连续发生三个震中距离相距不远，但震级又比较大的地震，在此称之为三源地震问题，预警系统又如何处理呢？假设陆续发生三个地震，第一个地震的震中位置 O_1 为 (x_{01}, y_{01})，震源深度为 h_1，发震时间为 T_{01}，首台触发台站坐标为 (x_1, y_1)，首台触发时间为 T_{P1}，震级为 M_1，处理第一报时间参数为 τ_1；第二个地震的震中位置 O_2 为 (x_{02}, y_{02})，震源深度为 h_2，发震时间为 T_{02}，震级为 M_2，首台触发台站坐标为 (x_2, y_2)，首台触发时间为 T_{P2}，处理第一报时间参数为 τ_2；第三个地震的震中位置 O_3 为 (x_{03}, y_{03})，震源深度为 h_3，发震时间为 T_{03}，震级为 M_3，首台触发台站坐标为 (x_3, y_3)，首台触发时间为 T_{P3}，处理第一报时间参数为 τ_3。序列震所在区域的平均台间距为 d，序列震假设三个震源深度相同，即 $h = h_1 = h_2 = h_3$。前面讲过，序列震可分解为一系列双震的处理，为此我们将三个地震即 O_1、O_2、O_3 的处理分解为三个双震的处理模型。

7.2.1　将三源地震分解为三个双震的处理

三源即 O_1、O_2、O_3 的处理，可分解为 O_1 与 O_2、O_1 与 O_3、O_2 与 O_3 三个双震的处理，然后再综合 O_2 和 O_3 对 O_1 的影响，O_1 和 O_3 对 O_2 的影响，O_1 和 O_2 对 O_3 的影响。

1. 第一个双震 O_1 和 O_2 的处理模型

由于可得 O_1 和 O_2 的距离为 D_{21}，发震时间差 ΔT_{21}，以及两个地震各自首台的距离 D_{21}^c，首台发震时间差为 ΔT_{21}^P，即

$$\begin{cases} D_{21} = [(x_{02}-x_{01})^2 + (y_{02}-y_{01})^2]^{1/2} \\ D_{21}^c = [(x_2-x_1)^2 + (y_2-y_1)^2]^{1/2} \end{cases} \tag{7-3}$$

以及

$$\begin{cases} \Delta T_{21} = T_{02} - T_{01} \\ \Delta T_{21}^P = T_{P2} - T_{P1} \end{cases} \tag{7-4}$$

根据第 4 章和第 5 章分析，可近似得到

$$\begin{cases} D_{21} \doteq D_{21}^{\mathrm{c}} \\ \Delta T_{21} \doteq \Delta T_{21}^{\mathrm{p}} \end{cases} \tag{7-5}$$

2. 第二个双震 O_1 和 O_3 的模型参数

以此类推，O_1 和 O_3 的距离为 D_{31}，发震时间差为 ΔT_{31}，两个地震各自的首台距离为 D_{31}，首台发震时间差 $\Delta T_{31}^{\mathrm{p}} = T_{\mathrm{P3}} - T_{\mathrm{P1}}$，由此可计算 D_{31} 和 D_{31}^{c}：

$$\begin{cases} D_{31} = \left[(x_{03} - x_{01})^2 + (y_{03} - y_{01})^2 \right]^{1/2} \\ D_{31}^{\mathrm{c}} = \left[(x_3 - x_1)^2 + (y_3 - y_1)^2 \right]^{1/2} \end{cases} \tag{7-6}$$

以及

$$\begin{cases} D_{31} \doteq D_{31}^{\mathrm{c}} \\ \Delta T_{31} \doteq \Delta T_{31}^{\mathrm{p}} \end{cases} \tag{7-7}$$

3. 第三个双震 O_2 和 O_3 的处理模型

同理可得到 O_2 和 O_3 的距离为 D_{32}，发震时间差为 ΔT_{32}，两个首台间的距离为 D_{32}^{c}，首台触发时间差为 $\Delta T_{32}^{\mathrm{p}} = T_{\mathrm{P3}} - T_{\mathrm{P2}}$，则

$$\begin{cases} D_{32} = \left[(x_{03} - x_{02})^2 + (y_{03} - y_{02})^2 \right]^{1/2} \\ D_{\mathrm{c32}} = \left[(x_3 - x_2)^2 + (y_3 - y_2)^2 \right]^{1/2} \end{cases} \tag{7-8}$$

同理可得

$$\begin{cases} D_{32} \doteq D_{32}^{\mathrm{c}} \\ \Delta T_{32} \doteq \Delta T_{32}^{\mathrm{p}} \end{cases} \tag{7-9}$$

根据前面的研究，用 D_{c} 估计 D，用 ΔT_{P} 估计 ΔT_0 的误差为

$$\begin{cases} \left| D_{ij} - D_{ij}^{\mathrm{c}} \right| \leqslant d \\ \left| \Delta T_{ij} - \Delta T_{ij}^{\mathrm{p}} \right| \leqslant \delta T_{ij} \end{cases} \tag{7-10}$$

其中 δT_{ij} 为

$$\delta T_{ij} \leqslant \frac{\left| \Delta_i - \Delta_j \right|}{v_{\mathrm{P}}} + \frac{\left| h_i - h_j \right|}{v_{\mathrm{P}}} \tag{7-11}$$

7.2.2　根据双震模型参数判定处理方案

根据三个双震，即 O_1 和 O_2 双震参数 D_{21}、ΔT_{21}，O_1 和 O_3 双震参数 D_{31}、ΔT_{31}，O_2 和 O_3 双震参数 D_{32}、ΔT_{32}，参考双震处理第一报和后续报的处理技术，选择处理方案。

（1）选择第一个双震 $O_1 O_2$ 处理方案。

根据 D_{21} 和 ΔT_{21}，快速选择第一个双震处理方案。

（2）选择第二个双震 $O_1 O_3$ 处理方案。

根据 D_{31} 和 ΔT_{31}，快速选择第二个双震处理方案。

（3）选择第三个双震 O_2O_3 处理方案。

根据 D_{32} 和 ΔT_{32}，快速选择第三个双震的处理方案。

7.3　第一个地震 O_1 的处理方法

根据第一个震源 O_1 与 O_2 和 O_3 的关系，主要综合两个双震即 O_1 和 O_2 与 O_1 和 O_3 的处理方案，包括双震第一报的处理和后续报的更新。首先依据 D_{21} 和 D_{31} 判定这两个双震的处理类型，如果 $D_{21} \leqslant 2d$ 或者 $D_{31} \leqslant 2d$，则为原地重复序列震的处理，第 6 章已有专门讨论，在此仅讨论非原地重复三个地震的处理方法。

7.3.1　第一个地震 O_1 预警第一报的处理

由于第一个地震发震时间较早，而且 $\Delta T_{31} > \Delta T_{21}$，则处理第一报时主要考虑第一个双震 O_1 和 O_2 的影响，按照处理 O_1 和 O_2 第一报的方案处理，快速得到第一个地震的震源参数，即震中 O_1 的位置、发震时间以及震级 M_1，这为处理第二个地震 O_2、第三个地震 O_3 奠定了重要基础。

7.3.2　第一个地震安全区边界和后续报处理

第一个地震的 P 波安全区既要考虑第一个双震即 O_1 和 O_2 中第一个地震 P 波安全区及其边界，又要考虑第二个双震即 O_1 和 O_3 中第一个地震 P 波安全区及其边界，是二者边界交汇的最小区域及其边界，体现了第二个震源 O_2 和第三个震源 O_3 激发 P 波对利用第一个震源激发 P 波波组进行定位和测定震级的综合限制。同理第一个地震 S 波的安全区及其边界，既要综合考虑 O_1 与 O_2 双震得到的 O_1S 波安全区及其边界，也要考虑 O_1 与 O_3 得到的 O_1S 波安全区及其边界，应是两个区域共同重合的区域及其边界。

1. O_1 与 O_2 双震得到的 O_1 安全区边界

如图 7.1 所示，选择第一个震源 O_1 为原点，O_1 和 O_2 连线为 x 轴，符合右手定则，则第一个地震 O_1 的 P 波安全区边界方程为

$$\Delta_{\text{cP1}} = \frac{D_{21}}{2}\left(\frac{1 - k_{21}^2 - \eta_{21}^{\text{P}}}{\cos\theta_1 - k_{21}} \right) \tag{7-12}$$

其中

$$\begin{cases} k_{21} = \dfrac{v_P(\Delta T_{21} - \Delta t)}{D_{21}} \\ \eta_{21}^{\text{P}} = -2\left(k_{21} + \dfrac{\Delta_1}{D_{21}} \right)\left(\dfrac{R_1 - \Delta_1}{D} \right) \end{cases} \tag{7-13}$$

台站 A 在 x-y 坐标系中的坐标为 (x, y)，则

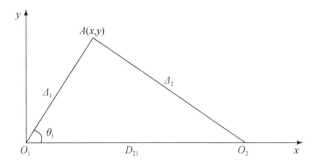

图 7.1　双震示意图

$$\begin{cases} \Delta_1 = (x^2 + y^2)^{1/2} \\ \tan\theta_1 = \dfrac{x}{y} \\ R_1 = (\Delta_1^2 + h^2)^{1/2} \end{cases} \tag{7-14}$$

若台站与第一个震源的距离 Δ_1 满足

$$\Delta_1 \leqslant \Delta_{cP1} \tag{7-15}$$

则在仅考虑第二个震源 O_2 的影响后，用于第一个震源 O_1 的 P 波定位和测定震级也是安全的。同理可得第一个双震中第一个地震 O_1 的 S 波的安全区边界方程：

$$\begin{cases} \Delta_{cS1} = \dfrac{D_{21}}{2} (q_2 - q_1) \\ q_1 = \cos\theta_1 - \sqrt{3}\, k_{21} \\ q_2 = \left[q_1^2 + 2 (1 - k_{21}^2 - \eta_{21}^S) \right]^{1/2} \end{cases} \tag{7-16}$$

其中

$$\eta_{21}^S = -2\sqrt{3}\, k_{21} \left(\dfrac{R_1 - \Delta_1}{D} \right) + 2 \left(\dfrac{h}{D} \right)^2 \tag{7-17}$$

Δt 为时间安全间隔，依定位和测定震级选择。

2. O_1 与 O_3 双震得到 O_1 的安全区边界

如图 7.2 所示，将 O_1 和 O_3 连线取为新的 x 轴即 x' 轴，以 O_1 为原点将 x 轴旋转至 x' 轴，x 轴和 x' 轴的夹角为 φ_{31}，y' 轴符合右手定则，则坐标（x，y）与新坐标（x'，y'）的变化关系为

$$\begin{cases} x' = x\cos\varphi_{31} - y\sin\varphi_{31} \\ y' = x\sin\varphi_{31} + y\cos\varphi_{31} \end{cases} \tag{7-18}$$

其中 $\cos\varphi_{31}$ 为

$$\cos\varphi_{31} = \dfrac{D_{31}^2 + D_{21}^2 - D_{32}^2}{2D_{31} D_{21}} \tag{7-19}$$

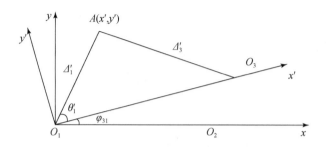

图 7.2　O_1 点坐标旋转示意图

在新坐标系中，O_1 的位置仍为 $(0, 0)$，O_3 的坐标位置为 $(D_{31}, 0)$，但台站 A 坐标将由 (x, y) 变成 (x', y')。在 $x'-y'$ 坐标系中，台站 A 的坐标为 (x', y')，其与第一个地震震中距离为 Δ_1'，以及新的 θ_1' 即

$$\begin{cases} \Delta_1' = (x'^2 + y'^2)^{1/2} \\ \tan\theta_1' = \dfrac{x'}{y'} \\ R_1' = (\Delta_1'^2 + h^2)^{1/2} \end{cases} \tag{7-20}$$

由于坐标变换不会改变台站到 O_1 的距离，故

$$\begin{cases} \Delta_1 = \Delta_1' \\ R_1 = R_1' \end{cases} \tag{7-21}$$

据此可得第二个双震 O_1O_3 中第一个地震的 P 波安全区边界方程

$$\Delta_{cP1}' = \frac{D_{31}}{2}\left(\frac{1 - k_{31}^2 - \eta_{31}^P}{\cos\theta_1' - k_{31}}\right) \tag{7-22}$$

其中

$$\begin{cases} k_{31} = \dfrac{v_P(\Delta T_{31} - \Delta t)}{D_{31}} \\ \eta_{31}^P = -2\left(k_{31} + \dfrac{\Delta_1}{D_{31}}\right)\left(\dfrac{R_1 - \Delta_1}{D_{31}}\right) \end{cases} \tag{7-23}$$

同理，可得第一个地震 S 波边界方程：

$$\begin{cases} \Delta_{cS1}' = \dfrac{D_{31}}{2}(q_2' - q_1') \\ q_1' = \cos\theta_1' - \sqrt{3}\,k_{31} \\ q_2' = [q_1'^2 + 2(1 - k_{31}^2 - \eta_{31}^S)]^{1/2} \end{cases} \tag{7-24}$$

其中

$$\eta_{31}^S = -2\sqrt{3}\,k_{31}\left(\frac{R_1 - \Delta_1}{D_{31}}\right) + 2\left(\frac{h}{D_{31}}\right)^2 \tag{7-25}$$

3. 综合确定第一个地震的安全区边界

由于上述坐标变化，不会改变台站与第一个地震的震中距离，即应满足

$$\Delta_1 = \Delta_1' \tag{7-26}$$

但两个 P 波安全区边界方程由于与 θ_1 和 θ_1' 有关，并与两个双震 O_1、O_2 和 O_1、O_3 的参数 D、ΔT_0 有关，因此边界方程是不同的，综合考虑二者的影响后，其第一个地震 O_1 新的 P 波安全区边界应取为

$$d_{cP1}(\Delta t) = \min\{\Delta_{cP1}(\Delta t), \Delta_{cP1}'(\Delta t)\} \tag{7-27}$$

同理，新的 S 波边界方程应取为

$$d_{cS1}(\Delta t) = \min\{\Delta_{cS1}(\Delta t), \Delta_{cS1}'(\Delta t)\} \tag{7-28}$$

d_{cP1} 和 d_{cS1} 的物理意义相当于在综合 O_2 和 O_3 对 O_1 的影响后，O_1 的 P 波安全区及其边界以及 S 波安全区及其边界都取两个安全区及边界重合的部分，即同时满足 O_2 和 O_3 对 O_1 的限定。取 $\Delta t = 1s$，$\Delta t = 3 \sim 4s$ 时，若台站与第一个地震的震中距离 Δ_1 满足

$$\Delta_1 \leq d_{cP1} \tag{7-29}$$

则台站可参与第一个地震 P 波后续报的定位和测定震级。同理，取 $\Delta t = 1s$，$\Delta t = 3 \sim 4s$，若台站的震中距 Δ_1 满足

$$\Delta_1 \leq d_{cS1} \tag{7-30}$$

可分别参与第一个地震 S 波的震相到时拾取和测定 S 波震级，更新后续报的处理。

7.4　第二个地震 O_2 的处理方法

第二个地震 O_2 的处理思路与上述大体相同，由于 $\Delta T_{31} > \Delta T_{21}$，从 O_1 和 O_2 这一对双震来看，它是后一个地震；但从 O_2 和 O_3 这一对双震来看，相对于 O_3 是前一个地震，从时间上，它恰好夹在 O_1 和 O_3 之间。

7.4.1　第二个地震 O_2 第一报的处理

根据第一个双震 O_1 和 O_2 的双震处理模型，有 $D = D_{21}$、$\Delta T_0 = \Delta T_{21}$，由 D、ΔT_0 和 d 判断第二个地震的处理模式，初步进行第二个震源 O_2 的参数测定；根据第三个双震 O_2 和 O_3 的模型参数，即 D_{32} 和 ΔT_{32}，令 $D = D_{32}$，$\Delta T_0 = \Delta T_{32}$，依据 D、ΔT_0 和 d 的处理方案，判断第三个地震 O_3 对 O_2 的影响。原则上，第二个震源 O_2 第一报的测定重点参考上述两个双震第一报的处理，由于第三个地震晚于第二个地震，所以更侧重于考虑 O_1 的影响。

7.4.2　第二个地震 O_2 后续报的处理

1. O_1 与 O_2 双震得到的 O_2 安全区边界

根据前面的讨论，在 O_1 和 O_2 双震建立的 x-y 坐标系中，在仅考虑 O_1 的影响前提下，第二个地震 O_2 的 P 波安全区边界方程为

$$\begin{cases}
\Delta_{cP2} = \dfrac{D_{21}}{2}\left(\dfrac{1-k_{12}^2-\eta_{21}^P}{k_{12}-\cos\theta_2}\right) \\[2ex]
k_{12} = \dfrac{v_P(\Delta T_{21}+\Delta t)}{D_{21}} \\[2ex]
\eta_{12}^P = 2\left(k_{12}-\dfrac{\Delta_2}{D_{21}}\right)\left(\dfrac{R_2-\Delta_2}{D_{21}}\right)
\end{cases} \tag{7-31}$$

同理可得第二个地震 S 波边界方程：

$$\begin{cases}
\Delta_{cS2} = \dfrac{D_{21}}{2}(q_2-q_1) \\[2ex]
q_1 = -\cos\theta_2+\sqrt{3}\,k_{12} \\[2ex]
q_2 = \left[q_1^2+2(1-k_{12}^2-\eta_{12}^S)\right]^{1/2}
\end{cases} \tag{7-32}$$

其中

$$\eta_{12}^S = 2\sqrt{3}\,k_{12}\left(\dfrac{R_2-\Delta_2}{D_{21}}\right)+2\left(\dfrac{h}{D_{21}}\right)^2 \tag{7-33}$$

由台站坐标 (x,y)，得计算 Δ_2 和 θ_2 的公式为

$$\begin{cases}
\Delta_2 = \left[(x-D_{21})^2+y^2\right]^{1/2} \\[2ex]
\tan\theta_2 = \dfrac{x-D_{21}}{y}
\end{cases} \tag{7-34}$$

2. O_2 与 O_3 双震中得到的 O_2 安全区边界

如图 7.3 所示，为了充分利用双震处理的研究成果，可先将坐标沿 x 轴平移 D_{21}，再进行坐标旋转 φ_{32}，建立以第二个震中坐标为原点，处理第三个双震 O_2 和 O_3 的模型，即

$$\begin{cases}
x'' = D_{21}+x\cos\varphi_{32}-y\sin\varphi_{32} \\[1ex]
y' = x\sin\varphi_{32}+y\cos\varphi_{32}
\end{cases} \tag{7-35}$$

其中 $\cos\varphi_{32}$ 为

$$\cos\varphi_{32} = \dfrac{D_{31}^2+D_{21}^2-D_{32}^2}{2D_{32}D_{21}} \tag{7-36}$$

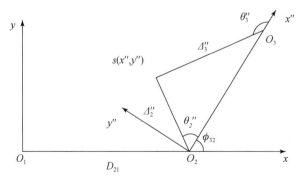

图 7.3　O_2 点坐标旋转示意图

这样可将台站 (x, y) 坐标，通过坐标变换到变成 (x'', y'')。在此坐标下，计算 Δ_2'' 和 Δ_3'' 分别为

$$
\begin{cases}
\Delta_2' = \left[(x'')^2 + (y'')^2 \right]^{1/2} \\
\tan\theta_2'' = \dfrac{x''}{y''} \\
R_2' = \left[(\Delta_2'')^2 + h^2 \right]^{1/2}
\end{cases}
\tag{7-37}
$$

以及

$$
\begin{cases}
\Delta_3'' = \left[(x'' - D_{32})^2 + (y'')^2 \right]^{1/2} \\
\tan\theta_3'' = \dfrac{x'' - D_{32}}{y''}
\end{cases}
\tag{7-38}
$$

但应注意上述坐标变换得到的台站到 O_2 的距离不会改变，即

$$
\begin{cases}
\Delta_2 = \Delta_2'' \\
R_2 = R_2''
\end{cases}
\tag{7-39}
$$

由此在考虑第三个双震 O_2 和 O_3 影响后，第二个地震 O_2 的 P 波和 S 波安全区边界方程分别为

$$
\begin{cases}
\Delta_{cP2}'' = \dfrac{D_{32}}{2}\left(\dfrac{1 - k_{32}^2 - \eta_{32}^{P}}{\cos\theta_2'' - k_{32}} \right) \\[2mm]
k_{32} = \dfrac{v_{P}(\Delta T_{32} - \Delta t)}{D_{32}} \\[2mm]
\eta_{32}^{P} = -2\left(k_{32} + \dfrac{\Delta_2}{D_{32}} \right)\left(\dfrac{R_2 - \Delta_2}{D_{32}} \right)
\end{cases}
\tag{7-40}
$$

以及

$$
\begin{cases}
\Delta_{cS2}'' = \dfrac{D_{32}}{2}(q_2'' - q_1'') \\[2mm]
q_1'' = \cos\theta_2'' - \sqrt{3}\, k_{32} \\[2mm]
q_2'' = \left[(q_1'')^2 + 2(1 - k_{32}^2 - \eta_{32}^{S}) \right]^{1/2}
\end{cases}
\tag{7-41}
$$

其中

$$
\eta_{32}^{S} = -2\sqrt{3}\, k_{32}\left(\dfrac{R_2 - \Delta_2}{D_{32}} \right) + 2\left(\dfrac{h}{D_{32}} \right)^2
\tag{7-42}
$$

取 $\Delta t = 1\,\mathrm{s}$，$\Delta t = 3 \sim 4\,\mathrm{s}$，若满足

$$
\begin{cases}
\Delta_2 \leqslant \Delta_{cP2} \\
\Delta_2 \leqslant \Delta_{cS2}
\end{cases}
\tag{7-43}
$$

在仅考虑 O_3 影响的前提下，由此选择的台站参与 P 波定位和 P 波测定震级以及参加 S 波震级测定都是安全可靠的。

3. 第二个地震 O_2 安全区及后续报方法

无论是在 x-y 坐标系中，还是在 x''-y'' 坐标系中，台站 (x, y) 至震中 O_2 的距离不会改变，即

$$\begin{cases} \Delta_2 = \Delta_2'' \\ R_2 = R_2'' \end{cases} \tag{7-44}$$

但是台站与 x 轴和 x'' 轴的夹角 θ_2 和 θ_2'' 会改变。由此,对第二个地震 O_2 来讲,考虑 O_1 和 O_3 两个震源影响后得到 O_2 的两个 P 波边界方程 Δ_{cP2} 和 Δ_{cP2}'',显然综合其影响后取新边界方程为 d_{cP2} (Δt),则有

$$d_{cP2}(\Delta t) = \min \{ \Delta_{cP2}(\Delta t), \Delta_{cP2}''(\Delta t) \} \tag{7-45}$$

若台站到 O_2 的距离 Δ_2 满足

$$\Delta_2 \leqslant d_{cP2}(\Delta t) \tag{7-46}$$

则为 O_2 的 P 波安全区,当 $\Delta t = 1\mathrm{s}$ 时,所选择的台站可参与第二个震源的 P 波定位;当 $\Delta t = 3 \sim 4\mathrm{s}$ 时,则可参与测定 P 波震级。同理,考虑 O_1 和 O_2 双震可得 O_2 的 S 波边界方程 Δ_{cS2},考虑 O_2 和 O_3 影响可得 O_2 的 S 波边界方程 Δ_{cS2}'',由此形成综合考虑 O_1 和 O_3 影响后第二个震源 O_2 新的 S 波边界方程 d_{cS2} (Δt),即

$$d_{cS2}(\Delta t) = \min \{ \Delta_{cS2}(\Delta t), \Delta_{cS2}''(\Delta t) \} \tag{7-47}$$

若台站坐标 (x, y) 至第二个震中 O_2 的距离即台站震中距 Δ_2 满足

$$\Delta_2 \leqslant d_{cS2}(\Delta t) \tag{7-48}$$

则台站落入第二个地震 S 波的安全区。取 $\Delta t = 1\mathrm{s}$ 和 $\Delta t = 3 \sim 4\mathrm{s}$,则所选择的台站可分别参与第二个震源 S 波的到时拾取和 S 波震级的测定,更新后续报的信息。

7.5　第三个地震 O_3 的处理方法

在三个震源 O_1、O_2、O_3 中,第三个地震最晚发生,无论从第二个双震 O_1 和 O_3,还是第三个双震 O_2 和 O_3 来看,它都是后一个地震,因此它的参数测定必定受到前两个地震的影响。

7.5.1　第三个地震 O_3 第一报的测定

根据第二个双震 O_1 和 O_3 的模型参数即 D_{31} 和 ΔT_{31},令 $D = D_{31}$,$\Delta T_0 = \Delta T_{31}$,参照双震处理方法和技术,选择处理第一报和后续报的方案,在第一个地震测定的基础上初步测定第三个地震第一报的参数。根据第三个双震 O_2 和 O_3 的模型参数 D_{32} 和 ΔT_{32},令 $D = D_{32}$,$\Delta T_0 = \Delta T_{32}$,参照双震模型的处理技术,选择融合两个双震第一报的处理方案,产生第一报的结果。

7.5.2　第三个地震 O_3 后续报的方法

1. O_1 与 O_3 双震得到的 O_3 安全区边界

第二个双震 O_1 和 O_3 中,第三个地震 O_3 的 P 波和 S 波安全区参照处理第二个双震 O_1 和 O_3 的模型及其坐标系,可得第二个双震的 P 波和 S 波的边界方程为以 x'-y' 为坐标系,

台站 (x', y') 至第三个震源 O_3 的震中距 Δ'_3 为

$$\begin{cases} \Delta'_3 = \left[(x'-D_{31})^2 + (y')^2 \right]^{1/2} \\ \tan\theta'_3 = \dfrac{x'-D_{31}}{y'} \end{cases} \tag{7-49}$$

其中，(x, y) 至 (x', y') 的坐标变换为

$$\begin{cases} x' = x\cos\varphi_{31} - y\sin\varphi_{31} \\ y' = x\sin\varphi_{31} + y\cos\varphi_{31} \end{cases} \tag{7-50}$$

第二个双震 O_1 和 O_3 得到的第三个地震 O_3 的 P 波边界方程为

$$\begin{cases} \Delta'_{cP3} = \dfrac{D_{31}}{2}\left(\dfrac{1-k_{13}^2-\eta_{13}^P}{k_{13}-\cos\theta'_{13}} \right) \\ k_{13} = \dfrac{v_P(\Delta T_{31}+\Delta t)}{D_{31}} \\ \eta_{13}^P = 2\left(k_{31}-\dfrac{\Delta_3}{D_{31}} \right)\left(\dfrac{R_3-\Delta_3}{D_{31}} \right) \end{cases} \tag{7-51}$$

同理考虑第二个双震 O_1 和 O_3，得到第三个地震 O_3 的 S 波安全区边界方程 Δ'_{cS3} 为

$$\begin{cases} \Delta'_{cS3} = \dfrac{D_{31}}{2}(q'_2 - q'_1) \\ q'_1 = -\cos\theta'_3 + \sqrt{3}\,k_{13} \\ q'_2 = \left[(q'_1)^2 + 2(1-k_{13}^2-\eta_{13}^S) \right]^{1/2} \end{cases} \tag{7-52}$$

其中 η_{13}^S 为

$$\eta_{13}^S = 2\sqrt{3}\,k_{13}\left(\dfrac{R_3-\Delta_3}{D_{31}} \right) + 2\left(\dfrac{h}{D_{31}} \right)^2 \tag{7-53}$$

2. O_2 与 O_3 双震得到的 O_3 安全区边界

第三个双震 O_2 和 O_3 得到的第三个地震 O_3 的安全区及其边界方程，以 x''-y'' 为坐标系

$$\begin{cases} \Delta''_3 = \left[(x''-D_{32})^2 + (y'')^2 \right]^{1/2} \\ \tan\theta''_3 = \dfrac{x''-D_{32}}{y''} \\ R''_3 = \left[(\Delta''_2)^2 + h^2 \right]^{1/2} \end{cases} \tag{7-54}$$

其中 (x, y) 变换到至 (x'', y'') 的关系为

$$\begin{cases} x'' = D_{21} + x\cos\varphi_{32} - y\sin\varphi_{32} \\ y'' = x\sin\varphi_{32} + y\cos\varphi_{32} \end{cases} \tag{7-55}$$

注意到无论在 x-y 坐标系、x'-y' 坐标系还是在 x''-y'' 坐标系中，都不会改变台站至第三个震源的距离，即

$$\begin{cases} \Delta_3 = \Delta'_3 = \Delta''_3 \\ R_3 = R'_3 = R''_3 \end{cases} \tag{7-56}$$

但台站与 O_3 连线沿 x' 轴的夹角 θ'_3，与 x'' 轴的夹角 θ''_3 是会改变的，这一点很重要。因此，

可得双震 O_2 和 O_3 中，第三个地震 O_3 的 P 波边界方程 Δ''_{cP3} 为

$$
\begin{cases}
\Delta''_{\text{cP3}} = \dfrac{D_{32}}{2}\left(\dfrac{1-k_{23}^2-\eta_{23}^{\text{P}}}{k_{23}-\cos\theta''_3}\right) \\[3mm]
k_{23} = \dfrac{v_{\text{P}}(\Delta T_{32}+\Delta t)}{D_{32}} \\[3mm]
\eta_{23}^{\text{P}} = 2\left(k_{32}-\dfrac{\Delta_3}{D_{32}}\right)\left(\dfrac{R_3-\Delta_3}{D_{32}}\right)
\end{cases}
\tag{7-57}
$$

同理，可得 S 波边界方程 Δ''_{cS3} 为

$$
\begin{cases}
\Delta''_{\text{cS3}} = \dfrac{D_{32}}{2}(q''_2-q''_1) \\[3mm]
q''_1 = -\cos\theta''_3+\sqrt{3}\,k_{23} \\[3mm]
q''_2 = \left[\,(q''_1)^2+2(1-k_{23}^2-\eta_{23}^{\text{S}})\,\right]^{1/2}
\end{cases}
\tag{7-58}
$$

其中 η_{23}^{S} 为

$$
\eta_{23}^{\text{S}} = 2\sqrt{3}\,k_{23}\left(\dfrac{R_3-\Delta_3}{D_{32}}\right)+2\left(\dfrac{h}{D_{32}}\right)^2
\tag{7-59}
$$

3. 第三个地震 O_3 安全区边界和后续报

根据前面的研究，在考虑 O_1 和 O_3 以及 O_2 和 O_3 两个双震影响后，得到第三个地震 O_3 的两个 P 波边界区方程即 Δ'_{cP3} 和 Δ''_{cP3}，由此产生 O_3 新的边界方程为 $d_{\text{cP3}}(\Delta t)$，即

$$
d_{\text{cP3}}(\Delta t) = \min\{\Delta'_{\text{cP3}}(\Delta t),\Delta''_{\text{cP3}}(\Delta t)\}
\tag{7-60}
$$

若 Δ_3 满足

$$
\Delta_3 \leqslant d_{\text{cP3}}(\Delta t)
\tag{7-61}
$$

则台站落入第三个地震 P 波安全区，当 $\Delta t=1\text{s}$ 和 $\Delta t=3\sim4\text{s}$ 时，所选择的台站分别参与第三个地震 O_3 的 P 波定位和 P 波测定震级。同理，对于 S 波，若 Δ_3 满足

$$
\begin{cases}
\Delta_3 \leqslant d_{\text{cS3}}(\Delta t) \\[2mm]
d_{\text{cS3}}(\Delta t) = \min\{\Delta'_{\text{cS3}}(\Delta t),\Delta''_{\text{cS3}}(\Delta t)\}
\end{cases}
\tag{7-62}
$$

则台站落入第三个地震 S 波安全区，分别取 $\Delta t=1\text{s}$ 和 $\Delta t=3\sim4\text{s}$，所选台站分别参与 S 波的到时拾取和 S 波测定震级。

7.6　关于相关参数的讨论

7.6.1　关于三个坐标系及其变换

在三源问题处理中，我们将 O_1、O_2、O_3 三个震源分解为三个双震即 O_1 与 O_2、O_1 与 O_3 以及 O_2 和 O_3 的处理，为充分利用已知双震模型的处理结果，采用了三个坐标系，即 x-y 坐标系，x'-y' 坐标系，x''-y'' 坐标系，后两个坐标系通过平移和旋转得到。这种坐标变换比较清晰，而且容易编程。

1. 第一个坐标系即 x-y 坐标系

以第一个震中 O_1 为原点，将 O_1 和 O_2 的连线选为 x 轴，则 O_2 的坐标为（D_{21}，0），当然依据 O_3 的坐标也可得 D_{31}。为何选此坐标系？其原因就在于在此种坐标系下得到的关系式（如边界方程）最简单，否则就较复杂。

2. 第二个坐标系 x'-y'

如图 7.4 所示，为了充分利用已有的双震处理结果，基于相同的理由，必须将 O_1 和 O_3 的连线取为新的 x 轴即 x'，则坐标变换在所难免。利用坐标变换：

$$\begin{cases} x' = x\cos\varphi_{31} - y\sin\varphi_{31} \\ y' = x\sin\varphi_{31} + y\cos\varphi_{31} \end{cases} \tag{7-63}$$

其中 φ_{31} 可表示为

$$D_{32}^2 = D_{31}^2 + D_{21}^2 - 2D_{31}D_{21}\cos\varphi_{31} \tag{7-64}$$

由此可解得

$$\cos\varphi_{31} = \frac{D_{31}^2 + D_{21}^2 - D_{32}^2}{2D_{31}D_{21}} \tag{7-65}$$

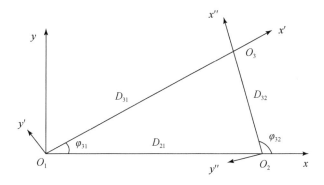

图 7.4　三个坐标系的关系

3. 第三个坐标系 x''-y''

在处理 O_2 和 O_3 的双震问题上，基于上述相同的理由，我们不得不将 O_2（前震）选为新的坐标轴 x''-y'' 的原点，并且 O_2 和 O_3 的连线选为新的 x 轴，则有

$$\begin{cases} x'' = D_{21} + x\cos\varphi_{32} - y\sin\varphi_{32} \\ y'' = x\sin\varphi_{32} + y\cos\varphi_{32} \end{cases} \tag{7-66}$$

其中 φ_{32} 可利用如下几何关系得到：

$$D_{31}^2 = D_{21}^2 + D_{32}^2 - 2D_{21}D_{32}\cos(\pi - \varphi_{32}) = D_{21}^2 + D_{32}^2 + 2D_{21}D_{32}\cos\varphi_{32} \tag{7-67}$$

则有

$$\cos\varphi_{32} = \frac{D_{31}^2 - D_{21}^2 - D_{32}^2}{2D_{21}D_{32}} \tag{7-68}$$

因此，利用 O_1、O_2、O_3 三个震源的几何关系，可以得到第一个坐标系 x-y，由 x-y 经旋转角度 φ_{31} 变换得到第二个坐标 x'-y'，x-y 坐标系经坐标平移 D_{21} 后旋转 φ_{32} 变换为 x''-y'' 坐标系。

7.6.2　三个地震处理的异同

三个地震 O_1、O_2、O_3 具有相同的处理思路：第一，三源地震分解为前后处理的三个双源即双震处理，则每一个双震的处理都充分利用已有双震处理的研究成果；第二，为了充分利用已有双震处理结果，不得不连续进行二次坐标变换，才能获得最终处理结果，但无论坐标如何变换，台站至 O_1、O_2、O_3 的震中距 Δ_1、Δ_2、Δ_3 都是不变的，但震源与台站连线与 x 轴、x' 轴、x'' 轴的夹角 θ、θ'、θ'' 都是变化的。三个震源 O_1、O_2、O_3 的处理也不同，其差别在于：第一，对于 O_1 的参数处理主要考虑两个双震，即 O_1 和 O_2 以及 O_1 和 O_3，这两个双震中 O_1 都是首发地震，由于 $\Delta T_{31} \geqslant \Delta T_{21}$，故在考虑 O_1 第一报时主要参考 O_1 和 O_2 的处理结果，但后续报必须考虑 O_2 和 O_3 对 O_1 的影响；第二，对于 O_2 的处理主要考虑 O_1 和 O_2 以及 O_2 和 O_3 两个双震的处理结果，对于 O_1 和 O_2 来讲，O_1 是前震 O_2 为后震，但对于 O_2 和 O_3 这个双震来讲，O_2 为前震但 O_3 为后震，因此 O_2 的 P 波和 S 波安全区边界方程是综合考虑两者影响后得到的；第三，对于 O_3 来讲，主要考虑 O_1 和 O_3 以及 O_2 和 O_3 这两个双震的处理方案和处理结果，而且这两个双震中 O_3 都是后一个发生的地震；第四，与处理双震相关的参数，如 D、Δt 以及 k_1、k_2、η_1、η_2，具体到每一个双震模型以及每一个震源安全区边界方程都会有所不同，务必十分留意。

7.6.3　双震依模型参数选择处理方案

根据 O_1、O_2、O_3 三个地震，可以得到三个双震相应的模型参数，即 O_1 和 O_2 双震参数为 D_{21}、ΔT_{21}；O_1 和 O_3 双震参数为 D_{31}、ΔT_{31}；O_2 和 O_3 双震参数为 D_{32}、ΔT_{32}。在每一个双震的处理中，都涉及第一报和后续报的处理，其处理流程和处理方案都是标准化的，以处理第一个双震为例，其步骤如下。

取 $D = D_{21}$，$\Delta T_0 = \Delta T_{21}$，处理方案如下。

第一步：判断是否属于原地重复地震。

若 $D \leqslant 2d$，则属于原地重复地震，其处理方案参照原地重复地震。如果属于非原地重复地震，则转入下一步。

第二步：判断双震是否能独立处理。

（1）首先判断双震第一报是否独立处理。

若双震首台触发时间差为 ΔT_P，满足下列不等式：

$$D \geqslant v_P \Delta T_P + 4d \tag{7-69}$$

则双震第一报可独立处理。

（2）其次判断后续报是否独立处理。

双震前后地震由震级确定的影响范围为 Δ_{M1} 和 Δ_{M2}，若满足

$$D \geqslant \Delta_{M1} + \Delta_{M2} \tag{7-70}$$

则双震完全独立处理，或者

$$\begin{cases} D > \Delta_{M1} + 2d \\ \Delta T_P > T_d(M_1, \Delta) \end{cases} \tag{7-71}$$

则双震的后续报也可独立处理。

第三步：若不满足上述两步相关条件，则为非原地重复非独立处理的模式

$$2d \leqslant D < v_P \Delta T_P + 2d \tag{7-72}$$

可参照双震相关处理方案。应该说测定第一个地震参数没问题，但不能测定第二个震源参数，若 D 满足

$$v_P \Delta T_P + 2d \leqslant D < v_P \Delta T_P + 4d \tag{7-73}$$

则测定第二个地震参数也没问题，至少可定位。

对于后两个双震 O_1 和 O_3 以及 O_2 和 O_3，也可参照第一个双震的判断流程和所选择的处理方案进行处理。

7.7　三源地震处理的模拟研究

数值解相较于理论解的优势就在于不需要进行多次坐标变换，可以在 x-y 坐标系中统一进行数值模拟，但缺点是无法提炼边界方程，解析其内在关系。另外，一个三源模型必须在一定区域内（即包括 O_1、O_2 和 O_3 的影响区域内）进行网格划分，由于震源参数每次模拟必须计算一次，所以计算量较大。另外，为了得到台网各台站的波组数据，我们利用第 9 章人造地震波场波形模拟技术，人工合成各种地震基本参数模型下各台站的波形数据，并与三源地震参数的模型的处理方法以及三个震源 P 波和 S 波安全区边界分析进行对比，说明分析结果的可靠性。

如图 7.5 所示，在 x-y 坐标系中，台站 $S(x, y)$ 与三个震源 $O_1(0, 0)$，$O_2(D_{21}, 0)$，$O_3(x_3, y_3)$ 的震中距 Δ_1、Δ_2 和 Δ_3 分别为

$$\begin{cases} \Delta_1 = (x^2 + y^2)^{1/2} \\ R_1 = (\Delta_1^2 + h^2)^{1/2} \end{cases} \tag{7-74}$$

以及

$$\begin{cases} \Delta_2 = [(x - D_{21})^2 + y^2]^{1/2} \\ R_2 = (\Delta_2^2 + h^2)^{1/2} \end{cases} \tag{7-75}$$

$$\begin{cases} \Delta_3 = [(x - x_3)^2 + (y - y_3)^2]^{1/2} \\ R_3 = (\Delta_3^2 + h^2)^{1/2} \end{cases} \tag{7-76}$$

三个震源 O_1、O_2 和 O_3 的发震时间分别为 T_{01}、T_{02}、T_{03}，由此可得

$$\begin{cases} T_{21} = T_{01} - T_{02} \\ T_{31} = T_{03} - T_{01} \\ T_{32} = T_{03} - T_{02} \end{cases} \tag{7-77}$$

在上述公式中，均假定三个地震的震源深度 $h_1 = h_2 = h_3 = h$，这仅是一个简化的假定，

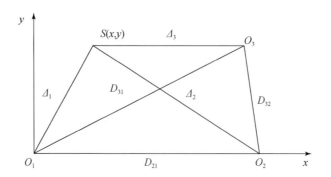

图 7.5　台站 S 与三个震源示意图

如果三个震源深度 h 不相同，从数值模拟的角度讲是毫无问题的。

7.7.1　第一个地震 O_1 安全区及边界模拟

1. 第一个地震 O_1 的 P 波安全区及边界

（1）O_1 和 O_2 双震，O_1 的 P 波安全区。根据前面的分析，考虑 O_2 影响后 O_1 的 P 波安全区边界由下列方程控制

$$\begin{cases} T_{21} = T_{01} - T_{02} \\ T_{21}^{P} = \Delta T_{21} + \dfrac{R_2 - R_1}{v_P} \geq \Delta t \end{cases} \tag{7-78}$$

由此得更简单的方程：

$$R_2 \geq R_1 - v_P(\Delta T_{21} - \Delta t) \tag{7-79}$$

（2）O_1 和 O_3 的双震，O_1 的 P 波安全区。同理可得 O_1 的 P 波安全区边界方程为

$$\begin{cases} T_3^P - T_1^P = \Delta T_{31} + \dfrac{R_2 - R_1}{v_P} \geq \Delta t \\ T_{31} = T_{03} - T_{01} \end{cases} \tag{7-80}$$

以及简化方程：

$$R_3 \geq R_1 - v_P(\Delta T_{31} - \Delta t) \tag{7-81}$$

（3）在综合考虑 O_2 和 O_3 的影响后，R_1 必须同时满足下列不等式方程组：

$$\begin{cases} R_1 \leq R_2 + v_P(\Delta T_{21} - \Delta t) \\ R_1 \leq R_3 + v_P(\Delta T_{31} - \Delta t) \end{cases} \tag{7-82}$$

注意到

$$\Delta_1 = (R_1^2 - h^2)^{1/2} \tag{7-83}$$

由此通过数值方程得到 O_1 的 P 波安全区。

由此解得 P 波安全区边界方程为 $d_{cP1}(\Delta t)$，若台站震中距 Δ_1 满足

$$\Delta_1 \leq d_{cP1}(\Delta t) \tag{7-84}$$

取 Δt 不同值，如 $\Delta t = 1\mathrm{s}$，$\Delta t = 3\mathrm{s}$，则相应台站可参与定位和 P 波测定震级。

2. 第一个地震 O_1 的 S 波安全区

采用与上述相类似推导，可以得到综合考虑 O_2 和 O_3 的影响后，O_1 的 S 波边界应满足下列不等式方程组：

$$\begin{cases} R_1 \leqslant \dfrac{v_\mathrm{S}}{v_\mathrm{P}}\left[R_2 + v_\mathrm{P}(\Delta T_{21} - \Delta t) \right] \\[3mm] R_1 \leqslant \dfrac{v_\mathrm{S}}{v_\mathrm{P}}\left[R_3 + v_\mathrm{P}(\Delta T_{31} - \Delta t) \right] \end{cases} \tag{7-85}$$

也就是取上述两个 R_1 的最小值 R_{cS1}。由于

$$d_{\mathrm{cs1}}(\Delta t) = \left(R_{\mathrm{cs1}}^2 - h^2 \right)^{1/2} \tag{7-86}$$

若台站 (x, y) 的震中距 Δ_1 满足

$$\Delta_1 \leqslant d_{\mathrm{cS1}}(\Delta t) \tag{7-87}$$

则台站可参与 O_1 S 波震级的测定。

7.7.2　第二个地震 O_2 的安全区及其边界

根据上述相同的推导，可得考虑 O_1 影响后 O_2 的 P 波边界应满足

$$R_2 \leqslant R_1 - v_\mathrm{P}(\Delta T_{21} + \Delta t) \tag{7-88}$$

考虑 O_2 和 O_3 的双震，可得到考虑 O_3 影响后 O_2 的 P 波安全区为

$$R_2 \leqslant R_3 + v_\mathrm{P}(\Delta T_{32} - \Delta t) \tag{7-89}$$

由此可得综合考虑 O_1 和 O_3 影响后 O_2 的 P 波安全区及其边界必须同时满足

$$\begin{cases} R_2 \leqslant R_1 - v_\mathrm{P}(\Delta T_{21} + \Delta t) \\[2mm] R_2 \leqslant R_3 + v_\mathrm{P}(\Delta T_{32} - \Delta t) \end{cases} \tag{7-90}$$

注意到

$$\Delta_2 = \left(R_2^2 - h^2 \right)^{1/2} \tag{7-91}$$

由此确定 O_2 的 P 波安全区边界为 $d_{\mathrm{cP2}}(\Delta t)$。同理，在考虑 O_1 和 O_3 影响后 O_2 的 S 波安全区及其边界必须同时满足

$$\begin{cases} R_2 \leqslant \dfrac{v_\mathrm{S}}{v_\mathrm{P}}\left[R_1 - v_\mathrm{P}(\Delta T_{21} + \Delta t) \right] \\[3mm] R_2 \leqslant \dfrac{v_\mathrm{S}}{v_\mathrm{P}}\left[R_3 + v_\mathrm{P}(\Delta T_{32} - \Delta t) \right] \end{cases} \tag{7-92}$$

由此得到 O_2 的 S 波边界为 $d_{\mathrm{cS2}}(\Delta t)$。

7.7.3　第三个地震 O_3 的安全区及边界

根据前述的推导可以得到，综合考虑 O_1 和 O_2 影响后第三个地震 O_3 的 P 波安全区及其边界必须同时满足下列不等式方程组：

$$\begin{cases} R_3 \leqslant R_1 - v_P(\Delta T_{31} + \Delta t) \\ R_3 \leqslant R_2 - v_P(\Delta T_{32} + \Delta t) \end{cases} \tag{7-93}$$

由此得 O_3 P 波安全区边界方程 $d_{cP3}(\Delta t)$。同理在综合考虑 O_1 和 O_2 影响后，可得第三个地震 O_3 S 波的安全区及其边界必须同时满足下列不等式方程组：

$$\begin{cases} R_3 \leqslant \dfrac{v_S}{v_P}[R_1 - v_P(\Delta T_{31} + \Delta t)] \\ R_3 \leqslant \dfrac{v_S}{v_P}[R_2 - v_P(\Delta T_{32} + \Delta t)] \end{cases} \tag{7-94}$$

注意到

$$\Delta_3 = (R_3^2 - h^2)^{1/2} \tag{7-95}$$

由此确定的 O_3 震中距 Δ_3 S 波安全区边界方程为 $d_{cS3}(\Delta t)$。

综上所述，当台站 $A(x, y)$ 到三个震源 O_1、O_2、O_3 的震中距分别为 Δ_1、Δ_2、Δ_3 时，如果其分别满足

$$\begin{cases} \Delta_1 \leqslant d_{cP1}(\Delta t) \\ \Delta_2 \leqslant d_{cP2}(\Delta t) \\ \Delta_3 \leqslant d_{cP3}(\Delta t) \end{cases} \tag{7-96}$$

则相应台站分别参与 O_1、O_2、O_3 的定位和 P 波测定震级。同理，若台站的震中距分别满足

$$\begin{cases} \Delta_1 \leqslant d_{cS1}(\Delta t) \\ \Delta_2 \leqslant d_{cS2}(\Delta t) \\ \Delta_3 \leqslant d_{cS3}(\Delta t) \end{cases} \tag{7-97}$$

则相应台站分别参加 O_1、O_2、O_3 的 S 波测定震级。

7.7.4　模拟实例

如图 7.6 所示，模拟三源地震的实例，三个地震的空间分布参数如下：$D_{21} = 80\text{km}$，$D_{31} = 80\text{km}$，$\varphi_{31} = 45°$，$D_{32} = 60\text{km}$。根据三个地震的发震时刻差的不同，模拟以下四种不同的三源地震情况。

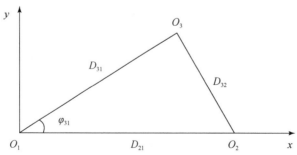

图 7.6　模拟三源地震空间分布图

1. 三源地震模拟情景 1

如图 7.7 所示，三个地震同时发生。发震时刻参数为 $\Delta T_{21}=0\mathrm{s}$，$\Delta T_{31}=0\mathrm{s}$，$\Delta T_{32}=0\mathrm{s}$。

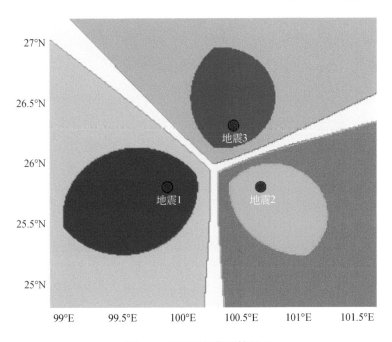

图 7.7　三源地震模拟情景 1

2. 三源地震模拟情景 2

如图 7.8 所示，第一个地震与第二个地震的发震时刻相差 4s，第二个地震与第三个地震的发震时刻再相差 2s。发震时刻参数为 $\Delta T_{21}=4\mathrm{s}$，$\Delta T_{31}=6\mathrm{s}$，$\Delta T_{32}=2\mathrm{s}$。

3. 三源地震模拟情景 3

如图 7.9 所示，第一个地震与第二个地震的发震时刻相差 6s，第一个地震与第三个地震的发震时刻相差 8s，故第二个地震与第三个地震的发震时刻相差 2s。发震时刻参数为 $\Delta T_{21}=6\mathrm{s}$，$\Delta T_{31}=8\mathrm{s}$，$\Delta T_{32}=2\mathrm{s}$。

4. 三源地震模拟情景 4

如图 7.10 所示，第一个地震与第二个地震的发震时刻相差 8s，第一个地震与第三个地震的发震时刻相差 10s，故第二个地震与第三个地震的发震时刻相差 2s。发震时刻参数为 $\Delta T_{21}=8\mathrm{s}$，$\Delta T_{31}=10\mathrm{s}$，$\Delta T_{32}=2\mathrm{s}$。

图 7.11 为基于地震观测台网的多源地震模拟记录波形，其地震参数信息为三源地震模拟情景 1。发震时刻参数为 $\Delta T_{21}=0\mathrm{s}$，$\Delta T_{31}=0\mathrm{s}$，$\Delta T_{32}=0\mathrm{s}$；$D_{21}=80\mathrm{km}$，$D_{31}=80\mathrm{km}$，$D_{32}=60\mathrm{km}$；$M_1=4$，$M_2=5$，$M_3=6$。

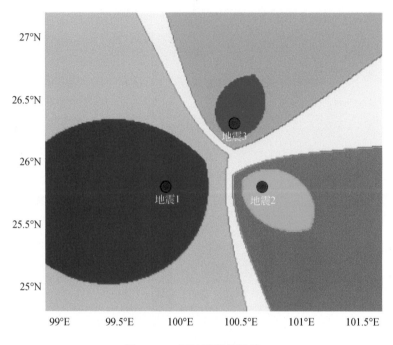

图 7.8　三源地震模拟情景 2

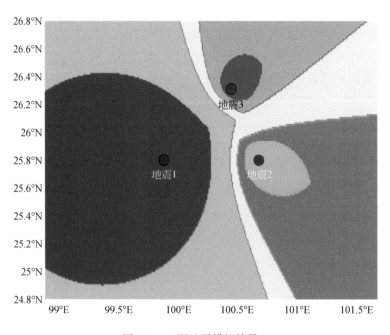

图 7.9　三源地震模拟情景 3

　　图 7.12 为三源地震模型及台网空间分布图，图中不同颜色区域表示每个地震对应的 P 波和 S 波安全区范围，如蓝色、青色、紫色区域分别表示地震 1、地震 2、地震 3 的 P 波和 S 波的安全区范围，分别选取 G2004、G6009、H2004 台站的波形记录进行分析；浅绿

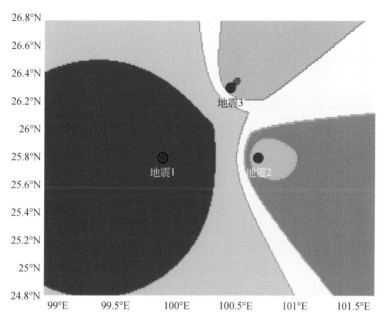

图 7.10　三源地震模拟情景 4

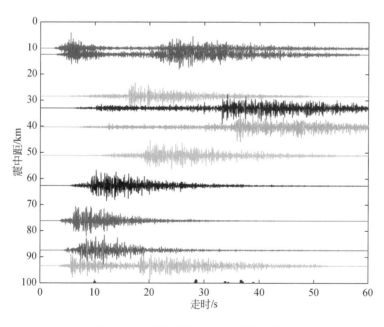

图 7.11　三源地震的台网波形部分展示

色、橙色、绿色区域分别表示地震 1、地震 2、地震 3 的 P 波安全区范围，分别选取 G5011、G6003、H7006 台站的波形记录进行分析。

　　图 7.13 为图 7.12 选取 P 波和 S 波安全区域台站对应的地震波形记录，台站 G2004 位于地震 1 的 P 波和 S 波安全区域，其波形记录可观测到地震 1 的 P 波和 S 波信号（P1、

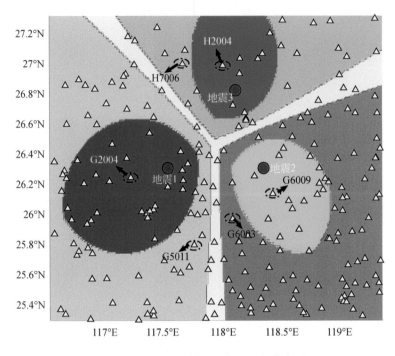

图 7.12　三源地震模型及台网空间分布图

S1），未受其他地震的波组影响；台站 G6009 位于地震 2 的 P 波和 S 波安全区域，其波形记录可清晰观测到地震 2 的 P 波和 S 波信号（P2、S2），未受其他地震的波组影响；台站 H2004 位于地震 3 的 P 波和 S 波安全区域，其波形记录可清晰观测到地震 3 的 P 波和 S 波信号（P3、S3），未受其他地震的波组影响。

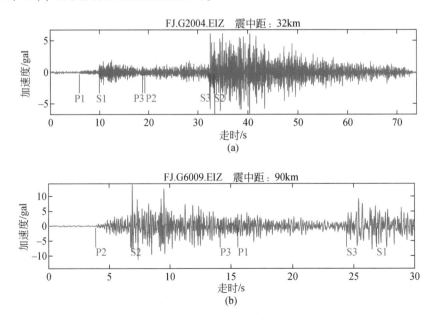

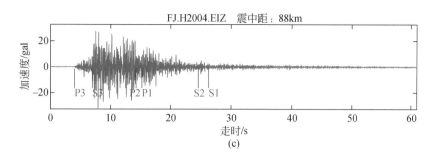

图 7.13　P 波和 S 波安全区域台站的地震波形记录

　　图 7.14 为图 7.12 选取 P 波安全区域台站对应的地震波形记录，台站 G5011 位于地震 1 的 P 波安全区域，其波形记录可观测到地震 1 的 P 波信号（P1），但 S 波信号（S1）有受地震 2 的 P 波影响（P2）；台站 G6003 位于地震 2 的 P 波安全区域，其波形记录可清晰观测到地震 2 的 P 波信号（P2），但 S 波信号（S2）有受地震 1 的 P 波（P1）影响；台站 H7006 位于地震 3 的 P 波安全区域，其波形记录可清晰观测到地震 3 的 P 波信号（P3），但 S 波信号（S3）有受地震 1 的 P 波（P1）影响。综上所述，可以看出不同区域台站的波形记录均能很好与理论数值解的安全区匹配。

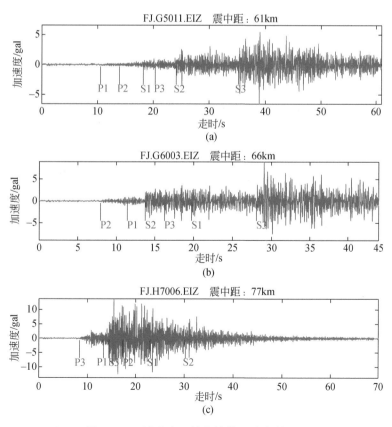

图 7.14　P 波安全区域台站的地震波形记录

参 考 文 献

裴正林，牟永光．2004．地震波传播数值模拟．地球物理学进展，19（4）：933-941.

杨顶辉．2002．双相各向异性介质中弹性波方程的有限元解法及波场模拟．地球物理学报，4：575-583.

张永刚．2003．地震波场数值模拟方法．石油物探，2：143-148.

Masumi Y，Koji T，Stephen W．2021．The extended integrated particle filter method（IPFx）as a high-performance earthquake early warning system. Bulletin of the Seismological Society of America，111（3）：1263-1272.

第8章 日本预警系统采用的粒子集成滤波法

为了提高对震源空间位置相隔不远，发震时间相差几秒至数十秒的多源地震识别能力和参数测定能力，提高日本"紧急地震速报系统"处理大震序列的水平，减少"误报""漏报"地震事件，2014 年由日本京都大学防灾研究所和气象厅共同提出了一套粒子集成滤波（IPF）法，并于 2016 年 12 月软件研发成功并正式上线，成为日本处理序列震的有效算法。这一套算法有许多优点值得进一步分析和研究，有一些思路和技术值得借鉴。2022 年 3 月 16 日 23 时 34 分 27 秒日本福岛县外海发生了 6.1 级地震，随后约 2min（36 分 32.6 秒）又在距 6.1 级地震震中位置不远的地方发生了一个 7.4 级地震，即原地重复的双震。日本预警系统正确处理了第一个地震，但对第二个更大的地震事件的震级参数测定出现了较大的偏差，测定的震级仅为 1 级，这是比较严重的"漏报"事件，这说明这一方法仍然存在一些问题，值得认真解剖分析。

粒子集成滤波法实际上由三个关键词组成，第一个关键词为粒子（particle），相当于从震源携带着能量并满足地震波传播与衰减规律的物质，在此可以理解为一个具有一定空间位置的点源激发的地震波能量由粒子承载，因此每一个粒子（如第 i 个粒子）的信息以 $\theta(x_i, y_i, h_i, M_i, T_{0i})$ 表示，包含粒子的空间位置、震级和发震时间等三方面的信息即为地震基本参数，所携带的能量大小与震级有关。换句话说，粒子模型代表点源、传播路径、台站观测能量（如峰值大小）三者的关系或物理过程。第二个关键词为集成，也就是在地震波峰值服从一定概率分布如对数正态分布的条件下，通过将所有台站实际观测峰值和期望值的点采样概率集成起来表示粒子是否存在的概率大小。第三个关键词是滤波，这里的滤波实际上就是遴选粒子的过程。在有多个粒子可供选择的情形下，寻找发生概率较大的粒子，其粒子参数就是要测定的地震参数。也就是将发生概率较低的粒子去掉，保留概率较高的粒子，对保留下来的粒子进行重采样，重复上述过程，直到选取概率最高的一个或两个粒子，则粒子参数就是事件参数。因此，粒子集成滤波方法有别于过去确定地震基本参数的测定方法，其集中体现在，一是引入了概率的思想，在首台触发的一定空间范围内播撒一群粒子，这一群粒子的参数代表了发震位置、发震时间、震级大小各不相同的地震具有一定的随机性，相当于设定了一个多源参数模型，将以往对震源空间位置搜索的过程转化为每一个粒子发生概率大小的判断过程（Cochran et al., 2022）；二是通过计算所有台站的峰值观测与每个粒子预测的地震波峰值的期望值的集成概率，将台站状态、台站到时、台站观测峰值以及走时模型、地震动峰值衰减规律都隐含在概率计算中，并以每一个粒子集成概率表示其存在的可能性（Kodera et al., 2018；Kodera et al., 2020）；三是随着台站的触发和每一次粒子重采样滤波遴选都会保留若干概率较大的粒子，保证粒子总数在重采样过程中不变，新一轮粒子产生的参数都会改变，因此多轮淘汰后，保留下来发生概率最高的粒子和与之对应的物理参数就是事件参数，这一方法是将地震定位和震级测定融为一体，与传统方法先定位后测定震级是完全不同的；四是最终选定粒子及粒子参数就是由多个粒子即粒子群多轮滤波重采样后演变而来，从理论上讲自然可以处理多源地震问题。

本章着重讨论粒子集成滤波的基本思路和方法、日本粒子模型和后续改进、多源地震复合识别方法与技术、粒子的重采样方法与步骤、示范算例等问题。

8.1　粒子集成滤波的基本思路和方法

8.1.1　粒子模型

众所周知，地壳内任意空间位置产生地震，如果将震源视为点源，激发的地震波将向四周扩散，从震源经过传播介质到达台站这一过程（相当于地震射线）遵循地震波（P 波或 S 波）的传播规律和地震动峰值（相当于能量）的衰减规律（金星等，2008），我们将这种从震源携带能量传播至台站的物质称为粒子，将震源、传播过程和台站观测物理量建立物理关系的模型称为粒子模型。因此，一个粒子如果存在，必将在台站记录上能观测到并能解释所有台站的观测结果，反之，如果台站观测不到粒子所预测的观测结果，那么粒子也不会存在。为了加深对此问题的理解，我们建立了粒子模型。

根据我国 M_L 震级的定义，台站 DD-1 地震观测波形量取的水平向两分量最大位移幅值的平均值为 U_m，震中距为 Δ，则地方震震级 M_L 可表示为

$$M_L = \lg U_m + R(\Delta) \tag{8-1}$$

其中，$R(\Delta)$ 为量规函数，一般 $\lg U_m$ 测定震级的方差 $\sigma = 0.5$，其均值即为 M_L。上式也可改写为

$$\lg U_m = M_L - R(\Delta) \tag{8-2}$$

上述公式是将震源及激发能量（以 M_L 表示）、台站观测峰值（以 U_m 表示）和地震动峰值衰减即能量衰减（以 $-R(\Delta)$ 表示）有机结合的物理规律，也是识别粒子存在与否的科学基础。建立粒子模型的目的就是要判断粒子事件状态、确定多少个粒子事件并测定粒子模型的物理参数。

1. 粒子的物理参数

假设在某一地壳空间内，坐标为 (x_i, y_i, h_i)，发震时间为 T_{0i}，发生震级为 M_i 的地震，产生粒子，在此定义为第 i 个粒子。换句话说，粒子是伴随地震的发生而产生的，没有地震就没有粒子，其粒子物理参数就是地震的基本参数，可表示为 θ_i：

$$\theta_i = \theta(x_i, y_i, h_i, M_i, T_{0i}), \quad i = 1, 2, \cdots, K \tag{8-3}$$

其中，K 为粒子的总数。因此，如果能证明这个粒子存在，那么这个粒子的物理参数就是我们要测定地震事件的基本参数。

2. 粒子的传播路径和走时模型

假设地表第 j 个台站的坐标为 (x_j, y_j)（$j = 1, 2, \cdots, N$），N 为台站总数，那么第 i

个粒子至第 j 个台站的震中距为 Δ_{ij}:

$$\Delta_{ij} = \left[(x_i-x_j)^2 + (y_i-y_j)^2 \right]^{1/2} \quad (8-4)$$

第 i 个粒子从震源传播到第 j 个台站的 P 波到时 T_{ij}^{P} 和 S 波到时 T_{ij}^{S} 分别为

$$T_{ij}^{\mathrm{P}} = T_{0i} + t_{\mathrm{P}}(\Delta_{ij}, h_i) \quad (8-5)$$

$$T_{ij}^{\mathrm{S}} = T_{0i} + t_{\mathrm{S}}(\Delta_{ij}, h_i) \quad (8-6)$$

其中, $t_{\mathrm{P}}(\Delta_{ij}, h_i)$ 和 $t_{\mathrm{S}}(\Delta_{ij}, h_i)$ 分别为通过多层介质模型计算得到的第 i 个粒子传播至第 j 个台的 P 波和 S 波的走时。若采用单层介质模型, 对于近场直达 P 波和 S 波, 则有

$$\begin{cases} t_{\mathrm{P}}(\Delta_{ij}, h_i) = \dfrac{R_{ij}}{v_{\mathrm{P}}} \\[2mm] t_{\mathrm{S}}(\Delta_{ij}, h_i) = \dfrac{R_{ij}}{v_{\mathrm{S}}} \\[2mm] R_{ij} = (\Delta_{ij}^2 + h_i^2)^{1/2} \end{cases} \quad (8-7)$$

因此, 粒子的传播路径和走时规律完全等同于地震 P 波和 S 波的走时路径和走时规律。由于台站触发状态与 P 波的到时密切相关, 而 M_{L} 震级测定与 S 波的到时密切相关, 因此粒子参数的测定与台站触发状态密切相关。

3. 粒子能量的衰减规律

根据前面的讨论, 粒子能量在此可用台站观测的地震动峰值 (加速度峰值、速度峰值、位移峰值均可) 表示, 以 DD-1 位移峰值 (相当于 S 波峰值) 为例:

$$\begin{cases} \lg U_{\mathrm{m}} = M_{\mathrm{L}} - R(\Delta) \\ R(\Delta) = a_1 + a_2 \lg(\Delta + \Delta_0) \end{cases} \quad (8-8)$$

其中, $R(\Delta)$ 为震级的量规函数, 也称为峰值补偿函数; $-R(\Delta)$ 相当于位移峰值的衰减函数, 为已知函数。如果假设 P 波峰值与 S 波峰值存在一定的比例关系, 例如 $1/3 \sim 1/5$, 也可得到类似关系。如果不做此假设, 利用某一地区观测记录也可统计 P 波峰值的经验衰减关系:

$$\lg U_{\mathrm{m}}^{\mathrm{P}} = b_1 M_{\mathrm{L}} + b_2 \lg(\Delta + \Delta_0) + b_3 \quad (8-9)$$

上式的物理意义就在于, 依据粒子参数 θ 预测了 P 波或 S 波到达台站后, 其观测物理量的期望值即均值, 例如 DD-1 的 $\lg U_{\mathrm{m}}$, 这样可以通过研究每一个粒子预测台站物理量与实际台站观测物理量的差异, 进而扩展至整个台网预测值和观测值的统计分析, 来识别哪一个粒子预测得更准确更合理, 这种准确性合理性可以用概率大小表示, 为建立识别粒子的概率模型奠定了科学基础。

8.1.2　台站峰值观测量的概率模型

1. 最大位移峰值概率分布模型

假设粒子在台站观测到的 S 波最大位移峰值 U_{m} 的对数 $Y = \lg U_{\mathrm{m}}$ 作为随机变量服从正态分布 $N(\mu, \sigma)$, μ 为期望值, σ 为 Y 的均方差, 则 $f(Y)$ 的概率分布为

$$f(Y) = \frac{1}{\sqrt{2\pi}\,\sigma} \exp\left[\frac{-(Y-\mu)^2}{2\sigma^2}\right], \quad -\infty < Y < \infty \tag{8-10}$$

由此可得 $P(Y > Y_a)$ 的概率为

$$P(Y > Y_a) = \int_{-\infty}^{y_a} \frac{1}{\sqrt{2\pi}\,\sigma} \exp\left[\frac{-(Y-\mu)^2}{2\sigma^2}\right] dY \tag{8-11}$$

由于 $Y = \lg U_m$，$\lg$ 表示以 10 为底的对数，故

$$dY = \frac{1}{U_m \ln 10} dU_m \tag{8-12}$$

其中，$\ln$ 表示以 e 为底的对数，由此可得如下表达式：

$$\begin{cases} P(Y > Y_a) = \displaystyle\int_{-\infty}^{y_a} L(Y \mid \theta_i)\,dU_m \\ L(Y \mid \theta_i) = \dfrac{1}{\sqrt{2\pi}\,\sigma U_m \ln 10} \exp\left[\dfrac{-(\lg U_m - \mu)^2}{2\sigma^2}\right] \end{cases} \tag{8-13}$$

其中，第 i 个粒子的物理参数为

$$\theta_i = (x_i, y_i, h_i, M_i, T_{0i}) \tag{8-14}$$

其中，$\lg U_m$ 的期望值 μ 满足

$$\mu = \lg U_m = M - R(\Delta) \tag{8-15}$$

第 i 个粒子在第 j 个台站的最大位移观测值为 U_{ij}^s，期望值 μ_{ij} 为

$$\begin{cases} \mu_{ij} = \lg U_{ij} = M_i - R(\Delta_{ij}) \\ \Delta_{ij} = \left[(x_i - x_j)^2 + (y_i - y_j)^2\right]^{1/2} \end{cases} \tag{8-16}$$

由此得到第 i 个粒子在第 j 个台站其观测值为 U_{ij}^s 的点采样概率为

$$L(Y_{ij} \mid \theta_i) = \frac{1}{\sqrt{2\pi}\,U_{ij}^s \sigma \ln 10} \left[\frac{-(\lg U_{ij}^s - \mu_{ij})^2}{2\sigma^2}\right] \tag{8-17}$$

但应注意第 j 个台站的真实观测峰值只有一个 U_j^s 与 i 无关，因此 U_{ij}^s 可简化为 U_j^s。对于 P 波峰值也可以得到类似结果。

2. 粒子集成采样概率

注意到，如果 $Y = \lg x$，对 y 采样则

$$Y = y_1 + y_2 + \cdots + y_N = \sum_{j=1}^{N} y_j \tag{8-18}$$

由于 $y_i = \lg x_i$，由此可得

$$\lg X = \lg x_1 + \lg x_2 + \cdots + \lg x_N = \lg(x_1 x_2 \cdots x_N) \tag{8-19}$$

因此

$$\begin{cases} Y = \lg x \\ X = \displaystyle\prod_{j=1}^{N} x_j \end{cases} \tag{8-20}$$

由于台站最大位移峰值 U_m 的对数满足正态分布 $N(\mu, \sigma)$，其均值和方差就是通过地表空间分布的台站观测结果，依经验统计回归得到的。因此，第 i 个粒子在第 j 个台站的

点采样概率为 $L(y_{ij} \mid \theta_i)$，从而得到第 i 个粒子对所有台站观测结果的集成（或联合）采样概率为

$$L(Y_i \mid \theta_i) = \prod_{j=1}^{N} L(Y_{ij} \mid \theta_i) \tag{8-21}$$

由此可看出，"集成"的概念就是对所有台站的观测结果的概率分布点采样连乘为集成采样得到第 i 个粒子的概率，并由集成采样的概率大小判断粒子存在的可能性。如果在某一区域能统计得到 PGA 和 PGV 与 M 和 Δ 的衰减规律，也可采用上述思路和方法计算粒子概率来识别粒子。

8.1.3　粒子群初始模型

如果对某一区域的地震活动性做过研究，可以先验得到地震发生概率的空间分布，并将其作为粒子群初始模型的先验概率，概率大的区域播撒粒子的密度高一些，概率低的区域粒子数少一些，否则只考虑均匀分布模型。假设粒子初始为均匀分布模型，如果台站触发，在首台半径 100km 内，将空间位置网格化，例如可考虑网格尺度为 10km×10km，由于不知道真实的震源位置，也无法预先知道每一个空间网格发生地震的概率，因此可均匀播撒一群粒子，假定每一个网格有一个粒子其发生的概率都是相同的。由此按照前述粒子模型的原理，计算第 i 个粒子（地表位置为第 i 个网格，深度为 h_i）的粒子集成概率为 τ_i，即

$$\begin{cases} \tau_i = L(Y_i \mid \theta_i) = \prod_{j=1}^{N} L(Y_{ij} \mid \theta_i) \\ L(Y_{ij} \mid \theta_i) = \dfrac{1}{\sqrt{2\pi}\, U_{ij}\sigma \ln 10}\left[-\dfrac{(\lg U_{ij} - \mu_{ij})^2}{2\sigma^2} \right] \end{cases} \tag{8-22}$$

其中，$U_{ij}^S = U_j^S$ 为台站实际观测峰值。

8.1.4　台站触发状态分析模型

如图 8.1 所示，在前述对第 i 个粒子对所有台站 DD-1 位移观测峰值进行集成采样时，隐含着假设 S 波已到达台站，但真实台网触发情况并非如此，换句话说，并未考虑台站在采样时的触发状态。这种状态可分为三类，第一类是 P 波到达，台站触发但 S 波没到；第二类是 S 波已到达台站；第三类是 P 波没到达，台站未触发。因此，在对台站进行点采样时要考虑台站属于何种状态。根据粒子模型物理参数预测的台站触发状态应注意，根据第 i 个粒子（$i=1, 2, \cdots, K$）的模型参数可以预测其激发的地震波包括 P 波和 S 波到达每一个台站的时间，判断其台站的触发状态，K 个粒子共预测 K 种台站触发状态，但台网真实的触发状态只有一种。因此，粒子集成概率的计算本质上是分析哪一些粒子的触发状态最接近于真实台站的触发状态，并以此为依据通过台站观测值与理论值的概率分析识别粒子及其参数。

地震参数测定的传统方法是根据台站触发状态先定位，后依据定位结果和触发台站观

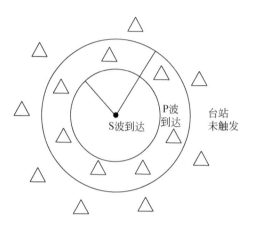

图 8.1　粒子集成滤波算法原理示意图

测位移峰值测定震级，而粒子集成滤波是将两者融为一体，同时测定。

1. P 波到达台站已触发，但 S 波未到

如果第 i 个粒子的模型参数为 θ_i，预测 P 波列到达台站，台站触发，观测值为 μ_{ij}^P，

$$\mu_{ij}^P = M_i - R(\Delta_{ij}) - \lg(4) \tag{8-23}$$

上式中假设 S 波峰值是 P 波峰值的 4 倍。当然，最好依据大量观测数据单独统计 P 波峰值随 M 和 Δ 的衰减规律。

2. S 波到达台站

同理，当第 i 个粒子预测 S 波到达台站时，观测值为 U_j^S，μ_{ij} 为

$$\mu_{ij} = \lg U_{ij} = M_i - R(\Delta_{ij}) \tag{8-24}$$

需要说明的是，P 波峰值和 S 波峰值与其期望值及方差分别为 σ_P 和 σ_S，可由某一地区地震台网的实际观测结果统计回归得到。

3. P 波未到，台站未触发

对于第 i 个粒子所预测的未触发台站，台站的观测波形就是 DD-1 的噪声记录，取 $\sigma = \sigma_{0iS}$，则

$$\mu = \lg PGA_{j0} \tag{8-25}$$

其中，PGA_{j0} 为台站噪声峰值，强震仪、烈度计、地震计各不相同。

4. 真实台站触发状态

根据 $STA/LTA+AIC$ 算法加强台网真实触发状态的实时监测，并校核真实粒子事件的台站触发状态的分析结果。

8.1.5　粒子滤波规则

通常所述的滤波是针对台站观测到的地震波，选用某一种滤波器，通过滤波将希望保留的某一频带的地震波保留，而将其他的地震波过滤掉。但粒子集成滤波的概念是指遴选粒子的过程，希望通过"滤波"保留一部分粒子，去掉其余发生概率较小的粒子。根据所选取的粒子群，对每一个粒子重复上述过程，可以得到每一个粒子的集成采样概率，如图8.2 所示。令 $\tau_i = L(Y_i \mid \theta_i)$，$(i=1, 2, \cdots, k)$，其中 k 为粒子的总数。对 τ_i 进行统计分析，取 τ_i 的最大值为 τ_{max}，最小值为 τ_{min}，即

$$\begin{cases} \tau_{max} = \max\{\tau_i\} \\ \tau_{min} = \min\{\tau_i\} \end{cases}, \quad i=1,2,\cdots,k \tag{8-26}$$

则 τ 为粒子在 (τ_{max}, τ_{min}) 抽象空间集成采样概率分布。τ 的平均值为 μ_0，均方差为 σ_0，则

$$\begin{cases} \mu_0 = \dfrac{1}{k} \sum \tau_i \\ \sigma_0^2 = \dfrac{1}{k} \left[\sum_{i=1}^{k} (\tau_i - \mu_0)^2 \right] \end{cases} \tag{8-27}$$

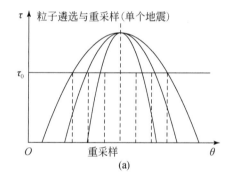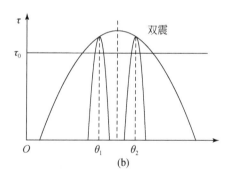

图 8.2　单个事件及双震事件的粒子遴选与重采样示意图

将 (τ_{min}, τ_{max}) 分成若干段，例如 20 个子区间，第 L 个区间间隔为 (τ_L, τ_{L+1})，则 τ 落入第 L 个区间的次数为 N_L，据此可得到概率曲线和累计概率曲线。

设定一个概率门槛 τ_0，例如 τ_0 为中位数，$\tau_i \geqslant \tau_0$ 保留而 $\tau_i < \tau_0$ 不保留，则据此可去掉一半的粒子。换句话说，经过粒子群初始模型，寻找粒子发生概率大于 τ_0 的网格粒子予以保留，对于发生地震概率小于 τ_0 的粒子不予保留，淘汰。这样就完成了首次对一组粒子群的识别。

8.1.6　粒子重采样缩小参数范围再次遴选

对保留下来的粒子空间网格，可按其概率大小重新分配生成的粒子数目，对空间网格再次划分，每次重采样的粒子总数 k 不变（相当于空间网格数不变，但空间范围和网格尺

度变小，粒子密度增高）。从理论上讲，在保留的空间上随机产生 k 个粒子，对每一个粒子重复上述过程，可以得到每一个粒子发生地震的概率，经统计分析后，设定概率水平，再次保留一部分粒子（相当于震源空间分布），去掉一部分粒子，由此进一步缩小震源参数范围。如此循环，待最后两次也就是前后两次遴选的结果基本稳定即得到几乎相同的目标粒子，则终止采样。保留下来发震概率最高的粒子及其参数就是要测定的地震的基本参数，若保留了两个完全不同的粒子，就是双震。

8.2　日本粒子模型和后续改进

8.2.1　日本使用的粒子集成滤波算法

日本地震预警系统使用的粒子集成滤波模型，与前述的基本思路、技术构架、基本方法完全一致，除了粒子走时模型、能量衰减模型有差别外，后期又做了一些改进。

1. 台站状态与 P 波和 S 波峰值衰减模型

（1）台站触发与 P 波峰值衰减规律。在 P 波到达台站后，台站观测到 P 波最大位移峰值的期望值 $\mu_P = \lg A_{exp}$ 为

$$\lg A_{exp} = 0.72 M_P - 1.2\lg\Delta - 5\times10^{-4}\Delta + 5.0\times10^{-3}h - 0.46 \pm \sigma \tag{8-28}$$

其中，M_P 为 P 波测定的震级；Δ 为震中距；h 为震源深度；$\sigma = \sigma_P$ 为其方差。

（2）S 波到达台站与峰值衰减规律。当 S 波到达台站后，粒子产生的台站 S 波最大位移的期望值 $\mu_S = \lg A_{exp}$ 为

$$\lg A_{exp} = 0.87 M_S - \lg\Delta - 1.9\times10^{-3}\Delta + 5.0\times10^{-3}h - 0.98 \pm \sigma \tag{8-29}$$

其中，$\sigma = \sigma_S$ 为其均方差。

（3）台站未触发。当台站未触发时，则

$$\sigma = \sigma_{noise} \tag{8-30}$$

由于日本地震有许多深震，因此其衰减关系中包含了震源深度的影响。另外，对 P 波和 S 波峰值的衰减规律单独进行了统计。

2. 粒子发生的先验概率模型

由于日本地震较多，台网也较密，可以根据历史上地震发生的空间位置分布和发生地震次数，得到粒子群模型的先验概率分布，也就是在粒子总数不变的条件下，根据地震发生的空间分布，在经常发生地震的区域，粒子数较多，在地震发生概率较低的区域，粒子数较少，空间较稀疏。

3. 实时更新粒子发生的概率

随着地震事件的发生，触发台站数随地震波的传播不断增加，而且台站观测到的 P 波峰值 A_P 和 S 波峰值 A_S 也随时间不断更新，随着粒子的保留和消亡，新的粒子产生与更

替，震源识别的精度越来越高（粒子参数包括震源范围越来越小），直到满足技术要求，搜索到并最终可识别震源，并测定相关参数。

4. 日本的后续改进

针对 IPF 方法不适合于 Hi-net 台网以及台站密度不够的地方效果较差的现实，采取了一些措施，如：

（1）进行 5 ~ 10Hz 高通滤波压制长周期噪声；

（2）加强台站震相拾取效率；

（3）将位移振幅扩展到速度和加速度振幅；

（4）增加远震判别模式。

增加上述功能后，日本预警系统将 IPF 定义扩展到 IPFx。

8.2.2　粒子集成滤波方法的优点

由于粒子模型同时利用了走时和观测峰值两种信息，可以同时测定震源基本参数。与传统地震预警系统测定地震事件的方法相比，粒子集成滤波方法有如下重要特点。

1. 实现概率与确定性方法的有机结合

粒子的物理参数为 $\theta(x, y, h, M, T_0)$，与地震基本参数相同。在初始选择的一群粒子，每一个粒子的参数都不同，但是对于选定的某一个粒子如 θ_i，则粒子的走时模型和能量（预测台站最大观测峰值）随震级和震中距的衰减模型都是确定的。在确认台站触发状态以及在地震观测峰值 A 服从对数正态分布的条件下，运用每一个台站的观测峰值与其期望值计算点采样概率，进而扩展至台网计算每一个粒子的集成采样概率；并通过对这一群粒子的产生概率大小的分析，滤掉一部分发生概率较小的粒子，保留概率较大的粒子，通过粒子重采样，构造新粒子群，以此反复分析计算。因此，通过构建粒子群模型、台站状态分析（P 波和 S 波走时计算）、粒子集成概率（台站观测值和期望值）计算、粒子滤波（筛选粒子）和粒子重采样五个步骤，完成每一轮粒子的遴选，保留的粒子及与其对应的震源模型将是下一轮遴选的对象，通过粒子重采样，不断优化粒子，使其不断逼近最终要选择的目标粒子。

2. 充分利用了地震波的物理规律

传统上，可根据台站触发的 P 波到时（例如前四台 P 波到时），利用走时模型确定震中和震源深度，进而在已知震中的条件下，利用前几台的地震观测峰值计算震级。而 IPF 方法则不同，由于粒子模型参数是随机产生的（空间位置和发震时刻以及震级），利用走时模型预测粒子能量到达台站的到时，预测台站触发状态；利用峰值衰减模型预测粒子能量到达台站峰值的期望值。通过台网真实触发状态与粒子预测触发状态的分析以及台站观测值和期望值的概率计算，识别发生概率较大的粒子。通过多种实验遴选，寻找到发生概率最大的粒子，这一粒子及其模型参数能合理地解释走时和峰值的物理规律，并与所有台站的真实触发状态和观测结果吻合度最高。

3. 峰值概率模型以大量统计结果为基础

假设 $\lg U_{\mathrm{m}}$ 服从正态分布 $N(\mu, \sigma)$，这是有根据的，由于

$$M_{\mathrm{L}} = \lg U_{\mathrm{m}} + R(\Delta) \tag{8-31}$$

在地震事件发生后统计各台站计算的震级分布时，可以发现计算的震级大致服从正态分布，因此可以推断 $\lg U_{\mathrm{m}}$ 也服从正态分布。这为通过计算粒子发生概率大小识别震源奠定了科学基础。

4. 具备识别多个震源的优势

当首台触发后，在以首台为半径大致 100km 以内的范围内随机或均匀播撒一群粒子，每一个粒子的模型参数就代表了一个地震，相当于假设有多个震源同时进行理论与观测结果的对比分析和统计研究，计算每个粒子发生地震的概率；按照概率水准遴选部分粒子，过滤其余粒子；对保留下来的粒子（对应相应的震源参数）进行重采样，以此反复，直到选出最好的粒子，就是真实的震源及其地震参数，由此看出粒子遴选与重采样的过程，也就是搜索震源的过程，对于震源相距一定距离，发震时间相差几秒至十几秒的多个震源，从理论上讲应具有较好的识别效果。

5. 对中强地震识别效果较好

由于粒子模型将地震的发生等效为粒子的产生，相当于假设震源为点源，能量集中于粒子，不允许粒子有自身的破裂过程，因此对于中强地震比较适合，效果也较好。

8.2.3　粒子集成滤波方法的缺点

1. 粒子模型对大震参数测定有局限性

由于 7 级以上大震有明显的破裂过程，自身可看成由多个子源组成，而且每个台站地震动峰值也是由多个子源相应叠加引起的，因此难以归结为某一个粒子的贡献，因此粒子集成滤波方法对大震的分析有局限性，有计算失效的风险，对 7 级以上大震的处理效果可能不理想。

2. 震级饱和与限幅对方法影响较大

由于粒子模型假设了 $Y = \lg A$ 服从正态分布 $N(\mu, \sigma)$，A 为台站观测的峰值，而 Y 的期望值 μ 为

$$\mu = \lg A = a_1 M + a_2 \lg(\Delta + \Delta_0) + a_3 \tag{8-32}$$

一旦实际观测值 $\lg A$ 不随 M 增加出现饱和，或者 $\lg A$ 限幅，就难以通过衰减关系区别来自不同震源的粒子。因此，地震计（6 级将限幅）和 6.7 级以上地震 M_{L} 震级饱和，IPF 方法不太适用。

3. 粒子模型对原地重复序列震不适合

原地重复序列震相当于震源位置基本相同，但发震时间和震级不同的前后地震，由于粒子集成滤波方法在台站状态分析中并未包括台站观测记录结束触发状态中止、后续又有地震开始触发的状态分析，仅从粒子模型参数、三种台站状态和台站观测峰值等都难以分辨前后地震，相当于默认台站一旦触发，震动状态将持续下去，因而不适合处理发震时间相隔不大又原地重复的序列震。另外，如果真发生多个地震，例如双震，有些台站的观测波形会受到双震影响而相互叠加，我们对此粒子集成滤波方法没有做深入分析，换句话说，双震第一报可能没问题，但后续报肯定会出现较大问题。

4. 台站密度不足的地区处理效果有限

根据日本学者的研究，台站稀疏和台站分布不合理的区域，IPF 方法效果不理想，而且网外的比网内效果要差，误差也大。

8.3　多源地震复合识别方法与技术

地震预警系统中传统的测定地震参数的方法和技术，在应对中强以上强震（包括 7 级以上大震）也就是单个地震时被证明是十分有效的，而且处理速度快、效率高，基本上都能在首台触发 3 ~ 5s 内发布第一报预警信息（张红才和金星，2014；Peng et al.，2020；Chung et al.，2020），在此基础上发展的双震和序列震处理技术，尽管从理论上应该也是行之有效的，但这需要大量的实例来验证，而且对于网外地震和少部分特殊地震，也可能存在误报和漏报的风险（Liu and Yamada，2014；Wu et al.，2015）。而粒子集成滤波方法在处理序列震等多源地震问题时也有其独特的优势。因此，一种很自然的想法就是将二者的特点和优势结合起来，形成复合式预警处理方法，以便更有效地应对序列震。

8.3.1　改进的粒子集成滤波方法

在首台触发后，可采用首台附近约 100km 内随机播撒粒子的方式产生初始粒子群，在重采样时在粒子概率较大的区域再随机播撒粒子群，这是日本构建粒子群的方式之一，另一种方式就是均匀采样产生粒子群，原则上两种方式都可采用。另外，对于原地重复的序列震，不宜采用粒子集成滤波算法，而直接采用我们提出的原地重复序列震的算法更为有效。对于非原地重复序列震，如果采用粒子集成滤波算法发现产生双震或多次地震，则利用我们提出的双震后续处理方法，对粒子发生区域和采用粒子集成滤波方法计算集成概率的台站进行限定（相当于粒子各自 P 波区和 S 波安全区），以确保计算结果的可靠性，相关内容可参考前述章节，在此特此说明，以下计算将不再重复。

1. 算法启动条件

对于网内地震至少三个台触发，首台地震动 $PGA \geqslant 30$gal 以上，对于网外地震至少 5

个台触发，按照传统方法可得到预警第一报的信息，即初步已知第一个地震的发震时间 T_0，空间位置 (x, y, h) 以及震级 M。启动粒子集成滤波算法的目的有两个，一是复核第一个地震参数的准确性；二是寻找其他空间上有无其他地震事件发生。

2. 粒子数目和地震参数

以台网覆盖的面积 S 为基础，考虑台网密度即平均台间距为 d，如果 d 在 $10 \sim 15km$ 属于高密度台网，网格划分首次可适当放宽。假设粒子个数为 K，则

$$\begin{cases} K = \dfrac{S}{d_0^2} \\ d_0 = 10km \end{cases} \tag{8-33}$$

例如，福建 $S = 12.4km^2$，则 $K = 1240$ 个粒子。如果以首台 $100km$ 的正方形作为粒子播撒的区域，则粒子数为 100 个，相当于 100 个震源。在重采样过程中粒子个数 K 不变，但重采样区域和粒子密度有变化，按照初始空间均匀采样原则产生每一个粒子的空间位置。

3. 粒子空间位置

根据台网覆盖的面积为 S，按照初始网格间隔 $d = \Delta x = \Delta y$ 为 $10km$，均匀播撒一群粒子，由此可估计粒子总数 K。设粒子的数目为 K，首次采样时假设粒子在空间上均匀分布，震源深度为 h，则第 $m \times j$ 个网格粒子的空间位置为

$$\begin{cases} x_m = x_0 + \Delta x (m-1) - \left(\dfrac{N_L}{2} - 1 \right) \Delta x \\ y_j = y_0 + \Delta y (j-1) - \left(\dfrac{N_L}{2} - 1 \right) \Delta y, \quad m, j = 1, 2, \cdots, N_L \\ z_i = h + 5 (2\eta_i - 1) \end{cases} \tag{8-34}$$

由于 $K = N_L \times N_W = N_L^2$，即 $N_L = \sqrt{K}$。其中，η_i 为 $(0, 1)$ 的随机数，h 为 $15km$。故其为 $N_L \times N_W$ 个粒子，对其重新编排序号，第 i 个粒子的空间位置为 (x_i, y_i, h_i)。

4. 粒子的震级和发震时刻

每一个粒子参考的震级和发震时间，可以以两种方式产生。第一种方式即参考预警第一报的地震参数，即 M 为预警第一报测定的震级，T_0 为预警第一报的发震时间，则第 i 个粒子（$i = 1, 2, \cdots, K$）的地震参数为

$$\begin{cases} M_i = M + (2\xi_i - 1) \\ T_{0i} = T_0 + 20 (2\xi_i - 1) + 10 \end{cases} \tag{8-35}$$

其中，ξ_i 为 $(0, 1)$ 的随机数。也就是震级在 $M \pm 1$，发震时间在 $(T_0 - 10, T_0 + 30)s$ 范围内，随机采样生成。

第二种产生方式参考首台触发时间 T_{P1}，则发震时间为

$$T_{0i} = T_{P1} + 20 \times (2\xi_i - 1) + 10 \tag{8-36}$$

其中，T_{0i} 为第 i 个粒子的发震时间；ξ_i 为 $(0, 1)$ 的随机数。第 i 个粒子震级为

$$M_i = 5 + 2 (2\xi_i - 1) \tag{8-37}$$

上两式相当于发震时间 T_{0i}，在 (T_P-10, T_P+30) s 内，震级在 5 ± 2 级内随机产生。如果考虑将传统方法与粒子集成滤波方法相互融合，建议用第一种方法产生粒子参数，以便加快收敛速度，快速产出结果；如果将粒子集成滤波方法看成另一种独立产生结果，建议用第二种方式生成粒子参数。

8.3.2　基本思路和主要方法

1. 构造双层并行虚拟台网

在首台触发后，构建双层并行处理虚拟台网。第一个虚拟台网主要由地震计组成，在重点预警区一般有 100~300 个，主要监测在重采样过程中，重采样区域外是否有新的地震产生，否则，如果新地震在重采样区域外生成，那么按 IPF 方法就有可能漏检。第二种虚拟台网可由 "三网融合" 台站或者由烈度计和加速度计（包括基本站和基准站的强震仪）构成，以首台触发后周边近 50 个站点组成，主要任务是通过采样–滤波–重采样的过程，不断缩小震源位置，确定产生地震的粒子并测定地震参数。

2. 计算粒子能量到达台站的时间

假设台站的总数为 N 个，第 j 个台站的坐标为 $(x_j, y_j)(j=1, 2, \cdots, N)$，则第 i 个粒子到第 j 个台站的震中距为 Δ_{ij}，震源距为 R_{ij}，可得到

$$\begin{cases} \Delta_{ij} = \left[(x_i-x_j)^2 + (y_i-y_j)^2 \right]^{1/2} \\ R_{ij} = (\Delta_{ij}^2 + h_i^2)^2 \end{cases} \tag{8-38}$$

根据多层介质模型，可计算第 i 个粒子至第 j 个台站的 P 波和 S 波的走时分别为 $t_P(\Delta_{ij}, h_i)$ 和 $t_S(\Delta_{ij}, h_i)$，由此可预计 P 波和 S 波达到台站的时间为 T_{ij}^P 和 T_{ij}^S，即

$$\begin{cases} T_{ij}^P = T_{0i} + t_P(\Delta_{ij}, h_i) \\ T_{ij}^S = T_{0i} + t_S(\Delta_{ij}, h_i) \end{cases} \tag{8-39}$$

并由此进行台站状态分析，即判断台站是否触发，P 波何时到达，S 波何时到达。真实台站触发的分析参照传统方法，在此不再重复。

3. 地震动峰值的衰减关系

假设地震动参数如峰值为 A，$\lg A$ 服从正态分布 $N(\mu, \sigma)$，其中 μ 为 $\lg A$ 的期望值，σ 为其均方差，则 $\mu = \lg A_e$ 与 M 和 Δ 的关系一般可表述为

$$\lg A_e = a_1 M + a_2 \lg(\Delta + \Delta_0) + a_3 \tag{8-40}$$

其中峰值参数 A 可为加速度峰值、速度峰值和位移峰值（任叶飞等，2014）。另外一种是选取台站观测烈度参与概率计算，由于 I 可表示为

$$I = b_1 I_v + b_2 I_a \tag{8-41}$$

其中，I_v 为 $\log PGV$ 测定的烈度；I_a 为 PGA 测定的烈度；I 为参照中国仪器烈度表 PGA 和 PGV 测定的烈度。因此，I 服从 $N(\mu_I, \sigma_I)$ 的正态分布，其中 μ_I 为 I 的期望值，σ_I 为烈

度方差。因此，$\mu_e = I_e$ 的公式为

$$I_e = 5.360 + 1.29M - 4.367\lg(\Delta + 15) \tag{8-42}$$

从理论上讲，上述衰减关系均可采用，但在实际应用中，将采用另一种精度更高的公式。

4. 台站状态和粒子采样概率

将三类传感器（地震计、强震仪、烈度计）都仿真到 DD-1 位移记录。根据我国地震预警震级计算公式：

$$M(t) = a_1(t)\lg U_m(t) + a_2(t)\lg(\Delta + \Delta_0) + a_3(t) \tag{8-43}$$

可以得到

$$\lg U_m(t) = b_1(t)M(t) + b_2(t)\lg(\Delta + \Delta_0) + b_3(t) \tag{8-44}$$

其中

$$\begin{cases} b_1(t) = 1/a_1(t) \\ b_2(t) = -a_2(t)/a_1(t) \\ b_3(t) = -a_3(t)/a_1(t) \end{cases} \tag{8-45}$$

其中，t 为台站 P 到时后起算的时间。由于 $M(t)$ 收敛于 M_L，则可得

$$\begin{cases} \mu(t) = \lg U_m(t) \\ \lg U_m(t) = b_1(t)M + b_2(t)\lg(\Delta + \Delta_0) + b_3(t) \end{cases} \tag{8-46}$$

其中，$\mu(t)$ 为其均值。由于公式（8-43）计算中，P 波和 S 波的影响已在系数 $a_1(t)$、$a_2(t)$、$a_3(t)$ 中体现，可不再区分 P 波和 S 波峰值。因此，台站状态在以后的分析中只分为台站触发和台站未触发以及台站触发终止转入待触发三种类型，也就是对于台站触发后还应考虑台站触发后的终止状态。

第一种状态：台站触发。

当所选取的粒子预测 P 波到达台站时，台站触发。由于 $\mu(t) = \lg U_m(t)$ 刻画了从台站 P 到时开始，位移峰值随时间的变化直到 S 波位移峰值到达的整个过程，比单纯的 P 波峰值和 S 波峰值衰减关系的两个公式更详细、更准确，这为扫描采样粒子发生概率随时间变化奠定了更科学的基础。如果台站触发后，第 ts 的观测位移峰值为 $U_m^0(t)$，则第 i 个粒子在第 j 个台站触发后 ts 的台站位移峰值可表示为 $U_j^0(t)$，假设 $Y = \lg U$ 服从正态分布，则第 i 个粒子在第 j 个台站的点采样概率为 $L(Y_{ij} \mid \theta_i)$，即

$$L(Y_{ij}(t) \mid \theta_i) = \frac{1}{\sqrt{2\pi}\sigma U_j^0 \ln 10} \exp\left[-\frac{(\lg U_j^0 - \mu_{ij})^2}{2\sigma^2} \right] \tag{8-47}$$

其中，$\mu_{ij}(t)$ 为

$$\mu_{ij}(t) = b_1(t)M + b_2(t)\lg(\Delta + \Delta_0) + b_3(t) \tag{8-48}$$

台站观测值 $U_{ij}^0(t)$ 和 $\mu_{ij}(t)$ 都是 t 的函数，这比日本公式更详细更准确。

第二种状态：台站未触发。

所选取的粒子预测 P 波未到达台站，台站未触发。根据第 i 个粒子到达第 j 个台站的理论 P 波到时判定，第 j 个台站没有触发。此时，台站仪器的观测波形只是 DD-1 位移记录的噪声，令其峰值噪声为 PGD_{ij}，其均值为 μ_{noise}，方差为 σ_{noise}，则

$$L(Y_i \mid \theta_i) = \frac{(\ln 10)^{-1}}{\sqrt{2\pi}\, \sigma PGD_{ij}^0 \sigma_{\text{noise}}} \exp\left[\frac{(\lg PGD_{ij}^0 - \mu_{\text{noise}})^2}{-2\sigma_{\text{noise}}^2}\right] \tag{8-49}$$

第三种状态：台站触发终止转入待触发。

为进一步改进粒子集成滤波方法的缺陷，特别是在处理原地重复序列震中的能力不足的问题时，必须引入台站记录终止的状态分析。对于 S 波到达后，检测到 S 波峰值后，台站点采样结束转入检测台站 $U_m(t)$ 恢复到噪声的时间，原则上其结束状态时间可依据 $T_d(M, \Delta)$ 预测，更准确的时间判定可参阅第 6 章的相关内容，若超越此时间，台站进入待触发状态，准备检测下一次地震。

5. 粒子集成概率

对于第 i 个粒子来讲，得到第 j 个台站 $(j=1, 2, \cdots, k)$ 的点采样概率后，可以得到第 i 个粒子的集成概率 $L(Y_i \mid \theta_i)$，也就是

$$\tau_i = L(Y_i \mid \theta_i) = \prod_{j=1}^{N} L(Y_{ij} \mid \theta_i) \tag{8-50}$$

它真实反映了通过对第 i 个粒子在所有台站包括触发台和未触发台的观测结果和预期值的概率分布，可以对第 i 个粒子是否真正发生，从概率上可以得出判断。

6. 粒子概率的统计分析与滤波原则

为了加深对 $L(Y_i \mid \theta_i)$ 物理定义的理解，它实际上包含了如下信息。

第一，由于第 i 个粒子的物理参数为 $\theta_i = \theta(x_i, y_i, z_i, M_i, T_{0i})$，换句话说第 i 个粒子的参数包含了我们要测定的地震参数，如果它确实存在，这一组参数就是我们所需要的参数。第二，假设粒子激发能量以最大峰值 A 表示，其对数 $\lg A$ 服从正态 $N(\mu, \sigma)$ 分布，通过第 i 个粒子对某个台站预测的理论值和观测值的点采样和所有台站的集成采样方式，也就是从到时和峰值两个维度计算判定粒子存在的可能性。第三，第 i 个粒子集成采样的概率就是 $L(Y_i \mid \theta_i)$。因此，后续的问题就是统计分析，寻找概率较大的粒子，过滤掉概率较小的粒子。

因此，必须对所有粒子 $(i=1, 2, \cdots, K)$ 的集成采样结果进行统计分析。假设

$$\tau_i = L(Y_i \mid \theta_i), \quad i=1,2,\cdots,K \tag{8-51}$$

其中，K 为粒子的总数。选择粒子的滤波率或淘汰率为 τ_0，如果选取 50% 的淘汰率，保留 50% 的粒子，则可按下列步骤选择。

（1）将 $\tau_i(i=1, 2, \cdots, K)$ 将概率从小到大排列，形成新的序列 $\{\tau_i^*\}$，即满足

$$\tau_1^* \leqslant \tau_2^* \leqslant \tau_3^* \leqslant \cdots \leqslant \tau_j^* \leqslant \cdots \leqslant \tau_K^* \tag{8-52a}$$

取其中位数 τ_0，即

$$\tau_0 = \tau_{K/2}^* \tag{8-52b}$$

（2）保留粒子

$$\tau_j \geqslant \tau_0, \quad j=1,2,\cdots,K \tag{8-53}$$

其余的粒子过滤掉，按此规则保留约 50% 的粒子。如果淘汰率 τ_0 为 80%，则

$$K_C = 0.8K \tag{8-54}$$

则 $\tau_0 = \tau_{K_C}^*$，以此类推。需要提醒的是 τ_0 的选择，与计算效率和计算时间有关，建议头二轮滤波率为 50%，以后取 80%，以加快收敛速度。

8.4　粒子的重采样方法与步骤

综上所述，通过粒子滤波，选择适合的滤波率 τ_0，将原有的粒子群序列 $\{\tau_i\}$（$i=1$，2，$\cdots$，K）保留了部分粒子群 $\{r_j\}$（$j=1$，2，$\cdots$，K_E），其中 $K_E = K - K_C$，K_C 与 τ_0 有关。由于 $\tau_i \geqslant \tau_0$，则

$$\begin{cases} r_i = L(Y_i|\theta_i) \\ \tau_i \geqslant \tau_0 \end{cases}, \quad i = 1,2,\cdots,K_E \tag{8-55}$$

因此，保留下来的粒子群尽管数量少了，但概率较大粒子得以保留，其相应的空间分布进一步缩小。

8.4.1　粒子重采样的技术要求

1. 重采样生成粒子总数不变

新采样的粒子个数仍保留总数 K 不变，换句话说，保留下来的粒子数为 K_E，经重采样后总数将恢复到 K，这意味着粒子将在发震概率较高的区域加密采样。

2. 计算新粒子的加权分配权重

令 W_i 为第 j 个粒子的权重，则

$$\begin{cases} W_i = \left(\dfrac{r_i}{r_0} \right) \\ r_0 = \displaystyle\sum_{i=1}^{K_E} r_i \end{cases} \tag{8-56}$$

原有第 i 个粒子分配到的粒子个数为

$$N_i = W_i \left(\frac{K}{K_E} \right) \tag{8-57}$$

3. 依发震概率加权选择加密采样

例如，对保留下来的第 j 个粒子，原有面积为

$$S_j = \Delta x \times \Delta y \tag{8-58}$$

如果在第 j 个粒子附近重新采样，则网格的面积为

$$S_i^* = \Delta x_C \times \Delta y_C \tag{8-59}$$

那么两者的面积比为

$$\left(\frac{\Delta x}{\Delta x_C} \right) \left(\frac{\Delta y}{\Delta y_C} \right) = N_L \times N_W = N_d^2 \tag{8-60}$$

则 $N_L = N_W$ 时，N_d 为

$$N_d = \sqrt{N_i} \tag{8-61}$$

8.4.2　新粒子的地震参数

对于保留下来的粒子群序列 $\{r_j\}(j=1,2,\cdots,K_E)$ 进行重采样，由于

$$r_j = L(Y_j|\theta_j) \tag{8-62}$$

得到 θ_j 的粒子参数信息为

$$\theta_j = (x_j,y_j,z_j,M_j,T_{0j}) \tag{8-63}$$

重采样分配的新粒子，经过重采样，粒子数由 1 个扩增后变为 N_j，也就是它将 1 个保留下来的粒子经过重采样后变为 N_j 个新粒子。

1. 新粒子的空间位置

以原有老粒子的坐标为坐标中心，将 x-y 坐标按均匀网格划分，第 $i\times m$ 个新粒子的坐标为

$$\begin{cases} x'_i = x_j + \Delta x_C(i-1) - \left(\dfrac{N_L}{2}-1\right)\Delta x_C, & i=1,2,\cdots,N_L \\ y'_m = y_j + \Delta y_C(m-1) - \left(\dfrac{N_W}{2}-1\right)\Delta y_C, & m=1,2,\cdots,N_W \end{cases} \tag{8-64}$$

其中

$$\begin{cases} \Delta x_C = \Delta y_C = \Delta x/N_L \\ N_L = (N_j)^{1/2} \end{cases} \tag{8-65}$$

对上述 $N_L\times N_W$ 个粒子重新进行序列编号，第 i 个新粒子的平面坐标为 (x_i,y_i)，则震源深度 z_i 为

$$z_i = h_j + 5 - 10\xi_i \tag{8-66}$$

其中 ξ_i 为（0，1）之间的随机数。

2. 震级和发震时间

$$\begin{cases} M_i = M_j + 1 - 2\xi_i \\ T_{0i} = T_{0j} + 5 - 10\xi_i \end{cases} \tag{8-67}$$

上式中 M_j 和 T_{0j} 为保存下来的第 j 个粒子的震级和发震时间。也就是震级按 $M_j\pm1$ 级随机产生，发震时间按 $T_{0j}\pm10s$ 随机产生。由此得到一个新序列

$$\theta_i = (x_i,y_i,z_i,M_i,T_{0i}), \quad i=1,2,\cdots,N_j \tag{8-68}$$

对每一个保留下来的粒子重复上述过程，可以得到一群新的粒子，新粒子的模型参数为

$$\theta_i^* = (x_i,y_i,z_i,M_i,T_{0i}), \quad i=1,2,\cdots,K \tag{8-69}$$

8.4.3　重采样过程

根据前述对台站状态的分析思路，由分析结果对新粒子进行点采样和集成采样，重复

以往，第 i 个新粒子对第 j 个台站的点采样概率为

$$L(Y_{ij}|\theta_i^*) = \frac{\ln 10}{\sqrt{2\pi}\,\sigma U_j}\exp\left[-\frac{(\lg U_j - \mu_{ij})^2}{2\sigma^2}\right] \tag{8-70}$$

集成采样概率为

$$L(Y_i \mid \theta_i^*) = \prod_{j=1}^{N} L(Y_{ij} \mid \theta_i^*) \tag{8-71}$$

其中，N 为台站个数。选定滤波率 τ_0，淘汰部分粒子，重复前述过程，分析所保留的粒子群 $\{r_j^*\}$（$j=1, 2, \cdots, K_E$）。

8.4.4　重采样终止的判据

对于保留下来的粒子是否还要重复上述过程进行重采样，将取决于对保留下来的粒子群 $\{r_j^*\}$ 的地震参数的统计分析结果。由于 r_j^* 与其地震参数存在一一对应关系，即

$$r_j^* = L(Y_j|\theta_j) \tag{8-72}$$

其中，θ_j 为

$$\theta_j = (x_j, y_j, z_j, M_j, T_{0j}), \quad j = 1, 2, \cdots, K_E \tag{8-73}$$

1. 判断是否存在多个震源

根据重采样结果，首先分析粒子群的空间分布是集中于一个区域还是多个区域，如果经几次重采样后，粒子群的分布只集中于一个区域，则判断可能只发生一个地震；如果集中收敛于两个区域，则判断可能发生两个地震即双震。

2. 判断重采样是否终止

如果经多轮重采样后，前后重采样的结果即选出粒子几乎是同一个粒子，也就是第 n 次采样的粒子参数 $\theta^n = (x_n, y_n, h_n, M_n, T_{0n})$ 与第 $n+1$ 次的粒子参数 $\theta^{n+1} = (x_{n+1}, y_{n+1}, h_{n+1}, M_{n+1}, T_{0n+1})$ 符合测定地震参数的技术要求，如震中在 3km 以内，震级误差小于 0.2 级，发震时间小于 1s 等，则可终止重采样，并输出所测定的地震参数。

3. 多源地震进一步判断

对于双震和多源地震，原则上也可参照上述规则处理，但要考虑到真的发生双震时，有些台站的观测波形可能彼此相互影响，而粒子集成滤波法对此没有给出任何处理，因此还应参照前几章有关双震处理方式对台站进行限制，否则由于部分台站的波形相互污染，部分台站分析结果可能不太正确。

图 8.3 为 IPF 算法示例。对于原地重复的序列震，原日本方法难以处理，因为从模型上看对前一个地震台站观测记录结束没有判断，而且多源模型本身只允许一个空间位置发生一个地震，不能产生两个地震，因此就不难理解 2022 年 3 月日本福岛外海 6.1 级和 7.4 级几乎原地重复双震漏掉第二个更大地震的原因，当然漏掉 7.4 级地震的原因是多方面的，但至少这是其中之一。

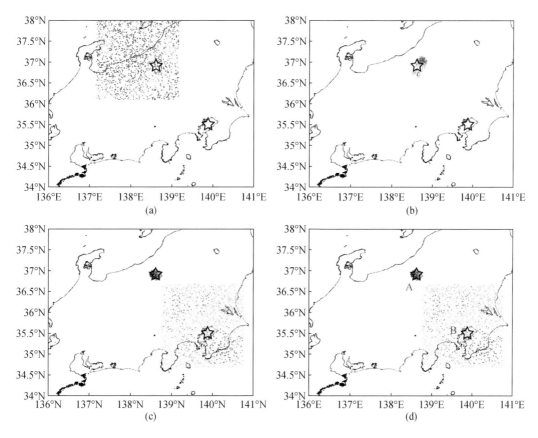

图 8.3　IPF 算法示例（Liu and Yamada, 2014）

8.5　示　范　算　例

本书以 2013 年 9 月 4 日福建仙游 M4.8 级地震为例，采用 IPF 方法首先对单个震源情况下的地震定位过程进行模拟，然后再将两个事件组合起来，生成发震时间间隔为 5s，震中位置相距 40km 的双震事件，讨论 IPF 方法的定位结果精度与处理效率。

8.5.1　单震源情况下的 IPF 连续定位

本书以福建仙游 M4.8 级地震为例（发震时刻：2013 年 9 月 13 日，06:23:26.77；震源位置：25.629°N，118.752°E，10km；震级：M4.8，ML5.0），展示 IPF 方法连续定位过程。为了减少计算量，仅选取震中周围最近的 10 个台站参与计算。如本书 3.1 节所述，当捡拾到首个触发台站的信息时，即启动地震定位（金星等，2012；Jin et al., 2013），随后采用 IPF 算法每秒对定位结果更新。

图 8.4 为以首个触发台站为中心（红色三角形），在 1°×1° 范围内随机生成 1000 个粒子，每个粒子代表一个可能的震源位置，各粒子震源深度在 5～15km 内随机产生，发震时

刻在-5～+5s内随机产生（注：以首台触发时刻为0时刻）。

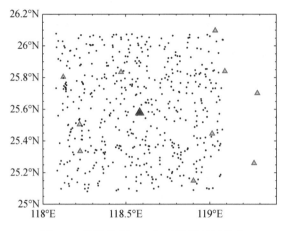

图8-4　仙游地震IPF初始随机粒子分布

随后，采用本书第8.4节中的粒子重采样算法，以1s为间隔，基于每个时刻观测到的地震动到时和幅值信息进行地震实时定位。由于此次事件为单震源事件，因此仅生成一组粒子集。连续定位过程如图8.5所示，图中分别为初始粒子采样概率及首台触发1～9s的粒子采样概率的空间分布。可见，随着时间窗长的增加，采样粒子集的聚集性逐渐增强，也意味着IPF方法的定位结果逐渐收敛，定位结果逐渐趋于稳定。

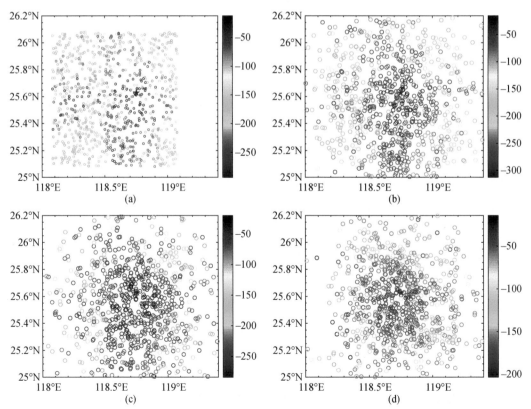

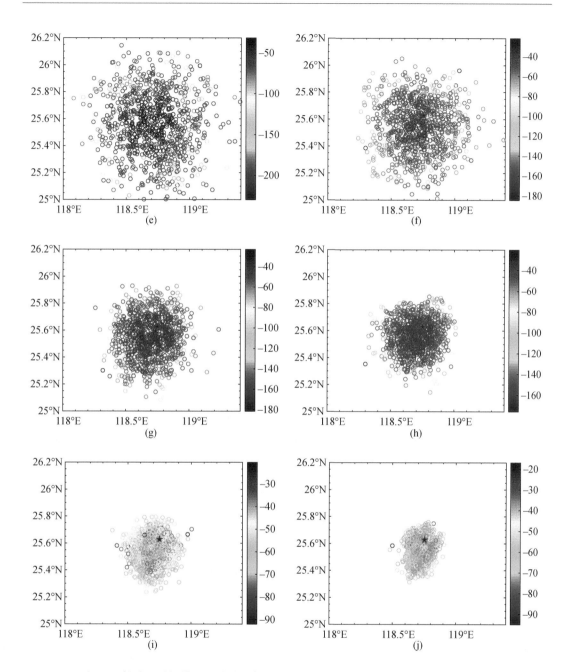

图 8.5　仙游地震初始粒子采样概率及首台触发 1~9s 的粒子采样概率的空间分布

　　以每一秒地震定位结果为基础，对比其与人工编目结果之间的偏差情况，分析 IPF 方法的定位结果可靠度，如图 8.6 所示。由该图可见，随首台触发后时间窗长度增加，定位结果逐渐与人工编目震中位置一致，但震中位置、震源深度、震级、发震时刻等参数的变化趋势并不完全一致，说明粒子群的进化是一个综合的过程，不同参数在进化过程中会相互影响，但最终都会收敛为一个相对稳定的粒子群，即实际震源位置周围。

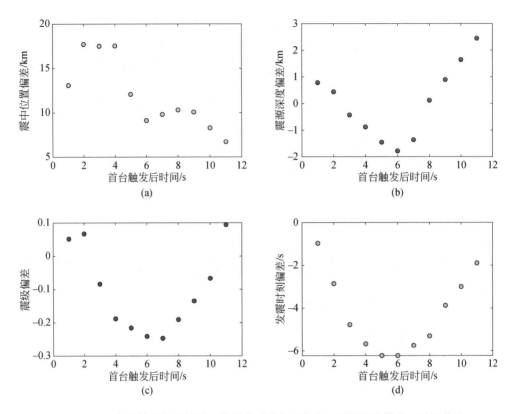

图 8.6　IPF 定位结果偏差统计，分别为震中位置偏差、震源深度偏差、震级偏差
及发震时刻偏差随触发时间变化情况

8.5.2　双震情况下的 IPF 连续定位

　　实际观测中，双震事件并不罕见，但受到前一个事件尾波的影响，第二个事件的震相拾取和震级计算通常都会受到一定影响。同样为了简化计算，本书首先将两个单震源事件组合起来（分别为 2013 年 9 月 4 日仙游 M4.8 级地震和 2022 年 2 月 12 日仙游 M3.1 级地震），生成发震时间间隔 5s，震中位置相距 40km 的双震事件，然后采用 IPF 定位方法进行地震定位，结果如图 8.7 所示。

　　第一个事件的定位过程与 8.5.1 节单震源事件类似，粒子群采样规则及重采样策略也同样沿用 8.5.1 节中的流程，但在第一个事件首台触发 5s 后，随着第二个事件被捡拾，将生成两组采样粒子群，且两组采样粒子群随着时间进程将各自独立搜索并逐步收敛。

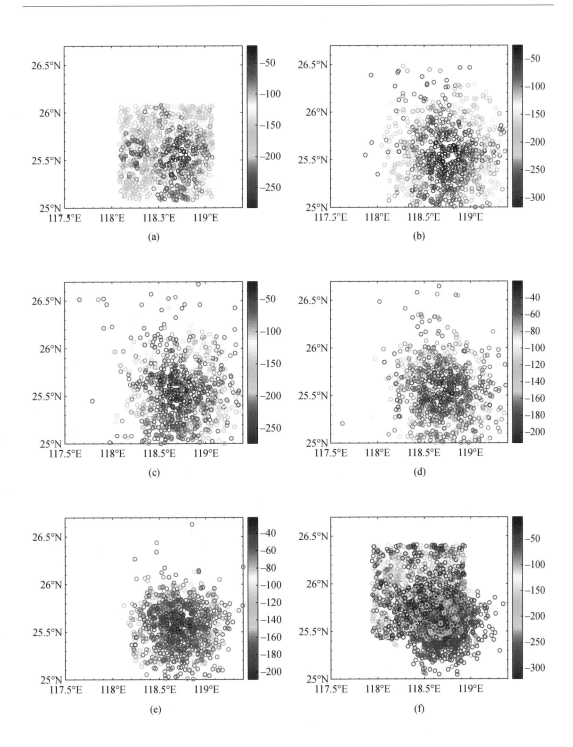

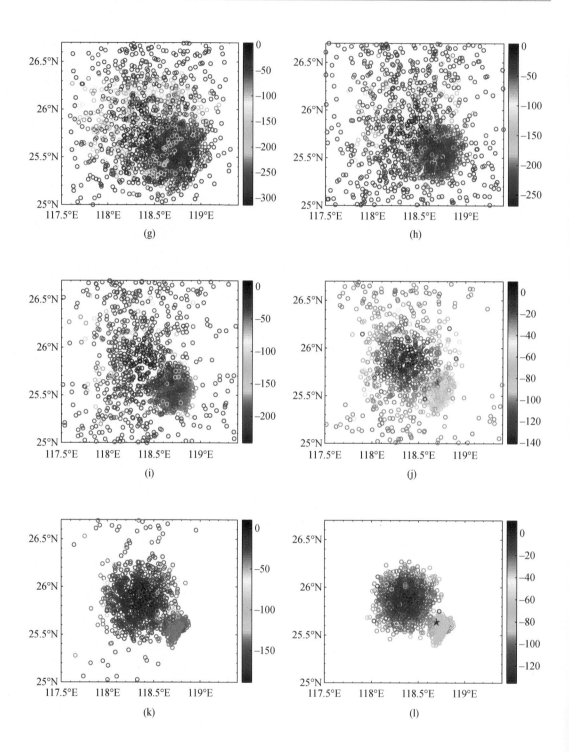

(g)

(h)

(i)

(j)

(k)

(l)

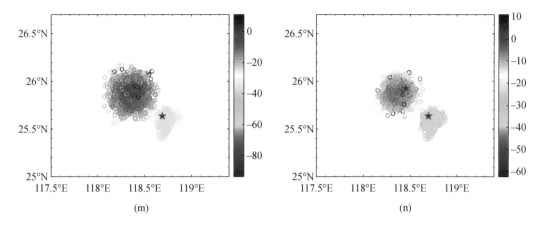

图 8.7　模拟双震下的初始粒子采样概率及首台触发 1~14s 的粒子采样概率的空间分布

参 考 文 献

金星，康兰池，欧益萍．2008．福建地区中小地震地震动峰值衰减规律研究．地震学报，3：279-291.

金星，张红才，李军，等．2012．地震预警连续定位方法研究．地球物理学报，55（3）：925-936.

任叶飞，温瑞智，周宝峰，等．2014.2013 年 4 月 20 日四川芦山地震强地面运动三要素特征分析．地球物理学报，57（6）：1836-1846.

张红才，金星．2014．地震预警信息可靠度研究．地震学报，36（4）：615-630.

Chung A I，Meier M A，Andrews J，et al．2020．ShakeAlert earthquake early warning system performance during the 2019 Ridgecrest earthquake sequence．Bulletin of the Seismological Society of America，110（4）：1904-1923.

Cochran E S，Saunders J K，Minson S E，et al．2022．Alert optimization of the PLUM earthquake early warning algorithm for the western united states．Bulletin of the Seismological Society of America，112（2）：803-819.

Jin X，Wei Y，Li J，et al．2013．Progress of the earthquake early warning system in Fujian，China．Earthquake Science，26（1）：3-14.

Kodera Y，Yamada Y，Hirano K，et al．2018．The propagation of local undamped motion（PLUM）method：a simple and robust seismic wavefield estimation approach for earthquake early warning．Bulletin of the Seismological Society of America，108（2）：983-1003.

Kodera Y，Hayashimoto N，Moriwaki K，et al．2020．First-year performance of a nationwide earthquake early warning system using a wavefield-based ground-motion prediction algorithm in Japan．Seismological Research Letters，91（2A）：826-834.

Liu A，Yamada M．2014．Bayesian approach for identification of multiple events in an early warning system．Bulletin of the Seismological Society of America，104（3）：1111-1121.

Peng C，Ma Q，Jiang P，et al．2020．Performance of a hybrid demonstration earthquake early warning system in the Sichuan - Yunnan border region．Seismological Research Letters，91（2A）：835-846.

Wu S，Yamada M，Tamaribuchi K，et al．2015．Multi-events earthquake early warning algorithm using a Bayesian approach．Geophysical Journal International，200（2）：791-808.

第9章 测试地震预警和烈度速报软件性能的人造地震波场的波形模拟技术

为了检测地震预警和烈度速报软件的性能，评估其功能是否达到设计要求，发现系统软件的缺陷和漏洞，在软件正式上线运行之前，都要进行全面测试。除了常规软件安全性、抗压性、稳定性等通用软件测试的内容外，还要利用国内外收集到的地震台网的强震观测波形资料，形成地震事件数据库，在完成台站站点参数配置后，由一台服务器将各站点的真实地震波形转化为模拟数据流，利用通信链路发送到另一台服务器，通过系统服务器的在线实时接收，由地震预警和烈度速报系统进行在线模拟处理，产出地震预警和烈度速报产品，分析评估其处理效果，提出软件改进建议。这种以实际地震观测为基础的在线模拟检测十分重要，但是不可否认，这种模拟在线检测以及实时在线测试也受许多客观因素的限制：一是有些地区受地震活动周期的影响，在某一时段地震活动较少，观测资料积累较慢；二是中小地震较多，但是 $M>6.0$ 以上地震较少，特别是7级以上大震观测资料更少；三是历史上已有的强震观测资料，由于当时台网密度不高、平均台间距过大，与现在预警工程的高密度台网条件差距较大，检测效果的对比性不强；四是7级以上大震破裂分析缺少由强震地震学构造的确定性大震破裂合成的人工模拟地震波场即理论解，以往在分析大震事件破裂参数（例如破裂方向）时只停留在与多家机构分析结果的对比上，缺少与理论解的对比分析；五是双震和序列震等特殊类型的震例尽管在实际中已经出现，但震例总体较少也不够全面，急需提供人造的各种复杂震例。因此，急需发展一套用于检测地震预警系统与烈度速报系统的性能，尽可能接近真实地震波场的模拟技术和方法。在已知震源参数的条件下，可模拟现有整个台网各台站的地震波形数据，这对于提高软件处理能力，发现软件问题，改进相关算法，特别是引入需要大量地震事件的人工智能算法都具有重要意义（Li，2022）。除此之外，这一套人造地震波场波形模拟技术还可广泛应用于其他领域，例如用于潜在活断层破裂引起的强地面运动估计和工程灾害的评估、场地反应分析及震后烈度图的修正制作等。目前我国对台站场地校正技术，仍采用美国地质勘探局（USGS）所提供的地形坡度校正方法，没有形成自己的技术，也急需发展一套新的台站场地校正方法，在已有 4~5 级地震站点观测记录的条件下，利用本章点源模型地震波场模拟技术（Boore，2009），可以得到台站各观测点基岩面上的人工合成的观测记录，利用站点地表和基岩面上的观测记录，可以计算各台站场地放大因子，形成新的场地校正技术和场地校正数据库。如果在大震破裂的研究区内，有 4~5 级中等强度的地震，而且新台网有较好的观测波形，也可将其作为经验格林函数，用于合成大震的强地面运动。至于如何利用本章研究成果修改制作烈度图留待第10章讨论。

本章重点讨论人造地震波场的目标和总体思路、人造地震波场的技术途径、点源模型激发的人造地震波场、点源模型应用实例、大震破裂激发的人造地震波场、大震破裂模型应用实例等问题。

9.1　人造地震波场模拟的目标与思路

众所周知，在扣除传感器传递函数的影响以后，任意一个台站观测到的地震波形，都是由地震震源、传播介质和台站场地三者影响的融合结果。地震学家对地震的震源过程做了许多研究，提出了许多地震震源模型，其关键性的贡献就是提出位错模型（Wesnousky，2008），用它刻画断层在地震时由同一个面分离为断层两盘的两个面的位错时–空函数，即断层两盘的位错在断层上的空间分布以及描述其分离的时间过程，从理论上证明点源位错等效于双力偶模型，进而通过介质模型和弹性动力学得到点源位错的格林函数。因此，依据震源运动学，假设已知震源位错时空函数，利用大震的位错函数和格林函数（王宏伟，2017）在断层面上进行卷积来模拟大震释放能量和地震波的时–空过程，由此得到台站地震观测波形。震源动力学是将位错时空函数作为动力学方程的求解对象，以初始应力和断层滑动模型为基础，在满足破裂条件后所得到的动力学方程的解，从而通过介质模型计算台站的地震观测波形。如果已知三维介质模型，通过大型计算机，地震波的最高频率可以模拟到 10Hz 左右。但在一般条件下，利用地震学方法所模拟的地震波的频率大约可到1Hz。在评估活断层引发的近场强地面运动时，为了改进理论格林函数对高频地震波计算效率低、高频成分不足的缺陷，地震学家也曾将中小地震实际观测记录作为点源经验格林函数用于合成大震产生的强地面运动。因此，可以引入经验统计格林函数，通过对某一地区台网地震观测记录的统计分析，使其满足地震波频谱、能量衰减和走时等规律，从而依据震源运动学合成大震引起的强地面运动。地震工程学家对人造地震波也很感兴趣，特别关注与工程结构破坏相关的频带为 0.1~25Hz 的地震波。早期由于我国强震观测台网站点较少，强震观测数据不足，为满足大型工程结构地震反应数值分析需要，发展了一种通过迭代方式拟合工程目标反应谱，初始包线符合地震波衰减规律的人造地震波方法，以供重要工程在进行实验分析和仿真数值实验时作为地震动的波形输入，这一方法直到现在工程上仍在使用（Bradley et al.，2017）。因此，如何结合地震学和地震工程学两方面的思路，发展一套基于经验统计格林函数和大震破裂模型合成人造地震波场的模拟技术和方法，供地震预警和烈度速报软件测试应用，就是当前急需解决的重要问题。

9.1.1　主要目标

1. 点源模型

对于震级 $M<6.0$ 以下的地震可近似视为点源模型，如果给定地震基本参数（包括震源位置和发震时间及震级）以及台网分布即各台站空间坐标，在点源模型条件下可以合成各台站的加速度时程，即地震观测波形。

2. 大震破裂模型

已知地震基本参数和台网分布，以及 7 级以上大震破裂震源模型（断层产状、震源破裂方向、破裂方式、破裂速度等），合成地震观测台网所有台站的加速度时程。

3. 人造地震波与台站传感器的适配性

在获得台站三分量人造地震观测波形后，应根据各站点配置的传感器类型和噪声记录做如下适配。

（1）对于强震仪台站，直接采用人造加速度波形记录，并加入本站点强震仪相应三分量的噪声记录，以模拟真实的观测环境。

（2）对于地震计台站，应将人造加速度波形仿真为速度波形并加入本站点地震计噪声记录，以模拟本站点地震计的观测环境。

（3）对于烈度计，可将人造加速度波形仿真为 $0.1 \sim 10\text{Hz}$ 的加速度波形并加入本站点噪声记录，以模拟烈度计的观测环境。

9.1.2　总体思路

1. 点源经验格林函数

以点源模型为基础，总结研究国内外相关研究成果（Lu et al., 2021；Taborda and Bielak, 2013；Graves and Pitarka, 2010；Boore, 2003），分析寻找刻画地震动加速度 Fourier 幅值谱和相位谱的特征指标，通过对这些特征指标的统计回归建立与 M、Δ 的关系，可以得到任意台站的 Fourier 幅值谱和相位谱，从而合成其加速度波形。

2. 大震破裂模型模拟强地面运动

近场观测表明，大震既产生较丰富的低频地震波具有较大的 PGD，又辐射较强的地震波使 PGA 高达 $1 \sim 2\text{g}$，前者主要由大震位错造成，后者主要由断层初始破裂点到断层终止点的快速破裂造成，这是两种不同的物理机制，也是模拟大震产生强地面运动的物理基础。在模拟得到上述点源经验统计格林函数的基础上，引入大震破裂运动学模型，将大震破裂模型产生地台站强地面运动分解为断层上一系列子源产生的强地面运动的线性叠加，其叠加方式依发震时间和子源破裂时间进行，并与破裂方向、破裂方式、破裂速度等参数有关。通过大小地震震源参数相似性即定标律研究，可以得到震级与地震矩、破裂面积和破裂长度的关系式，进而得到大小地震的地震矩之比等价于大小地震的破裂面积与平均位错之比。因此，可以利用震源位置相同、破裂面积相同的点源模型合成的小震记录，通过将小震位错调整至大震位错的方式模拟得到大震中与小震相同位置的子源产生的强地面运动，进而在假设大震断层破裂模型框架下，合成任意台站的大震地震观测波形。在上述大震破裂模型合成的人造地震动的过程中，要充分利用地震学关于大震长周期地震波的研究成果，例如拐角周期与破裂面积的关系，并将其融入人造地震波，使其更加接近真实地震波场。

9.1.3　技术指标

在台站获得的人造地震波形中应包含如下重要技术指标要求。

（1）能模拟点源模型激发的 P 波列波形和 S 波列波形，也就是任意台站的格林函数，处理软件能检测到 P 波和 S 波到时。

（2）P 波初至到时和 S 波初至到时可由指定发震时间 T_0 和走时模型计算得到。

（3）依据台网各台站人造波形数据，地震预警系统产出的地震参数与设计参数要基本一致，震中烈度 I_0 和 M 要符合统计关系。

（4）大震破裂过程符合地震学家的认识（Melgar and Hayes，2019；Meier et al.，2016；Olson and Allen，2005；Furlong et al.，2009），大震破裂方向与烈度分布长轴基本一致，设计破裂模式与软件解算的破裂方向和破裂方式基本一致。

（5）人造地震波地震动参数（如 PGA、PGV 以及烈度）的统计结果符合经验衰减规律。由于经验衰减关系不考虑各站点的场地条件，可以将其视为平均场地条件下的经验衰减规律。

9.2　人造地震波场的基本技术途径

先构造点源经验统计格林函数即人造地震波形，后依据大震破裂模型和点源格林函数，模拟由其产生的强地面运动。

9.2.1　前人研究总结

对于任意台站的地震加速度记录 $a(t)$，通过 Fourier 变换，可得 $a(t)$ 的 Fourier 谱为 $A(\omega)$，即

$$A(\omega)=|A(\omega)|e^{i\varphi(\omega)} \tag{9-1}$$

其中，$|A(\omega)|$ 为其幅值谱；$\varphi(\omega)$ 为其相位谱。经过大量强震地震动的统计分析，地震工程学家得到如下重要结论。

1. 幅值谱的统计规律性很强

幅值谱 $|A(\omega)|$ 随震级和震中距的变化是有规律的，原则上在点源模型假定下可以得到 $|A(\omega)|$ 的经验统计关系，即幅值谱随 M 和 Δ 变化的经验衰减关系可表示为

$$\begin{cases} \lg|A(\omega)|=S(\omega) \\ S(\omega)=a_1(\omega)+a_2(\omega)M+a_3(\omega)\lg(\Delta+\Delta_1) \end{cases} \tag{9-2}$$

其中，a_1、a_2、a_3 为与频率相关的系数。为了得到 $0.1\sim25\,\mathrm{Hz}$ 或更宽频带的幅值谱衰减规律，其频率的采样点要在 $20\sim40$ 个。它可通过大量的观测数据统计回归得到。但如果将幅值谱看成符合某种概率分布（如对数正态分布）函数，则幅值谱特征量的个数将大幅减少。

2. 相位谱无规律，但相位差谱有规律性

相位谱 $\varphi(\omega)$ 在 $(0,2\pi)$ 的规律性无法寻找或者无规律，可看成 $(0,2\pi)$ 内的随机数。相位差谱 $\Delta\varphi(\omega)$ 是有规律的。如果将频率离散化，离散间隔为 $\Delta\omega$，则

$$\omega_k = \omega_0 + (k-1)\Delta\omega, \quad k=1,2,\cdots,N \tag{9-3}$$

其中 $\Delta\omega = 2\pi\Delta f$，$\Delta f = 1/T_d$，$T_d$ 为强地面震动的时间长度。相位差谱可定义为

$$\Delta\varphi_k = \varphi(\omega_{k+1}) - \varphi(\omega_k) \tag{9-4}$$

如果将 $(0, 2\pi)$ 分成若干段，可统计 $\Delta\varphi_k$ 在 $(0, 2\pi)$ 的概率分布曲线，分析表明 $\Delta\varphi$ 确实存在规律性。可由大量的观测资料，分析 $\Delta\varphi(\omega_k)$ 的概率分布曲线 $g(\Delta\varphi)$ 特征量与 M 和 Δ 的统计关系。

3. 包线函数与相位差谱有关，其效果等价

当得到 $|A(\omega)|$ 即幅值谱衰减规律后，如果取

$$A(\omega) = |A(\omega)| e^{i\varphi(\omega)} \tag{9-5}$$

其中，$\varphi(\omega)$ 取为 $(0, 2\pi)$ 内的随机数，经 Fourier 反变换可以得到时程 $a_g(t)$，即

$$a_g(t) \Leftrightarrow |A(\omega)| e^{i\varphi(\omega)} \tag{9-6}$$

显然，$a_g(t)$ 为平稳随机过程，即无明显峰值，前后震动强度相同无随时间衰减的时程，这明显不符合真实地震波的特征，为了改进这一方法，地震工程学家引入一个归一化包线函数 $f(t)$，对 $a_g(t)$ 进行修正，即

$$a(t) = f(t) a_g(t) \tag{9-7}$$

其中，不同学者提出不同的函数形式，如

$$\begin{cases} f(t) = Bt^\alpha e^{-\beta t} \\ B_0 = \left(\dfrac{\alpha}{\beta}\right)^{-\alpha} e^{\alpha}, \quad 0 < t < T_d \end{cases}$$

其中，t 为 P 波的到时起算，显然 $f(t)$ 为单峰且峰值为 1 的包线函数。由此，可以得到强度非平稳的地震动。如果将台站 P 波到达时起算，震动持续时间为 T_d，将 $(0, T_d)$ 内包线函数和非平稳时程 $a(t)$ 经 Fourier 变换得到的相位差谱在 $(0, 2\pi)$ 内的概率分布曲线作对比，可以发现两者存在某种关系的相似性。如果将地震动时程分解为一系列窄频带时程的线性叠加，从理论上确实可以证明两者存在正变相似性，包线函数与相位差谱的概率分布函数对人造地震波所发挥的作用是等价的。因此，地震工程领域人造地震动研究的途径可以分成两大类。

第一类，将幅值谱和相位差谱作为随机变量，研究其统计特征量与 M 和 Δ 变化的规律性。如果已知 $\Delta\varphi$，相位谱就可确定，即

$$\Delta\varphi(\omega_k) = \varphi(\omega_{k+1}) - \varphi(\omega_k) \tag{9-8}$$

由此可得

$$\varphi(\omega_n) = \varphi(\omega_0) + \sum_{k=1}^{n} \Delta\varphi(\omega_k) \tag{9-9}$$

其中，初始相位可由 P 波到时求得。因此，可以得到人造地震动相位谱。

第二类，研究幅值谱和地震动强度包线 $f(t)$ 的统计特征量随 M 和 Δ 的变化规律，也可得到人造地震动，即

$$a(t) = f(t) a_g(t) \tag{9-10}$$

其中，$a_g(t)$ 为平稳随机地震动。由于包线函数比较直观，容易统计其参数，因此采用后

一种方法的较多。

9.2.2　点源人造地震波场模拟的主要途径

根据前述研究基础，点源人造地震波场模拟的主要途径和步骤如下。

1. 统计幅值谱和包线 $f(t)$ 的经验衰减关系

将幅值谱视为随机变量，根据地震观测资料可统计 $|A(\omega)|$ 和 $f(t)$ 特征参数与 M、Δ 的衰减关系。

2. 构造平稳随机时程

在点源模型假定下，可由 $|A(\omega)|$ 和 $\varphi(\omega)$ 合成给定 M 和 Δ 条件下任意台站的平稳随机时程 $a_g(t)$，其中 $\varphi(\omega)$ 为 $(0, 2\pi)$ 随机数产生的相位谱。

3. 构造强度非平稳时程

根据包线函数 $f(t)$，在设定 $t = T_P$ 时触发，其强度非平稳的强地面运动为

$$a(t) = f(t) a_g(t) \tag{9-11}$$

在上述时程中，并不区分 P 波和 S 波波列。

为了进一步模拟 P 波列和 S 波列的强地震动波形，根据走时模型计算 P 波和 S 波走时，在已知发震时刻 T_0 的前提下，得到 P 波和 S 波到达台站的理论到时。S 波到达前为 P 波列，S 波到达后为 S 波列。据此对 $a(t)$ 做适当修正，可以得到最终人工合成的时程。

9.2.3　P 波列和 S 波列的分离方法

根据前述人造地震动的过程，可以得到初步合成的强地面运动 $a(t)$ 为

$$a(t) = f(t) a_g(t) \tag{9-12}$$

其中，$a(t)$ 的最大峰值在近场即为直达 S 波峰值 PGA，则 $PGA(t_m)$ 为

$$PGA(t_m) = \max\{\,|a(t_k)|\,\}, \quad k = 1, 2, \cdots, N \tag{9-13}$$

其中，t_m 为 S 波峰值到时。现在的问题就是如何由 $a(t)$ 分别提取 P 波列和 S 波列。

1. P 波列的强地震动 $a_P(t)$

根据已知的震源参数即震源（震中位置和震源深度 h 以及发震时间 T_0），利用本地区走时模型计算台站的 P 波走时和 S 波走时，则台站的 P 波和 S 波的理论到时分别为

$$\begin{cases} T_P(\Delta, h) = T_0 + t_P(\Delta, h) \\ T_S(\Delta, h) = T_0 + t_S(\Delta, h) \end{cases} \tag{9-14}$$

其中，T_0 为指定的发震时刻。为了测试软件，一般只给出震中 100km 范围内的台站地震波形记录，此时只考虑直达波，但要合成更远台站的地震波，要考虑直达波和首波谁先到。对于单层介质模型，则

$$\begin{cases} t_{\mathrm{P}}(\Delta,h) = (\Delta^2+h^2)^{1/2}/v_{\mathrm{P}} \\ t_{\mathrm{S}}(\Delta,h) = (\Delta^2+h^2)^{1/2}/v_{\mathrm{S}} \end{cases} \tag{9-15}$$

其中，v_{P} 和 v_{S} 分别为 P 波和 S 波波速。定义

$$\Delta t_{\mathrm{S-P}} = t_{\mathrm{S}}(\Delta,h) - t_{\mathrm{P}}(\Delta,h) \tag{9-16}$$

则 $\Delta t_{\mathrm{S-P}}$ 为 P 波到达台站后，S 波相对于 P 波的延迟时间。根据地震学的研究，P 波峰值 PGA_{P} 为 S 波峰值 PGA 的 $1/3 \sim 1/5$，即取

$$PGA_{\mathrm{P}} = \frac{PGA}{4} \tag{9-17}$$

则 P 波列的时程 $a_{\mathrm{P}}(t)$ 可表示为

$$\begin{cases} a_{\mathrm{P}}(t) = a_1(t) H(t-T_{\mathrm{P}}) [1-H(t-\Delta t_{\mathrm{S-P}})] \\ a_1(t) = f_{\mathrm{P}}(t) a_{\mathrm{g}}(t) \end{cases} \tag{9-18}$$

其中，$H(t)$ 为 Heaviside 函数；T_{P} 为台站的 P 波到时；$\Delta t_{\mathrm{S-P}}$ 为 S 波相对于 P 波的时间延迟。换句话说，在 S 波达到之前即为 P 波列，$f_{\mathrm{P}}(t)$ 为 P 波峰值包线，只是其最大幅值为 S 波的峰值的 $1/4$。

2. S 波列的强地面运动 $a_{\mathrm{S}}(t)$

如果 $f_{\mathrm{S}}(t)$ 为 S 波包线函数，可得

$$\begin{cases} a_{\mathrm{S}}(t) = a(t) H(t-T_{\mathrm{S}}) \\ a(t) = f_{\mathrm{S}}(t) a_{\mathrm{g}}(t) \end{cases} \tag{9-19}$$

3. 合成人造地震动

$$a(t) = a_{\mathrm{P}}(t) + a_{\mathrm{S}}(t) \tag{9-20}$$

当然，$f_{\mathrm{P}}(t)$ 与 $f_{\mathrm{S}}(t)$ 有一定关系，并与 $f(t)$ 有关，待统计得到 $f(t)$ 衰减关系以后，再做详细讨论。

9.3 点源模型激发的人造地震波场

9.3.1 幅值谱和包线特征量的衰减规律

前面已讲过，人造地震波可表述为

$$a(t) = f(t) a_{\mathrm{g}}(t) \tag{9-21}$$

其中，$a_{\mathrm{g}}(t)$ 为强度平稳的地震动。其 Fourier 谱 $A_{\mathrm{g}}(\omega)$ 为

$$A_{\mathrm{g}}(\omega) = |A_{\mathrm{g}}(\omega)| \mathrm{e}^{\mathrm{i}\varphi(\omega)} \tag{9-22}$$

其中，$|A_{\mathrm{g}}(\omega)|$ 的 Fourier 幅值谱可以通过选取特征频率点，在点源模型假定下统计其与 M 和 Δ 的经验关系，即

$$\begin{cases} \lg |A_{\mathrm{g}}(\omega)| = S(\omega) \\ S(\omega) = a_1(\omega) + a_2(\omega) M + a_3(\omega) \lg(\Delta+\Delta_0) \end{cases} \tag{9-23}$$

如果采样的频率点较多，则需要的参数也较多，这并不是一个好的选择。经过对观测数据的大量统计分析，可以发现能量归一化后的幅值谱形状函数可近似看成对数正态函数，如果能充分利用这一特性，可大幅减少其特征参数。

1. 幅值谱特征量的衰减规律

如果幅值谱能量归一化后的形状函数 $P(\omega)$ 为以频率为变量的随机量，服从对数正态分布，即随机变量 $\hat{A}_k = P(\omega_k)$ 为

$$\hat{A}_k = \frac{1}{\sqrt{2\pi}\sigma_{\mathrm{m}}f_k}\exp\left[-\frac{(\ln f_k - \mu_{\mathrm{m}})^2}{2\sigma_{\mathrm{m}}^2}\right] \tag{9-24}$$

相当于 $\hat{A}_k$ 为归一化幅值谱的第 k 个频率点的随机采样。其中均值 μ_{m} 和方差 σ_{m} 分别为

$$\begin{cases} \sigma_{\mathrm{m}}^2 = \ln\left(1 + \dfrac{V_{\mathrm{F}}}{M_{\mathrm{F}}^2}\right) \\ \mu_{\mathrm{m}} = \ln M_{\mathrm{F}} - \dfrac{1}{2}\sigma_{\mathrm{m}}^2 \end{cases} \tag{9-25}$$

其中，μ_{m} 和 σ_{m} 都为无量纲。因此，幅值谱的特征量有三个，归一化幅值谱形状函数的特征量有两个 μ_{m} 和 σ_{m}，绝对幅值谱的特征量有一个即 E，它刻画了地震动的总能量。但在实际统计时，只需计算三个特征量。

（1）能量特征量：

$$E = \sum_{k=1}^{N/2} A_k^2 \tag{9-26}$$

（2）一阶原点矩：

$$M_{\mathrm{F}} = \frac{\displaystyle\sum_{k=1}^{N/2}\left(\frac{k}{N/2}\right)A_k^2}{E} \tag{9-27}$$

（3）二阶中心矩：

$$V_{\mathrm{F}} = \frac{\displaystyle\sum_{k=1}^{N/2}\left(\frac{k}{N/2}\right)^2 A_k^2}{E} - M_{\mathrm{F}}^2 \tag{9-28}$$

其中，μ_{m} 和 σ_{m} 可由 V_{F} 和 M_{F} 计算得到。由此可得归一化幅值 $\hat{A}_k$ 与绝对幅值谱的关系为

$$\begin{cases} A_k = \sqrt{\dfrac{\hat{A}_k \cdot E}{1 + N/2}} \\ x_k = \dfrac{2}{T}A_k \end{cases} \tag{9-29}$$

如果特征量 Y 与震级、震源距 R 及场地条件 V_{S30} 建立如下方程：

$$\ln Y = \beta_1 + \beta_2 M + (\beta_3 + \beta_4 M)\ln(R+5) + \beta_5 \ln V_{S30} + \varepsilon \tag{9-30}$$

其中，Y 分别取 E、M_{F}、V_{F}；ε 为拟合方差。由此可得平稳加速度时程的离散化公式为

$$a_{\mathrm{g}}(t) = \sum_{k=1}^{N/2} x_k \cos(f_k t + \varphi_k) \tag{9-31}$$

其中，x_k 由上述步骤产生；φ_k 为（0，2π）的随机相位；f_k 为频率，$\Delta f = 1/T_d$。

$$f_k = f_0 + (k-1)\Delta f, \quad k = 1, 2, \cdots, N/2 \tag{9-32}$$

2. 包线函数特征量的统计规律

不同学者采用了不同形式的包线函数，为了突出峰值的影响，$f(t)$ 可选择 gamma 函数

$$f(t) = a_1 t^{a_2-1} \mathrm{e}^{-a_3 t} \tag{9-33}$$

归一化后也可写成更简洁的公式：

$$\begin{cases} f(t) = \left(\dfrac{t}{t_m}\right)^{\alpha} \mathrm{e}^{-\beta(t-t_m)} \\ t_m = \dfrac{\alpha}{\beta} \end{cases} \tag{9-34}$$

根据 a_1，a_2 和 a_3 或者 α，β 与 t_m 任选一组特征量，研究其与 M、Δ 的统计关系就可以得到 $f(t)$。同理，特征量 Y（代表 a_1，a_2，a_3）可以表示为

$$\ln Y = \beta_1 + \beta_2 M + (\beta_3 + \beta_4 M)\ln(R+5) + \beta_5 \ln V_{S30} + \sigma \tag{9-35}$$

故强地面运动 $a(t)$ 即可合成得到

$$a(t) = f(t) a_g(t) \tag{9-36}$$

但是 $f(t)$ 既包括了 P 波包线，也包括了 S 波的包线，在统计时并没有分开统计。我国新台网初建积累数据较少，故利用日本 2010 年至 2020 年 KiK-net 台网井上台和 K-net 台站，震级范围 3～8 级，震源深度小于 102km，震源距符合 $\lg R \leqslant 0.86 + 0.17M$，共计 237 次地震事件，2442 条强震记录，对幅值谱和包线函数特征量进行统计分析，得到相关参数的垂直（UD）向统计结果，如表 9.1 和表 9.2 所示。在统计时，利用地震动的三分量分别统计相关参数，因此可以合成强震任意台站站点的三分量记录。

表 9.1　UD 向强度包络函数回归结果

参数	β_1	β_2	β_3	β_4	β_5	σ
α_1	−1.2998	0.3974	0.3972	−0.1774	−0.0090	1.3282
α_2	1.9827	−0.2107	−0.4499	0.0733	−0.0018	0.3842
α_3	3.4667	−0.4761	−1.4629	0.1360	−0.0134	0.5375

表 9.2　UD 向幅值谱模型参数回归结果

参数	β_1	β_2	β_3	β_4	β_5	σ
E	5.7578	1.4509	−3.3387	0.3111	0.0306	2.4054
M_F	0.5250	−0.3247	−0.4436	0.0599	−0.0012	0.2576
V_F	−3.5225	−0.0103	−0.3329	0.0193	−0.0049	0.5929

需说明的是，由于样本事件包含了 3 级以上，震源深度 100km 以内，近场地震波谱的信息，在此范围内可合成出强地面运动。

9.3.2 P波列的强地面运动模拟

1. P波列的包络函数 $f_P(t)$

由于在统计时并未区分P波和S波，所以 $f(t)$ 为P波和S波混合构成的总包线，因此P波和S波的总体包线函数为

$$
\begin{cases}
f(t) = \left(\dfrac{t}{t_m}\right)^{\alpha} e^{-\beta(t-t_m)} \\
t_m = \dfrac{\alpha}{\beta}
\end{cases}
\tag{9-37}
$$

包线参数 a_1、a_2 和 a_3 已由经验统计关系得到，因此 α、β 和 t_m 与 a_1、a_2 和 a_3 的关系如下：

$$
\begin{cases}
\alpha = a_2 - 1 \\
\beta = a_3 \\
t_m = \dfrac{\alpha}{\beta}
\end{cases}
\tag{9-38}
$$

以及

$$
a_1 = \frac{\exp(\beta t_m)}{t_m^a}
\tag{9-39}
$$

利用合成的地震动可以得到 PGA 及其到时 t_m。利用P波峰值和S波峰值的关系

$$
\frac{PGA_P}{PGA} = 1/4
\tag{9-40}
$$

从 $f(t)$ 估计P波峰值的到时 t_{Pm}，如果归一化包线 $f(t) = 0.25$，则

$$
\alpha \ln\left(\frac{t}{t_m}\right) - \beta(t - t_m) = \ln 0.25
\tag{9-41}
$$

由此解得 $t = t_{Pm}$，当P波峰值到达以后，P波列的包线 $f_P(t)$ 将衰减，其包络衰减函数形状与S波包线相似。由此可得P波列的包线函数

$$
f_P(t) =
\begin{cases}
f(t), & 0 \leqslant t \leqslant t_{Pm} \\
B_0 \left(\dfrac{t}{t_m}\right)^{\alpha_1} e^{-\beta_2(t - t_{Pm})}, & t_{Pm} < t \leqslant t_{S-P}
\end{cases}
\tag{9-42}
$$

其中，t 由P波到达台站时起算。当 $t \leqslant t_{Pm}$ 时，$f_P(t)$ 的包线即为统计的总包线 $f(t)$，当 $t \geqslant t_{Pm}$ 时，$f_P(t)$ 开始衰减。包络函数要连续，即当 $t = t_{Pm}$ 时应有

$$
\left(\frac{t}{t_{Pm}}\right)^{\alpha} e^{-\beta(t - t_{Pm})} = B_0
\tag{9-43}
$$

则有

$$
B_0 = 0.25
\tag{9-44}
$$

相当于P波峰值为S波的1/4。另外，可以证明：

$$\begin{cases} t_{\mathrm{Pm}} = \dfrac{\alpha_1}{\beta_1} \\ t_{\mathrm{m}} = \dfrac{\alpha}{\beta} \end{cases} \tag{9-45}$$

取 $\alpha_1 = \alpha$，则 β_1 为

$$\beta_1 = \frac{\alpha}{t_{\mathrm{Pm}}} \tag{9-46}$$

由此完全得到 P 波列的包络函数的相关参数，从而得到 P 波列的波形。

2. P 波列的强地面运动

根据 Heaviside 阶段函数定义：

$$H(t) = \begin{cases} 1, & t \geq 0 \\ 0, & t < 0 \end{cases} \tag{9-47}$$

由此可以得到经改造的 P 波列地震动

$$a_{\mathrm{P}}(t) = \begin{cases} a(t) H(t-T_{\mathrm{P}}), & 0 < t < t_{\mathrm{Pm}} \\ f_{\mathrm{P}}(t) a_{\mathrm{g}}(t) [1 - H(t-T_{\mathrm{S}})], & t \geq t_{\mathrm{Pm}} \end{cases} \tag{9-48}$$

或者定义 P 波包线函数为

$$f_{\mathrm{P}}(t) = \begin{cases} f(t), & 0 < t < t_{\mathrm{Pm}} \\ 0.25 \left(\dfrac{t}{t_{\mathrm{Pm}}}\right)^{\alpha} \mathrm{e}^{-\beta_1(t-t_{\mathrm{Pm}})}, & t \geq t_{\mathrm{Pm}} \\ \beta_1 = \dfrac{\alpha}{t_{\mathrm{Pm}}} \end{cases} \tag{9-49}$$

则 P 波列时程 $a_{\mathrm{P}}(t)$ 为

$$a_{\mathrm{P}}(t) = f_{\mathrm{P}}(t) a_{\mathrm{g}}(t) \tag{9-50}$$

发震时间为 T_0，如果台站震中距为 Δ，震源深度为 h，则 T_{P} 和 T_{S} 分别为介质模型计算的 P 波和 S 波达到台站的时间

$$\begin{cases} T_{\mathrm{P}} = T_0 + t_{\mathrm{P}}(\Delta, h) \\ T_{\mathrm{S}} = T_0 + t_{\mathrm{S}}(\Delta, h) \end{cases} \tag{9-51}$$

9.3.3　S 波列的强地面运动模拟

1. 计算地震动峰值 a_{m} 和到时

根据前述讨论，初步合成的地震动为

$$a(t) = f(t) a_{\mathrm{g}}(t), \quad t > 0 \tag{9-52}$$

由此可计算地震动峰值和峰值到时

$$a_{\mathrm{m}}(t_{\mathrm{m}}) = \max\{|a(t_i)|\} \tag{9-53}$$

此峰值及到时即定义为 S 波峰值及到时。

2. 计算地震动的持续时间 T_d

由于烈度计的噪声水平为 $1\sim2$gal，如 $a(t)$ 的单位为 gal，则计算

$$|a(T_d)|=|a(t_i)|=1.0,\quad t_i>t_m \tag{9-54}$$

由此可得到地震动的总持时 T_d。

3. 计算 S 波序列的持续时间 T_{dS}

由于总持时 T_d 中既包含 P 波列的持时又包含 S 波列的持时，因此在考虑 S 波的持时时应首先分离 P 波列的持时。根据前述的分析，P 波列的持时为

$$T_{dP}=T_S-T_P=\Delta t_{S-P} \tag{9-55}$$

因此，S 波列的持时 T_{dS} 为

$$\begin{cases}T_{dS}=T_d-T_{dP}\\T_{dP}=\Delta t_{S-P}\end{cases} \tag{9-56}$$

4. S 波列的包线函数 $f_S(t)$

根据前述的分析，并注意到有时 S 波峰值到时早于 S 波初至到达台站，这显然不合理，应对 S 波的包线做进一步修正，以满足如下技术要求：

（1）P 波列和 S 波列的总持时为 T_d；

（2）S 波峰值到时应滞后于 S 波初至到时；

（3）在峰值不变的前提下其到时可调节。

如果以台站触发起算时间 t，则首先判断 T_{Sm} 和 T_S 的相对大小，即

$$\begin{cases}T_{Sm}=T_P+t_{Sm}\\T_S=T_P+t_{S-P}\end{cases} \tag{9-57}$$

若 $T_{Sm}>T_S$，则表明 S 波峰值滞后于 S 波初至到时，则比较合理，无需对 S 波列做修改，则 S 波列为

$$\begin{cases}a_S(t)=a(t)H(t-\Delta t_{S-P})\\a(t)=f(t)a_g(t)\end{cases},\quad 0<t<T_d \tag{9-58}$$

其中，$t_{Sm}=t_m$ 即为实际合成出时程的峰值到时；T_P、T_S 分别为理论模型计算的 P 波和 S 波到时。若 $T_{Sm}<T_S$，则说明 S 波列的峰值先于 S 波初至到达，不尽合理，应对 S 波列进行修改，而且仅修改 S 波初至到时至 S 波峰值这一段的包线。其步骤如下：取 S 波列在 $[t_{S-P},t_m]$ 区间内的包线为

$$f_S(t)=\left(\frac{t}{t_m}\right)^a e^{-\beta_2(t-t_m)} \tag{9-59}$$

取 $\Delta t=|t_{Sm}-t_{S-P}|$，则

$$\begin{cases}a_m=|a(t_m)|\\f(t_m)=1\end{cases},\quad t\in(t_{S-P},t_m) \tag{9-60}$$

t_m 为调整后的 S 波峰值到时。由于 $f'(t)=0$ 时，峰值到时 t_m 满足

$$t_m = \frac{\alpha}{\beta_2} \tag{9-61}$$

则从 S 波到达起算 t，波峰值到时修改为

$$t_m = |t_{Sm} - t_{S-P}| \tag{9-62}$$

$$\beta_2 = t_m \alpha \tag{9-63}$$

由此可得

$$f_S(t) = \begin{cases} \left(\dfrac{t}{t_m}\right)^a e^{-\beta_2(t-t_m)}, & t_{S-P} \leqslant t \leqslant t_m \\ f(t), & t > t_m \end{cases} \tag{9-64}$$

因此，根据前面的讨论，S 波列的强地面运动 $a_S(t)$ 为

$$a_S(t) = f_S(t) a_g(t) H(t - T_S) \tag{9-65}$$

此种修改可以保证 S 波的峰值到时一定滞后于 S 波的初至到时，而且 S 波峰值不变。因此，由 P 波列和 S 波列合成的强地面运动为

$$a(t) = a_P(t) + a_S(t) \tag{9-66}$$

综前所述，在点源模型假定下，依据大量观测资料可以得到幅值谱和包线函数 $f(t)$ 的特征量与 M 和 Δ 的统计关系。已知台网各台站站点分布和震源参数 (x_0, y_0, h, M, T_0)，例如台网中第 j 个台站坐标为 (x_j, y_j)，则其震中距 Δ_j 和震源距 R_j 分别为

$$\begin{cases} \Delta_j = \left[(x_j - x_0)^2 + (y_j - y_0)^2 \right]^{1/2} \\ R_j = (\Delta_j^2 + h^2)^{1/2} \end{cases}, \quad j = 1, 2, \cdots, N \tag{9-67}$$

其中，N 为台站个数。由介质模型计算点源到达各台站的 P 波和 S 波到时，其 T_{Pj} 和 T_{Sj} 分别为

$$\begin{cases} T_{Pj} = T_0 + t_P(\Delta_j, h) \\ T_{Sj} = T_0 + t_S(\Delta_j, h) \end{cases} \tag{9-68}$$

由此，可以人工合成台站的强地面运动。但是这种地面运动并未考虑破裂过程，仅适合于 $M \leqslant 6.0$ 或者 6.5 级以下的地震波场的模拟。对于大震必须考虑大震破裂过程。

9.4　点源模型台网地震波场的模拟实例

9.4.1　台网分布及模拟事件

根据福建强震动台网共 158 台，台站分布如图 9.1 所示，利用上述方法分别模拟福建三明 5 级地震单个事件波形、福建福州 7 级地震单个事件波形，以及异地双震事件波形（假设两个地震的发震时刻相差 1s，震中位置相差为 186km，震源深度均为 10km）。

9.4.2　P 波列和 S 波列地震波模拟

为了模拟 P 波列和 S 波列的强地震动波形，根据 P 波和 S 波理论走时模型，采取 P 波

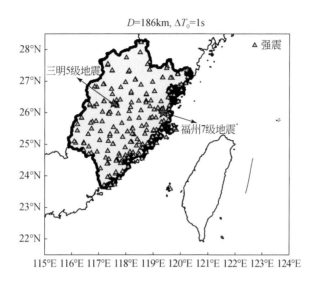

图 9.1　福建强震台网及模拟地震分布图

列和 S 波列的分离方法，合成具有 S 波列的强地面运动。如图 9.2 所示，首先判断峰值位置，若峰值位置在 S 波到时之后，则取 P 触发至 S 波到时前作为 P 波段，令 P 波段峰值为 S 波段峰值的 1/4；若峰值位置在 S 波到时之前，则取 P 触发至峰值位置为 P 波段，令 P

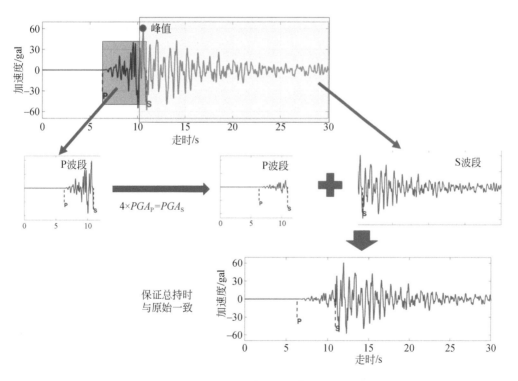

图 9.2　S 波改造示意图

波段峰值为 S 波段峰值的 1/4；然后将 P 波段和 S 波段合并成新记录，截取出与原记录持时一致的记录。图 9.3（a）、（c）为峰值在 S 波到时后的 P 波列和 S 波列改造效果，图 9.3（b）、（d）为峰值在 S 波到时前的 P 波列和 S 波列改造效果。

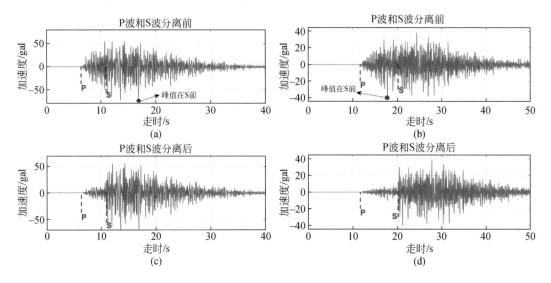

图 9.3　峰值在 S 波到时后与峰值在 S 波到时前的改造效果

9.4.3　模拟两个地震事件的 P 波和 S 波

图 9.4 和图 9.5 分别为福建三明 5 级地震和福建福州 7 级地震模拟出的垂直向加速度时程记录，图中统一把波形持时截取到 60s，且 0 时刻为事件的发震时刻。

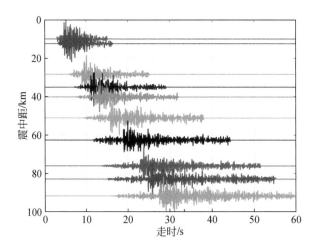

图 9.4　福建三明 5 级地震加速度时程记录

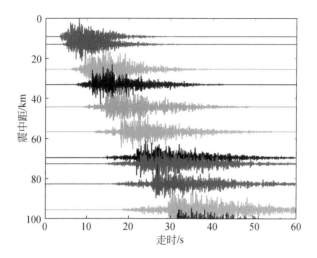

图 9.5　福建福州 7 级地震加速度时程记录

9.4.4　双震模拟结果

图 9.6 为模拟双震事件的波形记录，即同一个台站两个不同事件的波形相互叠加后的加速度时程记录。

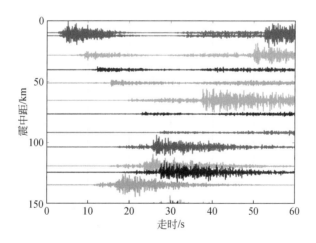

图 9.6　模拟双震事件的加速度时程记录

图 9.7 为双震模型中 P 波安全区与非安全区边界示意图，其中红色和紫色三角分别表示第一个以及第二个地震事件安全区内的台站分布。P 波安全区边界曲线表示：若台站位于第一个地震 P 波安全区曲线左侧，则第一个地震事件的 P 波总比第二个地震事件的 P 波提前达到；同样对于第二个地震 P 波安全区曲线右侧，第二个地震事件的 P 波总比第一个地震事件的 P 波提前达到。

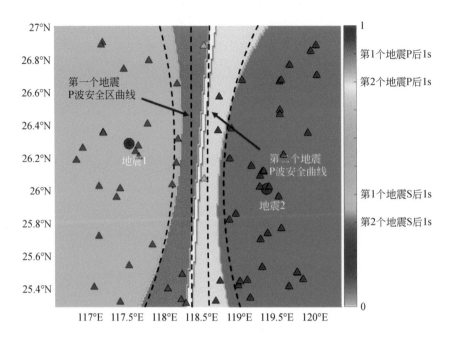

图 9.7　双震模型中 P 波安全区与非安全区边界示意图

　　根据该双震模型可以很好遴选出两个地震事件各自 P 波安全区内的时程记录。图 9.8 为第一个地震的 P 波安全区记录，图 9.9 为第二个地震的 P 波安全区记录。

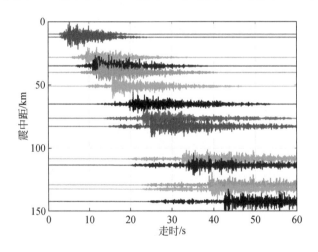

图 9.8　第一个地震的 P 波安全区记录

　　图 9.10 为非安全区内的记录，两个台站的震中距（相对于第一个地震事件而言）分别为 40km 和 137km。对于震中距为 40km 处的波形记录，可明显看出第二个地震的 P 在第一个地震的 S 之后，由于第一个地震相对第二个地震的震级小，因此第二个地震的 P 受第一个地震的影响较小。对于震中距为 137km 处的波形记录，第一个地震的 P 完全淹没在第二个地震的 P 中。

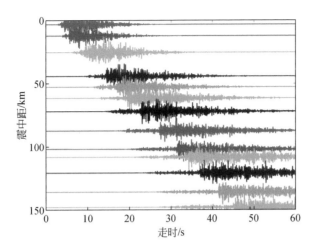

图 9.9 第二个地震的 P 波安全区记录

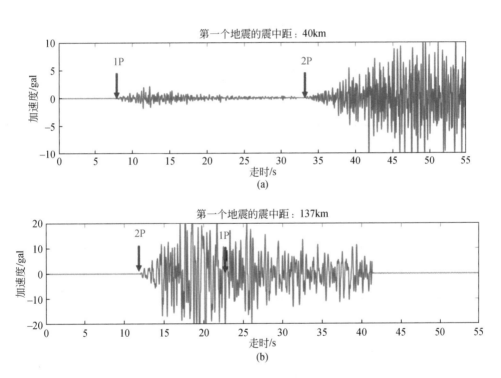

图 9.10 非安全区内的模拟加速度记录

9.4.5 地震预警软件模拟结果的分析

预警系统对单个福建三明 5 级地震事件的测试结果为：首报震级偏差 0.6 级，震中偏差 0.6km；第二报震级偏差 0 级，震中偏差 0.2km。对单个福建福州 7 级地震事件的测试结果为：首报震级偏差 1.1 级，震中偏差 0.6km；终报震级偏差 0.5 级，震中偏差 0.2km。对异地双震事件的测试结果为：首报震级偏差 1.1 级，震中偏差 1.0km；终报震级偏差 0.5 级，震中偏差 9km。可见预警系统对单个模拟事件的测试结果较好，5 级地震的终报几乎和模拟参数一致，7 级地震的终报震级偏小。而对于异地双震事件的测试，虽然预警系统只产出福州 7 级地震一个事件信息，但是其能较为准确地测定出该地震的位置和震级，而不受两个不同地震震相的相互干扰影响，进一步验证了预警系统具有较强的鲁棒性。但目前预警系统在处理双震问题时仍存在一定缺陷，并没有产出两个地震参数，而仅产出较大地震参数。

9.5 大震破裂激发的人造地震波场

为了模拟大震的强地面运动，必须搞清楚大震和小震究竟有哪些差别（Colombelli et al., 2014）。按照地震学家的观点，这种差别主要体现在：一是大震释放的能量巨大，震级相差 1 级，能量相差近 33 倍，换句话说，如果用一个 5 级左右的地震模拟 7 级地震的效果，那么 5 级地震的个数要将近 1000 个；二是大震震源并非一个点，而是有相当大的震源面积，仅内陆大震而言，震源宽度在垂直方向的投影一般不会超过地壳厚度，而破裂方向将沿断层走向，破裂长度和破裂面积一般与震级有关，震级越大，破裂长度越长，8 级以上地震，破裂长度将超过 200km 以上；三是大震既产生较高频的地震波（等价于 PGA 较大）也产生较丰富的低频地震波（等价于长周期 PGD 较大），小震则高频成分较丰富，缺少低频成分，而且地震位移谱的特征参数即拐角频率与地震破裂面积有关；四是破裂方式至少有两种类型，即单侧破裂和双侧破裂，换句话说只有一个破裂方向的即为单侧破裂，有两个相反方向的破裂即为双侧破裂；五是大震破裂从时间上看既有破裂时间也有位错的上升时间，但小震没有破裂时间仅有位错的上升时间。破裂时间是指震源从初始破裂点开始，以一定的破裂速度到达大震断层上的某一点即子源的时间；位错时间是指破裂到达断层某一点即子源时，断层两盘开始位错分离直到产生永久位错的时间。综上所述，大震与小震震源参数之间一定存在着某种联系，这种关系也称为地震参数的定标律，它也是根据大震的震源参数，选择合适的小震地震参数构建经验格林函数，进而模拟大震中子源的科学基础。由于大震强地面运动可分解为断层上一系列大震子源激发的地面运动的叠加，因此依小震地震参数和大震中的子源位置，将小震位错记录修正到大震中相同位置子源产生的大震位错记录，也就是对小震记录低频放大但高频不放大，进而得到子源产生的台站的观测记录，并在大震震源破裂模型的框架内，按照破裂方式和破裂时间叠加合成最终各台站的强地面运动，实现整个台网的强地面运动波场的模拟。

9.5.1 地震参数的定标律

大小地震的参数从统计上讲服从一定的规律，这种规律也称为定标律，它本质上反映出大小地震参数之间存在着某种相似性。

1. 震级和地震矩的关系

根据最早 Kamamori 的统计分析，面波震级 M_S 和地震矩 M_0 就存在较好的线性关系，当 M_S 饱和时，据此提出矩震级 M_W，根据新版国家标准有如下统计关系：

$$\lg M_0 = 1.5 M_W + 9.1 \tag{9-69}$$

其中 M_0 的单位为 N·m。当 M_S 饱和时，利用上述关系引入用 M_0 测定震级 M_W 的公式：

$$M_W = \frac{2}{3}(\lg M_0 - 9.1) \tag{9-70}$$

如果震级不饱和的话，从统计上讲，具有 $M_L \approx M_S$，$M_S \approx M_W$，因此，只要知道震级就可估计 M_0。

2. 破裂长度和震级的关系

如果假设地震的震级为 M，大震的破裂长度为 L，经统计可以发现二者存在如下关系：

$$\lg L = a_1 + a_2 M \tag{9-71}$$

不同学者和不同地区，系数 a_1 和 a_2 略有区别，现取如下关系：

$$\lg L = 0.62M - 2.7 \tag{9-72}$$

其中，L 的单位为 km。

3. 破裂面积与震级的关系

假设破裂面积为 S，破裂宽度为 W，则

$$S = L \times W \tag{9-73}$$

由此可得 S 与 W 的关系：

$$\lg S = b_1 + b_2 M \tag{9-74}$$

其中，系数 b_1 和 b_2，不同地区和学者的统计略有差别，在此取 $b_1 = -3.49$，$b_2 = 0.91$。

也有学者统计断层宽度 W 与 M 的关系：

$$\lg W = -1.01 + 0.32M \tag{9-75}$$

破裂长度 $L > W$，一般 W 为 $\frac{L}{2} \sim \frac{L}{5}$，但对于垂直断层，大震破裂的深度一般不超过地壳厚度，7 级以上地震破裂可出露于地表。

4. 地震矩与平均位错和破裂面积的关系

假设断层平均位错为 D，破裂面积为 S，则根据地震学理论，地震矩 M_0 可表示为

$$M_0 = \mu DS \tag{9-76}$$

这一关系对大小地震事件都适用。其中，μ 为剪切刚度，一般取 $\mu = 3.3 \times 10^4 \text{MPa}$。

9.5.2 大震破裂模型的地震参数

大震破裂断层可简化为长度为 L、宽度为 W 的矩形断层，断层产状可由断层走向 γ

（始终使断层上盘在断层右侧的断层长度方向与正北的夹角）和断层倾角 δ（水平面与断层面的夹角）来描述，这四个参数（γ，δ，L，W）共同构成大震破裂断层的空间几何模型。大震初始破裂点（发震时间和空间位置）、断层破裂方式（沿断层走向单侧破裂或者双侧破裂）、破裂速度 v_r 及大震在断层上的位错分布，共同构成大震破裂的物理模型。根据地震学的研究，破裂速度 v_r 一般为 S 波速度的 $0.7 \sim 0.9$ 倍，但不会超过 P 波速度。破裂速度越快，激发的高频地震波越丰富，PGA 越大，反之就小。另外，为测试软件性能，我们假设均匀位错模型，即用断层平均位错 D 来代表断层位错在断层面上的均匀分布，并可由地震矩 M_0 来估计，在破裂过程中破裂速度为常数。

1. 大震破裂参数

对于 $M \geqslant 7.0$ 级大震，可考虑如下破裂参数。根据 M 可以得到地震矩 M_0 为

$$\lg M_0 = 1.5M + 9.1 \tag{9-77}$$

并估计破裂长度 L，即

$$\lg L = 0.62M - 2.7 \tag{9-78}$$

可估计破裂面积，即

$$\lg S = -3.49 + 0.91M \tag{9-79}$$

破裂宽度 W 一般为

$$W = S/L \tag{9-80}$$

假设大震破裂出露于地表，如果大震断层为垂直断层，破裂最深处不超过地壳厚度 H，则对于垂直断层，破裂宽度为

$$W \leqslant H \tag{9-81}$$

2. 小震震源参数

如果选定大震的震级 M_b，则小震的震级 M_S 可考虑如下关系：

$$M_S = M_b - 2 \tag{9-82}$$

其中，M_S 为小震的震级，如 8 级大震，则小震可选为 6 级地震。同理，也可估计小震的破裂面积、破裂长度等参数，只是尺度较小。

9.5.3　垂直断层单侧破裂及子源设定

为讨论方便，先研究一种特殊断层类型，即垂直断层单侧破裂模型（图 9.11）。

1. 初始破裂点及局部坐标系

假设单侧破裂模型的破裂总长度为 L，宽度为 W，初始破裂点深度为 h，以初始破裂地表投影点为地震微观震中，破裂方向与正东方向的夹角为 θ，沿破裂方向为 x' 轴，沿深度为 z 轴，坐标原点选为微观震中，满足右手定则。

假设初始破裂点坐标为

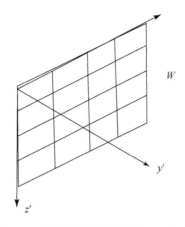

图 9.11　垂直断层单侧破裂模型示意图

$$\begin{cases} x_0' = 0 \\ y_0' = 0 \\ z_0 = h \end{cases} \tag{9-83}$$

其中，h 为初始震源深度。

2. 局部坐标系中子源坐标

假设大震破裂断层为垂直断层，沿破裂长轴方向由 N_L 个子源构成，沿深度方向由 N_W 个子源构成，沿长度排序为第 i，沿深度方向排序为第 j，即第 i 排第 j 列的子源表示为第 $i \times j$ 子源坐标：

$$\begin{cases} x_i' = \Delta L(i-1), \quad i = 1, 2, \cdots, N_L \\ y' = 0, \\ z_j = \Delta W(j-1), \quad j = 1, 2, \cdots, N_W \end{cases} \tag{9-84}$$

其中 ΔL 和 ΔW 分别为子源的长、宽间隔，也是将来选取小震的破裂长度和宽度。

3. 单侧破裂方式

单侧破裂有两种方式，第一种破裂方式为单边圆形破裂模型（图 9.12），第二种破裂方式为纯单侧破裂（图 9.13）。

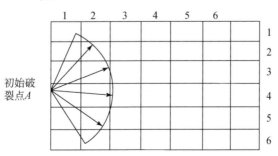

图 9.12　断层面上，圆形破裂

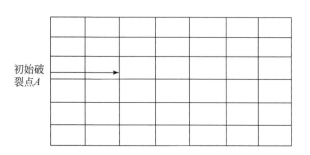

图 9.13　断层面上只有长度方向破裂

第一种破裂方式，从初始破裂点至 $i×j$ 个子源的破裂时间为

$$t_{ij} = \left[\left(x_i' - x_0' \right)^2 + \left(z_j - z_0 \right)^2 \right]^{1/2} / v_{\mathrm{r}} \tag{9-85}$$

其中，v_{r} 为破裂速度。第二种破裂方式为

$$t_{ij} = \left| x_i' - x_0' \right| / v_{\mathrm{r}} \tag{9-86}$$

在断层局部坐标系中（图 9.14），假设第 m 个台站坐标 $\left(x_m', y_m' \right)$，如果不考虑破裂过程，则断层上第 i 排第 j 列所表示的子源到达台站的 P 波和 S 波的时间分别为

$$\begin{cases} T_{ijm}^{\mathrm{P}} = T_0 + t_{\mathrm{P}} \left(\Delta_{ijm}, z_j \right) \\ \Delta_{ijm} = \left(x_i' - x_m' \right)^2 + \left(y_i' - y_m' \right)^2 \\ R_{ijm} = \left(\Delta_{ijm}^2 + z_j \right)^2 \end{cases} \tag{9-87}$$

$$T_{ijm}^{\mathrm{S}} = T_0 + t_{\mathrm{S}} \left(\Delta_{ijm}, z_j \right) \tag{9-88}$$

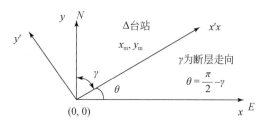

图 9.14　断层局部坐标系

4. 子源和小震强地面运动

选取地理坐标系，则子源坐标为

$$\begin{cases} x_i = x_0 + x_i' \cos\theta \\ y_i = y_0 + x_i' \sin\theta \\ z_j = \Delta W (j-1) \end{cases} \tag{9-89}$$

其中，(x_0, y_0, h) 为断层初始破裂点；θ 为破裂方向与正东夹角。台站坐标为 (x_m, y_m)，则

$$\begin{cases} \Delta_{ijm} = \left[\left(x_i - x_m \right)^2 + \left(y_i - y_m \right)^2 \right]^{1/2} \\ R_{ijm} = \left(\Delta_{ijm}^2 + z_j^2 \right)^{1/2} \end{cases} \tag{9-90}$$

假设小地震震级为 M_S，下标 S 表示小震。震源位置为 (x_i, y_i, z_j)，发震时间为 T_{0ij}，台站坐标为 (x_m, y_m)，利用前述点源模型人造地震波技术，合成的包括 P 波和 S 波的强地面运动为 $a_{ij}(t-T_{0ij})$，其中发震时间为

$$\begin{cases} T_{ij} = T_{ijm}^P + t_{ij} \\ t_{ij} = [\,(x_i' - x_0)^2 + (z_j - h)^2\,]^{1/2}/v_r \end{cases} \qquad (9\text{-}91)$$

对于相同空间位置、相同发震时刻，其大震子源产生的强地面运动为 $A_{ij}(t-T_{ij})$，则由此引起的大震强地面运动为

$$A_b(t) = \sum_{i=1}^{N_L} \sum_{j=1}^{N_W} A_{ij}(t - T_{ij}) \qquad (9\text{-}92)$$

其中，$A_b(t)$ 下标 b 表示大震。现在的问题是如何由 $a_{ij}(t)$ 得到 $A_{ij}(t)$，以及 N_L 和 N_W 如何估计。

9.5.4　由相同空间位置的小震模拟大震子源

根据前述研究，发震时刻和位置相同的小震与大震中的子源激发的地震波到达台站时，都具有相同的传播路径与时间，其主要差别在于震源位错不同，例如 7 级以上大震地表断层位错可达数米至十几米，而 5～6 级地震的位错仅有几毫米至几厘米。大震的强地面运动可表示为

$$A(t) = \sum_{i=1}^{N_L} \sum_{j=1}^{N_W} A_{ij}(t - T_{ij}) \qquad (9\text{-}93)$$

其中，$A_{ij}(t)$ 为子源产生的强地面运动；T_{ij} 为考虑破裂过程的时间延迟。

1. 子源假定的物理意义

大震产生的强地面运动比较复杂，这是由于在大震破裂时破裂前峰不断破裂拓展产生断层位错，又不断辐射地震波产生强地面运动。为了简化对大震破裂复杂问题的物理描述引入子源的概念，因此子源并非真正意义上的地震，它只是描述大震破裂过程中间环节的物理概念而已，但子源又很重要，只有通过它才能实现对大震强地面运动物理过程的真正模拟。那么在大震破裂模拟过程中子源究竟发挥什么作用呢？

第一，大震既产生较丰富的低频地震波，在震中区甚至会产生永久位移，如同科考中看到的地表地震位错，也会产生较丰富的高频地震波，其 *PGA* 峰值高达 1～2g。这些客观事实及其统计规律是我们模拟的物理基础，换句话说，模拟的统计结果至少与大震观测的统计结果要一致。

第二，大震中产生的低频地震波可以利用子源的位错激发，就是将小震的位错修正到大震的位错，使大震的地震矩满足反演得到的结果或者经验统计关系，并使模拟的地震波产生较丰富的低频地震波，满足大震的低频约束条件。

第三，大震也会产生较丰富的高频地震波，具有较大的 *PGA*，这种高频地震波主要是在大震破裂过程中产生的，如同多普勒效应，破裂速度越快，激发的高频越多，*PGA* 越大，反之亦然。因此，可以借助子源与子源的破裂时间，通过破裂速度调节叠加多个子源

产生波形的快慢来控制 PGA 的高低，实现大震高频地震波的模拟。

第四，基于上述物理基础，在考虑将小震记录修正到大震子源时，其修正公式要考虑低频放大，以便将小震位错修正到大震位错，但高频（$\omega \geqslant \omega_c$）不放大，以便通过大震子源的破裂过程激发高频地震波。

2. 大小地震低频约束条件

如果选用震级为 M_S 的小震来模拟大震中的子源，下标 S 表示小震，其地震矩为 M_{0S}，大震的震级为 M_b，其地震矩为 M_{0b}，下标 b 表示大震，则二者的地震矩之比为

$$\frac{M_{0b}}{M_{0S}} = \frac{\mu D_b S_b}{\mu D_S S_S} = \left(\frac{D_b}{D_S}\right)\left(\frac{L_b}{L_S}\right)\left(\frac{W_b}{W_S}\right) \tag{9-94}$$

显然 D_b / D_S 表示大小地震的平均位错之比，可定义为 N_D，即

$$N_D = \frac{D_b}{D_S} \tag{9-95}$$

同理，可定义破裂长度比和宽度比分别为

$$\begin{cases} N_L = \dfrac{L_b}{L_S} \\[2mm] N_W = \dfrac{W_b}{W_S} \end{cases} \tag{9-96}$$

据此，由大小地震的震级计算各自破裂长度后可估计 N_L，根据破裂面积与震级的关系，先得到面积比，进而得到 N_W。对于震级为 M_S，破裂面积为 $L_S \times W_S$ 的地震，为了模拟第 i 排、第 j 列上的子源，子源的破裂面积与小震相同，其空间位置相同，假设由小震记录模拟的强地面时程为 $a_{ij}(t-T_{ij})$，考虑大震破裂模型后其合成产生的地面运动为

$$a_S(t) = \sum_{i=1}^{N_L} \sum_{j=1}^{N_W} a_{ij}(t - T_{ij}) \tag{9-97}$$

其中，$a_S(t)$ 中下标 S 表示小震记录合成的大震强地面运动。可以证明

$$\begin{cases} a_S(\omega) = \omega^2 U_S(\omega) \\ A_b(\omega) = \omega^2 U_b(\omega) \end{cases} \tag{9-98}$$

由于地震的位移谱 $U(\omega)$ 具有如下特性：

$$\lim_{\omega \to 0} U(\omega) \propto M_0 \tag{9-99}$$

则可得到

$$\lim_{\omega \to 0} \frac{U_b(\omega)}{U_S(\omega)} = \frac{D_b}{D_S} = N_D \tag{9-100}$$

因此，要将小震的位错 D_S 抬至 D_b。

3. 将小震校正为子源的两种方法

（1）时域修正方法。假设小震位移，经过 N_D 次叠加，位错可抬升到大震位错，即

$$U_b(t) = \sum_{k=1}^{N_D} U_S[t - (k-1)\tau_S] \tag{9-101}$$

同理可得

$$
\begin{cases}
A_{\mathrm{b}}(t) = \sum_{i=1}^{N_{\mathrm{L}}} \sum_{j=1}^{N_{\mathrm{W}}} A_{ij}(t - T_{ij}) \\
A_{ij}(t) = \sum_{k=1}^{N_{\mathrm{D}}} a_{ij}[t - (k-1)\tau_{\mathrm{S}}]
\end{cases}
\tag{9-102}
$$

这样通过对小震记录 $a_{ij}(t)$ 进行修正，抬升其位错至大震位错，可得子源的记录 $A_{ij}(t)$。但这种方法也具有明显的缺点，就是子源记录中具有明显的周期性。利用大小地震地震矩之比公式：

$$
\frac{M_{0\mathrm{b}}}{M_{0\mathrm{S}}} = N_{\mathrm{L}} N_{\mathrm{W}} N_{\mathrm{D}}
\tag{9-103}
$$

当 N_{L}、N_{W} 已知时，N_{D} 为

$$
N_{\mathrm{D}} = \frac{1}{N_{\mathrm{L}} N_{\mathrm{W}}} \left(\frac{M_{0\mathrm{b}}}{M_{0\mathrm{S}}} \right)
\tag{9-104}
$$

（2）频域修正方法。假设大震的断层位错时间函数（图9.15）为

$$
\begin{cases}
D(t) = D_{\mathrm{b}} \left(1 - \mathrm{e}^{-\frac{t}{\tau_{\mathrm{b}}}} \right), \quad t>0 \\
\dot{D}(t) = \frac{-D_{\mathrm{b}}}{\tau_{\mathrm{b}}} \mathrm{e}^{-t/\tau_{\mathrm{b}}}
\end{cases}
\tag{9-105}
$$

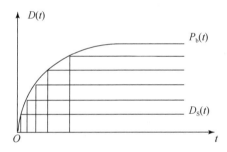

图9.15　断层位错时间函数

其位错速度谱为

$$
\dot{v}_{\mathrm{b}}(\omega) = \frac{-D_{\mathrm{b}}}{\tau_{\mathrm{b}}} \frac{\mathrm{e}^{\mathrm{i}\omega\tau_{\mathrm{b}}}}{[\omega^2 + (1/\tau_{\mathrm{b}})^2]^{1/2}}
\tag{9-106}
$$

如果小震的位错时间函数与大震相同，同理可得小震位错速度谱为

$$
\dot{v}_{\mathrm{S}}(\omega) = \frac{-D_{\mathrm{S}}}{\tau_{\mathrm{S}}} \frac{\mathrm{e}^{\mathrm{i}\omega\tau_{\mathrm{S}}}}{[\omega^2 + (1/\tau_{\mathrm{S}})^2]^{1/2}}
\tag{9-107}
$$

其中，D_{b}、D_{S} 分别为大小地震的平均位错；τ_{b} 和 τ_{S} 分别为大小地震位错的上升时间。依据地震参数的定标律：

$$
\begin{cases}
N_{\mathrm{b}} = \frac{D_{\mathrm{b}}}{D_{\mathrm{S}}} = \frac{\tau_{\mathrm{b}}}{\tau_{\mathrm{S}}} \\
\tau_{\mathrm{S}} = 1/\omega_{\mathrm{c}}
\end{cases}
\tag{9-108}
$$

　　注意到当 $\omega \to 0$ 时，大震位错速度谱的相角接近于零，由此可得将小震位错修正到大震位错的频域公式为

$$
\begin{cases}
\dfrac{a_{\mathrm{b}}(\omega)}{a_{\mathrm{S}}(\omega)} = \dfrac{v_{\mathrm{b}}(\omega)}{v_{\mathrm{S}}(\omega)} = H(\omega_{\mathrm{c}}, N_{D})\,\mathrm{e}^{\mathrm{i}\theta(\omega)} \\[3mm]
H(\omega_{\mathrm{c}}, N_{D}) = \left(\dfrac{\omega^{2}+\omega_{\mathrm{c}}^{2}}{\omega^{2}+\dfrac{1}{N_{\mathrm{b}}^{2}}\omega_{\mathrm{c}}^{2}}\right)^{1/2} \\[5mm]
\theta(\omega) = \dfrac{\omega}{\omega_{\mathrm{c}}}(N-1)
\end{cases}
\tag{9-109}
$$

其中，$\omega_{\mathrm{c}} = 2\pi f_{\mathrm{c}}$，而 f_{c} 为小震的拐角频率。

　　假设小震记录为 $a_{ij}(t)$，子源记录为 $A_{ij}(t)$，在考虑小震修正到大震子源频谱时，为避免周期性，仅考虑幅值谱的影响，则

$$
A_{ij}(t) = H(\omega, N_{D}) \,|a_{ij}(\omega)|\,\mathrm{e}^{\mathrm{i}\varphi(\omega)}
\tag{9-110}
$$

其中，$|a_{ij}(\omega)|$ 和 $\varphi(\omega)$ 分别是小震记录的幅值谱和相位谱；$H(\omega, N_{\mathrm{D}})$ 为

$$
H(\omega, N_{\mathrm{D}}) = N_{\mathrm{D}}\left(\dfrac{\omega^{2}+\omega_{\mathrm{c}}^{2}}{N_{\mathrm{D}}^{2}\omega^{2}+\omega_{\mathrm{c}}^{2}}\right)^{1/2}
\tag{9-111}
$$

满足 $\lim\limits_{\omega \to 0} H(\omega, N_{\mathrm{D}}) = N_{\mathrm{D}}$，其物理意义就是将小震位错抬升到大震位错，并产生较丰富的长周期运动，但是对高频 $\omega \geq \omega_{\mathrm{c}}$ 放大很小。现在只剩下最后一个问题，如何估计小震的拐角频率 ω_{c} 或上升时间 τ_{S}。

4. 小震位错谱拐角频率 ω_{c} 的估计

　　τ_{S} 可估计为

$$
\omega_{\mathrm{c}} = \dfrac{1}{\tau_{\mathrm{S}}}
\tag{9-112}
$$

利用 Brune 拐角频率 ω_{c} 与等效破裂半径的关系，由小震破裂面积估计 ω_{c}，即

$$
\begin{cases}
\omega_{\mathrm{c}} = \dfrac{2.34\beta}{r_{\mathrm{c}}} \\[4mm]
r_{\mathrm{c}} = \left(\dfrac{L_{\mathrm{S}} \times W_{\mathrm{S}}}{\pi}\right)^{1/2}
\end{cases}
\tag{9-113}
$$

其中，β 为 S 波的波速；L_{S} 和 W_{S} 分别为小地震破裂长度和宽度。可计算出小震的拐角频率，并由此得

$$
\tau_{\mathrm{S}} = \dfrac{1}{\omega_{\mathrm{c}}}
\tag{9-114}
$$

　　据此可合成大震的强地面运动。经比较第一种时域抬升位错方法带来一序列有规律人为的周期 τ_{S}，而第二种方法比较自然是渐变过程并产生较丰富的长周期地震波，故采用第二种方法将小震位错抬升到大震位错。

9.5.5　大震破裂强地面波场模拟步骤

1. 根据大震参数选择小震参数

如果要模拟的大震参数为，初始震中为 (x_0, y_0)，震源深度为 h，发震时刻为 T_0，地震震级为 M_b，设大震震源模型：垂直断层，破裂方式为单侧破裂（或双侧破裂），破裂方向与正东方向的夹角为 θ，破裂速度为 v_r。据此可选择小震的震级为 M_S，则

$$M_S = M_b - 2 \tag{9-115}$$

2. 计算子源个数

根据大震震级计算大震的破裂长度为 L，破裂面积为 S，由此得破裂宽度 W，同理小震破裂长度为 L_S，破裂面积为 S_S，破裂宽度为 W_S，则

$$N_L = \frac{L}{L_S} \tag{9-116}$$

$$N_W = \frac{W}{W_S} \tag{9-117}$$

由震级和地震矩的关系分别计算大震地震矩为 M_{0b}，小震地震矩为 M_{0S}，则

$$N_D = \left(\frac{M_{0b}}{M_{0S}}\right)\left(\frac{1}{N_L N_W}\right) \tag{9-118}$$

其中，N_D 为小震位错抬升至大震位错的放大倍数，并估计小震位移谱的拐角频率 ω_c。

3. 计算地理坐标系中大震子源的空间坐标

$$\begin{cases} x_i = x_0 + L_S(i-1)\cos\theta, & i = 1, 2, \cdots, N_L \\ y_i = y_0 + L_S(i-1)\sin\theta \\ z_j = W_S(j-1), & j = 1, 2, \cdots, N_W \end{cases} \tag{9-119}$$

4. 根据台站坐标计算台站子源记录

设台网中第 m 个台站的坐标为 (x_m, y_m)，计算第 i 排第 j 列的小震，震源位置为 (x_i, y_i, z_j)，发震时刻 $T_0 = 0$，相当于先计算小震震级为 M_s 在台站的地面运动 $a_{ijm}(t)$（$i = 1, 2, \cdots, N_L, j = 1, 2, \cdots, N_W$），将其修正到大震子源的地面运动 $A_{ijm}(t)$，其傅氏谱即

$$A_{ijm}(\omega) = N_D \left(\frac{\omega^2 + \omega_c^2}{N_D^2 \omega^2 + \omega_c^2}\right)^{1/2} a_{ijm}(\omega) \tag{9-120}$$

5. 合成地面强运动

根据破裂过程，对子源运动进行合成，得到台站强地面运动为

$$T_{ij} = T_0 + t_{ij} \tag{9-121}$$

t_{ij} 依破裂方式选择，如单侧破裂方式

$$t_{ij} = (x_i'^2 + z_i^2)^{1/2} / v_r \tag{9-122}$$

或者

$$t_{ij} = (x_i' - x_0) / v_r \tag{9-123}$$

$$A_m(t) = \sum_{i=1}^{N_L} \sum_{j=1}^{N_W} A_{ij}(t - T_{ij}) \tag{9-124}$$

对每一个台站重复上述过程，可得到台网各站点的强地面运动。

9.5.6 任意断层倾角的强地面运动模型

如图 9.16 所示，在断层局部坐标系中：

$$\begin{cases} x_i' = x_0 + \Delta L(i-1) \\ y_i' = y_0 + \Delta W(j-1)\sin\beta \\ z_j = \Delta W(j-1)\cos\beta \end{cases} \tag{9-125}$$

其中，$i=1, 2, \cdots, N_L$，$j=1, 2, \cdots, N_W$。ΔL 和 ΔW 分别为所选择小震的破裂长度和宽度，也是子源网格沿长度和宽度的间隔距离。在地理坐标中的子源坐标：

$$\begin{cases} x_i = x_i'\cos\theta - y_j'\sin\theta \\ y_j = x_i'\sin\theta + y_j'\cos\theta \\ z_j = \Delta W(j-1)\cos\beta \end{cases} \tag{9-126}$$

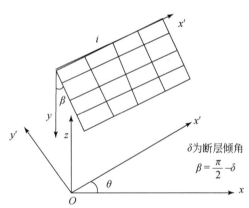

图 9.16　任意断层局部坐标示意图

由于初始破裂点在断层上

$$h = \Delta W(j-1)\cos\beta \tag{9-127}$$

由此解得初始破裂点坐标的局部编号：

$$j = 1 + \frac{h}{\Delta W\cos\beta} \tag{9-128}$$

如果采用单边圆形破裂，其子源破裂时间

$$\begin{cases} t_{ij} = \left[(x_i' - x_0)^2 + (W_j - h)^2 \right]^{1/2} / v_r \\ W_j = \Delta W(j-1) \end{cases} \tag{9-129}$$

其余合成公式与前述相同。单侧破裂与双侧破裂的差别仅在于子源破裂时间的计算，由断层中心向两边破裂即为双侧破裂，其余的合成公式均相同。

9.6　大震破裂模型应用实例

为模拟 7.5 级大震记录，可根据点源模型先模拟出 5.5 级小震记录，再根据本书介绍的两种抬升小震位错方法将 5.5 级小震记录转换为 7.5 级大震中的子源记录。以下分别介绍两种不同的模拟方法的应用实例。

模拟参数设置：假设初始破裂点位置为（26.290km，117.534km，15km），大震断层为垂直断层，断层方向沿正东方向，破裂方式为单侧破裂，且按圆形方式破裂（第一种方式），破裂速度取 $0.8V_{\mathrm{S}}$，即为 2.77km/s。

9.6.1　时域中小震位错抬升大震子源位错方法

利用人造地震波模拟技术生成 5.5 级地震产生的强地面运动。如图 9.17 为震中距 123km 台站（25.225，117.87）的 5.5 级小震模拟地震波时程水平 E 分量记录，其持时为 58s，最大峰值加速度为 6.54gal。经过 P 波段和 S 波段的改造，S 波到时更加明显，如图 9.18 所示，改造后的持时和最大地震动峰值不变。

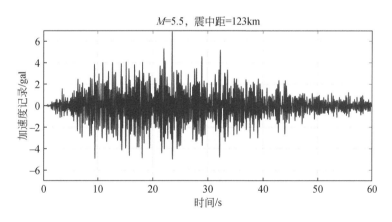

图 9.17　震中距为 123km 的 5.5 级小震初始模拟地震波

模拟台站小震记录后，利用时域公式 $a_{ij}^b(t) = \sum_{k=1}^{N_{\mathrm{D}}} a_{ij}^s \left[t - (k-1)\tau_{\mathrm{c}} \right]$ 将小震记录修正生成大震中的子源记录。利用 7.5 级大震和 5.5 级小震的破裂长度、破裂宽度、破裂面积和地震矩与震级的经验关系，以及 τ_{c} 与拐角频率 ω_{c} 的关系，求出由小震位错抬升至大震位错的倍数 $N_{\mathrm{D}} = 15$。如图 9.19 为经过 N_{D} 次累加，将 5.5 级地震的位错抬升至 7.5 级地震位错，并模拟生成 7.5 级地震的子源地震波，持时约为 94s，地震动峰值为 15.8gal。

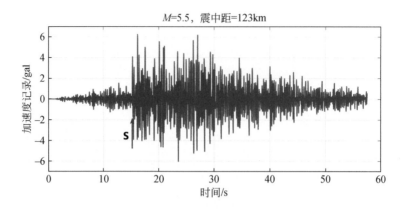

图 9.18　S 波改造后的地震动记录

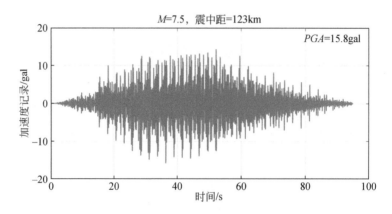

图 9.19　模拟出 7.5 级地震的子源地震波

　　将多个 7.5 级子源地震波根据不同时延进行叠加,最终模拟出该台站的 7.5 级大震记录,持时为 128s,地震动峰值为 117gal,如图 9.20 所示。不过该方法模拟出的记录存在明显的周期性。

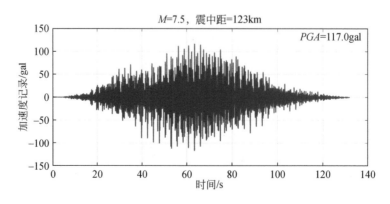

图 9.20　模拟出 7.5 级大震记录

9.6.2　频域中抬升小震位错至大震位错的方法

利用频域中将小震波谱抬升至大震子源波谱的公式 H（ω，N_D）［公式（9-106）］，图 9.21 为将 5.5 级点源模型模拟出的小震幅值谱（蓝色）放大至 7.5 级大震子源幅值谱（红色）。图 9.22 为小震幅值谱经过上述低频放大后，相位谱不变，再反变换得到模拟时程加速度记录，持时不变，大震子源的地震动 PGA 峰值几乎也不变。

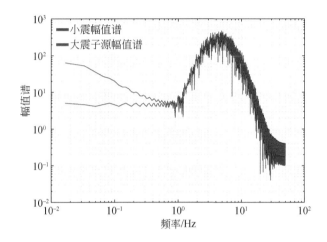

图 9.21　加速度幅值谱放大示意图

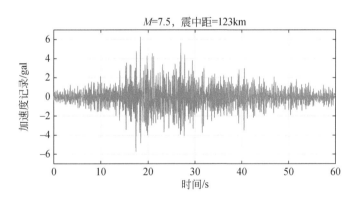

图 9.22　7.5 级大震子源模拟记录

如图 9.23 所示，根据破裂过程，对子源运动进行合成，得到台站 7.5 级大震的强地面运动模拟时程记录，模拟记录持时约为 92s，最大地震动峰值约为 195gal。图 9.24 为点源模型的地震动模拟记录，记录持时为 58s，最大地震动峰值约为 116al。由图可以看出，考虑大震破裂模型的模拟地震波比点源模型的模拟记录持时更长，峰值更大，更加符合实际地震动的大震破裂过程。

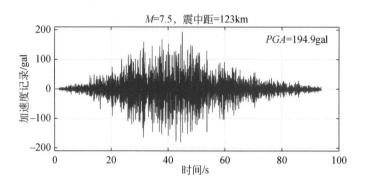

图 9.23　大震破裂模型模拟记录

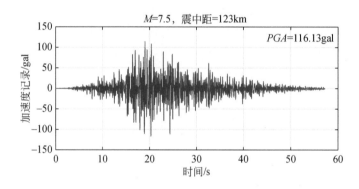

图 9.24　点源模型的地震动模拟记录

9.6.3　模拟地震动的仿真时程记录

图 9.25 为 100km 台站的点源模型与大震破裂模型的模拟记录以及仿真时程记录，三种记录分别为模拟地震动为加速度时程记录、仿真为自振周期为 60s 的速度时程记录以及仿真为 20s 的位移时程记录。点源模型的模拟记录 PGA 为 67gal，PGV 为 2.54cm/s，PGD 为 0.32cm，持时约为 53s。考虑大震破裂模型的模拟记录 PGA 为 129gal，PGV 为 5.16cm/s，PGD 为 4.61cm，持时约为 80s。从速度时程与位移时程可以看出大震破裂模拟的地震动长周期更加丰富。

图 9.26 分别为加速度、速度、位移时程记录经过傅里叶变换后，得到的加速度、速度、位移幅值谱，从速度和位移幅值谱可以得出大震破裂模型比点源模型的低频特征更加丰富。

9.6.4　模拟 7.5 级大震事件台网观测记录

考虑大震破裂模型，根据上述幅值谱放大原理，模拟出各台站的 7.5 级地震记录，进而生成强震台网的 7.5 级大震事件，如图 9.27 所示，该模拟事件信息为 2022 年 6 月 22 日

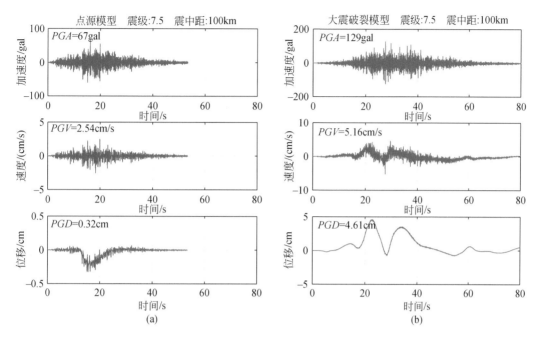

图 9.25　模拟地震动的仿真时程记录

（a）点源模型；（b）大震破裂模型

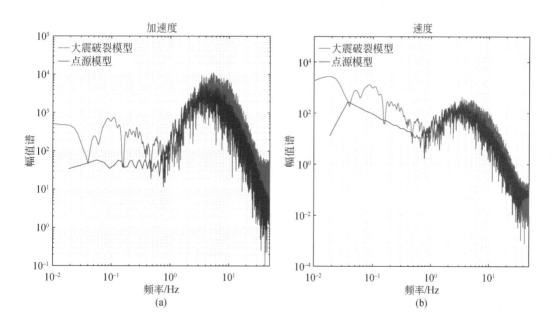

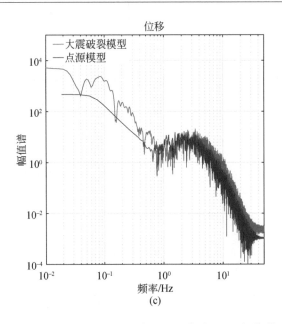

图 9.26　加速度（a）、速度（b）、位移（c）幅值谱

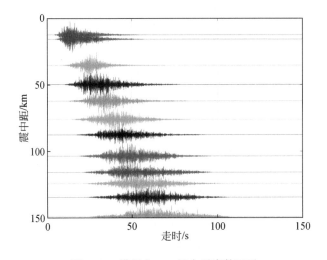

图 9.27　模拟出 7.5 级大震事件记录

12 时 00 分 00 秒福建三明 7.5 级地震（北纬 26.292°、东经 117.535°），震源深度 15km，并生成 EVT[①] 事件文件供后续预警系统和烈度速报系统测试使用。

9.6.5　沿断层附近模拟地震动 *PGA* 分布

沿断层附近每隔 0.1 度打网格，计算每个网格点的模拟地震动时程记录，从而求出每

个网格点的 *PGA*，并绘成图 9.28，沿断层附近 *PGA* 值较大，然后逐渐往周边衰减。

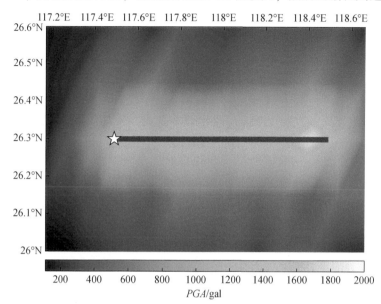

图 9.28　沿断层附近模拟地震动的 *PGA* 分布

9.6.6　预警软件测试结果

表 9.3 为利用预警软件对模拟 7.5 级地震事件的测试结果，可以看出第一报震级测定偏低为 5.7 级，震中偏差为 1.2km，后续报的震级逐渐上升，终报震级达 7.5 级，与模拟震级一致，震中偏差也逐渐减小，最终减小为 0.2km，震中烈度由第一报的 8 度升至 10 度。为降低误报风险，系统在试运行期间对外发布震级不超过 6.9 级。

表 9.3　预警软件测试结果

	震后/s	震级 （烈度震级）	震中偏差/km	震中烈度
第一报	6.2	5.7（5.7）	1.2	8
第二报	9.6	6.4（6.4）	0.5	9
第三报	12.4	6.9（7.0）	0.5	10
第四报	26.9	6.9（7.2）	0.2	10
终报	63.2	6.9（7.5）	0.2	10

9.6.7　烈度速报软件测试结果

用烈度速报软件对大震 7.5 级地震事件进行测试，如图 9.29 为利用线源模型插值获得乡镇仪器地震烈度分布图，根据我们提出的强震思路和实时能量图解算大震破裂过程的方法，解算结果为断层长度90km，方向为北偏东91度，初始破裂点距离断层0km具有垂直断层特征，破裂方式属于单侧破裂。测试用的大震7.5级地震模拟事件的破裂参数及相应的小震破裂参数如表9.4所示。

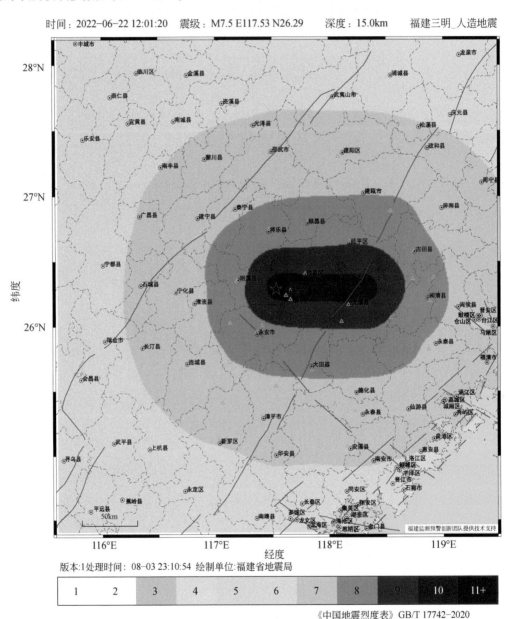

时间：2022-06-22 12:01:20　　震级：M7.5 E117.53 N26.29　　深度：15.0km　　福建三明_人造地震

版本：1处理时间：08-03 23:10:54 绘制单位:福建省地震局

| 1 | 2 | 3 | 4 | 5 | 6 | 7 | 8 | 9 | 10 | 11+ |

《中国地震烈度表》GB/T 17742—2020

图9.29　乡镇仪器地震烈度分布

表 9.4　破裂参数

	破裂长度 L/km	破裂宽度 W/km	破裂面积 S/km^2
7.5 级大震	96.6	24.5	2163
5.5 级小震	6.4	5.6	32.7

由此得出 N_L 为 15.13，N_W 为 4.36，N_D 为 15.13。断层的破裂速度 V_r 为 2.77km/s，破裂方向为正东向，破裂方式为圆形破裂，即

$$t_{ij} = \left[(x_i' - x_0')^2 + (z_j - z_0)^2 \right]^{1/2} / v_r \tag{9-130}$$

单向破裂为

$$t_{ij} = |x_i' - x_0'| / v_r \tag{9-131}$$

本模拟事件采用圆形破裂进行模拟，而大震破裂模型解算软件采用单向破裂方式进行解算，这就是导致上述解算的破裂长度 90km 与模型长度 96km 存在着一定差别的原因。

9.7　总　　结

前述点源统计经验格林函数和大震破裂模型所建构的人造地震波形模拟方法和技术，有许多优点但也有一定的局限性，它只反映某一区域点源激发地震波的统计特征和对大震破裂的普适性认识水平，与具体的、个性化的真实大震破裂过程和大震后强余震产生的台站观测波形有一定的差异性，如同对某一地区多个地震产生的 *PGA* 和 *PGV* 进行统计分析一样，只反映平均的衰减规律，与某一个地震具体的个性化的 *PGA* 和 *PGV* 的衰减关系仍然有较大的差异性。因此，如果要用上述波形模拟方法和技术来真实模拟一个大震的破裂过程，最好选用主震震中附近发震机制与主震一致的 4~5 级的真实小震记录作为经验格林函数，来模拟大震破裂过程产生的强地震运动。

参 考 文 献

王宏伟. 2017. 地震动模拟的两步随机经验格林函数方法研究. 中国地震局工程力学研究所博士学位论文.

Boore D M. 2003. Simulation of ground motion using the stochastic method. Pure and Applied Geophysics, 160: 635-676.

Boore D M. 2009. Comparing stochastic point-source and finite-source ground-motion simulations: SMSIM and EX-SIM. Bulletin of the Seismological Society of America, 99 (6): 3202-3216.

Bradley B A, Pettinga D, Baker J W, et al. 2017. Guidance on the utilization of earthquake-induced ground motion simulations in engineering practice. Earthquake Spectra, 33 (3): 809-835.

Colombelli S, Zollo A, Festa G, et al. 2014. Evidence for a difference in rupture initiation between small and large earthquakes. Nature Communications, 5 (1): 3958.

Furlong K P, Lay T, Ammon C J. 2009. A great earthquake rupture across a rapidly evolving three-plate boundary. Science, 324 (5924): 226-229.

Graves R W, Pitarka A. 2010. Broadband ground-motion simulation using a hybrid approach. Bulletin of the Seismological Society of America, 100 (5A): 2095-2123.

Li Z F. 2022. A generic model of global earthquake rupture characteristics revealed by machine learning. Geophysical Research Letters, 49 (8): e2021GL096464.

Lu X, Cheng Q, Tian Y, et al. 2021. Regional ground-motion simulation using recorded ground motions. Bulletin of the Seismological Society of America, 111 (2): 825-838.

Meier M A, Heaton T, Clinton J. 2016. Evidence for universal earthquake rupture initiation behavior. Geophysical Research Letters, 43 (15): 7991-7996.

Melgar D, Hayes G P. 2019. Characterizing large earthquakes before rupture is complete. Science Advances, 5 (5): eaav2032.

Olson E L, Allen R M. 2005. The deterministic nature of earthquake rupture. Nature, 438 (7065): 212-215.

Taborda R, Bielak J. 2013. Ground-motion simulation and validation of the 2008 Chino Hills, California, earthquake. Bulletin of the Seismological Society of America, 103 (1): 131-156.

Wesnousky S G. 2008. Displacement and geometrical characteristics of earthquake surface ruptures: Issues and implications for seismic-hazard analysis and the process of earthquake rupture. Bulletin of the Seismological Society of America, 98 (4): 1609-1632.

第 10 章　地震预警预测烈度与大震烈度图制作的新方法

目前，随着地震预警工程在重点地区陆续完工，开始进行示范应用或内部测试运行，对 4 级以上地震也产出地震预警与烈度速报结果，但大家关注的焦点主要集中在地震预警测定震级的误差、产出的时效性等方面，对预警系统产出的预测烈度和烈度速报系统产出的城乡烈度和烈度空间分布图明显关注不够，事实上仍存在许多问题有待解决。过去 10 年，对地震预警和烈度速报，我们更多的精力集中在如何解决从无到有的问题，并且在这方面也积累了一些宝贵的经验教训，但是未来十年就是要进一步提高地震预警与烈度速报系统的稳定性、可靠性、准确性、时效性，以更加自动化、智能化为标志，着力解决如何使预测烈度更逼近观测烈度、用烈度速报真正替代现场调查烈度、更好地为应急救援服务的问题。但是我们关于这方面的经验不多，而日本作为地震预警与烈度速报应用已达 20 多年的国家积累了许多案例和经验教训（Karim and Yamazaki，2002）。

在本章中，我们简要总结日本在预测烈度和烈度速报方面积累的经验，日本在阪神地震以后，就正式开始了以仪器观测为基础的烈度速报，在大震现场科考中也取消了调查烈度的内容，这 20 年来积累的地震预警和烈度速报经验值得我们借鉴。在此基础上，对比分析了我国在地震预警预测烈度和烈度速报等方面存在的主要问题，围绕这些问题，提出了改进预测烈度与烈度速报的总体思路和技术构架，重点强调了在发布预警信息后要根据站点触发获取的观测数据不断实时修正更新由烈度经验衰减模型计算的预测烈度，并提出新的预测方法。一旦地震结束，预测烈度模块所提供的观测烈度和插值烈度就转化为烈度速报空间分布散点图。重点强调，要在 10min、1h、24h 三个时间节点随着获取地震断层破裂相关信息的逐步增多，三次加工修正烈度空间分布图。第一次依烈度空间散点图初步勾画烈度空间分布图；第二次依破裂方向、破裂方式和本次地震烈度衰减规律，加工修改烈度空间分布图；第三次主要依据反演的大震破裂模型以及经验格林函数模拟合成插值网格点的地震波形，并结合站点观测记录，实现对破裂过程的仿真模拟，加工修改烈度空间分布图。因此，提出了依据台站密度、站点分布均匀度以及拟合本次地震烈度衰减规律的均值和方差三方面指标，评估烈度空间分布图的制作质量。本章将重点讨论日本预测烈度与烈度速报的主要经验、我国预测烈度和烈度速报存在的问题、烈度预测和速报总体思路和技术构架、预测烈度初始模型及实时修正模型、制作烈度速报空间分布图、仪器烈度空间分布图的质量评估、泸定 6.8 级地震应用实例等问题。

10.1　日本预测烈度和烈度速报的主要经验

10.1.1　以烈度评判预警发布、误报、漏报

日本仪器烈度实行 7 度制，目前只有两种烈度，即地震预警发布的预测烈度和烈度速报系统发布的观测烈度也就是仪器烈度，这两种烈度也是将地震预警和烈度速报紧密关联的桥梁，前者主要用于在发布地震预警信息时对目标区潜在地震灾害风险等级及产生后果的预测；后者是真实地震事件后的观测结果及其对地震灾害等级的评估结果。日本在阪神地震后不久就已取消现场烈度调查（日本称之为体感烈度，它以人对地震动的感受和建（构）筑物的破损程度来评估烈度等级），现场科考主要包括地震断层调查、与结构抗震设计相关的工程灾害破坏机制分析等内容。日本预警系统在检测到地震事件判断预测烈度达到 5 度弱时，就发布地震警报。在日本"误报"是指已发布警报，但实际观测的最高烈度不到 4 度；"漏报"是指观测烈度最高已达 5 度，但没有发布预警警报。由此可看出，日本对地震预警事件"误报"、"漏报"（大约 1 度差别）的要求比较严格。因此，在日本为了降低误报、漏报率，就必须不断提高预测烈度的精度，而对地震预警震级的测定，采取了更宽容的态度，而且认为烈度与地震灾害有更直接的关系。另外，我国由于各种原因，目前预警系统尽管在参数测定中已包含了震中烈度，但是在通常情况下仍然以震级而非烈度作为发布预警的主要依据，分析统计漏报、误报地震事件时仍然以震级作为指标而非烈度，这与日本相比有所不同。采用烈度而非震级作为预警发布的标准的主要原因就在于：一是 7 级以上大震震级不易测准而烈度容易测准；二是烈度与地震灾害的关联度更高（刘恢先，1978）。

10.1.2　关于日本烈度的"两张图"

这里的两张图就是指日本预警系统预测烈度的空间分布图和观测烈度的空间分布图，前者是在发布预警信息时，对本次地震的最高烈度、影响空间范围及其城市、重要工程即将面临的潜在地震灾害风险等级的综合估计，后者则是在震后几分钟内依据台网观测资料对本次地震最高烈度、影响空间范围及其城市、重要工程等所遭受地震灾害等级的综合科学评估（Xu et al., 2019）。这里所说的最高烈度是指，如果地震发生在日本陆地就是震中烈度；如果地震发生在海上，就是陆上（人类社会活动和工程灾害主要在陆上）等级最高的烈度。由于日本仪器烈度台网共有 5000 多个，其平台间距约为 10km，震后几分钟通过插值可以制作烈度空间分布图，加之日本观测资料较多，可以统计烈度与震级、震源深度和震中距的关系，并将其作为预警系统初始预测烈度空间分布的重要基础。需要说明的是，日本预警系统和烈度速报系统依托的台网不同，前者主要依托地震计台网，后者主要依托加速度计台网，采用中心触发方式，而且后者的站点个数是前者的 4 倍左右。早期这两张图的问题也较多，主要是预测烈度的精度不够，也就是预测烈度（包括最高烈度及其烈度空间分布）与实际观测最高烈度以及烈度空间分布差异较大，为此日本学者做了许多改进。

10.1.3　为提高预测烈度精度所做的改进

按日本规则，日本预警系统多次发生"误报"和"漏报"事件，例如东日本海 3·11 9.0 级大震序列以及日本熊本 7.4 级大震序列等，正常年份平均也在 10 次左右，其主要根源就在于预警系统发布的预测烈度特别是预测最高烈度（在陆上网内地震相当于我国的震中烈度）的精度不够（Hoshiba et al.，2010）。为了实现预测烈度及其空间分布与观测烈度及其空间分布尽可能一致这一目标，日本预警系统做了多方面的改进，如下所述。

1. 加强海洋观测系统建设

日本由于特殊的地理环境，许多 7 级以上大震都发生在海上。如果只用日本陆上观测系统测定海上大震的地震参数，不但预警的时效性差，而且定位的精度也不够，随之而来的预测烈度的精度也较低。为此，日本在过去的十来年，大力加强海洋观测系统的建设，从 2011 年以来相继建成 Donet1、Donet2 以及 S-net，共计由 201 个海洋地震站（节）点构成的海洋地震与海啸预警观测系统，几乎是日本近海 7 级以上地震的震中位置都有一个站（节）点，平均台间距达到 30 ~ 50km，有效增强了日本外海特别是东部海域大震的感知能力，预警发布时间可提前 10 ~ 30s，有效增强了对海上地震的定位能力和发布预警信息时预测日本陆上最高烈度的精度。

2. 实现预测烈度空间分布的实时更新

预警系统除了产出地震基本参数外，在满足预警发布准则时，还将同时在可能遭受其影响区域内的所有城市、重要工程发布预测烈度和预警时间。这些城市和重要工程的地点在空间上是星罗棋布的。预警系统在首报发布预测烈度后，依据观测台网实时触发的台网观测数据，特别是引入局部无阻尼传播运动方法，不断实时调整更新预测烈度的空间分布，期望最终与震后 3 ~ 10min 制作的观测烈度空间分布相一致，不断提高预测烈度的水平。

3. 引入 PLUM 方法提高插值烈度精度

地震预警系统发布预测烈度时存在两种状态，一种是预测目标区内设置有观测站点，那么期望预测烈度与实际的观测烈度相一致，并最终可由观测烈度来评估预测烈度的精度；另一种是预警目标区内没有观测站点，那么预测烈度的精度或者合理性只能通过其周围观测站点的烈度和预测点的场地条件是否符合科学家的认知来评估。由于预警目标区不一定有观测台站，另外为了制作烈度空间分布图，也必须按统一要求进行网格化划分，进行烈度空间分布图的统一制作，因此网格的烈度插值模型是重要的关键技术环节。从本质上讲，没有观测站点的网格插值烈度也是一种预测烈度（在日本称之为推测烈度）。在认真总结分析过去预测烈度精度不高的原因之后，日本提出了一种新的 PLUM 方法，来提高预测烈度精度，2018 年后已在日本预警系统中广泛应用（Kodera et al.，2018）。PLUM 方法假定在预测点或者目标区的 30km 范围内，地震仪器烈度不衰减，据此可充分利用目标区周围附近台站实时观测的烈度来预测目标区烈度，但是在预测时要充分考虑台站和预测点的场地差异性，即考虑场地的响应，如图10.1所示。其预测烈度公式如下：

$$I_P^{(k)} = \max_{i \in r}\{I_O^{(i)} - F_O^{(i)}\} + F_P^{(k)} \tag{10-1}$$

其中，$I_P^{(k)}$ 为第 k 个预测点的烈度；$I_O^{(i)}$ 为以预测点为中心，在半径 $r = 30\text{km}$ 范围内，第 i 个台站的观测烈度；$-F_O^{(i)}$ 为第 i 个观测点扣除场地影响后校正到基岩面上的校正值；$F_P^{(k)}$ 为第 k 个预测点的场地影响值。

从预测公式（10-1），可以看出 PLUM 方法比较简单，容易操作，但实际上其中包括的内容比较丰富，要认真总结分析。

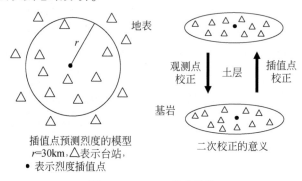

图 10.1　PLUM 技术思路

10.1.4　日本 PLUM 方法的特点

1. 局部插值方法与震源模型无关

众所周知，地表烈度的空间分布形态、方向、规模、震中烈度等重要特征一般与震源机制、破裂模型、震级大小等都有关系，传统上插值模型都考虑这些因素。事实上，这种烈度空间展布与震源有关，是从宏观上、总体形态上的关联，但从烈度衰减到 1 度局部空间细节上看，并不与震源直接关联，而通过站点观测值才与震源关联。因此，PLUM 插值方法就是抓住了这一重要特性，利用烈度这种局部不衰减进而推断地震动参数也具有局部不衰减特征，使插值方法与震源无关，而只与邻近台站的观测值有关，这极大地提高了更新预测烈度的时效性，也同步提高了预测烈度的精度。

2. 插值烈度为局部区域最大观测烈度

为了快速修正预测烈度，必须充分利用已触发台站的观测资料，为此 PLUM 方法假定烈度在 $r = 30\text{km}$ 范围内不衰减，并将插值点周围 30km 范围内地表台站观测值校正至基岩面上，并取其最高烈度就是插值点基岩面上的烈度，再将其修正到地表作为插值网格的地表烈度。由于日本烈度实行 7 度制，我国实行 12 度制，烈度衰减 1 度的距离不尽相同。另外，一定区域范围内的烈度究竟取最高烈度还是平均烈度也值得进一步探讨。

3. 插值点烈度应考虑局部场地影响

考虑到场地条件对观测点和插值点的影响，从预测公式（10-1）可看出，预测目标区的烈度经过了二次场地条件的校正，第一次为将地表观测值校正到基岩面上，在得到基岩面插值点的烈度值后，再进行第二次插值点的场地修正，得到地表插值点的预测烈度。

图 10.2 为日本学者利用 PLUM 方法对 3.11 东日本海大地震重新处理后的结果，从左

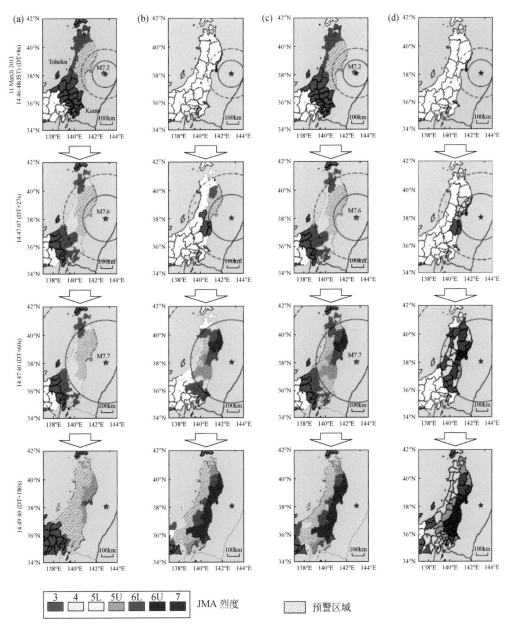

图 10.2　PLUM 算例

（a）点源烈度经验衰减模型；（b）PLUM 模型；（c）两种模型融合结果；（d）真实观测结果

至右分别是点源烈度经验衰减模型、PLUM 模型及两种模型融合结果、真实观测结果。由上到下分别为随时间增加变化的预测烈度空间分布图，从图中看出预测烈度发布范围显著不同，预测烈度准确性明显提高。

10.2　我国预测烈度和烈度速报的主要问题

前面简要介绍了日本预警系统和烈度速报系统在使用烈度时的一些经验及做法，可供我们借鉴，目前我国在使用烈度时也存在如下一些主要问题。

10.2.1　在预警系统中发挥烈度作用不够

我国在设计地震观测系统时，是将地震预警和烈度速报所依托的台网进行了优化设计，实现了地震计、强震仪和烈度计的"三网合一"，这与日本两大功能分别依托两大台网的设计理念是完全不同的，预警时我国的台网密度要高于日本，烈度速报时日本的台网密度要高于我国，总体而言日本台网密度要比我国高。我国地震预警系统发布预警信息时，既包括地震的基本参数，如地震发生的时间、地点、震级、首报时间等，也包括最高烈度，在我国地震预警示范区即为震中烈度。如果是网内地震，其震中烈度也是实时测定的，只要近场直达 S 波峰值到达，震中附近的台站测定的震中烈度就比较准确可靠，而且不存在类似大震震级饱和的问题。但是目前对于震中烈度以及发布的预测烈度，大家普遍重视不够，更多关注的是震级。

1. 重视震级而非震中烈度

在预警第一报和后续报时，预警信息都会包括震级和震中烈度（即最大烈度）两个参数，前者是依据震级测定标准测量的，使用了最初 P 波前三秒的信息（第一报）以及 S 波及其最大幅值信息（后续报），对于中小地震，近场 M_L 震级尽管台数较少，但仍然是比较可靠的。但是对于大于 6.5 级以上的强震特别是 7 级以上大震，震中附近测定的震级由于震级饱和的限制，已不可靠，换句话说，在近场不可能测准大震震级。而对于我国绝大多数高密度台网的预警区，网内震中附近都有台站，可以实时获得震中附近台站资料并测定震中烈度，只要台站观测记录的峰值到达，其震中烈度就是准确可靠的，而且烈度不存在如震级饱和的问题，这是各国科学家在预警系统中高度重视最高烈度（即震中烈度）的重要原因，也是在大震地方震震级 M_L 测不准时使用震中烈度与震级统计关系估计震级的原因。因此，对预警系统来讲，6.5 级以上强震或者 7 级以上大震测定观测（仪器）烈度比测定震级更重要，因为它与地震灾害的关联更紧密。对我国来讲，绝大多数大震震中区都在内陆，容易快速测定、更新震中烈度，一旦震中烈度能够准确测定，其地震灾害的规模、破坏程度等级即可预估，这也是我国与日本相比在地理上的优势。日本许多大震都在海上，过去不容易得到震中烈度，为了兼顾陆海两种不同的观测台网的分布，规定只要陆上预测烈度达到 5 度弱，大约相当于我国 6 度，就发布预警信息。

2. 以震级为指标统计分析预警信息

在我国目前还没有出台预警地震事件"误报"和"漏报"的技术标准，但是在实践中，仍然以预警第一报时测定的震级与震后 10min 内台网中心发布的震级作为评估标准，分析统计震级测定误差，初步分析"漏报"、"误报"原因，并不关心预测烈度与观测烈度的误差。事实上，通过建立预警事件烈度对比分析模型，对每一个台站预测烈度和观测烈度进行对比分析，从而形成台网预测烈度和观测烈度的统计分析机制，对改进预测烈度模型是很有帮助的，因此，要改进相关软件，增加相应功能。

3. 预测烈度和观测烈度对比分析不够

目前，我国预警系统在震后发布预警第一报时，依震级或震中烈度，利用点源烈度衰减模型预测烈度的空间分布，并随着震级 M 或震中烈度的实时测定来更新预测烈度及其空间变化，并通过委托第三方的方式由第三方依点源烈度衰减模型更新预测烈度结果。如果要考虑预测点附近的台站观测结果参与烈度预测的实时修正，这种方式就值得进一步研究。震后也没有对台站的预测烈度和观测烈度进行分析比较。

10.2.2　关于"三张图"的差异性

这里所指的"三张图"就是地震预警时对外发布的预测烈度空间分布图，震后 3 ~ 10min 制作的仪器烈度空间分布图和震后几天或数周公布的人工现场调查烈度空间分布图。目前来看，这三张图的差异性是比较明显的，造成这种差异性的原因是多方面的，但目前使用的现场调查烈度、仪器烈度两种不同微量尺度，以及预测烈度和仪器烈度两种不同产出方式是其差异性的主要根源。

1. 调查烈度与仪器烈度的差异性

现场调查烈度及其空间分布是目前我们评判仪器烈度及其空间分布好坏的重要标准，这种标准自身就带有一定的主观性，因为现场调查烈度基本上是参考人的感受、建（构）筑物破损程度以及场地破坏程度，凭现场科考人员经验判定的（谢毓寿，1955）。这张现场调查地震烈度空间分布图各方都很关注，是国家评估地震造成的经济损失并提供经济援助方案的重要依据。加之在勾画空间分布图时利用了一些技巧，这种技巧在利用仪器烈度制作空间分布图时是很难学会的。反观仪器烈度就是一种观测记录依仪器烈度标准计量的客观尺度，只要台站场址和仪器无问题，其台网比较密集，其空间分布也是比较可靠的。通过比较近期四川等地区发生的 6 级以上地震仪器烈度和现场调查烈度空间分布图，发现其差异性仍很大，主要体现在：一是二者长轴一致性较差；二是 6 度区以上面积，调查烈度要大；三是调查烈度参考的资料较多，例如地质构造背景、活断层现场考察结果、余震震中分布、大震破裂分析等，而仪器烈度参考的断层信息较少，制作不够严谨科学等。目前如何根据台站观测的烈度散点图通过插值制作烈度空间分布图还没有国家标准，制作的图件人工可以修改。不可否认，仪器烈度标准与调查烈度标准可能存在系统性半度到 1 度左右的偏差，要在进一步积累资料的基础上统计二者震中烈度的关系，为进一步修订仪器烈度标准打好基础。

2. 预测烈度与观测烈度的差异性

在地震预警信息发布第一报时，由于并不知道震源断层的确切信息，只能以点源烈度经验衰减模型来预测预警目标区的烈度，并期望随着密集台站资料的不断积累，实时更新预测结果，提高预测烈度精度。目前在实时更新预测烈度结果时，利用了与目标区最近3~6个观测点的实时观测记录，通过考虑点源衰减和波传播的特征来不断更新目标区的实时预测结果，但没有进行标准化网格划分。在进行烈度空间分布图的制作时，也通过网格划分和网格插值的技术来制作烈度图，但与上述预警预测烈度的思路和做法有所不同，后者主要考虑的因素有：一是在 $M<6.0$ 的烈度图制作时仍然采用点源模型，但对于 $M \geq 6.5$ 地震特别是 7 级以上地震，在初步测定断层破裂方向后要考虑破裂模型影响；二是烈度衰减模型尽量利用本次地震拟合的衰减模型。这种预警时的预测烈度方法和震后烈度空间分布图制作的方法不同，必然造成二者的差异性较大。

3. 震源对预测烈度和插值烈度影响较大

上述的预测烈度模型和烈度图的制作模型，自身也有一些不合理或者说缺陷，集中表现为：第一，受点源模型假定限制，点源模型对于中强以下地震来讲，还是比较适当的，但是对于 7 级以上地震来讲，就并不是太合理，需要改进。但是在不知道断层破裂方向和断裂长度时，如何改进呢？第二，在烈度预测模型和插值计算模型中，都利用了点源模型及其衰减规律，这种衰减都是以震中距为尺度，并非以断层距为尺度，因此在利用观测点实时记录估计目标区或插值点烈度时，对于大震也会存在过高或过低估计其烈度的风险，这都需要进一步改进。

4. 烈度总体形态和局部特征的差异性

毫无疑问，大震后现场调查表明，震源破裂过程控制了烈度空间展布的总体形态，但是无论大震或是中强震，其烈度空间分布都有一个显著特点，就是在任意烈度的空间等值分界线内的烈度都是相等的，也就是在烈度 1 度的范围内，可以认为烈度是不衰减的，由于烈度是由强地面运动参数测定的，因此地面运动也可视为局部不衰减的，也就是局部无阻尼传播运动（PLUM），即峰值局部不衰减但走时满足传播规律，这种特点在改进大震预测烈度模型时会提高预测烈度的精度。PLUM 方法是日本学者在充分吸取 3·11 东日本海9.0 级大地震以来，多次预测烈度不够准确后，发展起来的一种新技术新方法，并在预测烈度中发挥了较好的作用。

10.2.3 关于两种烈度衰减规律的差异性

这里的两种烈度衰减规律，一种是某一地区经多次地震事件后，经统计回归的烈度与震级、震中距或断层距的关系，另一种是本次事件依实际观测结果拟合得到的烈度与震中距或断层距的衰减关系，前者是多次事件的经验总结结果，具有普适性的特点，后者具有本次事件个性化的特征。

1. 烈度经验衰减关系

在历史上，我国各省特别是强震多发的省市都有一些历史事件烈度空间分布图的总结，并在此基础上做了一些烈度衰减规律的经验统计，例如四川省、云南省等都做了相应的统计分析，但这些统计分析多数都是依赖于现场调查的烈度空间分布图的资料所做的。由于预警工程还在建设，积累的观测资料特别是大震观测资料相应较少，短时间要改变这一现状还不太现实，因此在目前情况下都是将现场调查的烈度经验衰减关系作为预警系统初始预测烈度的模型。

2. 本次事件的烈度衰减关系

目前在许多重点地区，例如首都圈、川滇等地区，地震观测的台网密度都较高，一般平均台间距在 10~18km 范围内，一旦发生 5 级以上强震，都会有较多的台站获得观测记录，可以快速得到扣除场地影响的基岩面上 *PGA* 和 *PGV* 以及烈度随震中距的衰减关系，这种衰减规律体现了此次地震事件和震中附近地震动衰减规律的特点，与经验模型相比更多体现了此次地震事件个性化的特征。这种本次事件地震动参数的衰减关系，在制作震后 3~10min 的仪器烈度空间分布图中发挥了重要作用。显而易见，这两种烈度衰减关系在预警系统发布预测烈度及其空间分布和震后 3~10min 由烈度速报系统发布制作烈度空间分布图中都有所应用，也是造成两张图具有差异性的重要原因。

10.2.4　关于震中烈度和城市烈度的理解

在台网设计时，在重点区域烈度计站点是按每个乡镇一个布设的，以此代表乡镇平均场地条件的烈度。对于县级以上城市，其县城都具有一定规模，布设了至少一台强震仪和多个观测点，其县级城市的烈度又如何理解？与此类似，在强震震中区一定空间范围内也有多个观测点，其震中烈度又如何理解和定义呢？目前有两种认识或两种观点供讨论，应尽快统一。

1. 局部区域烈度即为最大烈度

在局部一定范围内，如震中区域或县级以上城市，若有多个观测点，第 i 观测点的烈度为 $I_i(i=1,2,\cdots,N_s)$，则定义此局部区域的烈度 I 为

$$I=\max\{I_i\},\quad i=1,2,\cdots,N_s \tag{10-2}$$

相当于用最大烈度来代表局部区域烈度。至于区域大小，可依具体情况而定，例如县级城市，区域可能有大有小，可取城市内的所有观测烈度的最大值来代表城市烈度。对于震中区，就取衰减 1 度空间尺度范围内观测点的最高烈度代表震中烈度。

2. 局部区域烈度即为平均烈度

如果遇到上述相同的情况，另一种观点认为应取平均烈度作为局部区域烈度：

$$I = \frac{1}{N_S} \sum_{i=1}^{N_S} I_i \qquad\qquad (10\text{-}3)$$

对于震中烈度 I_0，也认为应取震中区内所有观测烈度的平均值。由于烈度速报产出后，人工原则上可以修改，不同的人在参考烈度速报结果时采取了不同的策略，也会导致不同的结果。

10.3　烈度预测和速报总体思路和技术构架

10.3.1　主要目标

立足我国国情，借鉴国际经验，考虑未来我国监测预警台网的发展空间，期望经过努力，实现下列目标任务。

将预警系统和烈度速报系统紧密关联，不断提高预警发布的预测烈度精度，使预测烈度的空间分布散点图经过充分利用观测台网数据资源的实时修正更新，逐渐逼近震后烈度速报系统发布的烈度空间分布散点图，使预测烈度的插值模型和烈度速报的插值模型相统一，制图方法相统一，同步提高预测烈度和烈度速报的水平。

在分析对比仪器烈度与调查烈度空间分布图的基础上，进一步明确制作仪器烈度空间分布图的技术要求和制图标准，使仪器烈度空间分布图总体形态展布逼近现场调查烈度空间分布图，制订新的替代对接方案。

10.3.2　预测烈度和烈度速报思路和构架

目前我国地震预警预测烈度模块，与地震预警系统同步响应，烈度速报模块在震后由地震自动速报结果触发反应，未来的发展思路将进一步整合这两个模块，在观测台网地震记录没有结束前就是预测烈度模块，地震过后台网记录结束就是烈度速报模块，按此技术思路不断提高预测烈度的精度，也不断增强烈度速报的时效性。

目前基准站中安装了两种传感器，即地震计和强震仪，因此，原则上预警工程将有1.5 万个左右加速度传感器参与烈度速报，但在参与预警和烈度速报时，应将异常台站排除在外，以确保数据质量。

1. 预测烈度模块

在预测烈度模块中，如图 10.3 所示共有两个子模块。一个是站点观测子模块，在台站没有触发得到观测记录之前，其台站预测烈度可由点源经验烈度衰减模型赋予初值，并随 M 或 I_0 的不断更新同步修改；随着台站触发，台站预测烈度值由台站观测值所取代，台站记录结束后就是台站观测烈度值。

另一个子模型为插值烈度子模块，初始时由点源模型赋予初始烈度，当邻近站点触发后，依观测结果修正更新预测烈度值。

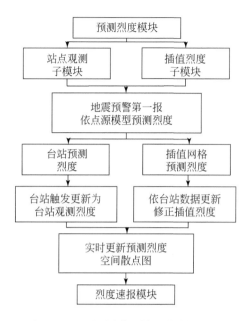

图 10.3　预测烈度与烈度速报技术构架

2. 烈度速报模块

烈度速报模块包括县级以上城市和乡镇烈度速报子模块及烈度空间分布图制作子模块。烈度速报以震后台站观测烈度为基础，其插值模型包括网格划分和网格尺度，应与预测烈度模型网格划分一致，其烈度空间散点图即为预测烈度模型最终产出的烈度空间散点图，但空间分布图的制作应按照相关技术要求考虑震源模型对烈度空间总体展布形态的控制影响。

10.3.3　预测烈度新方法的技术验证

借鉴日本 PLUM 方法，烈度插值与震源模型无关，但在烈度速报制作空间分布图时再考虑震源破裂模型的影响，因此，要对 PLUM 方法在我国的可行性进行分析讨论。

1. 点源烈度衰减模型的启示

为了进一步了解 PLUM 方法的本质特征，我们从烈度衰减模型说起。众所周知，在 $M<6.0$ 中强地震不考虑破裂断层影响即点源假定下，现场调查烈度 I 与震级 M 和震中距 Δ 的关系为

$$I=a_1 M+a_2 \lg(\Delta+\Delta_0)+a_3 \tag{10-4}$$

当 $\Delta=0$ 时，$I=I_0$，则 I_0 为

$$I_0=a_1 M+a_2 \lg\Delta_0+a_3 \tag{10-5}$$

由此可得

$$I_0 - I = a_2 \lg\left(\frac{\Delta_0}{\Delta + \Delta_0}\right) \tag{10-6}$$

当 $I = I_0 - 1$ 时，则有

$$1 = a_2 \lg\left(\frac{\Delta_0}{\Delta + \Delta_0}\right) \tag{10-7}$$

由此解得 $\Delta = \Delta_1$，即

$$\Delta_1 = \Delta_0 (10^{-1/a_2} - 1) \tag{10-8}$$

如果取

$$\begin{cases} \delta I_k = I_k - I_{k-1} = 1 \\ \Delta_{k-1} = \Delta_k + \delta\Delta_k \end{cases} \tag{10-9}$$

则可得 $\delta\Delta_k$ 为

$$\delta\Delta_k = (\Delta_k + \Delta_0)(10^{-1/a_2} - 1) = (\Delta_k + \Delta_0)\frac{\Delta_1}{\Delta_0} \tag{10-10}$$

由此可知：对于点源模型，在震中区域即震中距 $\Delta \leqslant \Delta_1$ 内，

$$I = I_0, \quad \Delta \leqslant \Delta_1 \tag{10-11}$$

以此可得

$$\begin{cases} I = I_1, \quad \Delta_1 < \Delta \leqslant \Delta_2 \\ I_1 = I_0 - 1 \end{cases} \tag{10-12}$$

以此类推，$I_k = I_0 - k$，可得

$$\begin{cases} I = I_{k-1}, \quad \Delta_k < \Delta \leqslant \Delta_k + \delta\Delta_k \\ \delta\Delta_k = (\Delta_k + \Delta_0)\left(\dfrac{\Delta_1}{\Delta_0}\right) \end{cases} \tag{10-13}$$

而且 $\Delta_1 < \Delta_2 < \Delta_3 < \cdots$，即烈度衰减 1 度的距离 $\delta\Delta_k$，高低烈度区表现不一致，低烈度区烈度衰减 1 度的距离要高于高烈度区烈度衰减 1 度的距离，确实在 1 度衰减距离内，烈度可看成常数，也就是具有局部不衰减的特征。

2. 大震烈度衰减模型的启示

对于 $M \geqslant 7$ 大震破裂，其烈度将沿断层方向呈椭圆形空间分布，取破裂方向即为烈度分布的长轴方向，则取 $\Delta = d$，d 为烈度点至断层方向的垂直投影距离即断层距，则烈度 I 与震级 M 和 d 的关系为

$$I = b_1 M + b_2 \lg(d + \Delta_0) + b_3 \tag{10-14}$$

同理可得，$I|_{d=d_1} = I_0 - 1$ 时

$$d_1 = \Delta_0 (10^{-1/b_2} - 1) \tag{10-15}$$

以及

$$\begin{cases} I = I_{k-1}, \quad d_k < d \leqslant d_k + \delta d_k \\ \delta d_k = d_{k-1} - d_k \end{cases} \tag{10-16}$$

其中

$$\delta d_k = (d_k + \Delta_0)\left(\frac{d_1}{\Delta_0}\right) \qquad (10\text{-}17)$$

总而言之，无论大震和中强震烈度的空间分布确实具有局部性烈度不衰减的特性，这种特性与震源无关，当然烈度空间分布的总体形态展布是与震源有关的。

3. 烈度局部不衰减尺度的估计

由于烈度具有在局部区域内不衰减即视为常数的特征。这种尺度大小显然与烈度衰减1度的距离相关，其局部区域尺度最大值不能超过衰减1度的距离。

表10.1是依雷建成等按西南地区历史地震烈度衰减关系计算的烈度衰减1度的距离，从中看出高烈度地区的局部尺度要小，为 10~18km，低烈度地区的局部尺度要大，为 20~45km。

表 10.1　$\Delta I_k = I_k - I_{k-1} = 1$ 度，相应的 $\delta\Delta$

（a）西南地区烈度衰减1度长轴距离　　　　　　　　（单位：km）

震级 \ 烈度	震中烈度	衰减1度的震中距离					
		X	IX	VIII	VII	VI	V
6	VIII	—	—	14	22	35	55
7	IX	—	16	25	40	62	98
8	X	18	28	45	71	111	170

（b）西南地区烈度衰减1度短轴距离　　　　　　　　（单位：km）

震级 \ 烈度	震中烈度	衰减1度的震中距离					
		X	IX	VIII	VII	VI	V
6	VIII	—	—	8	15	26	49
7	IX	—	10	17	31	58	107
8	X	10	20	38	68	127	234

（c）烈度衰减1度平均轴距离　　　　　　　　（单位：km）

震级 \ 烈度	震中烈度	衰减1度的震中距离					
		X	IX	VIII	VII	VI	V
6	VIII	—	—	10	18	30	51
7	IX	—	13	21	35	60	101
8	X	14	24	41	69	118	198

如果对表10.1做进一步分析，对于西南地区6~8级地震，震中烈度7~10度，震中区长轴衰减1度的距离为 14~18km，短轴衰减1度的距离为 8~10km，平均衰减1度为 10~14km，（I_0-1）区域平均衰减1度的距离为 18~24km。在考虑局部不衰减尺度时，既要参考烈度衰减1度的距离，也要参考台网的密度即平均台间距 d，使得插值点附近尽可

能包含 3 个以上的台站，否则就无法利用台网记录修正插值点的烈度。对于川滇预警区，d 为 12 ~ 18km，如果在震中区 I_0 和 I_0-1 区域内取局部烈度不衰减区域尺度 r 为

$$\begin{cases} d \leqslant r \leqslant \Delta_1 \\ r = 14\text{km} \end{cases} \tag{10-18}$$

其中，d 为插值网格附近的局部平均台间距（它可由离网格点至最近三个台的平均距离近似得到）。由此可估计台站数为 2 ~ 3 个。其他区域取 r 为

$$\begin{cases} d < r \leqslant \Delta_2 \\ r = 20\text{km} \end{cases} \tag{10-19}$$

则在 r 区域内烈度不衰减为常数，这个局部区域尺度就定义为 r。对于我国重点预警区，其台网的密度即平均台间距为 10 ~ 20km，各地各不相同，如首都圈和福建密度较高 d 接近 11km，故局部区域尺度为 14 ~ 20km 是可行的。但应清楚，如果震中区的台网密度即平均台间距略大于震中区烈度衰减 1 度的距离，则可适当放宽 r 至 20km，但对震中区烈度等值线的勾画控制精度将不够，存在误差较大的风险。这需要通过其他技术来修正，例如考虑大震破裂过程的人造地震波形的模拟技术。

4. 地震动参数局部无衰减的尺度

我国仪器烈度是由台站观测记录的 PGA 和 PGV 通过标准规范测定的，很自然可以推论 PGA 和 PGV 在一定局部区域内也可看成是无衰减即局部无阻尼传播运动，那么 PGA 和 PGV 无阻尼运动的区域局部尺度究竟有多大呢？由于我们的目标就是要提高预测烈度的精度，由于烈度 I 可由 PGA 和 PGV 按中国仪器烈度表换算得到（宋晋东等，2021；Wu et al.，2003），即

$$I = f(PGA, PGV) \tag{10-20}$$

因此，从仪器烈度的测定角度考虑，PGA 和 PGV 的局部无衰减的尺度可取为烈度无衰减的尺度范围内，即在某一空间 r 范围内，I 为常数，相应的 PGA 和 PGV 在此范围内可视为局部无阻尼的传播运动。这种局部无阻尼传播运动的本质含义就是从仪器烈度的测定讲，其在一定空间范围内峰值（PGA 或 PGV）不衰减，但仍满足波组走时传播规律。因此，烈度在一定空间范围内为常数，就成为 PGA 和 PGV 在相同空间范围内局部无阻尼传播运动的前提条件，这为我们利用这一特性，并结合一定范围内观测站点的实时记录，不断修正插值点预测烈度值、制作烈度空间分布散点图提供了另一条技术途径。

5. 烈度插值必须考虑场地校正因素

台站的地面运动依然受局部场地条件的影响，已为无数的观测结果和数值模拟实验所证实，这种影响主要体现在地形和场地土层反应的影响上。为了解决这一问题，提出了许多思路和技术，就是将台站记录校正到基岩面上进行插值计算，然后再通过插值点的场地计算，校回到地表。因此，烈度插值必须考虑场地条件的校正。

10.4　预测烈度初始模型及实时修正模型

为了进一步整合预测烈度模块和烈度速报模块，分两个阶段进行，第一阶段的目标就是不断提高预测烈度的精度。在台网记录未结束之前，由地震预警系统发布的预测烈度实时空间分布图是评估强震对社会影响范围和影响程度的重要依据。在此阶段，烈度插值点和插值模型与震源模型无关，只利用台网观测资料实时更新预警系统所发布的预测烈度的空间分布散点图，并逐步逼近并最终收敛于台网记录结束后烈度速报时所制作的台站观测烈度空间分布散点图，以此作为提高预测烈度精度和制作烈度速报空间分布图的基础图件。在烈度速报阶段即观测台网已完整记录地震观测波形即震后 3 ~ 10min 内，除了速报城市和乡镇烈度以外，预测烈度空间分布散点图即转化为台站观测烈度和插值烈度空间分布散点图，以此为基础，综合考虑地震大小和震源破裂模型，相当于考虑烈度分布的总体形态及空间展布方向，进一步勾画制作应用于烈度速报的仪器烈度空间分布图。

10.4.1　实时计算台站和基岩的地震动参数

预测烈度包括两个子模块，一个是站点观测烈度计算模块，另一个是没有站点观测的插值烈度计算模块。

1. 站点预测与观测烈度的实时计算

将所有参与地震预警和烈度速报观测台网的站点配置完相关参数后，都列入台站观测烈度的模块，一旦预警系统产出第一报地震信息，就同步计算台站预测烈度，预估 P 波和 S 波预计到达各台站的时间。假设共有 N 个台站，第 j 个台站的预测烈度为 I_j^p，预计 P 波和 S 波分别到达的时间为 T_j^p、T_j^s。建立台站预测烈度和观测烈度数据库。

2. 实时计算台站地表 PGA 和 PGV

假设台网中共有 N 个台站，将第 j 个台站如强震仪和烈度计三分量记录都仿真到计算烈度指定的频带，如 0.1 ~ 10Hz，由此得到经仿真后的三分量加速度记录和速度记录，即

$$PGA(t) = \left[PGA_E^2(t) + PGA_N^2(t) + PGA_Z^2(t) \right]^{1/2} \tag{10-21a}$$

其中 PGA_E、PGA_N、PGA_Z 分别为三个分量加速度峰值记录。以此类似可得 $PGV(t)$ 为

$$PGV(t) = \left[PGV_E^2(t) + PGV_N^2(t) + PGV_Z^2(t) \right]^{1/2} \tag{10-21b}$$

其中，t 为 P 波到达台站时即 T_P 时起算。信息更新时间间距为 ΔT，则

$$t_m = T_P + (m-1)\Delta T, \quad m = 1, 2, \cdots \tag{10-22}$$

一般 ΔT 可取 0.5 ~ 2s，以此时间间隔更新信息，则第 j 个台站的 PGA_j 和 $PGV_j (j = 1, 2, \cdots, N)$ 可定义为

$$\begin{cases} PGA_j(t_m) = \max\{PGA_j(t)\}, & 0 < t \leqslant t_m \\ PGV_j(t_m) = \max\{PGV_j(t)\}, & 0 < t \leqslant t_m \end{cases} \tag{10-23}$$

根据预警定位第一报和后续报，可预估 P 波和 S 波到达各台站的时间，以此作为是否

有观测结果的重要依据。由此可得台网各台站地震动参数 PGA 和 PGV 的实时信息。

3. 实时获取台站修正到基岩 PGA 和 PGV

根据美国地形坡度修正场地条件的方法，可依据不同场地条件计算 PGA 和 PGV 修正系数（Kaka and Atkinson，2004；Yaghmaei-Sabegh et al.，2011），扣除场地条件影响。在我国考虑场地影响时，通常都用场地地震反应分析方法，将基岩输入作为 $a^b(t)$，将地表输出作为 $a^s(t)$，工程上通常将基岩峰值 PGA^b 和地表峰值 PGA^s 作比较，定义 $Sa(T)$ 为

$$Sa(T) = \frac{PGA^s}{PGA^b} \tag{10-24}$$

$Sa(T)$ 通常与场地分类和场地特征周期 T 即峰值周期有关，将其定义为场地放大因子。同理，对 PGV 可得类似关系：

$$Sv(T) = \frac{PGV^s}{PGV^b} \tag{10-25}$$

因此，如果已知台站场地类别和峰值周期，由地表 PGA^s 和 PGV^s，可得基岩校正值即

$$\begin{cases} PGA^b = PGA^s / Sa(T) \\ PGV^b = PGV^s / Sv(T) \end{cases} \tag{10-26}$$

按照我国仪器烈度标准，6 度以下用 PGA 评价，即 I 与 PGA 的关系为

$$I = a_1 + a_2 \lg PGA \tag{10-27}$$

其中 $a_1 = 6.59$，$a_2 = 3.17$，由此可得

$$\begin{cases} I_a^b = I_a^s - SP_a(T) \\ SP_a(T) = a_2 \lg Sa(T) \end{cases} \tag{10-28}$$

对于 8 度以上的高烈度区域，由 PGV 评估 I 与 PGV 的关系：

$$I = b_1 + b_2 \lg PGV \tag{10-29}$$

其中 $b_1 = 9.77$，$b_2 = 3.00$，同理可得

$$\begin{cases} I_v^b = I_v^s - SP_v(T) \\ SP_v(T) = b_2 \lg Sv(T) \end{cases} \tag{10-30}$$

对于 6~7 度，由 PGA 和 PGV 的线性组合评估，也可得类似公式。例如，如果 6~7 度的烈度 I 定义为

$$I = c_1 I_a + c_2 I_v \tag{10-31}$$

则有

$$\begin{cases} I^b = I^s - SP(T) \\ SP(T) = c_1 SP_a(T) + c_2 SP_v(T) \end{cases} \tag{10-32}$$

其中，$c_1 = c_2 = 0.5$。

目前，我国还没有形成地震预警工程台站校正数据库，但可利用美国 USGS 关于 V_{S30} 地形坡度处理方法，形成场地校正数据库，但这一方法在我国使用仍然需要进一步验证，特别是在地形坡度较小的区域（例如华北平原）可能不适用。华北地区如河北、天津等都有许多井下台，地下安装有地震计，地表要装有强震仪，也可利用地震观测记录，计算场地校正因子，见第 2 章相关介绍。

4. 台站预测 P 到时和实际 P 到时的分析

台站预计 P 到时取决于预警定位结果和介质 P 波模型，假设第 j 个台站 P 波预计到达和实际触发的时间差 ΔT_j 为

$$\Delta T_j = T_{Pj}^0 - T_{Pj}^P \tag{10-33}$$

可以分析统计 ΔT 和 σ_T。

$$\begin{cases} \mu = \Delta T = \dfrac{1}{N} \displaystyle\sum_{j=1}^{N} \Delta T_j \\ \sigma_T = \left[\dfrac{1}{N} \displaystyle\sum_{j=1}^{N} (\Delta T_j)^2 \right]^{1/2} \end{cases} \tag{10-34}$$

如果程序带有识别 S 波到达的识别软件，也可做类似分析。上述分析是确认定位以及评估介质速度模型，了解地震预警时间是否可靠的重要依据，也是判定观测烈度在时间进程中何时替代预测烈度的重要依据，否则实时更新画面就可能出错。

5. 台站预测烈度和观测烈度比较分析

当发布预警第一报时，可依据震中位置和台站坐标计算各台站的震中距，并依点源烈度经验衰减模型，由震级或震中烈度计算各台站的预测烈度，则定义第 j 个台站预测烈度为 $I_j(t)$，

$$\begin{cases} I_j(t) = I_j^P \left[M(t), \Delta_j \right], & \tau_1 \leqslant t < T_{Pj}^P \\ I_j^0 = f \left[PGA(t), PGV(t) \right], & t \geqslant T_{Sj}^0 \end{cases} \tag{10-35}$$

其中，t 为地震发震时刻起算；τ_1 为预警第一报的时间；T_{Pj}^P 和 T_{Sj}^0 分别为第 j 个台站由定位结束预测的 P 波和 S 波触发时间；$I_j^P \left[M(t), \Delta_j \right]$ 为在第 j 个台站未触发之前，台站烈度就定义为预测烈度，并随 $M(t)$ 的更新而修正预测烈度，一旦第 j 个台站 P 波触发，其 P 波触发时间为 T_{Pj}^0，则台站烈度就定义为台站观测记录的 PGA 和 PGV 所测定的观测烈度，并比较分析 ΔI_j 即

$$\Delta I_j = I_j^0 - I_j^P \tag{10-36}$$

其中，烈度 I 的上标 0 表示观测烈度，上标 P 表示预测烈度。通过台站预测烈度和观测烈度的比较分析，对均值 μ 和均方差 σ 的统计，可以帮助我们评估分析整个台网预测烈度的精度，以便从中推测评估初始和最终网格插值烈度的误差。

10.4.2　预测烈度插值模型及实时空间分布

为了让预测烈度及其空间分布散点图与烈度速报及其空间分布散点图尽可能一致，在地震预警系统中预测烈度的空间网格与烈度速报空间网格的划分要完全一致，可按 0.05°×0.05°或者 5km×5km 划分网格，并将台站坐标投射到相应网格上。

1. 预测烈度初始模型

当地震预警系统发布第一报时，仅有震中附近少数台站（一般为 3~4 个）有观测记

录，并测定震中位置和震级 M 以及震中烈度 I_0，因此预警系统在发布预测烈度和影响范围时，是依点源烈度经验衰减模型预测烈度的，即由 M 预测的公式为

$$I = c_1 M + c_2 \lg(\Delta + \Delta_0) + c_3 \Delta + c_4 \tag{10-37}$$

由于 c_3 的系数太小可忽略，上式可简化为

$$I = c_1 M + c_2 \lg(\Delta_0 + \Delta) + c_3 \tag{10-38}$$

或者由 I_0 预测的公式：

$$\begin{cases} I = I_0 + c_2 \lg(\Delta_0 + \Delta) + c_3' \\ c_3' = -c_2 \lg \Delta_0 \end{cases} \tag{10-39}$$

因此，在各台站的观测记录没有地震记录之前，都按预测烈度值给定初始烈度值，待 P 波到达后，再由台站观测烈度值，取代台站烈度初始值。与此类似，对于无台站的插值点网格，可以按烈度经验衰减模型计算的烈度作为插值点的初始烈度。

2. 烈度插值网格模型及插值烈度

在预警和烈度速报系统进行安装时，根据预警区的台网分布，进行网格划分，将烈度信息按两类归档，一类为台站观测烈度即仪器烈度，另一类为网格上无台站的插值烈度，用不同颜色标注。当预警第一报时，绝大多数台站与插值网格一样，只能由点源模型初步预测烈度，当台站有地震观测记录并测定烈度时，用台站观测烈度取代预测烈度，并将台站观测烈度作为邻近插值点烈度更新的重要依据。

3. 台站观测烈度逐步取代预测烈度

由点源模型预测的台站烈度，要随着地震波能量的传播逐步由台站观测烈度所取代。一旦台站触发，将台站观测提供的真实信息逐步融入到预测烈度更新的信息中去，以此为基础，不断提高预测烈度的精度。

应该说明的是，按照站网设计规划，基准站的仪器配置包括地震计和强震仪，主要沿断层布设，基本站（强震仪主要布设于城市）和一般站（烈度计主要布设于乡镇）都围绕人口较密的区域布设，因此站点的预测烈度也是城市和乡镇的预测烈度。

4. 插值网格的预测烈度方法

考虑到我国重点预警区如川滇地区，站点平均台间距为 12 ~ 18km，因此，根据前述讨论的烈度局部无衰减的特征，定义局部无衰减的尺度 r 为

$$r = \begin{cases} 14\text{km}, & r \in \text{震中区} \\ 20\text{km}, & r \in \text{其他区域} \end{cases} \tag{10-40}$$

需要说明的是，以插值网格为中心在 r 范围内一般至少要有 3 个台站，另外对于震级在 6.0 ~ 6.5 级的地震，断层长度不超过 40km，对于 7 级以上大震，破裂长度将更大，建议以震级估计破裂尺度进而估计震中区尺度。根据插值网格剖分，共有 N_c 个插值点，如何计算第 i 个插值点（$i = 1, 2, \cdots, N_c$）的插值烈度呢？参照 PLUM 方法，以第 i 个插值点为中心，r 为半径的区域内，共有 N_i 个台站，第 j 个台站的地表烈度为 I_j^s，基岩面上台站烈度为 I_j^b，由地表修正到场地的场地影响为 $-SP_j$，则第 i 个网格由基岩校正到地表的场

地影响为 SP_i，则取第 i 个网格的烈度为

$$\begin{cases} I_i^S(t_m) = \max_{j \in r}\left[I_j^b(t_m) \right] + SP_i \\ I_j^b(t_m) = I_j^S(t_m) - SP_j \end{cases} \qquad (10\text{-}41)$$

其中

$$SP_j = \begin{cases} a_2 \lg\left[Sa_j(T) \right], & \text{用于 } PGA \text{ 修正} \\ b_2 \lg\left[Sv_j(T) \right], & \text{用于 } PGV \text{ 修正} \end{cases} \qquad (10\text{-}42)$$

如果由 PGA 和 PGV 共同测定 I，则

$$SP_j = \frac{1}{2}\left\{ a_2 \lg\left[Sa_j(T) \right] + b_2 \lg\left[Sv_j(T) \right] \right\} \qquad (10\text{-}43)$$

也就是在考虑场地条件影响后，在 r 范围内基岩面观测点的最高烈度经场地校正后作为插值网格的烈度。将台站烈度和插值点烈度进行拼装集成，可以按一定时间间隔 $t = t_m$ 制作预测烈度空间分布散点图，实时更新地震的影响范围以及对城市和重要工程的预测烈度。

10.5　制作正式发布烈度空间分布图

地震结束，整个台网都得到观测记录后，就开始进行乡镇和城市烈度速报，与此同时开始制作观测烈度（即仪器烈度）空间分布图。此时，预警系统提供的预测烈度模块产出的台站观测烈度子模块和插值网格烈度子模块就转变成烈度空间散点图，为制作应用于烈度速报正式发布的烈度空间分布图提供了重要基础。

10.5.1　烈度图制作技术要求和规则

1. 地震仪器烈度空间分布图的定义

在地震发生所在区域的平均场地条件下，地震产生的台站地震仪器烈度为 6 度及以上的地表空间分布，并将按仪器烈度由高到低的整数值作为等值线的分界线，以表示相同烈度的空间范围。通常情况下，利用仪器烈度统计得到的平均衰减关系计算的烈度，其对应的场地条件可看成平均场地条件。一般将烈度高于平均场地条件下 1 度以上的站点定义为高值异常点，将低于 1 度以下的站点定义为低值异常点。

2. 烈度图制作的技术要求

以逐步逼近野外调查烈度空间分布图为目标，提高烈度空间分布图的制作水平，细化工艺流程，应当通过三次修改最终完成烈度空间分布图的制作。

（1）第一次初步勾画烈度空间分布图。在震后 10min 内，利用台站观测烈度和插值网格烈度，在不考虑震源特性的情况下，勾画烈度空间分布图的草图，仅供参考。

（2）第二次制作烈度空间分布图。在震后 60min 内，利用震源机制解及地震预警和烈度速报技术系统自带的破裂分析软件，解算破裂方向和破裂方式，以宏观震中为中心拟合本次地震烈度衰减关系，以此为基础第二次修改制作烈度空间分布图。由于我国地震观测

台网对于大震震中区烈度空间分布的控制精度不够，需要考虑其他技术帮助完善修正。

（3）第三次制作烈度空间分布图。对于 6 级以上特别是 7 级以上大震，要在震后 24h 内进一步收集汇总余震震中分布图、大震随时间累积释放能量空间分布图，以及多家机构对破裂过程的解算结果等，通过对比分析重新构建大震破裂模型并确定相关参数。以大震破裂模型和人造地震波场波形模拟技术，人工合成 5 度区以内基岩面上各站点和插值点的强地面运动波形，利用离网插值格点最近站点地表观测记录和基岩面理论记录以及场地校正技术，将网格插值点基岩理论记录校正到地表记录。利用地表各站点记录和网格插值点地表记录，重新制作 5 度区内地震随时间累积释放能量空间分布图，实现对大震破裂强地面运动的仿真模拟，并第三次重新制作烈度空间分布图。如果破裂过程分析结果有重大变化，需重新模拟并更新烈度空间分布图。需要说明的是，如果余震记录中有合适的记录，其震级 $M_\text{余}=M_\text{主}-2\pm0.5$，其中 $M_\text{主}$ 为主震震级，也可将其选为经验格林函数，以替换人造波形模拟的经验格林函数，来模拟主震记录。

3. 烈度图制图等级规则

为规范烈度图的制作，提供不同等级烈度的空间范围，可遵循如下制作规则。

（1）烈度等级上、下界的规定。根据中国仪器烈度表，烈度图所能制作的最高烈度为 11 度，最低烈度为 3 度。将其划分为地震灾害烈度区和有感区域两类。当震中烈度 $I_0 \geqslant 9$ 时，只提供所有 $I \geqslant 6$ 的烈度分布，当 $I_0 \leqslant 8$ 时，可提供 3 度以上烈度分布。因此，最多只能提供 6 个等级的烈度分布图。

（2）地震灾害烈度区。将烈度 $I \geqslant 6$ 度以上区域定义为地震灾害区，在此区域可能有人员伤亡和经济损失，而且烈度越高，损失越重。

（3）地震有感区域。将烈度 $3 \leqslant I \leqslant 5$ 定义为有感区域，烈度越高震感越强，反之越小。不提供 $I \leqslant 2$ 以下轻微震感区域。

10.5.2　第一次勾画烈度空间分布图

先寻找地震的宏观震中，并绘制烈度空间分布图的第一版草图，以便在不清楚破裂模型的情形下，对烈度图的整体形态、空间展布有一个客观、总体的认识。

1. 确定宏观震中并初步勾画烈度分界线

依据台站观测烈度和空间网格插值烈度，以不同颜色标注每个网格烈度代表的颜色，并初步勾画每一个烈度等值线（相当于相同颜色网格）的外包线，寻找外包线的几何中心，对于中强震应在震中附近，对于大震应在最高烈度（即震中区烈度）的几何中心，可定义为宏观震中。

2. 以宏观震中为中心对边界进行光滑处理

根据寻找到的宏观震中，以其为中心（圆心）对震中区烈度等值线进行光滑处理，边界光滑曲线可取三点或五点样条函数进行处理。以此类推，对各等线边界也可做类似处理。

10.5.3　寻找破裂方向统计烈度衰减规律

在制作网格烈度空间散点图时，充分运用了烈度局部不衰减的特性；但是在制作烈度空间分布图时，要考虑震源对烈度空间形态的总体控制，这也为历次强震所证明。

1. 震级较小按点源统计烈度衰减模型

当 $4 \leqslant M \leqslant 6$ 时，震源破裂尺度较小，微观震中和宏观震中几乎重合，以震中为中心，根据台站观测的 PGA 和 PGV，统计此次地震动参数的衰减规律：

$$\begin{cases} \lg PGA = a_1 + a_2 \lg(\Delta + \Delta_0) \\ \lg PGV = b_1 + b_2 \lg(\Delta + \Delta_0) \end{cases} \quad (10\text{-}44)$$

可按地表和基岩两种类别分别统计。与此同时，根据台站观测资料，统计地震烈度衰减公式：

$$I = c_1 + c_2 \lg(\Delta + \Delta_0) \quad (10\text{-}45)$$

作为比较，也可将所有资料包括台站观测烈度和地表网格插值烈度放在一起，再统计地表烈度衰减关系：

$$I = d_1 + d_2 \lg(\Delta + \Delta_0) \quad (10\text{-}46)$$

作为比较也可采用另一种衰减形式：

$$\begin{cases} I = c_1 + c_2 \lg R \\ R = (\Delta^2 + h^2)^{1/2} \end{cases} \quad (10\text{-}47)$$

2. 震级较大时依大震烈度衰减模型分析

对于 $M \geqslant 6.5$ 特别是 $M \geqslant 7.0$ 以上的大震，微观震中和宏观震中一般不重合，在寻找到震中区宏观震中后，以此为中心（或椭圆中心）进行统计分析。

以宏观震中为中心寻找破裂方向。如图 10.4 所示，以宏观震中为坐标中心，破裂方向取为长轴。假设大震烈度沿长轴和短轴的衰减规律为

$$\begin{cases} I_a = a_1 + a_2 \lg(\Delta_a + \Delta_0) \\ I_b = b_1 + b_2 \lg(\Delta_b + \Delta_0) \end{cases} \quad (10\text{-}48)$$

其中，$I = I_a = I_b$ 的等值线方程应满足

$$\frac{x^2}{\Delta_a^2} + \frac{y^2}{\Delta_b^2} = 1 \quad (10\text{-}49)$$

或者采用如下简洁形式：

$$I = c_1 + c_2 \lg(d + \Delta_0) \quad (10\text{-}50)$$

其中，d 为断层距，以上述简洁形式为依据，寻找破裂方向即长轴方向。设宏观震中的坐标为 (x_0, y_0)，长轴方向与正东方向的夹角为 θ，则长轴直线方程为

$$y = y_0 + \tan\theta(x - x_0) \quad (10\text{-}51)$$

其中，(x, y) 为直线上的任意坐标。计算第 j 个台站至宏观震中的震中距为 Δ_j，到长轴（断层）的距离为 d_j，则有

$$
\begin{cases}
\Delta_j = \left[(x_j - x_0)^2 + (y_j - y_0)^2 \right]^{1/2} \\
d_j = \Delta_j \tan(\theta - \varphi_j)
\end{cases}
\tag{10-52}
$$

其中 φ_j 为

$$
\tan\varphi_j = \frac{y_j - y_0}{x_j - x_0}
\tag{10-53}
$$

对 θ 给定一个方向，可拟合一个烈度衰减关系。因此，可按

$$
S(\theta) = \left\{ \sum_{j=1}^{N} \left[I_j - c_1 - c_2 \lg(d_j + \Delta_0) \right] \right\}^2
\tag{10-54}
$$

对 θ 进行旋转扫描，确定使 $S(\theta)$ 达最小值的 θ 角，即为断层破裂方向，也是烈度衰减的长轴方向。以宏观震中为中心，重新拟合大震烈度衰减规律。当然，也可根据地震累积释放能量空间图或者其他方法寻找断层破裂方向和破裂方式。

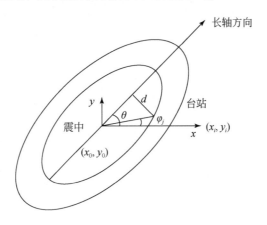

图 10.4　断层示意图

需要提醒的是，在统计 PGA 和 PGV 以及烈度衰减关系时，应按地表和基岩两种分类分别统计，以便对少部分插值点附近没有台站的观测烈度进行插值烈度修正时，要利用基岩烈度衰减关系再加上插值点场地修正系数，才能得到地表插值网格烈度。

10.5.4　第二次修正烈度空间分布图

经过上述两步的分析，初步得到了应用于烈度速报发布的第一次制作烈度空间分布图草图及第二次修改的图像要素模型。因此，以观测烈度为基础，考虑本次震源破裂方向及地震烈度衰减模型，可以绘制烈度空间分布图。在相同底图上，绘制上述两张图，并做相应的比较分析。

1. 再次确认插值烈度的合理性

按前所述在预警信息发布时，依点源经验衰减模型，对每一个网格都赋予了初始预测烈度，在后续更新预测烈度信息时，除台站所在网格外，插值网格要依据其 14km（震中区）或 20km（非震中区）范围内台站观测烈度来修正网格的插值烈度。但是由于台网分

布原因特别是网缘部分，总有少部分插值网格 14~20km 范围内没有台站，这部分的网格烈度仍然停留在点源烈度经验模型所预估的烈度。这明显不合理，应以本次地震的烈度衰减关系重新计算并更新网格插值烈度，使这部分网格插值烈度与其他网格所使用的观测资料得到的插值烈度总体相匹配，即前者按本次地震衰减规律得到，后者用附近台站观测资料得到。

2. 重新勾画烈度等值线并做统计分析

对每一个网格烈度值重新确认后，以本次地震烈度衰减关系绘制的烈度空间分布图为参考，重复第一步过程，重新勾画烈度空间分布图，并对等值线边界进行光滑处理，并与此次地震统计得到的考虑震源影响的烈度衰减关系所确定的每个网格的烈度作对比。如假定第 k 个空间网格，在考虑烈度局部无衰减由插值网格附近台站观测烈度得到的第 k 个网格插值烈度为 I_k^0，由此次地震烈度衰减关系得到的第 k 个网格插值烈度为 I_k，即

$$I_k^e(\Delta_k) = c_1 + c_2 \lg(\Delta_k + \Delta_0) \tag{10-55}$$

令 ΔI_k 为

$$\Delta I_k = I_k^0 - I_k^e \tag{10-56}$$

统计 $\Delta I_k = 0$，1，2，3 的直方图和概率分析图。其统计参数 μ 和 σ 分别为

$$\mu = \frac{1}{M} \sum_{k=1}^{M} (I_k^0 - I_k^e) \tag{10-57}$$

$$\sigma = \left[\frac{1}{M} \sum_{R=1}^{M} (I_k^0 - I_k^e) \right]^{1/2} \tag{10-58}$$

其中，M 为网格点数。如果 $\mu \approx 0$，则统计关系总体无偏，如果 μ 偏大，则对衰减关系要做纠偏处理，并重新统计 μ 和 σ。如果 $\sigma \leq 0.5$，则说明总体上网格点的烈度与此次地震统计的衰减模型所计算的网格烈度，烈度偏差在半度以内的概率约为 67%，在 1 度以内的概率约为 87%，可以接受。如果 $\sigma \geq 1$，则误差太大，应做修正。修正方案应综合考虑制图质量评估，特别是要融入破裂过程的影响。

3. 异常点的识别

如果高烈度区域有低烈度点，或低烈度区域有高烈度点，都属于烈度异常。对于烈度异常点的识别，主要参考其异常网格所在区域内的背景烈度。对于一种快速筛选的方法，如果

$$|\Delta I_k| = |I_k^0 - I_k^e| \geq 1 \tag{10-59}$$

则初判第 k 个网格为异常点。如果第 k 个网格附近一定区域范围内有成片异常点，则保留；如果只是个别点是异常点，对第 k 个异常网格点重新赋值 I_k^e。但对于台站网格将不重新赋值。据此重新勾画烈度散点图的边界，并对边界进行光滑处理，重新得到烈度空间分布图。

10.5.5　第三次修正烈度空间分布图

对于 $M \geq 6.0$ 特别是 7 级以上地震，由于其地震灾害严重、应急救援时间紧急、社会

关注度高，加之前两次烈度图制作时可利用的资料较少，精细度不够，因此应在震后 24h 内再次对烈度空间分布图进行修正，以便为应急救援提供更有力的支撑。第三次修正重点围绕下列问题展开。

1. 判定震中周边台站分布对烈度图的影响

根据仪器烈度空间分布图的制图质量评估，烈度图的制作精度、细节都与震中周边特别是 6 度区以上站点分布的密度、均匀度密切相关，如果台站密度不够，即平均台间距过大或者站点分布不均匀，即有的区域站点较密，有的区域站点较稀，或者断层一侧缺乏台站的有效控制，则烈度图的最终产品都无法得到质量保证，甚至难以参考。因此，必须利用重塑真实大震破裂过程的人造地震波场的波形模拟技术，来帮助恢复对烈度空间分布总体形态的控制。

2. 确认断层破裂过程及破裂参数

（1）制作大震破裂随时间变化累积释放能量空间分布图，直观观察大震破裂过程，并解算断层相关参数。

（2）利用自动或人工编目结果绘制余震震中分布图，帮助确认破裂方向，发震断层。

（3）收集相关机构关于大震破裂的研究成果，进一步汇总构建破裂模型和破裂参数。

（4）经分析后确定大震的几何模型参数，即断层走向 γ、倾角 δ、破裂长度 L 和破裂宽度 W。根据地震学对破裂过程的反演结果，确定初始破裂点（如震源位置、初始破裂时间）以及破裂方式、破裂速度 v_r 和位错在断层上的空间分布 D_{ij}。

3. 取经验格林函数

假设主震的震级为 M_{big}，则选取视为格林函数的小震震级为 M_{small}，一般可取 $M_{small} = M_{big} - 2$。可考虑两种方式获取小震 M_{small} 的经验格林函数。

（1）通过第 9 章所提出的人造地震波形的方法和技术，可以直接得到大震断层上与子源相同位置的小震产生的地表任意插值网格点和台站的模拟观测记录，也就是小震在第 i 排第 j 个子源所在位置，在任意插值点 K 产生的记录即格林函数记为 $a_{ij}^K(t)$，由此可以得到所有插值网格点的格林函数。

（2）第二种产生格林函数的方式，就是在主震震中附近，选取与主震震源机制一致，震级满足 $M_{small} \pm 0.5$ 的小震，将台站的观测记录选为经验格林函数。至于邻近网格点的格林函数可以通过插值的方法得到。假设地表上距离相近的两点 A、B，A 为插值网格，B 为有观测记录的台站，由于 A、B 相邻，其传播路径基本相同，假设等效波速为 C，则点源激发的波组到达 A 和 B 的到时分别为 t_A、t_B，即

$$c = \frac{R_A}{t_A} = \frac{R_B}{t_B} \tag{10-60}$$

必有

$$t_A = \frac{R_A}{R_B} t_B \tag{10-61}$$

考虑到近场地震波的几何衰减，由此可得到由台站 B 的观测记录 $a_B(t)$，插值计算相邻插值网格点 A 的观测记录 $a_A(t)$ 的公式为

$$a_A(t) = \frac{R_B}{R_A} a_B\left(\frac{R_A}{R_B} t_B\right) \tag{10-62}$$

为了模拟大震破裂过程在 K 点产生的强地面运动，必须将大震断层离散化，沿断层破裂方向第 i 排，沿断层宽度第 j 列的第 $i \times j$ 个子源的位置为 (x_i, y_j, h_j)，其到 K 点的距离为 R_{ij}，则

$$R_{ij} = \left[(x_i - x_A)^2 + (y_i - y_A)^2 + h_j^2\right]^{1/2} \tag{10-63}$$

由此可将空间位置在 (x_i, y_j, h_j) 第 K 个插值点记录记为 $a_{ij}^K(t)$，其相邻第 L 个台站记录为 $a_L(t)$，同理可得

$$a_{ij}^K(t) = \frac{R_L}{R_{ij}} a_L\left(\frac{R_{ij}}{R_L} t_L\right) \tag{10-64}$$

如果台站较密，且都能得到强余震记录，则可由式（10-64）获得任意插值点 K 大震断层上各个子源所在位置的格林函数。由于 $a_L(t)$ 为震源距为 R_L 的台站观测记录，其采样间隔 $\Delta t = 0.01\mathrm{s}$，但经过插值计算，$a_{ij}^K(t)$ 的采样间距 $\Delta t' = \frac{R_{ij}}{R_L}\Delta t$ 将发生变化，但可利用重采样技术对插值格林函数进行重采样，使采样间隔仍保持 $0.01\mathrm{s}$。

（3）这两种方法各有优缺点，前者可快速计算、效率较高，但缺乏真实小震个性化特征；后者则与断层活动和真实震中区介质特性密切相关，具有个性化的特点。但地表任意网格插值点所得断层上 $N_L \times N_W$ 个子源位置激发的格林函数只能通过相邻台站记录插值得到，计算效率不高。

（4）根据所选定的小震震级，由震级 M 与破裂长度、破裂面积以及地震矩的关系，计算得到小震参数 L_S、W_S、D_S，从而得到 N_L、N_W 以及拐角频率 ω_c。

4. 仿真模拟大震产生的强地面运动

根据前述构建的大震破裂模型及其参数，以及所获得的小震记录，将其作为经验格林函数具备了合成大震产生的强地面运动的条件。对大震 5 度区以内的地表进行网格化，网格划分方式与烈度制图的网格划分相一致，期望得到 5 度区以内所有网格点的地震波形数据，为制作大震破裂过程的烈度空间分布图奠定基础。将破裂断层网格离散后第 $i \times j$ 个网格的位错 D_{ij}，作为经验格林函数的小震（其破裂尺度与子源离散网格尺度相同）的平均位错 D_S，相关内容可参阅第 9 章，则定义 N_{ij} 为

$$N_{ij} = D_{ij}/D_S \tag{10-65}$$

大震断层的破裂长度和宽度可按位错的实际空间分布估算。在频域内将小震记录的谱 $a_{ij}(\omega)$ 修正到大震中相同空间位置的子源记录的谱 $A_{ij}(\omega)$，其修正系数即谱比为

$$\begin{cases} H(\omega, N_{ij}) = N_{ij}\left(\dfrac{\omega^2 + \omega_c^2}{N_{ij}^2 \omega^2 + \omega_c^2}\right)^{1/2} \\ N_{ij} = \dfrac{D_{ij}}{D_c} \end{cases} \tag{10-66}$$

其中，D_{ij} 为大震中第 $i{\times}j$ 个子源的位错；D_c 为小震位错；ω_c 为小震的拐角频率。如果不考虑大震位错的不均匀性即 $N_{ij}=N_D=D/D_c$，而 D 为大震的平均位错，由此可得大震中第 $i{\times}j$ 个子源在第 K 个插值点记录的谱为

$$A_{ij}^K(t)(\omega)=H_{ij}(N_{ij},\omega)a_{ij}^K(\omega) \tag{10-67}$$

由此可得大震产生的地震运动：

$$A^K(t)=\sum_{i=1}^{N_L}\sum_{j=1}^{N_W}A_{ij}^K(t-t_{ij}) \tag{10-68}$$

其中，t_{ij} 为第 $i{\times}j$ 个子源的破裂时间。破裂时间按照单侧破裂、双侧破裂（也可以为不对称双侧破裂）依真实破裂方式进行计算。如果破裂过程较为复杂，也可以分段计算破裂速度，从而计算每个破裂网格的破裂时间。

5. 仿真模拟结果的验证

由于大震破裂模型及其参数均采用了地震学的反演结果，其主要依赖远场长周期的观测结果，对近场高频地震波所产生的 PGA 和 PGV 是否适用仍需要验证。这种验证包括两个环节。

（1）如果采用经验统计格林函数，则需验证人造中小地震的 PGA 和 PGV 的衰减规律是否与真实强震的衰减规律一致。

（2）验证经大震破裂模型模拟得到的大震 PGA 和 PGV 衰减特征是否与大震实际观测的衰减规律总体一致。如果有差异，也可通过调节大震破裂速度 v_r 来拟合；如果仍然不满足，则可采用台站记录帮助修正。

6. 利用台站记录对插值网格记录进行修正

（1）构建经验统计格林函数时，采用了某一地区多次地震各台站的地震观测记录，并没有严格区分场地条件，可以将其理解为平均场地条件，并将其定义为一种基岩面。利用主震发生后的强余震台站观测记录作为经验格林函数，相当于直接考虑了场地影响，这与上述经验统计格林函数有一定区别，这种区别可以理解为平均场地和特定场地的区别。另外两种经验格林函数依破裂模型合成的台站观测记录与主震破裂产生的真实观测记录仍然有一定区别，这种区别真实反映了我们对大震破裂的认识水平（反演结果的真实性），也可帮助修正台站相邻网格点的强地面运动。下面以人工波形模拟技术合成的大震强地面运动为例来研究这一问题。

（2）利用网格点附近观测记录和场地校正技术，将网格插值点记录校正到地表记录。如图 10.5 所示，假设离网格点 i 最近的观测点 j 的地表记录为 $a_j^s(t)$，人工合成的基岩记录为 $a_j^b(t)$，上标 s 表示地表，b 表示基岩，欲求的插值网格点 i 的地表记录为 $a_i^s(t)$，人工合成的基岩地震动记录为 $a_i^b(t)$，$S_i(\omega)$ 为将网格基岩校正到地表的放大因子，$S_j(\omega)$ 为将观测点从基岩面校正到地表的放大因子。因此，

$$\begin{cases} a_i^s(\omega)=\eta_i(\omega)a_i^b(\omega)S_i(\omega) \\ a_j^s(\omega)=\eta_j(\omega)a_j^b(\omega)S_j(\omega) \end{cases} \tag{10-69}$$

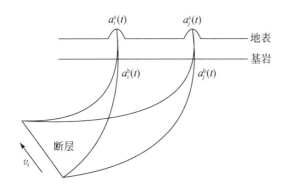

图 10.5　插值点地表校正示意图

定义 i 为网格插值点，j 为 i 附近的观测站点，已知基岩面上人工合成记录 $a_i^b(t)$、$a_j^b(t)$ 和地表观测站点记录 $a_j^s(t)$，待求插值网格点地表记录。将时程做 Fourier 变换，在频域中分析。其中 $\eta_i(\omega)$ 和 $\eta_j(\omega)$ 分别表示真实格林函数与经验格林函数以及真实破裂过程与理论破裂过程差异导致对 i 点和 j 点的影响，由此可解得 $\eta_j(\omega)$。由于 i 点和 j 点较近，近似有 $\eta_i = \eta_j$，由此可得

$$a_i^s(\omega) = a_i^b(\omega) \left[\frac{a_j^s(\omega)}{a_j^b(\omega)} \right] \left[\frac{S_i(\omega)}{S_j(\omega)} \right] \tag{10-70}$$

或者

$$a_i^s(\omega) = a_j^s(\omega) \left[\frac{a_i^b(\omega)}{a_j^b(\omega)} \right] \left[\frac{S_i(\omega)}{S_j(\omega)} \right] \tag{10-71}$$

式中，$a_j^s(\omega)$ 和 $a_j^b(\omega)$ 分别为观测点的地表记录 Fourier 谱和人工合成基岩面的地震动 Fourier 谱，其谱比（包括幅值谱比和相位谱差）可以得到；$S_i(\omega)$ 和 $S_j(\omega)$ 分别为观测点和插值点由基岩校正到地表的放大因子之比，目前可由美国 Usgs 场地校正技术得到；而 $a_i^b(\omega)$ 为基岩面上插值网格点的地震动 Fourier 谱，已由人工波形模拟技术得到，由此可以获得经校正后插值点地表记录 $a_i^s(t)$。当网格插值点 i 变为观测点 j 后，不会改变地表观测点的真实记录。

对于用大震后强余震台站记录选用经验格林函数，通过插值计算的格林函数已经考虑了邻近台站的场地响应，相当于 $S_j(\omega) = 1$，望特别关注。

7. 第三次修正烈度空间分布图

利用上述技术得到的地表插值网格点记录，并结合站点观测记录，制作大震累积能量时–空分布图，通过技术系统仿真模拟软件重新分析测定地震参数并帮助确认破裂过程，重新制作烈度空间分布图，使大震破裂过程与烈度空间分布图高度吻合，并最终控制烈度空间分布图的总体形态分布，从而得到第三次修正结果。另外，通过比较基岩面上与地表两张烈度空间分布图以及站点基岩和地表烈度的差异性，进一步帮助确认烈度异常点。

10.6　仪器烈度空间分布图的质量评估

从上述制作烈度空间分布图的方法及步骤可以看出，台网站点的密度、空间分布及其均匀程度都对烈度空间分布图有重要影响，那么如何评估仪器烈度空间分布图的质量呢？从目前来看，可以从仪器烈度空间分布图的总体质量、等值线精度、烈度图局部精度分布等三个角度考虑烈度图的质量评估问题。

10.6.1　烈度衰减的均值和方差控制总体质量

根据本次地震仪器烈度的观测结果，可以统计本次地震的烈度衰减关系，进而得到每个站点烈度的理论值。设第 j 个站点的烈度理论值为 I_j^e，观测值为 $I_j^o(j=1，2，\cdots，N)$，N 为站点总数。经统计可以得到其均值 μ 和方差 σ，如果将 $\Delta I=I^e-I^o$ 视为随机变量，并假设服从正态分布 $N(\mu，\sigma)$，则 μ 表示衰减关系计算的站点烈度与站点实际观测烈度是否存在系统的偏差，σ 表示其方差大小。正常情况下 $\mu\approx0$，否则就要进行系统性纠偏。方差 σ 越小，表示理论值和观测值的离散性就越小，反之就越大。如果 $\sigma\leqslant0.5$，则半度以内的站点约占67%，1度以内的站点约占87%，总体质量较高，由此可推测由观测站点烈度插值计算的网格烈度质量较高，烈度空间分布图的质量也会得到可靠的保障。如果 $0.5<\sigma\leqslant1$，则约67%的站点烈度误差在1度以内，烈度图的质量有所下降；如果 $\sigma>1$，则烈度图的总体质量就是存在严重问题。另外还要结合前面的分析，对一些烈度异常点做出进一步判定，以确认其是否合理，如果场址不能代表当地平均场地条件，则建议烈度站点要迁址。

10.6.2　台网相对密度控制等值线的精度

很明显，台网越密，观测台站越多，以站点观测为基础制作的烈度空间分布图就越可靠，精度越高。

1. 由烈度空间分布图估计等值区域面积

根据烈度空间分布图，计算各烈度区的面积。例如，震中区的面积设定为 S_0，统计 $I=I_0$ 时，所有网格烈度为 I_0 的面积；当 $I=I_0-1$ 时，所有 $I=I_0-1$ 网格的面积总数为 S_1；以此类推。当然，为了简化，也可用此次地震的烈度衰减关系

$$I=a_1+a_2\lg(\Delta+\Delta_0) \qquad(10\text{-}72)$$

分别计算衰减1度的距离 Δ_1，以此类推，衰减2度、3度、$\cdots$的距离 Δ_2，Δ_3，$\cdots$，由此得到

$$\begin{cases}S_1=\pi\Delta_1^2\\S_2=\pi\Delta_2^2-S_1\end{cases} \qquad(10\text{-}73)$$

以及 $I=I_k$ 时，

$$S_k = \pi \Delta_k^2 - S_{k-1} \tag{10-74}$$

2. 统计各烈度区内的台站个数

根据烈度区的台站分布，统计震中区即 $I = I_0$ 区域内的台站个数，定义为 N_0，$I = I_0 - 1$ 区域内的台站个数为 N_1，以此类推，可得 $I = I_0 - k$ 区域内的台站个数为 N_k。

3. 估计各烈度区内的平均台间距

利用平均台间距的计算方法，估计各烈度区内的平均台间距，例如 $I = I_0$ 时，平均台间距 d_0 为

$$d_0 = \left(\frac{S_0}{N_0} \right)^{1/2} \tag{10-75}$$

以此类推，$I = I_k$ 时，平均台间距为

$$d_k = \left(\frac{S_k}{N_k} \right)^{1/2} \tag{10-76}$$

4. 计算各烈度区的台网相对密度

根据各烈度区衰减 1 度的距离，可得到 D_1，D_2，$\cdots$ 以及各烈度区平均台间距的估计 d_1，d_2，$\cdots$，可以定义相对密度指数为

$$\varepsilon_k = \frac{d_k}{D_k} \tag{10-77}$$

若 $\varepsilon_k > 1$，则 $d_k > \Delta_k$，显然对烈度区分界线的控制不好；若 $\varepsilon_k < 1$，则说明烈度区内密度较高，分界线控制较好；若 $\varepsilon_k = 1$ 则为其临界值。由此，可计算出 ε_0（震中区），ε_1（衰减 1 度），ε_2（衰减 2 度），定义综合指数 ε 为

$$\frac{1}{\varepsilon^2} = \frac{1}{\varepsilon_0^2} + \frac{1}{\varepsilon_1^2} + \frac{1}{\varepsilon_2^2} \tag{10-78}$$

（1）$\varepsilon < 1$，密度较高，以观测烈度制作烈度图，烈度图可靠，高低烈度边界清晰，而且 ε 越小，精度越高。

（2）$1 \leqslant \varepsilon \leqslant 2$，以观测为基础统计衰减关系，制作烈度图，烈度图部分可靠。

（3）$2 < \varepsilon \leqslant 3$，观测点较少，以地区烈度经验衰减关系为基础，制作烈度图，烈度图少部分可靠。

（4）$\varepsilon > 3$，以经验为基础，制作烈度图，烈度图仅供参考。

10.6.3　站点均匀性控制烈度局部精度

为了进一步评估站点空间分布对制作烈度图质量的影响，引入无量纲参数 γ，也称为台站均匀性指标，以刻画站点空间分布对烈度图空间分布局部细节的影响。

1. 计算烈度图内的平均台间距 d

根据站点分布和烈度图的空间分布，计算烈度图空间分布的总体面积假设为 S，在面

积 S 中用于制作烈度图的站点总数为 N，则用于制作烈度图的站点平均台间距 d 为

$$d=\left(\frac{S}{N}\right)^{1/2} \tag{10-79}$$

2. 计算插值网格的局部台间距

根据 PLUM 方法，插值网格的烈度值与此网格附近的台站有关。假设第 i 个网格（$i=1,2,\cdots,M$），M 为网格总数，震中区 I_0 和 I_0-1 区域取 $r=20\mathrm{km}$，其他区域取 $r=30\mathrm{km}$，计算 r 内的台站数，假设共有 N_i 个，则第 i 个网格局部平均台间距为

$$\begin{cases} d_i=\left(\dfrac{S_i}{N_i}\right)^{1/2} \\ S_i=\pi r^2 \end{cases} \tag{10-80}$$

若 $N_i=0$，则定义

$$d_i=100$$

对网格 i 循环可以得 d_i 的空间分布。

3. 计算均匀性指标 γ

定义第 i 个网格的均匀性指标 γ_i 为

$$\gamma_i=\frac{d_i}{d} \tag{10-81}$$

将 γ_i 划分为三个等级。

（1）$\gamma_i<1$，表示网格烈度周围站点密度较高，烈度图局部精度较优。

（2）$1\leqslant\gamma_i<2$，表示网格烈度周围站点密度低于平均密度，站点较少，烈度图局部精度中等。

（3）$\gamma_i\geqslant2$，表示网格烈度周围无站点，烈度图局部质量主要受烈度衰减关系控制，仅为推测烈度，供参考。

将烈度图对应的台站均匀性指标按色标绘制在相应网格上，可看出站点分布对烈度图空间分布质量的影响。

10.7　泸定 6.8 级地震应用实例

2022 年 9 月 5 日 12 点 52 分，四川省泸定县发生 6.8 级地震，地震预警系统对此次地震的处理比较成功，但烈度速报处理仍存在一些问题，主要是高烈度区域站点数不足，均匀度不够，导致烈度分布包括长轴方向与现场调查烈度的长轴方向差异较大。如何分析和解决这一问题，值得研究。

10.7.1　构造背景与台站分布情况

四川省泸定县 6.8 级地震的震中位于鲜水河断裂带南东段磨西断裂附近，综合区域及

震区主要断裂构造分析、震源机制解、地震序列统计及地震现场烈度分布图等资料，研判发震构造为鲜水河断裂磨西段断层。震源机制解结果显示，泸定 6.8 级地震为走滑型地震，其最佳双力偶解分别为：节面 I 走向 170°、倾角 75°、滑动角 23°，节面 II 走向 74°、倾角 68°、滑动角 164°。鲜水河断裂带是一个位于巴颜喀拉块体和川滇块体边界上的大型左旋走滑断裂，在南北走向上自康定延伸至石棉。自有历史记载以来，在该断裂带上共发生过 7 次 7.0 级以上大震，如 1786 年 7.75 级地震、1816 年 7.5 级地震、1893 年 7.0 级地震、1904 年 7.0 级地震、1923 年 7.3 级地震、1955 年 7.5 级地震、1973 年 7.6 级地震。

如图 10.6（a）所示，四川省预警工程台站建设结束后全省台站的站点分布。由于此次地震震中所处西北部地区地势较高，乡镇及人口稀少，台站数量总体较少，对震中区制作烈度图的台站密度不够，无法精确控制烈度区等值线的空间分布，加之断层下盘一侧台站较多，另一侧即断层上盘站点数极少，震中 50km 内仅有一台强震仪，缺乏对断层长轴方向特别是断层上盘震中区烈度的有效控制，如图 10.6（b）所示。

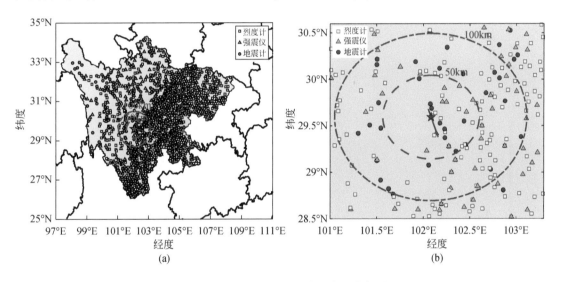

图 10.6　泸定 6.8 级震中附近台站分布图
（a）震中距分布图；（b）局部区域放大图

图 10.7 为震后制作的仪器烈度空间分布图与现场调查烈度图的比较。这充分说明了在站点数量不足特别是断层两侧的高烈度区域缺少一侧的台站控制，用 PGA 或 PGV 拟合的衰减关系制作的烈度图就会有较大误差，达不到实用化的程度。在此情形下，就必须考虑大震破裂过程以及波场模拟技术，强化对 PGA 和 PGV 空间分布的控制，得到更合理的烈度空间分布。

10.7.2　余震震中分布和断层破裂分析

在泸定 6.8 级地震后，截至 2022 年 9 月 30 日的余震震中分布图如图 10.8 所示（圆圈表示 24h 内余震震中位置，其中红圈为 6.8 级主震震中位置），从余震分布图中可清楚看时间：2022-09-05 12:52:18　　震级：M6.8 E102.08 N29.59　　深度：16.0km　　四川甘孜州泸定县

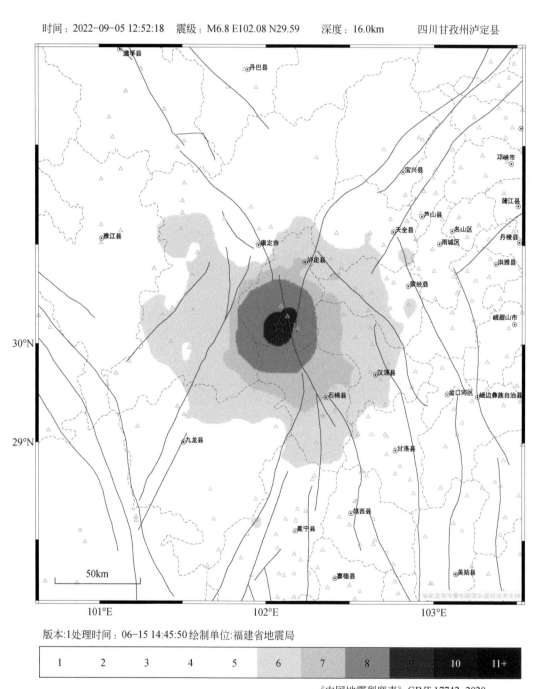

版本:1处理时间：06-15 14:45:50绘制单位:福建省地震局

| 1 | 2 | 3 | 4 | 5 | 6 | 7 | 8 | 9 | 10 | 11+ |

《中国地震烈度表》GB/T 17742-2020

(a)

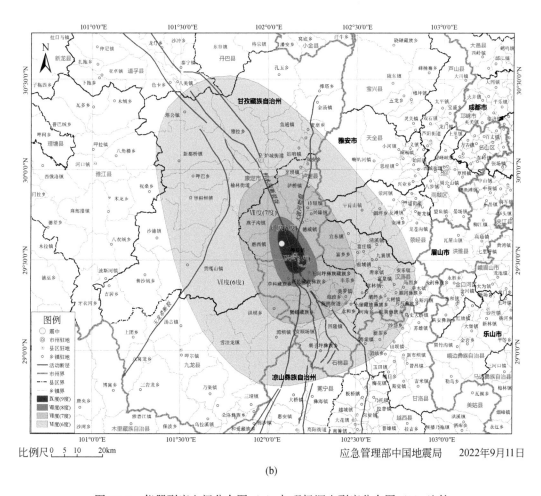

比例尺 0　5　10　　20km　　　　　　　　　　　　应急管理部中国地震局　　　2022年9月11日

(b)

图 10.7　仪器烈度空间分布图（a）与现场调查烈度分布图（b）比较

到余震震中分布沿北西–南东方向展布，断层倾向西南（上盘位置），走向为 160°~170°。根据全球质心矩张量数据库（CMT）关于泸定断层的分析结果，断层走向为 163°，倾角为 80°，断层长度为 28km，破裂速度为 2.8km/s，破裂方式为双侧破裂。根据张勇等对此次地震的破裂分析，断层走向为 163°，倾角为 75°，破裂总长度为 36km，破裂方式为不对称双侧破裂，北西方向破裂长度为 10km，南东方向破裂为 26km，最大位错即滑动值为 184cm，主要集中于北东向震中至地震破裂部分，南东向破裂位错滑动点由西向东逐渐减少。综合上述两种破裂模型有许多共同点，如果采用张勇等的反演结果，如图 10.9 所示，可以初步构造泸定断层破裂模型，断层走向为 163°，倾角为 75°，破裂为不对称双侧破裂，总破裂长度为 36km，北西向破裂为 10km，南东方向破裂为 28km。

根据张勇等反演得到此次地震破裂位错分布图，如图 10.10 所示，位错大小用不同颜色显示，共分为 6 档，分别为 0~0.2m、0.2~0.4m、0.4~0.6m、0.6~0.8m、0.8~1.0m、1.0~1.2m。以 4.8 级地震尺度（2.5km×3.3km）划分网格，根据色标提取位错值与像素的关系，然后提取每个网格的像素值，进而计算出网格的平均位错值。

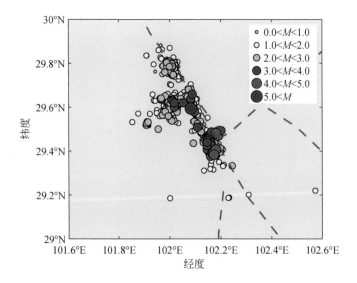

图 10.8　泸定 6.8 级地震的余震震中分布图

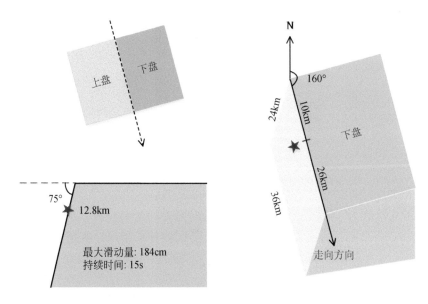

图 10.9　泸定 6.8 级地震的破裂模型

10.7.3　利用经验统计格林函数模拟泸定 6.8 级强震的强地面运动修改制作烈度图

根据本章第 10.5 节的讨论，可以利用两种方式得到作为格林函数的小震记录。如果用经验统计格林函数方法来模拟中小地震的波形，还需验证人造地震波形与当地地震观测数据的适配性。

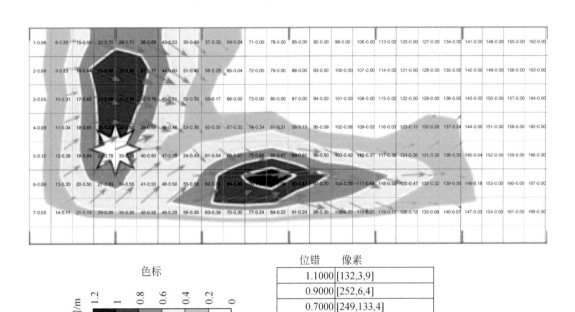

位错	像素
1.1000	[132,3,9]
0.9000	[252,6,4]
0.7000	[249,133,4]
0.5000	[247,254,17]
0.3000	[131,255,136]
0	[255,253,255]

图 10.10　泸定 6.8 级地震的位错分布图

1. 强余震记录与人造地震波的对比分析

为了模拟泸定 6.8 级主震产生的强地面运动，作为经验统计格林函数的小震震级 M_{small} 将是 4.8 级。在主震破裂断层的区域内 6.8 级地震的余震序列中，发生了两个强余震的震级最接近 4.8 级的地震，一个为 5.3 级，比 4.8 级偏大 0.5 级，距主震震中 5.3km，另一个为 4.6 级，比 4.8 级偏小 0.2 级，距主震震中 20.5km，但也在主震震源区。

根据第 9 章的人造地震波形模拟方法和技术，在 5.3 级强余震相同震源位置、相同发震时间及相同震级发生一个地震，其 P 波和 S 波走时模型选用全球速度模型，P 波峰值和 S 波峰值之比取为 0.4，可以得到四川台网在震中距 150km 范围内各台站的波形记录，可以与真实 5.3 级强余震各台站三分量的波形记录进行对比，如图 10.11 所示，也可以得到 PGA 和 PGV 的衰减规律，如图 10.12 所示，红色点为台站实测记录的 PGA 和 PGV 值，蓝色点为台站模拟记录的 PGA 和 PGV 值，5.3 级地震模拟记录的 PGA 比实测记录偏大些，两者的 PGV 更相近，总体实测记录与模拟记录的衰减趋势较为一致。

按照与上述相同的思路，也可以得到与 4.6 级地震相同震源位置、相同发震时间及相同震级产生的四川台网在震中距 150km 范围内各台站的模拟波形记录，可以对比相同台站真实与模拟的观测波形，以及两者 PGA 和 PGV 的衰减规律，如图 10.13 所示，4.6 级实测和模拟记录的 PGA 和 PGV 衰减趋势更为接近。

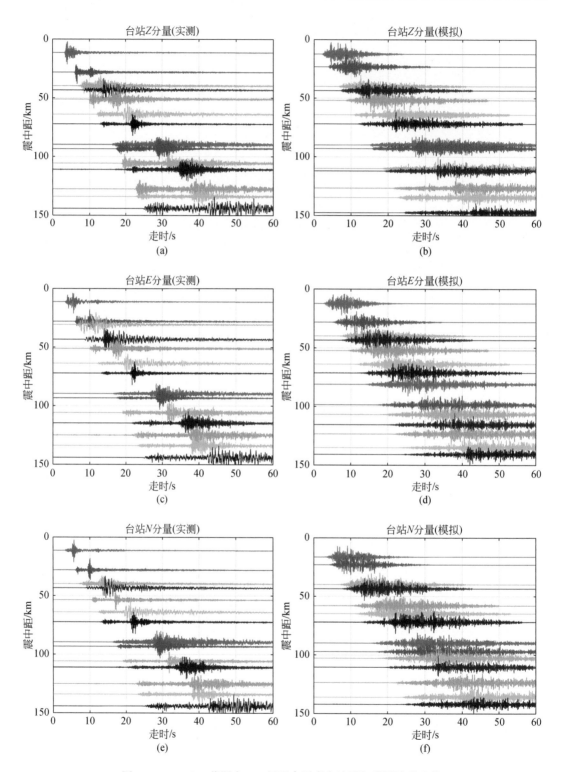

图 10.11　150km 范围内 5.3 级强余震真实波形与模拟波形比较

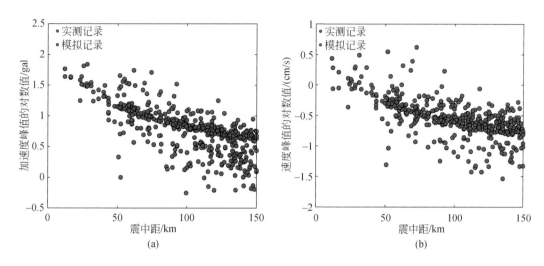

图 10.12　5.3 级地震真实波形与模拟波形计算的 *PGA*（a）和 *PGV*（b）的衰减规律

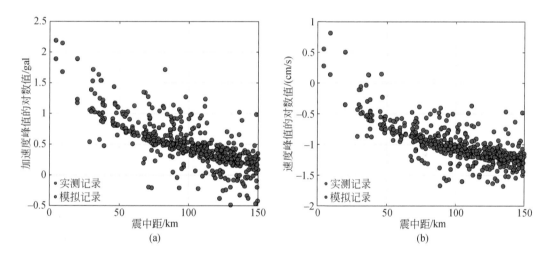

图 10.13　4.6 级地震真实波形与模拟波形计算的 *PGA*（a）和 *PGV*（b）的衰减规律

根据上述 5.3 级和 4.6 级两个强余震真实与模拟观测记录的对比分析，以及 *PGA* 和 *PGV* 衰减规律的对比分析，可以发现二者的波形记录以及 *PGA* 和 *PGV* 的衰减规律有一定的差异性，震级越大偏差越大，而且 4.6 级的模拟结果比 5.3 级的模拟结果要好，对于制作烈度图可以接受。因此，可以确认经验统计格林函数方法在小震震级约为 4.6 级时在该地区可以适用于 6.8 主震震中区强地面运动模拟。当然用经验统计格林函数法模拟产生的 *PGA* 和 *PGV* 仅是一种平均统计结果，也可以采用当地地震观测数据对衰减关系做必要的修正，以便更精细地模拟大震产生的强地面运动。

2. 6.8 级主震产生强地面运动模拟

根据张勇等反演的大震破裂模型和参数，以及作为格林函数的 4.8 级地震人造地震波形，可以模拟不对称双侧破裂模型下 6.8 级地震所产生的强地面运动。5 度区以内地表按标准网格划分，每个网格点都可得到主震三分量加速度模拟波形记录，将记录均仿真到 10s。图 10.14 为用统计经验格林函数模拟泸定 6.8 级主震的强地面运动，按烈度计算要求将其滤波为 0.1 ~ 10Hz，模拟得到的 *PGA* 平均偏大 0.3 倍，*PGV* 的结果要好一些，*PGD* 的结果最好，*PGD* 的模拟与实测更接近。

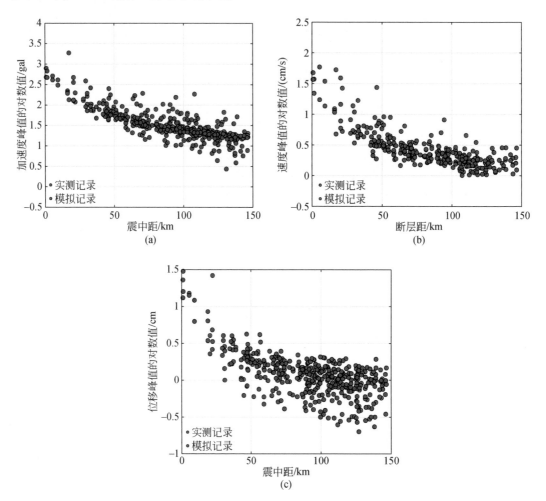

图 10.14　泸定 6.8 级主震实测记录与模拟记录的强地面运动比较
（a）*PGA* 衰减规律；（b）*PGV* 衰减规律；（c）*PGD* 衰减规律

根据中国地震仪器烈度的计算规定，7 度及以上的高烈度区域的烈度主要由 *PGV* 计算得到；7 级以上大震按震中区现场考察看到的裂缝、断错等地表破坏，主要由 *PGD* 的永久位移造成。

因此，第三次烈度图修改的要点就是：

第一，7 级以上极震区的烈度主要由 *PGV* 控制，而且 *PGV* 与实测台站的观测吻合得较好，可以采用断层破裂产出的 *PGV* 结果制作极震区烈度图。

　　第二，6 度及以下的烈度值主要由 *PGA* 控制，而模拟 *PGA* 结果普遍高于观测结果，应以观测统计结果制作 6 度及以下值的等值线。由观测资料统计 *PGA* 和 *PGV* 的结果如下：

$$\begin{cases} \lg PGA = -1.413\lg(d+10) + 4.865 \\ \lg PGV = -1.323\lg(d+10) + 3.252 \end{cases} \tag{10-82}$$

此种修正烈度图的方法的优点在于：一是将场地统一考虑为平均场地条件，突出了震源破裂对高烈度极震区的控制；二是通过大震破裂产生强地面运动的模拟，提高了烈度尤其是高烈度区域的控制精度，明显比平均衰减关系的控制精度要高。

　　图 10.15 (a)、(b) 分别为泸定 6.8 级地震模拟得到的 *PGA* 和 *PGV* 分布，断层附近的 *PGA* 和 *PGV* 等值线有一定的椭圆特征，且断层的东南方向强度较高，这与实际观测结果相符。图 10.16 为泸定 6.8 级地震模拟与台站观测相结合得到的烈度分布图，图中显示出 5 度以上的范围，位于断层附近的最高烈度达 9 度。在烈度分布图基础上并结合台站实测站点观测烈度值（网格点上有观测值的取代模拟烈度值）获得烈度等值线轮廓，拟合出 6 度区、7 度区、8 度区、9 度区的椭圆外包络线，并用我国仪器地震烈度绘图色标绘制烈度图，得到第三次修改的泸定 6.8 级地震仪器烈度分布图（图 10.17），与现场调查烈度图较为一致。

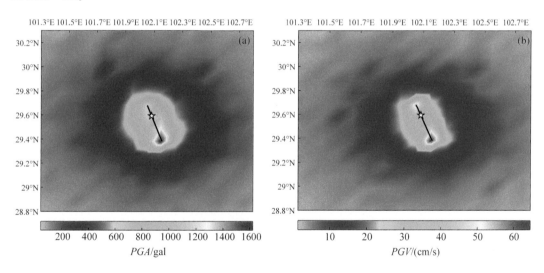

图 10.15　泸定 6.8 级地震模拟得到的 *PGA* 分布 (a) 和 *PGV* 分布 (b)

　　但为何模拟得到的 *PGA* 普遍偏大，原因有三：一是经验统计格林函数与真实地震格林函数有一定差异；二是破裂过程与真实破裂过程存在一定的差别；三是断层位错分布主要是由远场低频反演结果得到的，低频 *PGD* 符合较好，并不表示近场 *PGA* 符合较好。因此，这些问题还需继续探讨，但从烈度图制作上看已有较好的改进，有较高精度的控制，如图 10.17 所示。

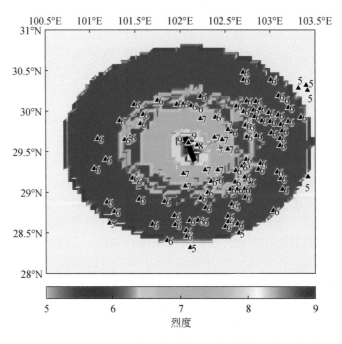

图 10.16　泸定 6.8 级地震模拟与台站观测相结合得到的烈度分布图

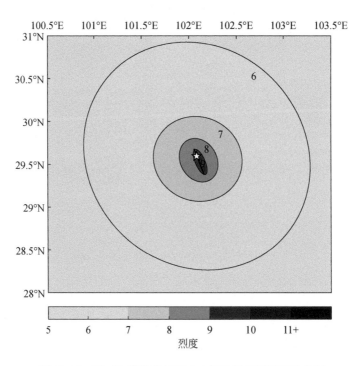

图 10.17　第三次修改的泸定 6.8 级地震仪器烈度分布图

10.7.4　将强余震记录作为经验格林函数合成大震强地面运动修改制作烈度图

6.5 级强震特别是 7 级以上大震发生后，都会在震中附近发生一系列 4~5 级的强余震，这些强余震携带了大量从震源至台站整个传播路途的宝贵信息，能够真实反映断层及其引发的强地面运动特性，其突出表现为：一是如果选用的强余震震源机制与主震基本一致，就意味着经过主震破裂后，这些强余震的断层产状和断层上位错的滑移方向与主震基本一致，其余震产生的台站三分量的信息基本保持了主震断层滑动的特性；二是按照 $M_{small} = M_{big} - 2 \pm 0.5$ 选取的强余震可视为点源，强余震产生的台站记录就可视为主震的经验格林函数；三是按上述规则计算的子源个数足够多，能充分反映真实大震的破裂过程。因此，利用 2022 年四川泸定地震序列中的 5.3 级余震作为经验格林函数，采用本章 10.5.5 节的模拟方法模拟生成主震的强地面运动时程。

1. 5.3 级地震的格林函数及其验证

选取 5.3 级地震作为经验格林函数小震，根据震级与破裂面积和破裂长度的经验统计关系可得 5.3 级地震的破裂长度为 4.5km，宽度为 3.7km，将断层按小震的长、宽网格化，即可得断层上共有 7×4=28 个子源。在每个子源位置发生一个 5.3 级地震，由插值生成计算地震烈度网格的经验格林函数。本节对比在断层面上生成的各子源位置的 5.3 级地震的 PGA 和 PGV 的衰减，并将其与实际 5.3 级余震记录的衰减进行对比，结果分别如图 10.18 和图 10.19 所示。由于各子源位置上小震记录在幅值上仅进行几何衰减校正，即根据震源

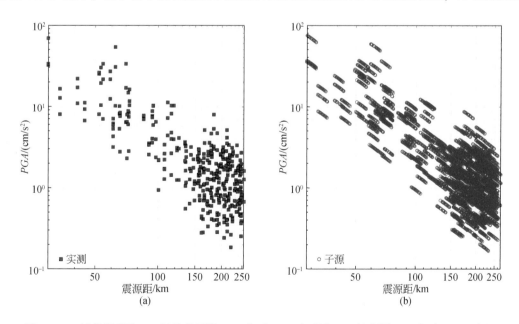

图 10.18　插值得到的 5.3 级格林函数 PGA 衰减（a）与真实 5.3 级实测 PGA 衰减（b）对比

距校正各子源的振幅（式（10-64）），小震的衰减几乎与实际观测记录一致，也印证了5.3 级地震插值记录的合理性。图10.20 为断层面上的各子源位置按式（10-62）经地表网格（坐标 101.55°E，29.50°N）邻近台站 5.3 级地震记录（站点名称 KDGGS，断层距47.7km）插值后的经验格林函数，再按式（10-66）校正后得到的子源记录，并按震源距排序。将5.3 级格林函数修正到6.8 级大震子源记录时，采用了大震的平均位错，并不考虑位错的非均匀分布。

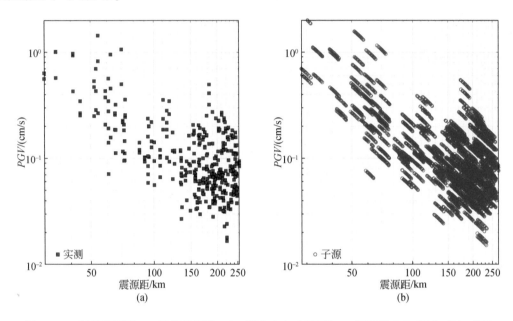

图10.19　插值得到的5.3 级格林函数 PGV 衰减（a）与真实5.3 级实测 PGV 衰减（b）对比

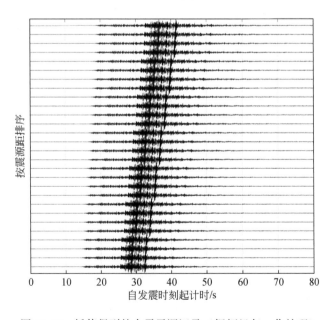

图10.20　插值得到的大震子源记录（振幅经归一化处理）

2. 6. 8 级主震实测记录与模拟记录 *PGA* 和 *PGV* 衰减规律的比较

6. 8 级主震破裂几何模型均采用震级与破裂面积和破裂长度生成，位错采用均匀位错，断层方位角和断层倾角均采用震源机制解，初始破裂点为定位点源位置。采用经验格林函数方法合成主震的地震动时程，并将有实测记录的观测台站记录与合成记录 *PGA*、*PGV* 衰减关系及仪器地震烈度衰减关系进行对比，其中取 S 波速度 v_S 为 3.0km/s，断层破裂速度 $v_r = 0.6v_S$，采用双侧均匀圆盘破裂模型，结果分别如图 10.21 和图 10.22 所示。可见，合成记录的 *PGA*、*PGV* 及仪器地震烈度衰减基本与实测记录相符，从而也验证了本研究采用经验格林函数方法合成大震记录波形的可行性。

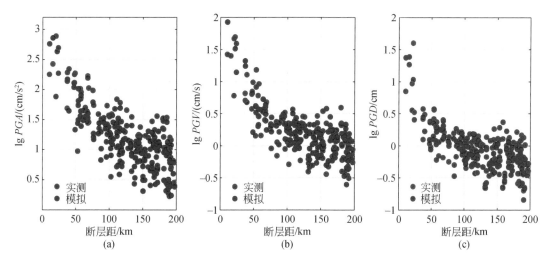

图 10.21　泸定 6.8 级地震实测记录与模拟记录 *PGA*、*PGV*、*PGD* 衰减对比

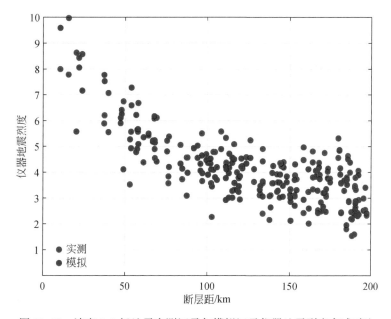

图 10.22　泸定 6.8 级地震实测记录与模拟记录仪器地震烈度衰减对比

3.6.8 级大震强地面运动模拟

应用本章 10.5.5 节中方法，以 6.8 级主震震中（29.594°N，102.083°E）为中心，设置模拟地震动区域范围为 28.594°N～30.594°N，101.083°E～103.083°E，按 0.05°为间隔对该区域进行网格化剖分，然后采用插值方法得到每个离散网格点的三分量经验格林函数，而后合成各网格点处的大震记录时程。在插值过程中，对于震中区，如果网格点与最近台站的距离超过 10km 以上，则插值点记录的峰值要按泸定 6.8 级地震地震动参数平均衰减关系予以修正。采用烈度速报空间分布图生成算法即可得到泸定 6.8 级地震仪器烈度分布图，如图 10.23 所示。

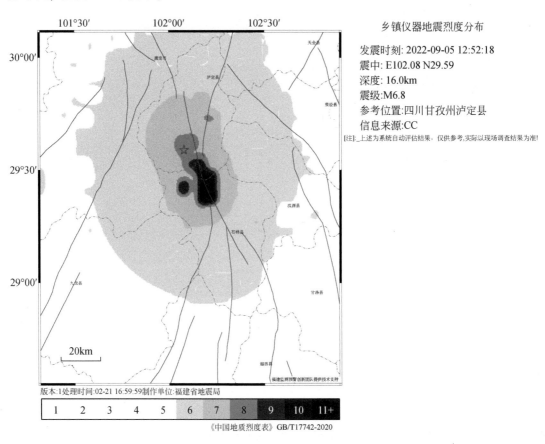

图 10.23　将余震作为经验格林函数模拟泸定 6.8 级地震仪器烈度分布图

通过两种不同方法产生的格林函数和两种不同的破裂模型来对泸定 6.8 级近场强地面运动进行模拟，可以得到初步结论。

（1）在主震发生后，如果台网较密并且能得到合适的强余震记录，可以将其选为经验格林函数，通过插值的方法得到各子源位置激发的格林函数，其 *PGA* 与 *PGV* 的衰减规律与真实小震的 *PGA* 与 *PGV* 衰减规律一致。模拟地震的强地面运动及其烈度分布效果也会很好，但台网较稀时特别是 40～50km 缺少台站记录时精度不高，必须用平均衰减关系约束，这也是此方法的缺点。

（2）在没合适的强余震记录作为经验格林函数时，可以采用统计经验格林函数，通过人造地震波形的方法产生经验格林函数，但要用中小地震地震动的衰减关系验证其适配性。如果不适配，即差异性较大，则要利用当地中强余震记录的统计分析结果对人造地震波的模型参数进行重新处理或者修正，使之能适合当地地震动参数的衰减规律。在此基础上，利用大震破裂模型所模拟的强地面运动空间分布场，并结合大震站点记录，可以得到较高精度的烈度空间分布图。因此，此方法的缺点就是必须首先验证其适配性。

（3）大震的破裂几何破裂模型可以采用经验统计方法得到，但断层走向和断层倾角应采用震源机制解以及余震震中分布图确定。采用远场位移波形反演得到的位错分布也可能造成主震的 PGA 偏大，PGV 和 PGD 符合都较好，但对大震烈度图的制作影响不大。

参 考 文 献

刘恢先.1978.关于地震烈度及其工程应用问题.地球物理学报，4：340-351.

宋晋东，余聪，李山有.2021.地震预警现地 PGV 连续预测的最小二乘支持向量机模型.地球物理学报，64（2）：555-568.

谢毓寿.1955.地震调查工作中有关烈度鉴定的一些问题.地球物理学报，2：149-161.

Hoshiba M，Ohtake K，Iwakiri K，et al. 2010. How precisely can we anticipate seismic intensities? A study of uncertainty of anticipated seismic intensities for the earthquake early warning method in Japan. Earth，Planets and Space，62（8）：611-620.

Kaka S L I，Atkinson G M. 2004. Relationships between instrumental ground-motion parameters and modified mercalli intensity in eastern North America. Bulletin of the Seismological Society of America，94（5）：1728-1736.

Karim K R，Yamazaki F. 2002. Correlation of JMA instrumental seismic intensity with strong motion parameters. Earthquake Engineering & Structural Dynamics，31（5）：1191-1212.

Kodera Y，Yamada Y，Hirano K，et al. 2018. The propagation of local undamped motion（PLUM）method：a simple and robust seismic wavefield estimation approach for earthquake early warning. Bulletin of the Seismological Society of America，108（2）：983-1003.

Wu Y M，Teng T，Shin T C，et al. 2003. Relationship between peak ground acceleration，peak ground velocity，and intensity in Taiwan. Bulletin of the Seismological Society of America，93（1）：386-396.

Xu Y，Wang J P，Wu Y M，et al. 2019. Prediction models and seismic hazard assessment：a case study from Taiwan. Soil Dynamics and Earthquake Engineering，122：94-106.

Yaghmaei-Sabegh S，Tsang H H，Lam N T K. 2011. Conversion between peak ground motion parameters and modified Mercalli intensity values. Journal of Earthquake Engineering，15（7）：1138-1155.